U0814541

职业技能鉴定教材

家用电热器具与电动器具维修工

（初级、中级、高级）

《职业技能鉴定教材》
《职业技能鉴定指导》 编审委员会

中国劳动出版社

图书在版编目（CIP）数据

家用电热器具与电动器具维修工：初级、中级、高级/《职业技能鉴定教材》、《职业技能鉴定指导》编审委员会编。—北京：中国劳动出版社，1996.9

职业技能鉴定教材

ISBN 7-5045-1898-0

Ⅰ.家… Ⅱ.职… Ⅲ.日用电气器具-检修-技术教育-教材 Ⅳ.TM925.07

中国版本图书馆 CIP 数据核字（96）第 14400 号

中国劳动出版社出版发行

（北京市惠新东街 1 号 邮政编码：100029）

责任编辑 袁宗凯

*

新华书店经销

北京印刷集团有限责任公司印刷二厂印刷 三河市华东印刷装订厂装订

787 毫米×1092 毫米 16 开本 16.5 印张 405 千字

1996 年 9 月北京第 1 版 2009 年 8 月北京第 5 次印刷

印数:1000 册

定价：21.50 元

读者服务部电话：010－64929211

发行部电话：010－64927085

出版社网址：http://www.class.com.cn

本书编审人员

主　编　赵腊月
编　著　赵腊月　杨延娥　徐晓黎　姜明政　徐洪义
主　审　赵家礼
审　稿　王培国

内容提要

本书根据《中华人民共和国职业技能鉴定规范——家用电热器具与电动器具维修工》编写，是职业技能考核鉴定指导用书。

根据《规范》要求，本书按初、中、高三个等级，分别介绍了初级、中级、高级家用电热器与电动器具维修工考核鉴定的知识要求和技能要求的内容，涉及电工学基础知识、数字电路基础知识、机械制图知识、模拟电路技术、家用电热器与电动器具的结构与工作原理、家用电热器与电动器具检修技术、常用仪器仪表的使用与维护、经营管理与安全生产知识等。

本书是考核鉴定前培训和自学教材，也是各级各类技术学校家用电热器与电动器具修理专业师生的复习资料，还可供从事本专业的各类工作人员参考。

前　言

《中华人民共和国劳动法》明确规定，国家对规定的职业制定职业技能鉴定标准，实行职业资格证书制度，由经过政府批准的考核鉴定机构负责对劳动者实施职业技能鉴定。经劳动部与有关行业部门协商，首批确定了50个工种实施国家职业技能鉴定。

职业技能鉴定是提高劳动者素质，增强劳动者就业能力的有效措施，进行考核鉴定，并通过职业资格证书制度予以确认，为企业合理使用劳动力以及劳动者自主择业提供了依据和凭证。同时，竞争上岗，以贡献定报酬的新型的劳动、分配制度，也必将成为千千万万劳动者努力提高职业技能的动力。

实施职业技能鉴定，教材建设是重要的一环。为适应职业技能鉴定的迫切需要，推动职业培训教学改革，提高培训质量，统一鉴定水平，劳动部职业技能鉴定中心、劳动部教材办公室、中国劳动出版社组织有关专家、技术人员和职业培训教学管理人员编写了《职业技能鉴定教材》和《职业技能鉴定指导》两套书。

根据《中华人民共和国职业技能鉴定规范》的颁布情况，在总结饮食服务业、农业《教材》和《指导》编写经验的基础上，这次编写了商业行业的制冷设备维修工、家用电热器具与电动器具维修工、办公设备维修工、商品营业员、冷食制品制作工、熟肉制品加工工6个工种的《教材》和《指导》，共12种书。

《职业技能鉴定教材》以相应的《规范》为依据，坚持“考什么，编什么”的原则，内容严格限定在工种《规范》范围内，是对《规范》的细化，从而不同于一般学科的教材。在编写上，按照初、中、高三个等级，每个等级按知识要求和技能要求组织内容。在基本保证知识连贯性的基础上，着眼于技能操作，力求浓缩精练，突出针对性、典型性、实用性。

《职业技能鉴定指导》以习题和答案为主，是对《教材》的补充和完善。每个等级分别编写了具有代表性的知识和技能部分的习题。

《教材》和《指导》均以《规范》的申报条件为编写起点，有助于准备参加考核的人员掌握考核鉴定的范围和内容，适用于各级鉴定机构组织升级考核复习和申请参加技能鉴定的人员自学使用，对于各类职业技术学校师生、相关行业技术人员均有重要的参考价值。

商业行业12种《教材》和《指导》是由天津市劳动局具体承担组织编写工作，由北京市劳动局承担审稿组织工作。在此深表谢意。

本书由赵腊月、杨延娥、徐晓黎、姜明政、(南开大学)、徐洪义（天津市劳动局）编写，赵腊月主编；赵家礼、王培国审稿。

编写《教材》和《指导》有相当的难度，是一项探索性工作。由于时间仓促，缺乏经验，不足之处在所难免，恳切欢迎各使用单位和个人提出宝贵意见和建议。

《职业技能鉴定教材》
《职业技能鉴定指导》　编审委员会

目　录

第一部分　初级维修工知识要求

第二部分　初级维修工技能要求

第一部分　初级维修工知识要求

第一章　电工学基础（一）

本章简要介绍了直流电路、交流电路、电磁感应和整流与滤波以及相关元器件的基础知识。因此，本章是进一步学习电机、电子技术、电动与电热器具工作原理及维修知识的基础。

第一节　直流电流

一、电路的组成及工作状态

电路或称网络，实际上是由各种电气元件或设备按一定方式组成的系统。一个电器设备可以是许多元器件构成的复杂电路，电路的作用是用以实现电能的传输和转换或信息的传递。

电路主要由电源、负载和连接导线三部分组成：电源供给电路能量，能把其它形式的能量转换为电能；负载把电能转换成光能、机械能、热能等其它形式的能量；连接导线将电源和负载接成完整的电路，达到输送和分配电能的作用，它是电路的中间环节。对于电源来说，由负载和中间环节组成的电流通路称为外电路，电源内部的电流通路叫做内电路。

所谓直流电路，通常是指由直流电源及纯电阻负载组成的电路。

电路在工作时，可能出现三种状态，即通路、断路和短路。现以最简单电路为例，将三种状态的电路特点列表 1—1 加以比较。

表 1—1　　电路的三种状态比较

		通路（负载状态）	断路（空载状态）	短路（短路状态）
定义		电源与负载接成闭合回路称为通路，这种状态为电路负载状态	电源与负载未接成闭合回路称为断路或空载状态	电源未经负载而直接由导体接通的现象称为短路或短路状态
电路特征	电路中电流	$I=E/R+r$	$I=0$	$I=I_S=\dfrac{E}{r}$
	负载上电压	$u=IR$	$u=0$	$u=0$
	电源两端电压	$u=E-Ir$	$u=E$	$u=0$

二、电路的基本物理量

1. 电位与电压　电位和电压都是用来反映库仑电场力作功的能力，在国际单位制中都是以伏特（V）为单位。在电场中各点电位的大小与参考点的选择有关。参考点可以任意选择，实用中常取大地为零电位作参考点。当参考点选定之后各点电位就具有唯一确定的值。电压是指静电场中或直流电路中两点间的电位差，它的大小与参考点的选择无关。

2. 电流与电流强度　电荷的定向移动称为电流。产生电流的条件是导体两端存在电位差，通常我们把正电荷定向移动的方向规定为电流的方向。为了衡量导体中电流的大小，我们把单位时间内通过导体截面的电量称为电流强度，简称电流。用 I 表示，即：

$$I=\frac{Q}{t}$$

式中　Q——电量，　　库仑（C）；

t——时间，　　秒（s）；

I——电流强度，安培（A）。

安培的辅助单位有毫安和微安，它们之间的换算关系为

1 安（A）＝1000 毫安（mA）

1 毫安（mA）＝1000 微安（μA）

3. 电阻及电阻率　导体具有阻碍电流通过的作用，这种阻碍作用称作导体的电阻。电阻的单位为欧姆，用 Ω 表示。导体电阻的大小，决定于导体材料的性质、几何尺寸和导体的温度。

$$R=\rho\frac{L}{S}$$

式中　L——导体的长度，米（m）；

S——导体的截面积，毫米^2（mm^2）；

ρ——导体材料的电阻率，欧姆·毫米^2/米（（Ω·mm^2）/m）；

R——导体电阻，欧姆（Ω）。

电阻率又叫电阻系数，是衡量物质导电性能好坏的一个物理量，用 ρ 表示。电阻率愈大，则物质的导电性能就愈差。

4. 电阻的温度系数　实验表明，导体的电阻与它的温度有关。当温度升高 1℃时，导体电阻值增大的百分数，称作导体的温度系数，用 α 表示。常见的材料的电阻温度系数列在表 1—2 中。

表 1—2　　常见材料的电阻率和温度系数

用途	材料名称	电阻率 ρ（20℃）（（Ω·mm^2）/m）	平均电阻温度系数 α（0～100℃）1/℃
导电材料	碳	10.0	−0.0005
	银	0.0165	0.0036
	铜	0.0175	0.004
	铝	0.0283	0.004
电阻材料	锰铜	0.42	0.00005
	康铜	0.44	0.00005
	铬铁镍	1.0	0.00013
	铂	0.106	0.00389

因为导体的电阻率随温度变化而变化，所以导体的电阻也随温度而改变。在 0～100℃范围内，当导体的温度从 T_1 升到 T_2 时，导体的阻值可按下式计算：

$$R_2=R_1\left[1+\alpha\left(T_2-T_1\right)\right]$$

式中 R_2——温度在 T_2 时的导体电阻；

R_1——温度为 T_1 的导体电阻；

α——导体电阻的温度系数。

对于电热毯一类的家用电热器具，其电热丝的工作温度在 0～100℃范围内，其电阻值可利用上式计算。而对于电烤箱、电炉等电热设备其电热元件温度大大高于 100℃，这些电热元件的电阻值应按下式计算：

$$R_T=C_TR_{20}$$

式中 R_{20}——电热材料在 20℃时的电阻；

R_T——电热材料在 T℃时的电阻；

C_T——温度修正系数。

常见电热材料在不同温度下的 C_T 值见表 1—3。

表 1—3　常用电热材料在不同温度下的 C_T 值

材料	温度（T/℃）	20	100	200	300	400	500	600
镍铬合金	Cr20Ni80	1.000	1.006	1.016	1.024	1.031	1.035	1.026
	Cr15Ni60	1.000	1.013	1.029	1.046	1.062	1.072	1.078
铁铬铝合金	1Cr13Al4	1.000	1.004	1.013	1.027	1.041	1.062	1.090
	0Cr13Al6Mo2	1.000	1.001	1.003	1.007	1.014	1.028	1.048
	0Cr25Al5	1.000	1.002	1.007	1.013	1.022	1.036	1.056
	0Cr27Al7Mo2	1.000	0.997	0.994	0.992	0.992	0.992	0.992

材料	温度（T/℃）	700	800	900	1000	1100	1200	
镍铬合金	Cr20Ni80	1.019	1.017	1.021	1.028	1.038	—	
	Cr15Ni60	1.083	1.089	1.097	1.105	—	—	
铁铬铝合金	1Cr13Al4	1.114	1.126	1.135	1.142	—	—	
	0Cr13Al6Mo2	1.053	1.057	1.060	1.063	1.066	1.069	
	0Cr25Al5	1.063	1.068	1.072	1.076	1.079	1.082	
	0Cr27Al7Mo2	0.992	0.992	0.992	0.992	0.992	0.992	

5. 电功率与电能　在单位时间内电场力所做的功称为电功率，用 P 表示，即：

$$P=UI=I^2R=\frac{U^2}{R}$$

式中 U——加在电阻 R 上的电压；

I——流过电阻 R 的电流。

功率的单位瓦特简称瓦，用 W 表示。

1 瓦特＝1 焦耳/秒，即 1W＝1J/s

瓦特的辅助单位有千瓦和毫瓦，换算关系为：

1 千瓦（kW）＝1000 瓦（W）

1 瓦（W）＝1000 毫瓦（mW）

电场力在 t 秒内所做的功称为电能，即：

$$W=Pt=UIt=I^2Rt=\frac{U^2}{R}t$$

式中 W 是在 t 秒内电阻中所消耗的电能，单位为焦耳（J）。

三、欧姆定律

1827 年欧姆在实验中发现，在电路中导体的电流强度与导体两端所加的电压成正比，与导体的电阻成反比，这一特定关系被称为电路的欧姆定律。数学表达式为：

$$I=\frac{U}{R}$$

式中 I——导体的电流强度，安培（A）；

U——导体两端电压，伏（V）；

R——导体的电阻，欧（Ω）。

在闭合回路中，不但外电路有电阻，内电路中也有电阻，我们把电源力将正电荷从负极移到正极克服内部阻力所做的功与被移送的电量之比叫做电源的电动势，用 E 表示：

$$E=\frac{W}{Q}$$

式中 E——电动势，单位为伏（V）；

W——电源所做的功，单位为焦（J）；

Q——被移送的电量，单位为库（C）。

我们把电源内部的电阻叫做内阻，用 r 表示。那么从图 1—1 中可以看出电路中的电流为：

$$I=\frac{E}{R+r}$$

即全电路中的电流与电动势成正比，与整个电路的电阻成反比，这一特定的关系称为全电路欧姆定律。根据 $u=IR$，上式又可整理为：

$$u=E-Ir$$

从上式可以看出，当电路通路时，电源的输出电压为电源的电动势减去电源内阻 r 上的电压降 Ir，即电源输出电压总是小于电源的电动势。我们把外电路上的电压称做路端电压，简称端电压。

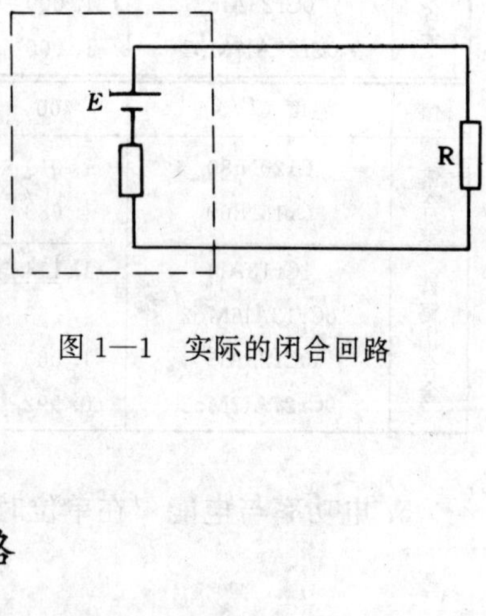

图 1—1　实际的闭合回路

第二节　正弦交流电路

一、正弦交流电的三要素

直流电路中，电流、电压、电动势的大小和方向都是不随时间变化的。所谓正弦交流电路，是指具有正弦电动势作用的电路。在电路中电压、电流和电动势都是按正弦规律变化的，按正弦规律变化的物理量统称为正弦量。任何一个正弦量都包含有三个基本要素：角频率、最大值（幅值）和初相角。因此，这三个物理量称为正弦交流电的三要素。

1. 周期、频率和角频率　交流电的频率是反映交流电电压或电流变化快慢的物理量，我国的工业标准频率（Ⅰ频）为 50 赫兹（Hz）。

周期是正弦量变化一次或一个循环所需要的时间，用 T 表示。单位是秒、毫秒、微秒，分别用 s、ms、μs 表示，它们之间的换算关系为：

$$1s=10^3ms=10^6\mu s$$

交流电每秒钟变化的次数叫频率，用 f 表示；单位是赫兹，用 Hz 表示。其辅助单位有千赫、兆赫。换算关系为：

$$1\text{兆赫（MHz）}=10^3\text{千赫（kHz）}=10^6\text{赫（Hz）}$$

根据周期和频率的定义可知它们互为倒数，即：

$$f=\frac{1}{T}\quad 或\ T=\frac{1}{f}$$

因为正弦量变化一周为 2π 弧度，我们把正弦交流电每秒钟变化的弧度数称为正弦交流电的角频率，用 ω 表示。单位为弧度，用 rad/s 表示。所以周期、频率和角频率三者的关系为：

$$\omega=\frac{2\pi}{T}=2\pi f$$

2. 瞬时值、最大值、有效值　交流电在任意瞬间所具有的数值称为瞬时值，用小写字母 e、u、i 表示。

瞬时值中的最大值又称幅值，用大写字母 E_m、U_m、I_m 表示。

在交流电测量和应用中，特别是在分析其电路效果时，交流电正弦量的大小不用瞬时值和最大值表示，而用有效值表示。

有效值是根据电流的热效应来确定的。规定交流电通过一个电阻，一个周期内所消耗的电能与一直流电通过同一电阻，在相同的时间内所消耗的电能相等，则把此直流值定义为交流电的有效值。有效值用大写字母 E、I、U 表示，有效值与最大值之间的关系为：

$$I=\frac{I_m}{\sqrt{2}}=0.707I_m$$

$$U=\frac{U_m}{\sqrt{2}}=0.707U_m$$

$$E=\frac{E_m}{\sqrt{2}}=0.707E_m$$

3. 初相位（初相角）、相位、相位差　初相位是表示正弦量变化计时起点的物理量。相位表示正弦交流电任意时刻的电角度，反映出其变化的进程。而相位差是指两个同频率正弦量相位角之差，简称相位差。

在实际工作中，往往需要研究多个相同频率正弦量间的相位关系。因此介绍四个相位关系中常用的术语：

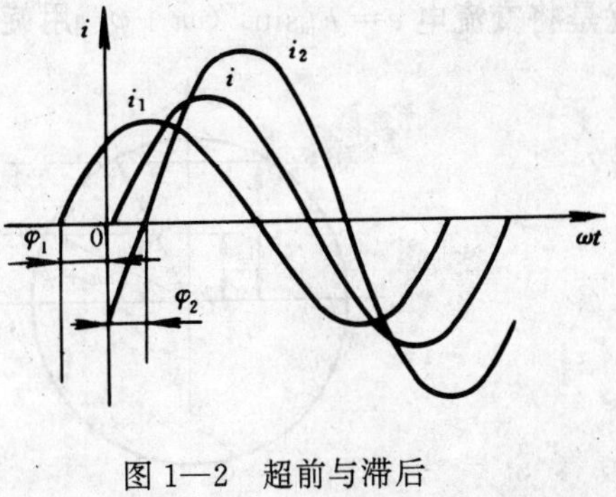

图 1—2　超前与滞后

（1）超前和滞后　比较两个同频率的正弦量时，称先过零值（或最大值）的为超前，后经过零值（或最大值）的为滞后。如图 1—2 所示，i_1 超前 i，i_2 滞后 i。

（2）同相与反相　两个同频率的正弦量当相位差 $\varphi=0$ 时称为同相，$\varphi=180°$时称为反相。

如图 1—3a、b 所示。

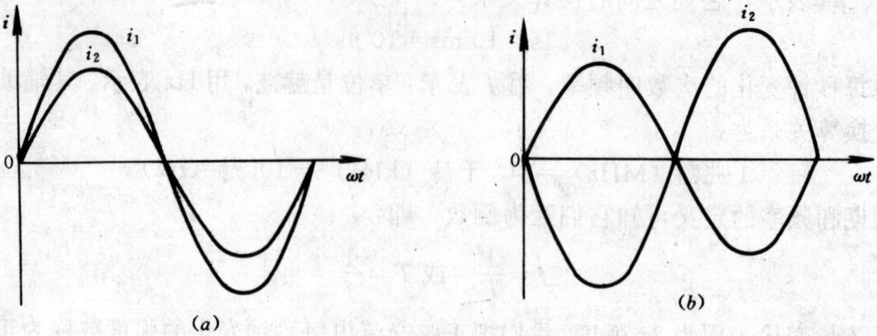

图 1—3 同相与反相

（a）同相 （b）反相

二、正弦交流电的表示方法

在分析和研究交流电时常采用三种方法来表示交流电。

1. 解析式 表示交流电电动势、电压、电流的正弦三角函数式称为交流电的解析表达式，它们分别为：

$$e=E_{m}\sin(\omega t+\varphi)$$

$$u=U_{m}\sin(\omega t+\varphi)$$

$$i=I_{m}\sin(\omega t+\varphi)$$

2. 波形图 用横坐标表示 ωt 或 t，纵坐标表示瞬时电流或电压值，在直角坐标系上即可画出交流电的变化曲线，这条曲线称为交流电的波形图。如图 1—4 所示。

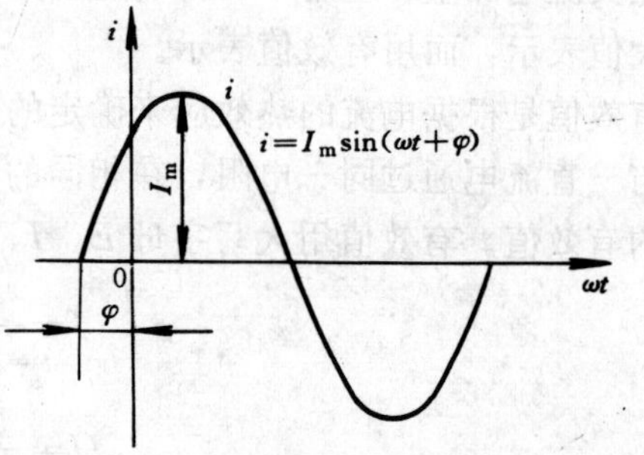

图 1—4 正弦交流电的波形图

3. 旋转矢量法 虽然用解析式和波形图都可以表示交流电，但用这两种方法对交流电路分析计算都很麻烦，因此常使用旋转矢量法分析计算交流电。

这种方法是用直角坐标系中绕原点旋转的矢量在 y 轴上的投影，来表示交流电。图 1—5 就是将交流电 $e=E_{m}\sin(\omega t+\varphi)$ 用旋转矢量法来表示。

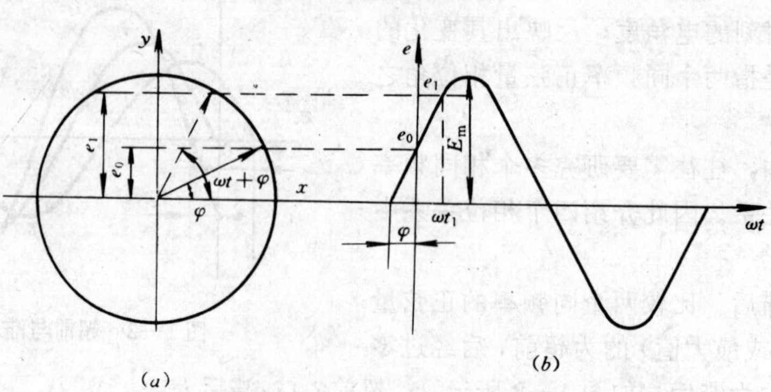

图 1—5 正弦交流电的旋转矢量表示法

三、单一参数电路

纯电阻、纯电感、纯电容电路称为单一参数电路。在交流电路里实际上电阻 R、电感 L、电容 C 往往同时存在，只不过这三个参数在电路中的作用程度常常是不会一样的。譬如说其中电阻参数作用比较突出，而其他参数相对作用较弱，其影响可以忽略不计，这时就可以认为这个电路只有单一参数 R。类似地可以有单一电容和单一电感电路。

单一参数电路的物理性质和电路的电压、电流关系及功率消耗见表 1—4 和表 1—5。

表 1—4　　R、L、C 电路参数物理性质

器件		电阻 R	电感 L	电容 C
物理性质	能量关系	消耗能量 $P=I^2R$	储存磁场能 $W=\frac{1}{2}LI^2$	储存电场能 $W=\frac{1}{2}CU^2$
物理性质	电压电流变化	电阻两端电压和通过电阻中的电流可以突变	流过电感中的电流不能突变	电容两端的电压不能突变
在电路中作用及阻抗	直流电路 稳态	R	$X_L=0$	$X_C=\infty$
在电路中作用及阻抗	直流电路 暂态	R	$X_L=\infty$	$X_C=0$
在电路中作用及阻抗	交流电路	R	$X_L=2\pi fL$	$X_C=\frac{1}{2\pi fC}$
在电路中作用及阻抗	与频率关系	无　关	$X_L\propto f$	$X_C\propto\frac{1}{f}$

表 1—5　　单一参数电路特征

电路名称	阻抗	电压和电流关系		功率	
		瞬时值	有效值	有功功率	无功功率
R	R	$U_R=iR$ 或 $U_R=U_{Rm}\sin\omega t$	$I=\frac{U}{R}$	$P=U_RI=I^2R=U^2/R$	$Q=0$
L	$X_L=\omega L=2\pi fL$	$U_L=U_{Lm}\sin(\omega t+90°)$	$I=\frac{U}{X_L}$	$P=0$	$Q=U_LI=I^2X_L=\frac{U_L^2}{X_L}$
C	$X_C=\omega C=\frac{1}{2\pi fC}$	$U_C=U_{cm}\sin(\omega t-90°)$	$I=\frac{U}{X_C}$	$P=0$	$Q=U_CI=I^2X_C=\frac{U_C^2}{X_C}$

第三节　电磁感应

一、电磁感应现象

电与磁经常联系在一起并互相转化，凡是用到电的地方几乎都有磁的存在。从现代化生产中的发电机、电动机、变压器等电力装置到人们日常生活里的电话、收音机等家电产品，无不与电磁有关。

我们知道通电线圈和载流导线周围存在着磁场，也就是说电流具有磁效应，能够产生磁场。同样，实验表明，一个回路的磁通量的变化可以在回路中产生电流，这种现象叫做电磁感应现象。这种电流叫做感应电流。根据闭合回路的欧姆定律可知，回路中有电流就必然有电动势存在，这种由于回路中磁通量的变化而引起的电动势叫做感应电动势。

应当指出，在电磁感应现象中，不论是通路，还是断路，在导线中都有感应电动势产生，而感应电流断路时则不存在。所以反映电磁感应本质的物理量是感应电动势，而不是感应电流。

二、电磁感应定律

感应电动势或感应电流的大小和方向与回路中磁通量的变化有什么关系呢？电磁感应的基本定律反映了它们之间的相互关系。

1. 楞次定律　当闭合线圈的磁通量发生变化时，将产生感应电动势（或感应电流）。感应电动势的方向，总是使感应电流产生的磁场阻碍原来磁场的变化，这个规律叫做楞次定律。也就是说，当闭合回路内的原磁通增加时，感应电流产生的磁通方向与原磁通方向相反，阻止原磁通增加；当原磁通减小时，感应电流产生的磁通方向与原磁通方向相同，阻止磁通减小。

2. 法拉第电磁感应定律　线圈中通过交变磁通时产生感应电动势 e，感应电动势的大小与磁通的变化率成正比，感应电动势的方向总是企图阻止原来磁通的变化。即

$$e=-N\frac{\Delta\varphi}{\Delta t}$$

式中　N——线圈匝数；

$\Delta\varphi$——线圈一匝磁通量的变化；

Δt——单位时间。

负号是楞次定律的数学表达，它表示感应电流产生的磁通总是阻碍原来磁通量的变化。例如，当 $\Delta\varphi>0$ 时，e 为负值，表示感应电动势产生的感应电流磁通力图使原磁通减少。反之，当 $\Delta\varphi<0$ 时，e 为正值，此时感应电流产生的磁通使原磁通量增加。

图 1—6　右手螺旋定则 e 与 φ 的正方向

3. 右手螺旋定则　用楞次定律来确定感应电动势的方向，一般可遵照下述步骤：首先判别穿过线圈的磁通方向是什么方向，磁通是增加还是减少；然后根据楞次定律确定感生电流产生的磁场方向与原磁场方向是同向还是反向；最后用右手螺旋定则，根据感生电流产生的磁场方向去确定感生电流的方向，从而确定感应电动势的方向。如图 1—6 所示。

第四节　整流与滤波电路

一、二极管及其伏安特性

1. 基本结构　二极管实际上就是一个半导体 PN 结。由 P 型半导体引出一个电极作为正

极，由 N 型半导体引出一个电极作为负极，然后再封上管壳就构成了一个二极管。二极管的符号如图 1—7 所示，箭头所指的方向为正向电流方向。

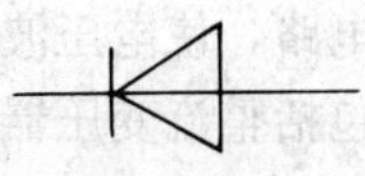
图 1—7　二极管的符号

二极管按内部结构可分为点接触型和面接触型两种，它们的结构和特点见表 1—6。

表 1—6　　点触式和面触式二极管结构特点

	点接触式	面接触式
结构特点	1. 接触面积很小，只能流过较小的电流（几十毫安以下） 2. 结电容小 3. 可用于高频检波、小电流的整流	1. 接触面积大，允许通过较大电流（几百毫安以上，可达上千安） 2. 结电容大 3. 不能在高频电路中工作，用于整流

2. 二极管的伏安特性　二极管的性能可以用伏安特性表示。加在二极管两端的电压和流过二极管的电流之间的关系，称为伏安特性曲线。二极管的伏安特性曲线见图 1—8。这是较为典型的锗和硅二极管的伏安特性，特性曲线可分三部分来说明。

正向特性　当外加电压较小时，二极管正向电阻很大；当正向电压超过某一数值 U_D 时（硅管为 0.6～0.8V，锗管为 0.2～0.3V），正向电流增长很快，称为正向导通。U_D 称为起始电压或死区电压。

反向特性　当二极管两端加上反向电压时二极管截止，形成的电流很小。反向电流在一定反向电压下，基本不随电压变化而变化，所以此时的电流称为反向饱和电流。

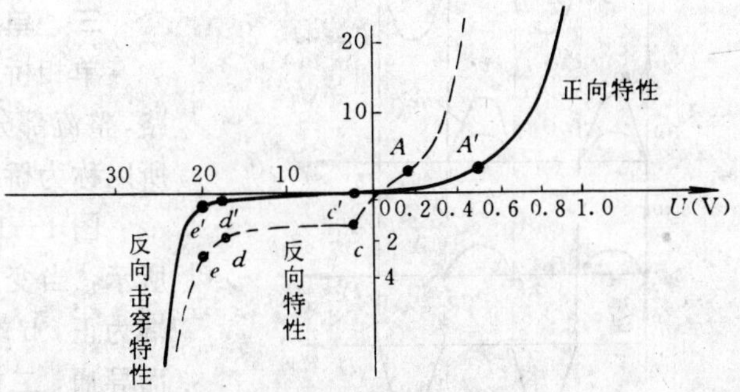

图 1—8　二极管的伏安特性

反向击穿特性　当反向电压超过某值时，反向电流突然猛增，这种现象称为反向击穿，对应的电压称为反向击穿电压。

3. 二极管的主要参数　最大整流电流 I_{OM} 是指二极管长期使用时，允许通过的最大正向电流。电流超过此值时，PN 结过热使管子烧坏。

最高反向工作电压 U_{RM} 是指二极管工作时，允许加在其两端的最大反向电压。

最大反向电流 I_{RM} 是指二极管在最高反向工作电压下的反向电流值，它的大小反映了二极管单向导电性能。反向电流越小，单向导电性能越好。反向电流受温度影响较大。硅管反向电流小，一般在几微安以下。锗管反向电流较大，其值是硅管的几十到几百倍。

二、单相半波整流电路

为了获得直流电源，可采用各种半导体器件组成整流电路，将交流电变为脉冲直流电，再经过滤波电路，使电压波形变得平直，然后经过稳压电路，得到平直稳定的直流电。一个整流电路，包括整流变压器、整流元器件、滤波电路三个主要环节。

单相半波整流电路是最简单的整流电路，也是整流电路的基础，其电路组成如图 1—9 所示。图中 T 是整流变压器，V 是整流二极管，R_{fz}是负载电阻。

整流变压器将交流电压 U_1 降为 U_2，U_2 的波形如图 1—10 所示。在 U_2 的正半周内，a 端为正，b 端为负，二极管 V 正向导通。如果忽略二极管 V 的正向压降，则负载 R_{fz}的电压就等于 U_2。

在 U_2 的负半周内，变压器 T 的 a 端电位为负，b 端电位为正，二极管 V 反向截止。U_2 的电压全部加在二极管 V 上，如图 1—9 所示。

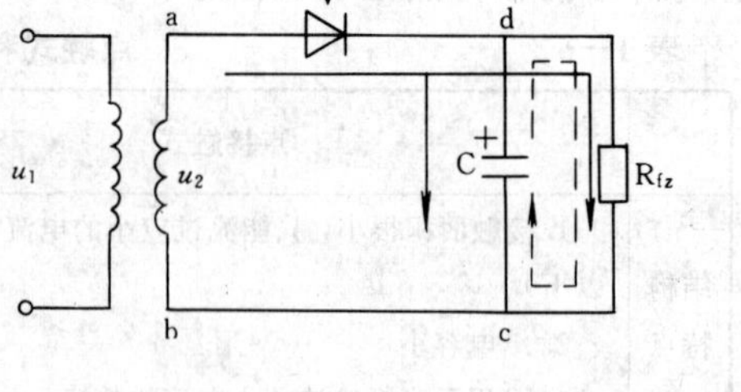

图 1—9　单相半波整流电路工作原理

因此，尽管变压器 T 次级电压 U_2 是交变的，但由于二极管的单向导电性使流过负载 R_{fz}上的电流和 R_{fz}两端的电压都是单方向的，如图 1—10 所示。这种使负载在一个周期内只得到半个波的电压的电路称为半波整流电路。

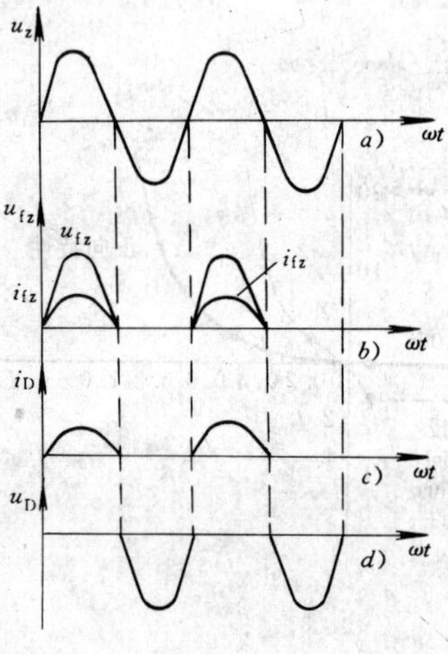

图 1—10　单相半波整流波形图

三、单相桥式整流电路

单相桥式整流电路是一种常见的全波整流电路，整流部分的四个二极管接成类似电桥的型式，所以称为桥式整流电路。

图 1—11 是桥式全波整流电路原理图。如图所示，当变压器 T 的次级电压 U_2 为正半周时，a 端为正，b 端为负，二极管 V_1、V_3 承受正向电压而导通，二极管 V_2、V_4 承受反向电压而截止，电流路径为：$a^+ \to V_1 \to R_{fz} \to V_3 \to b^-$，负载上得到一个半波电压。当 U_2 为负半周时，变压器次级 a V₂、V₄ 导通，电流路径为：$b^+ \to V_2 \to R_{fz} \to V_4 \to a^-$，负载 R_{fz}上又得到一个半波电压。这样，在交流电压的一个周期内，负载 R_{fz}上得到两个半波，即所谓全波脉动直流电压。桥式整流的波形图如图 1—12 所示。

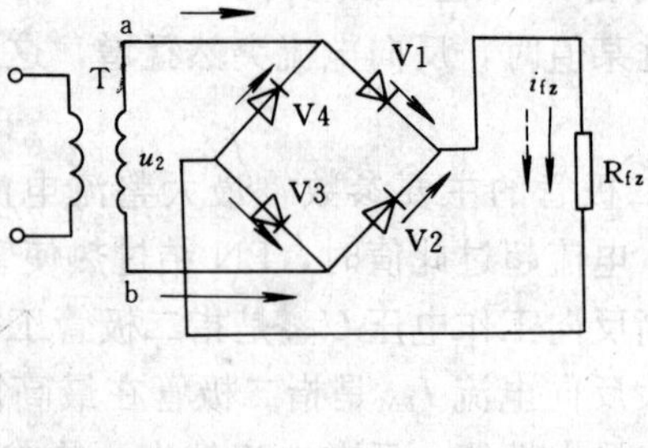

图 1—11　单相桥式整流电路工作原理

四、滤波电路

单相整流电路输出的电流是脉动的不平稳的直流电，通常要在整流电路中加滤波器，将脉动的直流电变为平滑的直流电。滤波器常由电容、电感、电阻等元件构成。

1. 电容滤波器　图 1—13 是电容滤波电路及输出电压波形。由于电容具有维持电压不能突变的能力，所以把它和负载并联以吸收脉动的电流，并使输出电压平稳。或者说利用电容充放电的作用使负载电流趋于平滑。在二极管导通时对电容 C 充电，当二极管截止时，电容 C 对负载 R_L 放电，这样就可以滤掉整流电压中的交流分量，使输出电压更加平滑。

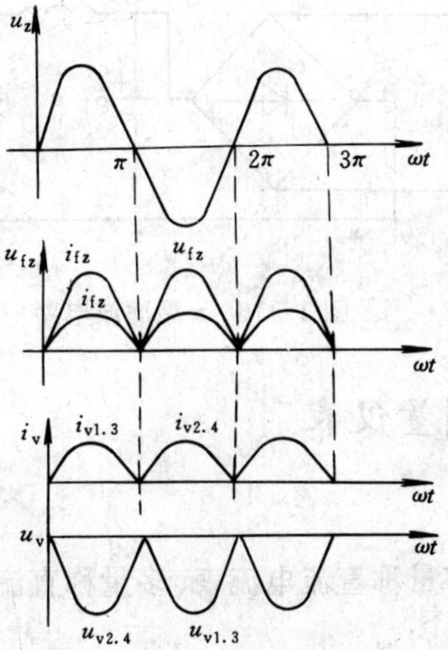

图 1—12　单相桥式整流的波形图

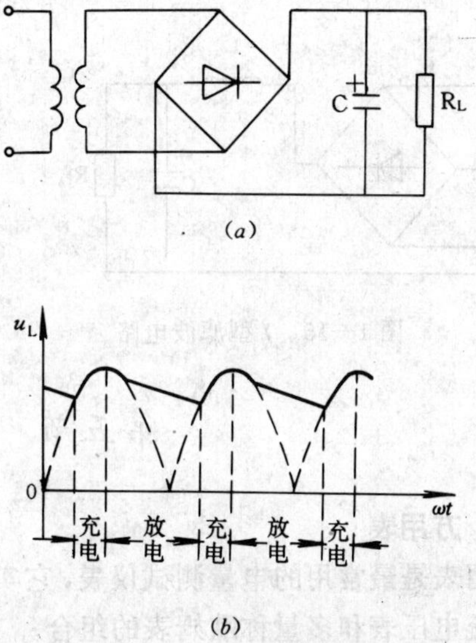

图 1—13　电容滤波电路

(a) 电路图　(b) 波形图

滤波电容电容量大小的选择决定于对脉动的要求，一般要求脉冲愈小则需要的电容量愈大。

2. 电感滤波器　电感滤波器的电路及波形见图 1—14。电感具有维持电流不能突变的能力，所以把它与负载串联，以抑制脉动电压，并使电流平稳。也就是说利用电感具有通过直流，阻碍交流通过的作用来减小负载中的交流分量，因而起到滤波作用。

电感愈大，纹波愈小，滤波效果也就愈好。但电感大，体积大，成本高。一般电感值在几毫亨到几十毫亨范围内，主要用于需要大电流场合。

3. 复式滤波器　如果将电容和电感，或者电容与电阻组合起来，就成为复式滤波电路，它的滤波效果比单用电容或电感好得多。常用的有如下两种形式。

如图 1—15 所示的 γ 型滤波电路，这种电路的特点是：利用电势的充放电作用输出电压比电感滤波电路高；串入的电感又限制了电流的突然增加和减小，避免了电流对二极管的冲击。因此负载电流较大，负载变动大时可采用这种滤

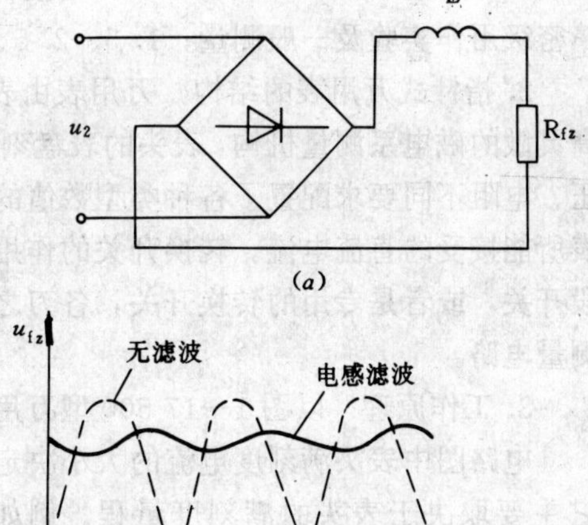

图 1—14　电感滤波器

(a) 电路图　(b) 波形图

波电路。

另一种复式滤波电路如图 1—16 所示，称为 π 型滤波电路。这种电路使整流输出的脉动直流先经 C1 滤波，旁路掉部分交流部分，然后再经 L 和 C2 滤波，所以滤波效果更为理想。其输出电压较高，脉动成分更小。π 型滤波器适用于要求更高的整流电路。

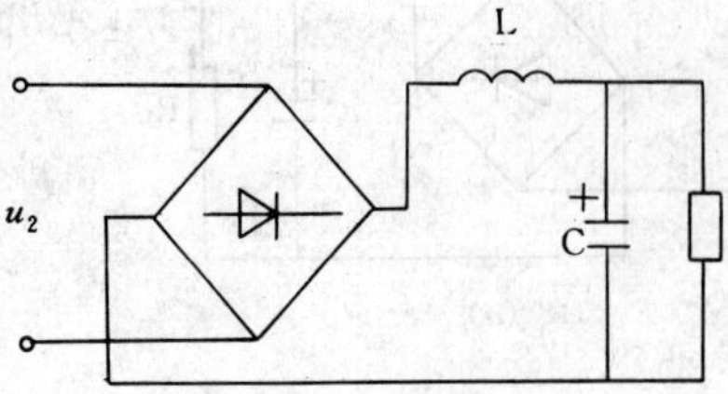

图 1—15　γ 型滤波电路

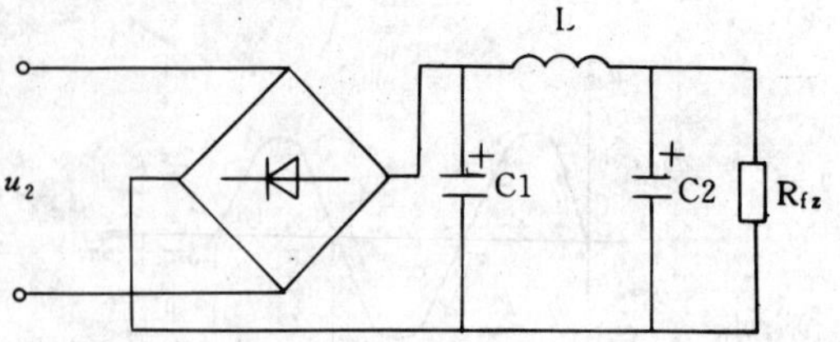

图 1—16　π 型滤波电路

第五节　电工测量仪表

一、万用表

万用表是最常用的电量测试仪表，它实质上是多量称直流电流表、多量称直流电压表、多量称交流电压表和多量称欧姆表的组合。

1. 分类　万用表的种类很多，按工作原理可分为指针式万用表和数字式万用表。指针式万用表是以指针指示测量数据的电磁仪表；数字式万用表是采用电子线路，以数字显示数据的电子类仪表。

按外型尺寸可分为台式、便携式或普通型和袖珍型。

按测量精度可分为精密级、较精密级、普通级三类。仪表的精度按测量误差可分为 0. 1、0. 2、0. 5、1. 0、1. 5、2. 5、4. 0 七级。0. 1、0. 2 精密级仪表用作标准级表；0. 5、1. 0 较精密级用作实验及一般测量；1. 5、2. 5、4. 0 普通级用作一般测量。

2. 指针式万用表的结构　万用表由表头、测量电路、转换开关三大部分组成。表头系用高灵敏的磁电系测量机构，表头的表盘刻有各种测量所需要的标度。测量电路中，按电流、电压、电阻不同要求配置了各种类型数值的电阻元件和整流元件，能把被测量转换成磁电系仪表所能接受的直流电流。转换开关的作用是实现测量电路的变换，是一个或两个多层多掷波段开关，或者是专用的转换开关，各刀之间是联动的。旋转"刀".的位置即可变换所要求的测量电路。

3. 工作原理　以图 1—17 500 型万用表电气原理图为例说明测量原理。

电路图中表头满刻度电流的大小决定了电压测量的灵敏度。电压灵敏度的单位是 kΩ/V，它主要取决于表头的满刻度量程。例如 100μA 的表头，电压最高灵敏度 $1/100\times10^{-6}$＝10kΩ/V，10μA 的表头电压最高可达 $1/10\times10^{-6}$＝100kΩ/V。电压灵敏度高的万用表与被测量电路并联产生的分流作用小，因此对被测电路影响较小，也就是说减小了测电压时的误差。500 型万用表的表头使用了内阻 2kΩ，满度电流 42μA 的直流表头。直流电压档灵敏度为 20kΩ/V，直流 2500V 挡和交流挡的电压灵敏度为 4kΩ/V。

电压测量是通过转换开关使表头与附加电阻相串联；以扩大量程，实现各挡电压的测量。

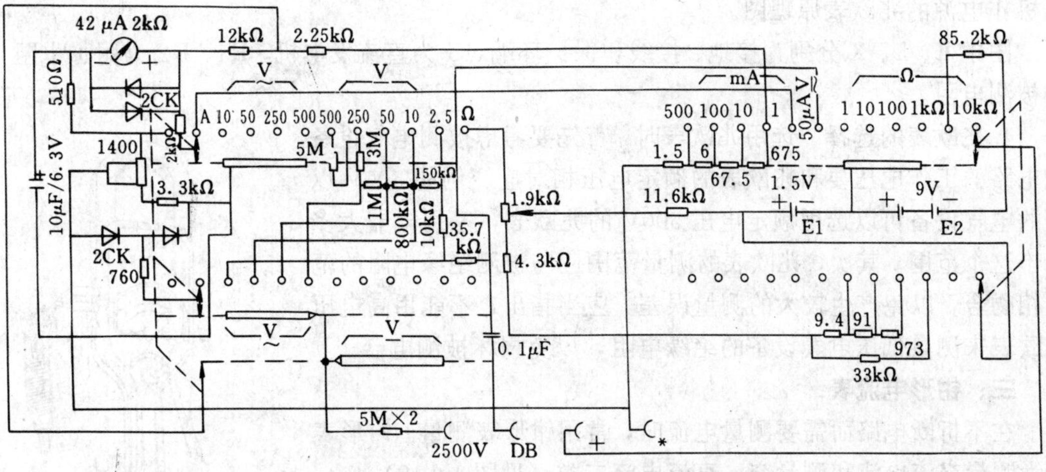

图 1—17　500 型万用表电气原理图

直流电流测量是通过转换开关与表头并联电阻实现分流以扩展量程，实现不同电流的测量。

用万用表测量电阻时，因被测电阻本身没有电流、电压，因此必须外加电池与适当的电阻。实质上测量电阻就是测量被测电阻中流过的电流，所以被测电阻愈大，电流愈小，表针偏转角度愈小。电路中 1. 9KΩ 电位器是用来调整各挡零点用的。

二、兆欧表

兆欧表又叫摇表，常用来测量电气设备、电机的绝缘电阻和家用电器接地装置、接地电阻。

1. 基本结构　兆欧表是由手摇发电机、流比计等测量机构组成，流比计用于指示被测的绝缘电阻值，发电机提供测量电源。发电机可分为交、直流两类，发电机部分包括加速齿轮、调速器、整流器等部件。

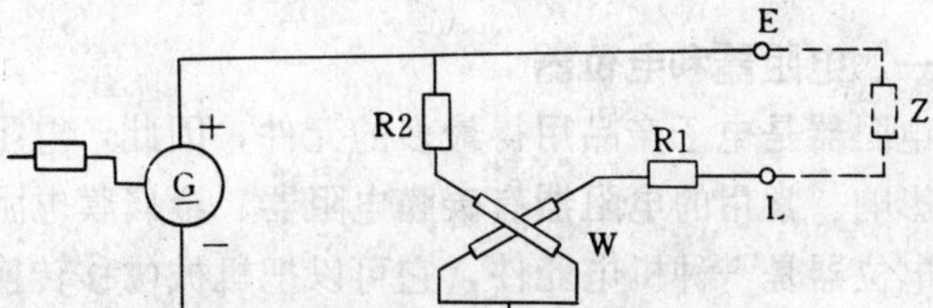

图 1—18　兆欧表原理图

兆欧表外壳有三个接线柱，一个线路端钮叫火线，用 L 表示；一个接地端钮叫地线，用 E 表示。此外，在 L 的外围还有一个铜质圆环称为保护环，也叫屏蔽接线端，用 G 表示，这三个接线端供测量时接线使用。

2. 基本类型　兆欧表根据额定电压等级分为 500V、1000V、2500V 等类型，也有 500V 以下和2500V 以上的兆欧表，但不常用。新型的兆欧表也有用交流电作电源或采用电子技术加指示机构和显示机构的兆欧表。

3.工作原理　常用兆欧表是由手摇发电机和磁电式双动圈流比计组成。两个动圈同轴，一个动圈与一附加电阻串联，另一个动圈与另一附加电阻和被测绝缘电阻串联。手摇发电机供电，通过同轴的两个活动线圈产生转动力矩和反作用力矩。当这两个力矩相等时处于平衡状态，与此同时指针偏转某一位置，表盘上的读数就是被测量的绝缘电阻。图 1—18 为直流发电机作电源的兆欧表原理图。

图中 E、L、X 分别为接地、接线和保护环端，G 为直流发电机，R1、R2 为附加电阻，Z 为被测电阻。

4. 兆欧表的选择　选用兆欧表时，首先要考虑被测电气设备或电路的工作电压要和兆欧表的额定电压相对应。例如 500V 以下的电气设备可以选用额定电压 500V 的兆欧表，家用电器大多属于这个范围。其次，兆欧表的测量范围应与被测绝缘电阻的范围相吻合，以免产生较大的测量误差。应当指出，不能用高电压兆欧表来测量低压电气设备的绝缘电阻，以免损坏被测电器。

三、钳形电流表

在不折断电路而需要测量电流时，常用钳形表测量。钳形表分为测量交流电流和测量交、直流电流二类（见图 1—19）。

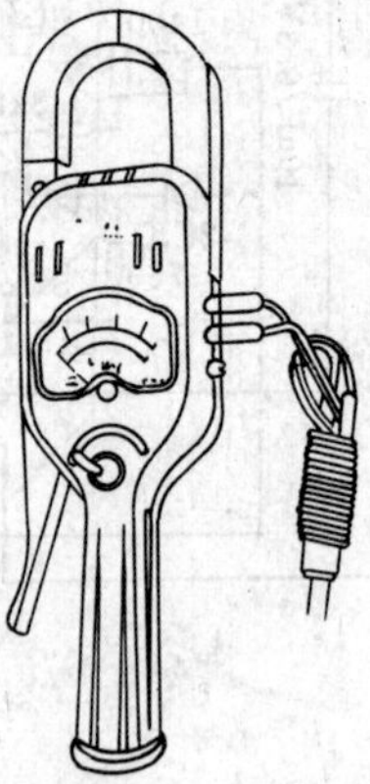

图 1—19　T302 钳形表外型图

测量交流电流的钳形表是由一个电流互感器和一个整流式仪表所组成。电流互感器是一个特殊的变压器，它是利用变压器在短路状态下电流与匝数成反比的原理制成的。电流互感器初级侧线圈匝数少，次级侧线圈匝数多。钳形表测交流电流时，被测载流导线相当于互感器的一次侧绕组。

测量交、直流的钳形表是一个电磁式仪表，放置在钳中的被测导线作为励磁线圈磁通在铁心中形成回路，电磁测量机构位于铁心缺口中间，受磁场作用而偏转，获得读数。因其偏转不受测量电流种类影响，所以可测量交、直流。

第六节　基本电路元件

一、电阻器和电位器

电阻器是电子产品用得最多的元件，因此，电阻器的好坏对电子产品质量和可靠性具有重要影响。常用的电阻器有碳膜电阻器、金属膜电阻器、绕线电阻器等。

电位器是一种机电元件，它可以把机械位移转换成电压变化。一般电位器由电阻体和可移动的电刷组成。常用电位器有实芯电位器、合成碳膜电位器、线绕电位器等。

1. 电阻器的分类　电阻器的品种很多，通常是根据电阻体材料和用途对电阻进行分类。

根据电阻体材料不同，电阻器可分为线绕电阻和非线绕电阻。线绕电阻的电阻体是绕在绝缘基体上的高阻合金丝，非线绕电阻根据电阻体制造工艺又可分为薄膜型电阻和合成型电阻。薄膜型电阻的阻体是淀积在绝缘基体上的一层电阻膜，如碳膜、金属膜等；合成型电阻的阻体是导电颗粒和粘合剂的机械混合物，可制成薄膜和实芯两种形式，如合成碳膜、合成实芯和金属玻璃釉电阻

根据用途，电阻器又可以分为通用电阻器、精密电阻器、高阻电阻器、高压和高频电阻器等。

2. 电阻器的主要参数

标称值及允许偏差　是指标在电阻器上面的名义阻值，实际测量值与标称阻值之间存在

偏差，允许的最大偏差范围称作允许偏差或精度。精度是电阻器生产和使用的一项主要指标，一般来说精度高的电阻器，温度系数小，阻值稳定性高。

额定功率　电阻器在正常大气压力及额定温度下，允许的最大耗散功率。

额定工作电压　额定工作电压是由额定功率和标称阻值乘积的平方根计算出来的电压，即

$$U_R = \sqrt{PR}$$

式中　U_R——额定电压，(V)；

　　P——额定功率，(W)；

　　R——标准阻值，(Ω)。

额定电压与电阻阻值有关，阻值越大，额定电压也越大。但考虑电阻器的电击穿，额定电压上升到一定值后受最大工作电压限制。

最大工作电压　受电阻器尺寸和结构限制，允许加到电阻两个引线端上的最大连续工作电压称为最大工作电压。

温度系数　在规定环境温度范围内，温度每改变一度，电阻值的平均值相对变化。

3. 电阻器的标志方法　电阻器有三种标志方法，即直标法、文字符号法和色环标法。前两种标法很容易辨认电阻的数值，这里只介绍两种色环标法。

两位有效数字色标法　普通电阻器用四条色带表示标称阻值和允许偏差，其中三条表示阻值，一条表示允许偏差，见图 1—20。

三位有效数字色标法　精密电阻器用五条色带表示标称阻值和允许偏差，见图 1—21。

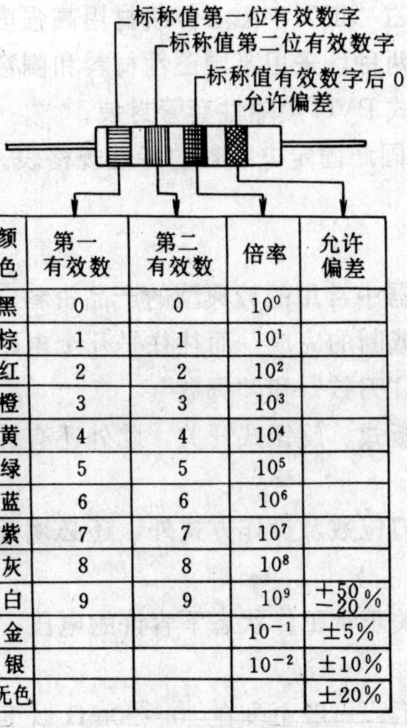

颜色	第一有效数	第二有效数	倍率	允许偏差
黑	0	0	10^0	
棕	1	1	10^1	
红	2	2	10^2	
橙	3	3	10^3	
黄	4	4	10^4	
绿	5	5	10^5	
蓝	6	6	10^6	
紫	7	7	10^7	
灰	8	8	10^8	
白	9	9	10^9	$^{+50}_{-20}\%$
金			10^{-1}	±5%
银			10^{-2}	±10%
无色				±20%

图 1—20　两位有效数字的阻值色标表示

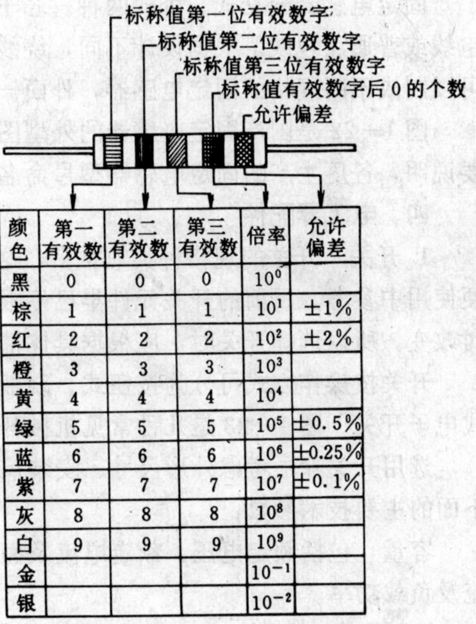

颜色	第一有效数	第二有效数	第三有效数	倍率	允许偏差
黑	0	0	0	10^0	
棕	1	1	1	10^1	±1%
红	2	2	2	10^2	±2%
橙	3	3	3	10^3	
黄	4	4	4	10^4	
绿	5	5	5	10^5	±0.5%
蓝	6	6	6	10^6	±0.25%
紫	7	7	7	10^7	±0.1%
灰	8	8	8	10^8	
白	9	9	9	10^9	
金				10^{-1}	
银				10^{-2}	

图 1—21　三位有效数字的阻值色标表示

二、电容器

1. 基本概念　电容器是储存电荷的容器，存储电荷数量的多少取决于电容器的电容量。

我们规定在1伏电压作用下，电容器储存1库仑电量时的电容器容量为1法拉，简称法（F）。即

$$1\,F=\frac{1\,C}{1V}$$

法拉单位太大，常用微法（μF）或皮法（pF）表示电容器容量，它们的转换关系为：

$$1F=10^{6}\mu F=10^{12}pF$$

2. 电容器的分类　根据电容是否可调将电容器分为固定电容器和可变电容器。根据电容器制造的介质又可分为有机介质电容器（如纸介电容、塑料薄膜电容等）、无机介质电容器（如云母电容、陶瓷电容）、气体介质电容器（如真空电容、充气式电容）、电解电容器（如铝电解电容、钽电解电容）。

3. 电容器的主要参数

标称容量及允许偏差　在每个电容器上都标有电容容量数值，此数值称为标称值。它与本身实际容量之间的偏差称为允许偏差。

额定工作电压　在一定温度下，可以连续加在电容器上最高直流和交流电压有效值。

绝缘电阻　加在电容器上的电压与漏导电流之比称为电容器的绝缘电阻。

三、电感器

凡是能够产生电感作用的元件都可以称为电感元件，都是利用它在磁场中储存能量的本领。常用的电感元件有固定电感器、阻流线圈和专用的电感线圈，有的是用导线绕成的空心线圈构成。为了增加电感量和 Q 值，减小体积，有的在线圈中增加了铁心和磁心。这里主要介绍常用的固定电感器。

固定电感器分立式、卧式两种。芯子采用带引腿的软磁“工”字磁心，线材用高强度漆包线或普通漆包线。根据设计不同，绕线时有排绕、乱绕两种，采用不同磁性材料和圈数就可以制成不同规格的固定电感器，外面一般采用酚醛树脂式 PVC 热缩性套管封装。

图 1—22 是国产固定电感器的外型图。表 1—7 是部分国产固定电感器的特性规格表。需要说明，各厂生产的固定电感器型号命名方法互不相同。

四、电工零配件

1. 开关　开关的规格种类非常多，这里仅介绍家用电器中常用的较典型的产品资料，以便使用中参考。目前的开关元件早已不限于一个电路的通或断的完成，而往往是几个电路同时改变。所以选择开关时，应根据具体情况来确定开关的“刀数”和“掷数”。

开关按操作方式可分为按钮式、跷板式、推移式、倒板式、旋钮式开关，此外还有触摸式电子开关。图 1—23 是几种常见机械开关的外形图。

选用开关除了考虑外形尺寸、安装尺寸、安装方式、刀位数及操作方式外，还必须考虑下面的主要技术参数：

容量　包括额定电压、额定电流及额定功率，系指开关正常工作状态下容许的电压、电流及负载功率。

接触电阻“接触点”导体间所呈现的电阻称为接触电阻，一般至少在 10～20mΩ 以下。

绝缘电阻　对指定的导体间绝缘体所呈现的电阻称为绝缘电阻，一般应大于 10^{2}～10^{4}MΩ。

耐压或抗电强度　对指定导体间所能承受电压的最低值，一般要求大于 100～500V，有

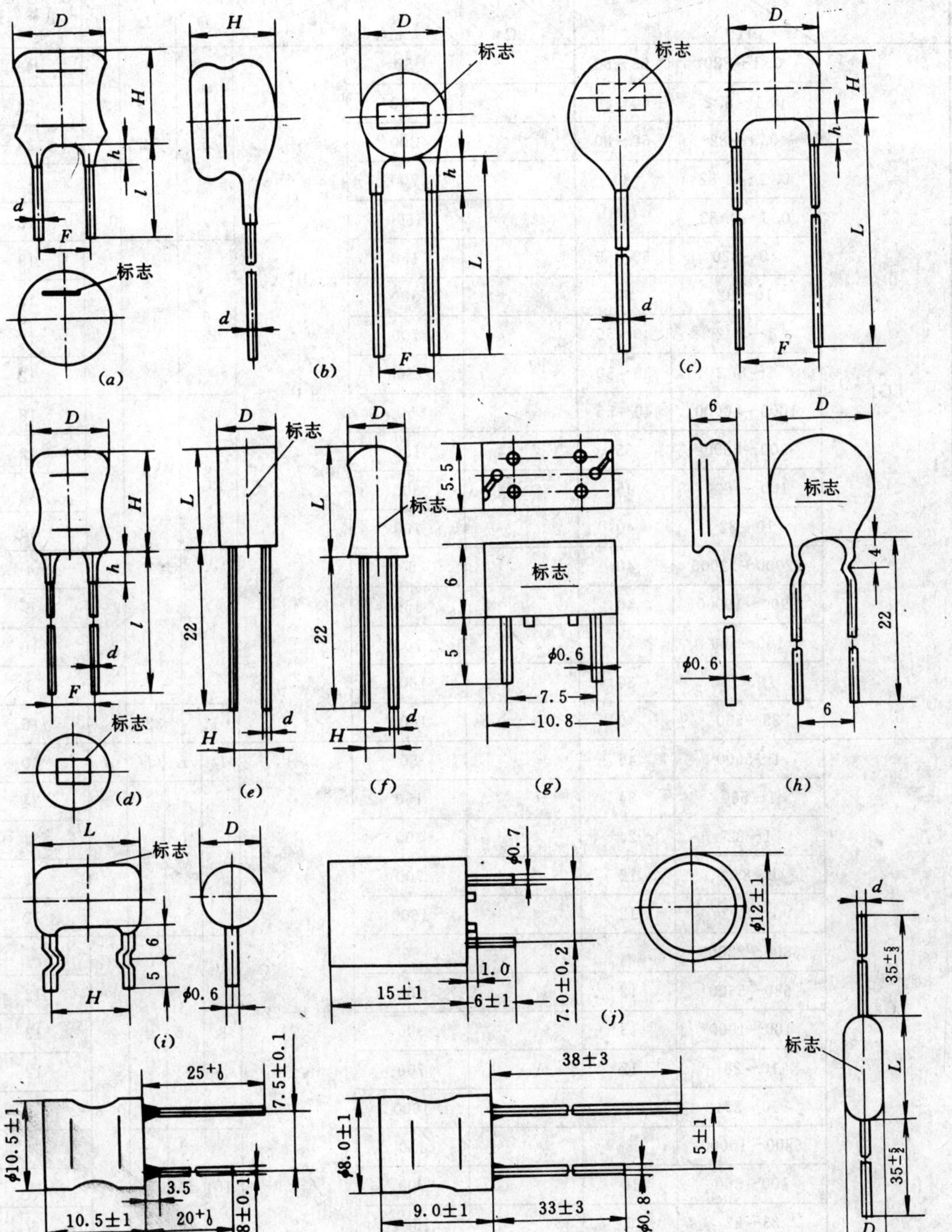

图 1—22　固定电感器外型图

表 1—7　　　　　　　　　　　　固定电感器特性规格

型　号	电感量范围 μH	Q值	直流电阻 Ω	额定电流 mA	外形图	尺寸/mm D	L	H	d	有效电感量系列数
LG1	0. 1～820	55～80		50	图 1—22					48
	0. 1～8. 2	50～80		150						24
	0. 1～82	50～80		300		5	12			24
	0. 1～0. 82	80		700						12
	0. 1～0. 82	80		1600					0. 6	12
	10～330	50～55		150						19
	10～82	50		300		6	14			12
	1～8. 2	40～50		700						12
	1～8. 2	30～50		1600						12
	1000～10000	40～55		50						13
	300～3300	55		150		8	18			12
	100～1000	45		300						13
	10～82	40		700						12
	12000～22000	40		50					0. 8	4
	3900～10000	40		150						6
	100～560	40		700		10	22			10
	10～27	30		1600						6
	33～560	40		1600		15	32			16
LG2	1～5600	46		50	图 1—22	*D*	*L*	*H*	*d*	40
	1～560	34		150						34
	1～82	24		300						24
	1～8. 2	12		700		6. 5	10	3	0. 6	12
	1～8. 2	12		1600						12
	6800～22000	7		50						7
	680～5600	12		150						12
	100～1000	13		300		8	12	4		13
	10～28	12		700						12
	10～27	6		1600					0. 8	6
	6800～10000	3		150						3
	100～560	10		700		10	14	5		10
	33～82	6		1600						6
	100～560	10		1600		12	18	6		10
LG2－S 和 LG2－F	100～820	40		150		5. 5	8. 5	1. 8	0. 6	12

时要求 300V 以上。对于电源开关，这是很重要的参数，因为它不仅是完成功能的保证，而且关系到人身和设备的安全。

寿命　开关正常工作的最低次数称为开关的寿命，通常要求不低于一万次。

2. 熔断器盒　熔断器盒用于安装各种规格的管状熔断器，在家用电器中起交、直流过流保护作用。熔断器盒分带指示和不带指示两种，主要技术特性如下：

工作电压　一般在 250～500V

额定电流　3～5A

接触电阻　不大于 0.02Ω

寿命　更换保险管 200 次以上

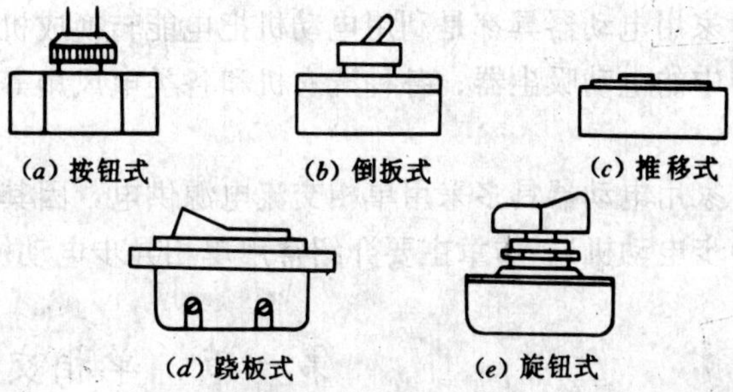

图 1—23　常见开关外形图

熔断器盒的性能规格见表 1—8。

表 1—8　　**熔断器盒的性能规格**

产品型号		结构特性	配用保险管尺寸
BH_1 型	BH_1—1	螺母固定式	φ6.5×45，φ6.5×30
	BH_2—2	凸缘固定式	φ6.5×45，φ6.5×30
BHC 型	BHC1	卡口式，尾角可伸长	φ6.5×30
	BHC2	卡口自锁式，尾角不能伸长	φ6.5×30
BLX 型	BLX	螺母固定式，尾角可伸长	φ6.5×30
	BLX—1	面板前固定式，尾角可伸长	φ6.5×20
	BLXN	带指示式	
BIF 型		螺母固定封闭式，尾角可伸长	φ6.5×45
BCF 型		螺母固定封闭插口式	φ6×30
BCZ 型	BCZ—1	插口式	φ5×30
	BCZ—2	插口式	φ5×20
	BCZ—3	插口式	φ5×20
BLC 型		螺母固定，超小型	φ3×10

第二章　家用电动器具的电动机

家用电动器具都是利用电动机把电能转换成机械能，直接做功为人类服务的，例如家用电器中的电动吸尘器、各种洗衣机和各类电风扇等。因此，电动机是家用电动器具的核心部分。

家用电动器具多采用单相交流电源供电，因其使用的电动机为单相交流电动机（或称单相异步电动机）。本章主要介绍常用单相异步电动机的原理、种类和特点。

第一节　单相交流电动机

一、单相异步电动机

1. 电动机的结构　单相异步电动机是由定子和笼型转子组成。电动机的定子绕组一般由主绕组和副绕组（又称启动绕组）两套沿定子内槽嵌放的绕组构成，空间上相差90°电角度。它的转子采用具有斜槽的鼠笼。

2. 电动机的工作原理　由电机原理可知一相绕组所产生的磁场不是旋转磁场而是脉动磁场，电机转子得到总转矩为零。因此单相异步电动机不能自行启动。

为了得到启动转矩，通常将一相绕组分为两组绕组（至少启动时分为两组绕组），即主绕组又称工作绕组，副绕组又称启动绕组。图2—1为这种电动机的启动原理图。

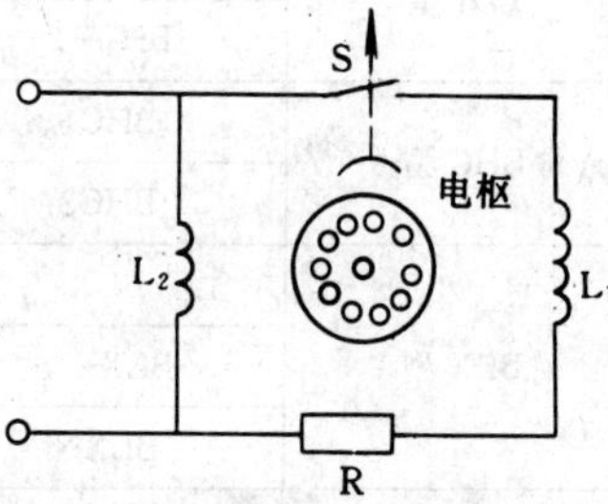

图2—1　电动机启动原理图

主绕组 L_1 为运转绕组，电感较大而电阻较小，副绕组 L_2 电感较小，电阻较大。为了提高其电阻对电抗比，有时还串入一个附加电阻。主、副绕组在沿定子槽嵌放时，在空间相隔一定的电角度。当 L_1、L_2 两个绕组加上单相交流电源时，依赖两个电阻和电抗值不等的两个绕组产生的电流相位差产生旋转磁场。由于电磁感应，转子便可转动起来。

转子转动后，电动机就不再借助副绕组 L_2 而能继续旋转，当转速升高到额定值的70%～80%时启动开关S自行打开，副绕组 L_2 就脱离了电源。所以副绕组只是在启动时起到分相作用，这种电动机也因此被称为阻抗分相电动机。

二、电容分相式异步电动机

电容分相式异步电动机的定子绕组有两个，一个是运转绕组，一个是启动绕组，两者相隔90°电角度。启动绕组串联了一个电容器，由于电容的移相作用，使得两个绕组的电流产生了相位差，因而产生旋转磁场，使电动机获得启动转矩而运转。

根据电路电容器的安装方式，电容分相式电动机又可分成电容启动式、电容运转式、电容启动与运转式。

1. 电容启动型　启动绕组回路中串联了一只启动电容器，以提高启动转矩。当电动机转速达到额定值 70%～80%时，利用启动开关（可以是热敏继电器等控制部件）使电容与启动绕组断开，只有运转绕组通电。

电容启动电动机启动性能好，启动转矩大，启动的电流就小。

2. 电容运转型　启动绕组中串联了一只电容，不论是启动还是运转，电容都接在电路中，而不断开，这种单相异步电动机称为电容运转型电动机（或称为永久分相式电动机）。它的特点是结构简单、噪声低、效率高、过载能力强，广泛应用于电风扇和洗衣机中。

3. 电容启动与运转型

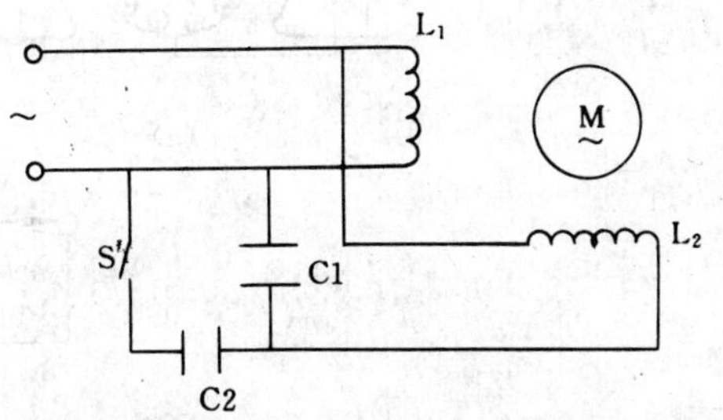

图 2—2　电容启动电容运转电动机接线图

如图 2—2 所示，电路中接入 C_1、C_2 两个电容器，C_1 容量较小，C_2 容量较大，启动时通过启动开关使 C_1、C_2 并联于电路中。启动后启动电容断开，C_1 仍接在电路中。这种改进后的分相电动机有较大的启动转矩，负载能力较大。

三、罩极式电动机

这种电动机的定子绕组也分成主绕组和副绕组，副绕组用一个短路铜环把部分磁极套起来，故称为罩极线圈或短路环。其特点是结构简单、制造方便、转速稳定、噪声小，但启动转矩小，多用于电唱机、收录机及电钟等。图 2—3 为罩极式电动机的结构原理图。

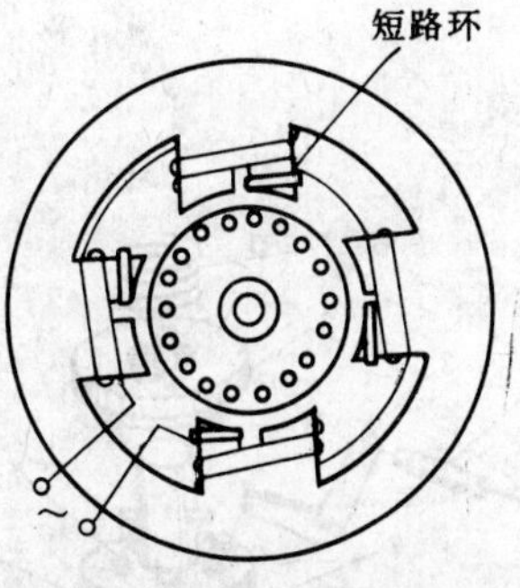

图 2—3　罩极式电动机原理图

四、单相串励电动机

单相串励电动机由定子（励磁绕组）和转子（电枢绕组）两部分组成。因为两个绕组是串联连接，所以称为串励式电动机。

单相串励电动机的工作原理是建立在直流串励电动机的基础上，所以它是交、直流电两用，使用交流电产生的转矩平均值与使用直流电产生的转矩相等。其特点是转速高、启动转矩大、调速方便，广泛用于吸尘器、电吹风、手电钻和食物搅拌器中。图 2—4 是这种电动机的工作原理。

五、家用电动器具对电动机的特殊要求

1. 洗衣机对电动机的特殊要求　洗衣机工作时，一是要频繁地启动，二是要不断地交替正反转，因此要求电动机启动转矩大，启动电流小，过载能力较强。为了方便变换旋转方向，电机的两个绕组圈数和直流电阻值要尽可能相同。

2. 电风扇对电动机的特殊要求　电风扇功率较小，工作时间长，备有不同的送风量和送风速度，所以要求电动机长时间工作时温升小，低压启动性能好，调速方便和噪声小。此外，吊扇要求定子在中间，转子在外边带动扇叶旋转，以便悬吊固定。

3. 吸尘器对电动机的特殊要求　吸尘器电动机的主要作用是抽真空，因此要求转速高，启动转矩大，噪声低。

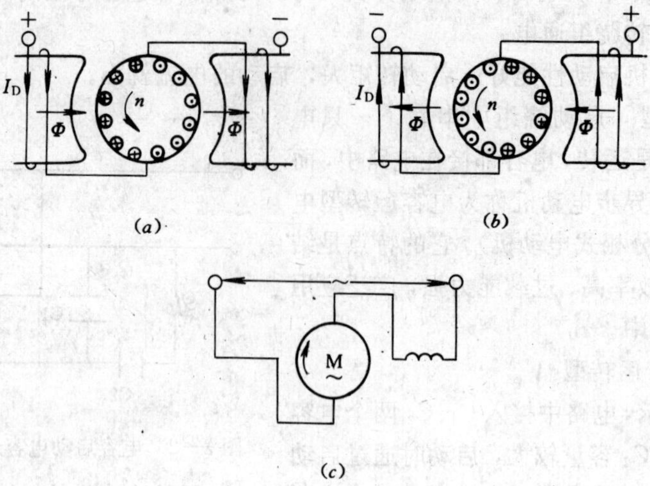

图 2—4　单相串励电动机工作原理

第二节　单相电动机的传动方式

一、带传动

家用波轮式洗衣机的电动机传动方式是带传动的典型应用。传动机构主要包括电动机轴上的主动轮、波轮下方的从动轮和带。一般双桶洗衣机大带轮是小轮直径的 2～3 倍，通过带传动将电动机的动力传给波轮，并将电动机的转速从 1400r/min 降低到 400～700r/min。

带传动的特点是：运转平稳，噪声小，可缓和冲击，当过载时带打滑能防止损坏其它部件。带传动多用于主动轴与被动轴轴心距较大的场合。

二、齿轮传动

家用电器中电动机齿轮传动的典型是电风扇的摇头机构，这种机构主要由两级减速机构、连杆机构、摇头机构和保护装置构成。

最常用的杠杆式摇头机构如图 2—5 所示。

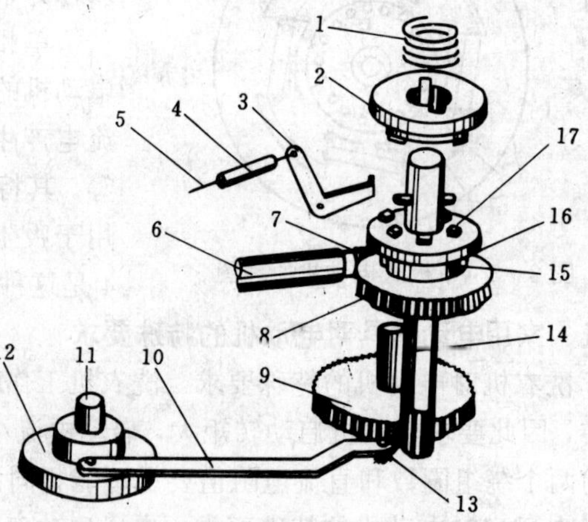

图 2—5　电风扇杠杆式摇头机构

1—离合器压缩弹簧　2—离合器上齿　3—离合器扣钩　4—钢丝套　5—钢丝拉绳　6—电动机转轴　7—蜗杆　8—蜗轮　9—摇头直齿轮　10—摇摆连杆　11—前盖中心轴　12—摇摆盘　13—开口销钉　14—齿合轴　15—弹簧片　16—钢珠　17—离合器下齿

电风扇开启电源后，电动机转轴

后端的蜗杆与齿轮啮合，使离合器下齿转动完成第一级减速。当控制钮旋到摇头位置时，离合器上齿在压缩弹簧的作用下下移与离合器下齿轮啮合，上下齿一体并带动齿合轴一起转动。位于齿合轴下端的直齿杆与摇头直齿轮相啮合完成第二级减速，摇头直齿轮带动摇摆连杆和摇摆盘运动，使电风扇扇头来回摇摆。

当置于不摇头位置时，处于拉紧状态的钢丝使离合器扣钩顶起离合器上齿，使离合器上下齿脱开，齿合轴停转，风扇也就停止摆动。

齿轮传动的特点是结构紧凑、可靠性好，缺点是设计制造要求精度较高。

第三章　家用电动器具的结构与工作原理

第一节　普通电风扇

一、类型、规格及主要技术指标

1. 类型　电风扇按结构和用途可分为台扇、落地扇、壁扇、吊扇和换气扇等。

2. 规格、型号　电风扇的规格常按照扇叶直径大小来区分。尺寸单位有公制和英制两种，可按照1 英寸≈25.4mm 进行换算。电风扇的型号是用英文字母和阿拉伯数字组成的。电风扇的用途属于空调器具类，其类别代号为 K，由于使用很普遍，一般将其省略。电风扇的组别代号为 F，电风扇的系列代号和型式代号见表 3—1。

表 3—1　　电风扇的系列和型式代号

系列代号	型式代号
H——罩极式	A——轴流排气扇
R——电容式（可省略）	B——壁式
T——三相	C——吊式
Z——直流	D——顶式
	S——落地式
	T——台式

电风扇型号与规格的组合表示说明如下：

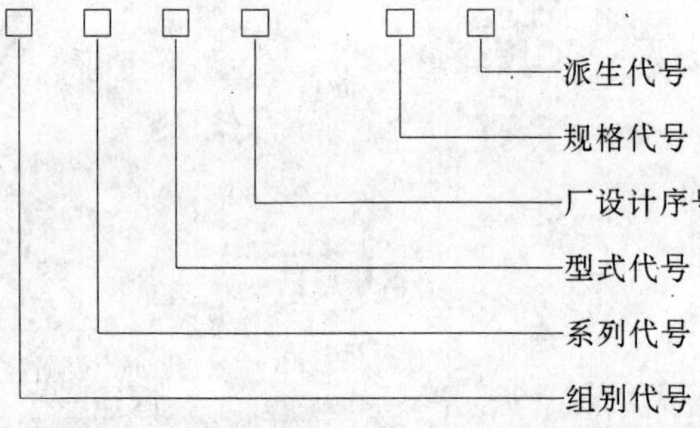

3. 主要技术指标　电风扇的各项性能参数都应符合国家标准，现简介如下：

（1）安全性能　一般 A 级绝缘或 E 级绝缘。热态或潮态下，绝缘电阻均不得小于 2MΩ，接地电阻不得大于 0. 2Ω，泄漏电流不大于 0. 3mA。

（2）排风量　排风量是指电风扇在额定电压、额定频率和最高转速条件下运转时，每分钟排出的最小风量，单位是 m^3/min。

（3）启动性能　在额定频率、额定电压下要求启动自如，3～5s 内达到全速运转。一般要求当电压为额定值 85％时电风扇仍能启动。

（4）调速比　调速比是指风扇在额定电压下运转时，最低档转速与最高档转速的比值，以百分数表示，即：

调速比＝（最低转速/最高转速）·100％

（5）温升　风扇电动机的温升在环境温度为40℃时，A级绝缘电动机绕组不超过60℃，E级绝缘电动机绕组不超过75℃。

（6）噪声　风扇噪声来源于电动机、扇叶和机械传动部分，合格电风扇噪声应在60dB以下。

（7）使用寿命　正常条件下连续运转5000h后，仍能正常运转。

二、基本结构与工作原理

1.台扇和落地扇的整体结构　台扇和落地扇基本结构相同，其主要区别在于机座和立柱。我们以台扇为例介绍普通电风扇的基本结构。图3—1是台扇的基本结构。

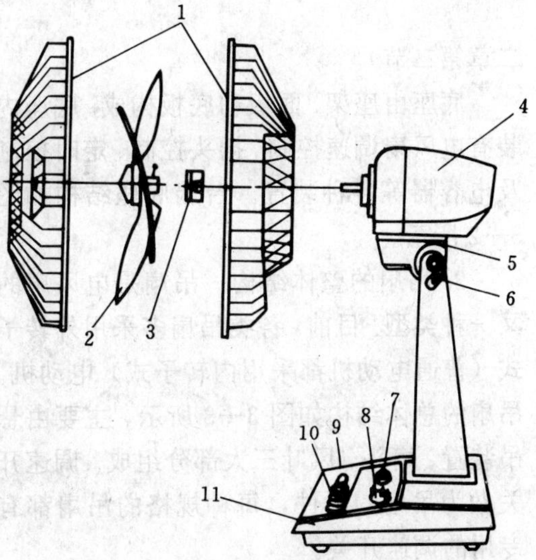

图3—1　台扇的基本结构

1—网罩　2—扇叶　3—紧固螺母　4—电动机　5—连接头　6—立柱紧固螺母　7—定时开关　8—摇头开关　9—指示灯　10—调速（琴键）开关　11—底座

台扇主要由网罩、扇叶、电动机、摇头机构、底座、调速机构六大部分组成。

扇叶（或称风叶）是电风扇的重要部件，通过它的高速运转产生强制气流来推动周围空气流动，使空气产生对流达到通风降温的目的。风叶设计好坏，对电风扇的功率消耗、风量、风速和噪声都有很大影响。因此，对扇叶的形状和材质都有很严格的要求。风扇叶片一般多为三片，也有四片的，如日本松下、东芝等公司已采用四片风叶。台扇的风叶由叶片和风叶套组成。风叶是用铝板或塑料整体或分片冲制而成的，称重分组后铆接在套筒上。

图3—2　台扇的底座结构

1—开关钮　2—前面罩板　8—指示灯面　4—定时器　5—琴键开关　6—电容器　7—电源线　8—调速器　9—座子　10—装饰件　11—夹紧螺钉

网罩由前后两部分组成，其作用是为了防止人体触及风叶发生伤害事故。网罩要有足够的机械强度，且造型美观。

电风扇的电动机决定着电风扇的技术指标和寿命。台扇和落地扇采用微型单相交流电动机，多是电容运转式电动机。

摇头机构普遍采用齿轮传动的杠杆离合式摇头机构（详见第

二章第二节）。

底座由座架、面板和底板构成。底座内装有电风扇调速控制、摇头控制、定时控制及电容器等各种装置。台扇底座结构如图3—2所示。

2. 吊扇的整体结构　吊扇是电风扇的又一种类型。目前，各类吊扇多采用外转子式（普通电动机都采用内转子式）电动机。吊扇的总体结构如图3—3所示，主要由悬吊装置、扇头、风叶三大部分组成。调速开关做为吊扇的附件，每种规格的吊扇都有专用的调速开关。

3. 转页扇的基本结构　转页扇又称鸿运扇或箱式风扇，是近年来兴起的一个新品种。其主要特点是在风叶出风面位置上加装了一个格栅形的导风轮，导风轮上的叶片按一定角度排列，可以使风叶送出的风按导风轮的旋转方向连续排出，从而改变原来的方向，形成不同方向柔和的风。

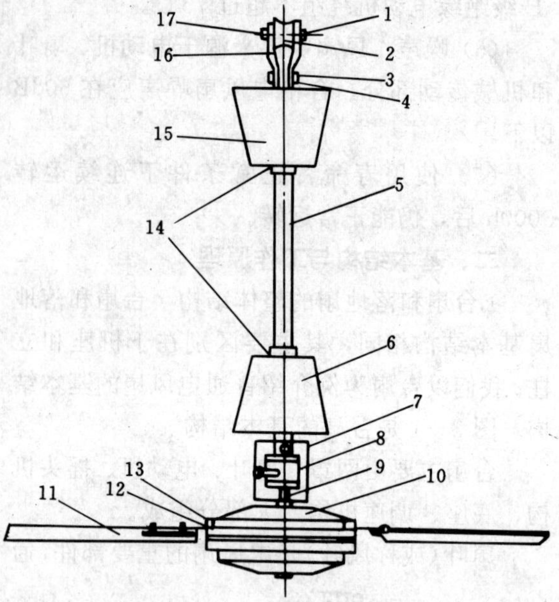

图3—3　吊扇的总体结构

这种风扇主要由外壳、导风轮、风扇电动机、同步电动机扇叶、定时器及调速开关构成。图3—4是转页扇的结构图。

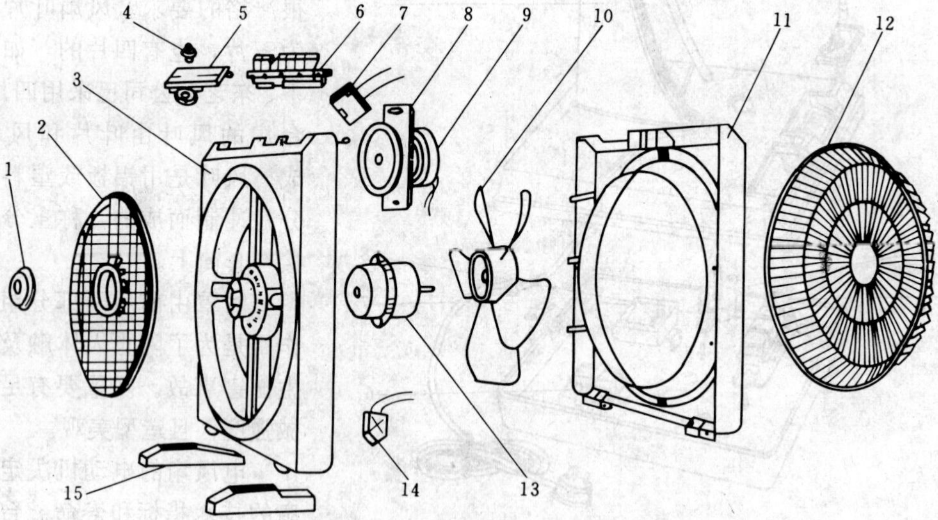

图3—4　转页扇风扇的结构

1—紧固环　2—导风轮　3—前壳　4—旋钮　5—定时器　6—琴键开关　7—电容器　8—摩擦传动总成　9—同步电动机　10—风叶　11—后壳　12—尾罩　13—风扇电动机　14—安全开关　15—底座

4. 电风扇的电器工作原理　普通电风扇的电器部分主要由电动机和调速器构成，我们以常用的电容运转式单相异步电动机和外电路降压调速法来说明普通电风扇的电器工作原理。其原理接线图如图 3—5 所示。

这种电动机的定子绕组分为一次绕组和二次绕组（或叫做运转绕组和启动绕组），而且绕制时在定子槽中相差 90°电角度。由于二次绕组串接电容，接通电源时，二次绕组电流超前 90°，这样定子绕组形成的旋转磁场使转子产生一定的转矩而运转。由于二次绕组在启动时或电动机运行时都长期处在工作状态，所以，这种电动机实际上相当于一个两相电动机。

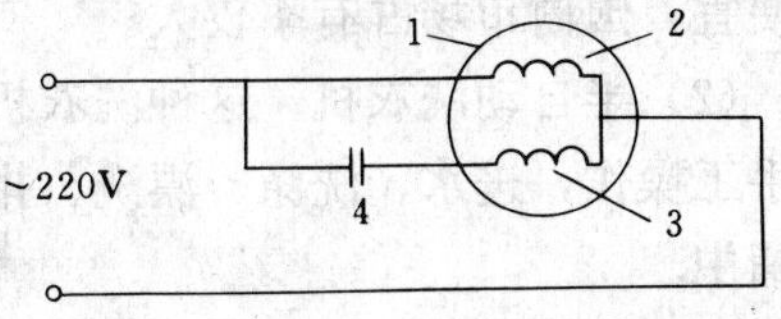

图 3—5　电容运转式单相异步电动机接线图

1—电动机　2—运转绕组　3—启动绕组　4—电容器

5. 电风扇的调速原理　电风扇调速，一般采取降低绕组电压从而减弱电机的内部磁场强度来实现改变转速的目的。电风扇调速方法主要有两种，一是降低电压，使电动机低压运行减速称为外电路降压调速；二是在定子二次绕组和一次绕组之间接一个和几个调速绕组，利用调速开关使各档电机运转、启动绕组匝数比不同来改变磁场强度，从而改变电动机转速，这种方法的特点是电机的原电压不变。在高档风扇中多采用电子调速，下面简介两种常用的外电路降压调速法。

电抗器法　单相罩极电动机和电容运转式异步电动机都可以在供电电路中串入或并入电抗器，利用调速开关调节电动机的端电压而改变转速。当开关置于快档时，电动机端电压最高，转速最快，风量最大。当开关置于慢档时，电动机串入电抗器一部分或全部线圈，电动机端电压降低，转速也随之降低，风量减小。图 3—6 为串联电抗器的调速电路原理图。

电容器法　利用调速开关改变串接电容器容量来改变电动机电压，实现调节电机转速的目的，这种方法称为电容器法。图 3—7 是这种方法的原理图，图中 R_1、R_2 为电容器的放电电阻。这种方法具有性能好、结构简单、造价低、风扇启动转矩较大的特点。

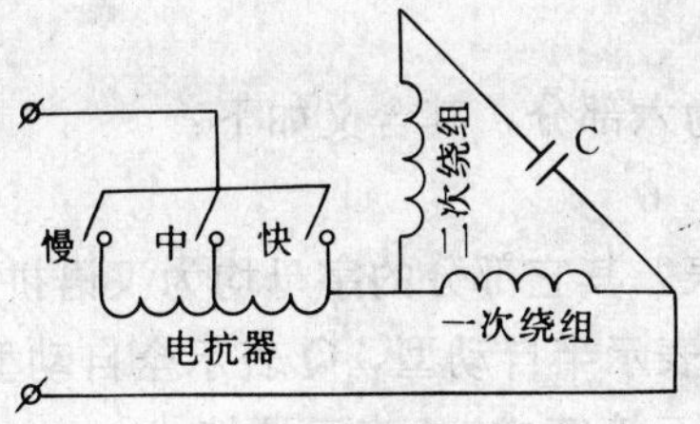

图 3—6　电抗器调速原理图

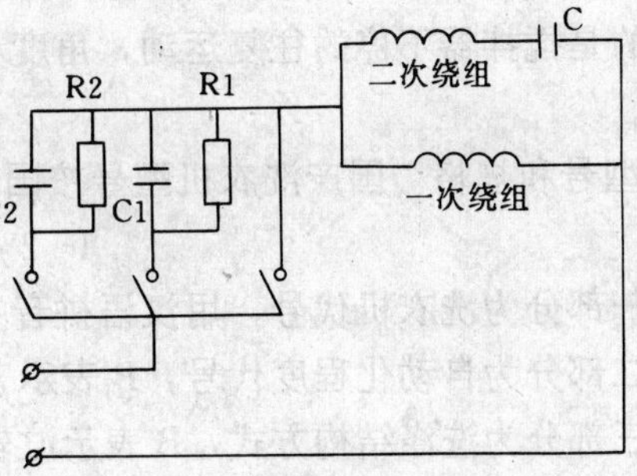

图 3—7　电容器法电路原理图

第二节　普通洗衣机

一、洗衣机类型、规格及主要技术指标

1. 洗衣机的分类　家用电动洗衣机通常按自动化程度和结构原理两种方法分类。按自动

化程度洗衣机可分为：

（1）普通洗衣机　洗涤、漂洗、脱水、进水、排水各功能的操作均需手工转换，定时器在洗净或脱水时间达到预定时间时可切断电源使机器停止运转。这类机型结构简单、价格相对便宜，国内市场占有率较大。

（2）半自动洗衣机　这种洗衣机在洗涤、漂洗、脱水等功能间的任意两个功能的转换不用手工操作，进水、洗涤、漂洗、排水等方面能自动进行，但脱水时仍需手工将衣物放入脱水桶中。

（3）全自动洗衣机　洗涤、漂洗、脱水功能的转换能自动进行，在选定的工作程序内，由机电式程序控制器或微电脑控制程控器适时发出各种指令，完成各个执行机构的动作，洗衣过程自动进行。

洗衣机按结构原理分类可分为：

（1）波轮式洗衣机　波轮式洗衣机是将衣物浸入洗涤液中，靠波轮正、反向交替转动使衣物翻滚而达到洗净衣物的目的。波轮式洗衣机因波轮在洗衣桶内的安装方式不同，又分为斜置式和平置式两种。

最近几年，市场推出的大波轮新水流洗衣机的特点，是放大或增高了波轮尺寸，改变了波轮形状。目的在于降低洗涤物缠绕，提高洗涤均匀性，改变水流形式，以便充分利用洗涤桶空间，增大洗涤容量，从而改善了综合洗涤效果。因波轮外形不同又分为棒式波轮（日立公司）、鸭嘴形波轮（夏普公司）、三叉式波轮又称凸形波轮（三洋公司）等，国内多数厂家生产的是三叉式波轮式洗衣机。

（2）滚筒洗衣机　滚筒洗衣机是目前世界上不少国家采用的一种较先进的机型，济南生产的小鸭圣吉奥属此类产品。这种机型又以装衣物部位不同分为上装式和前装式两种。它与波轮式相比，具有节水、容量大、洗涤性能好、洗涤范围广的特点，但由于耗电量大、洗涤时间长、造价高而影响了在国内的推广。

（3）搅拌式洗衣机　在美国市场这种机型历史悠久，它的洗涤原理类似大波轮新水流洗衣机。当机器工作时，洗桶中央竖直安装的搅拌器绕轴心正、反向摆动，搅动洗涤液和衣物，所不同的是搅拌器不停的往复运动，角度小于360°。全自动搅拌式洗衣机结构复杂，我国较少生产。

2. 型号和规格　国产洗衣机型号按国家规定分为六部分，其含义如下：

1 2 3 4——5 6

第一部分为洗衣机代号，用汉语拼音字母X代表，其它部分的字母均为汉语拼音；

第二部分为自动化程度代号，P表示普通型，B表示半自动型，Q表示全自动型；

第三部分为洗涤结构方式，B表示波轮式，G表示滚筒式，J表示搅拌式；

第四部分为洗衣机额定容量的规格代号，以阿拉伯数字表示；

第五部分为工厂设计产品的序号；

第六部分为结构型式代号，S表示双桶，单桶则不标字母。

例如XPB30—2S表示普通双桶洗衣机，洗涤容量3kg，系厂家第二代产品。

XQG50—4表示是洗涤容量5kg的全自动滚筒洗衣机，是工厂第四代产品。

3. 洗衣机的主要技术指标

（1）洗净性能　一台洗衣机的洗净性能用洗净比来表示，如：

$$C=\frac{D_r}{D_s}$$

式中 C——洗净比；

D_r——被测洗衣机的洗净率（%）；

D_s——参比机的洗净率（%）。

显然 C 值越大，洗净能力越高。国家规定波轮式洗衣机洗净比不得小于 0.8。

（2）磨损率　是衡量一台洗衣机对洗涤物的机械磨损程度。测量时，放入额定容量负载连续运转 4 小时后取出，用失重法或捞渣法确定磨损率。

失重法：$磨损率=\frac{P_0-P}{P_0}\times100\%$

式中 P_0——标准试验布质量，kg；

P——标准试验布洗涤后质量，kg。

捞渣法：$磨损率=\frac{P_1}{P_0}\times100\%$

式中 P_1——标准试验布过滤后所得绒渣质量，kg；

P_0——洗前标准测试布质量，kg。

波轮式洗衣机磨损率不大于 0.2%。

（3）脱水率　洗衣机甩干程度用脱水率来表示，脱水率是通过测定额定洗涤物脱水后的质量，并以此质量和洗衣机额定脱水容量相比较而得到的比值，即：

$$脱水率=\frac{额定脱水容量}{额定脱水容量标准布脱水后质量}\times100\%$$

国家规定普通型洗衣机脱水率应大于 50%。

（4）振动　洗衣机在额定工作状态下运转稳定时，用测振仪测量机箱前后左右各面中心部位的振幅，应不大于 0.8mm，机盖中心部位的振幅应不大于 1mm。

（5）噪声　国标规定洗涤和脱水时的噪声均不大于 75dB。

（6）排水时间　在不放入洗涤物的情况下，2.5kg 以下容量的洗衣机排水时间不超过 2min，3～5kg 洗衣机不超过 3min。

（7）定时器误差　国标规定 15min 洗涤定时器，其误差不超过±2.5min，5min 脱水定时器不超过±1.5min。

（8）消耗功率　国标规定消耗功率应在额定功率 115%以内。

（9）绝缘电阻　洗衣机带电部分与非带电机箱金属部分之间的绝缘电阻，按国标规定用 500V 兆欧表测量，无论热态或潮态都不应小于 2MΩ。

（10）泄漏电流　在工作状态下，人体可能接触到的洗衣机外露非带电金属部分，与电源线之间的泄漏电流应不大于 0.5mA。

二、普通双桶洗衣机基本结构和电器原理

目前，国内生产量较大、使用也较广泛的普通波轮式双桶洗衣机，由于操作方便，价格适中，深受人们欢迎。我们以这种机型为例说明普通洗衣机的基本结构与电器工作原理。

1. 基本结构　尽管国内外普通双桶洗衣机的规格型号很多，但基本结构大同小异，主要由控制、洗涤和脱水三个部分构成整体结构，如图 3—8 所示。

控制部分主要由洗涤定时器、脱水定时器、洗涤方式选择开关、注水开关组成。

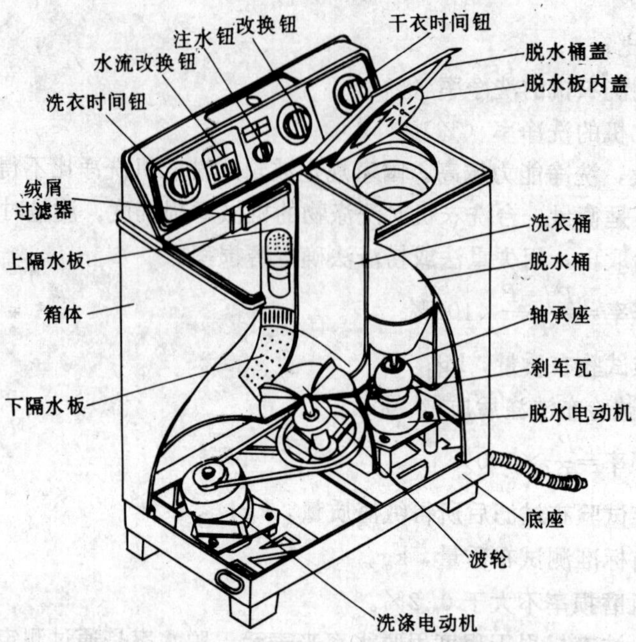

图 3—8　普通双桶波轮式洗衣机结构图

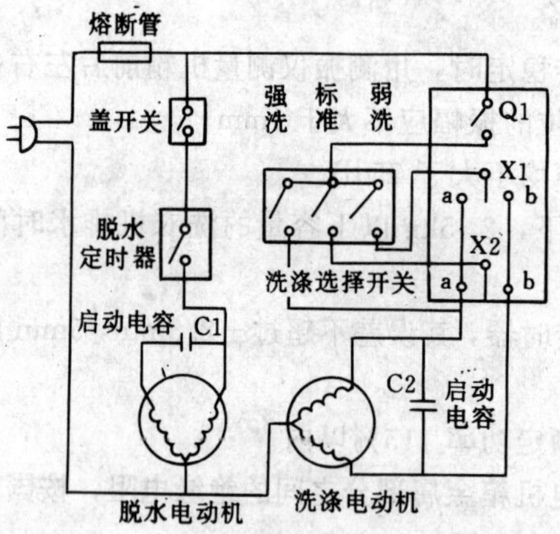

图 3—9　普通双桶洗衣机控制电路

洗涤部分包括洗涤桶、波轮、轴套、水封、过滤系统。

脱水部分由脱水内桶、外桶、电机、刹车机构等组成。

2. 电器工作原理

(1) 控制电路工作原理　控制电路原理图 3—9 中，洗涤定时器主触点开关 Q_1 和洗涤选择开关相串联，洗涤时按下洗涤开关按键中的一个，然后旋转洗涤定时器到某一时间，此时 Q_1 闭合，电流通过 Q_1 和选择开关向洗涤电动机供电，电动机转动，开始洗涤。当定时器回转到起始位置时，开关 Q_1 断开，洗涤结束。

脱水部分的定时器与盖开关在电路中串联。当合上脱水桶外盖并顺时针旋转脱水定时器至某一位置时，电路形成闭合回路，脱水电机运转，洗衣机进入脱水工作状态。当脱水定时器转回到原来位置时，脱水过程结束。脱水过程中只要开盖，脱水电动机即刻断电，从而起到了安全保护的作用。

新水流双桶洗衣机和普通双桶洗衣机控制电路类似，只是在电路中使用的定时器不是发条式而是电动式，定时精度更高。此外，脱水和洗涤结束时，安装在电路中的蜂鸣器通电，可提醒操作者。

(2) 电动机工作原理　国内生产的洗衣机均采用电容运转式电动机。为了满足洗衣机频繁正、反转的要求，电动机的主、副绕组圈数、线径及分布设计相同，依靠定时器周期性地把电容串接到主、副绕组上，从而改变了旋转磁场的方向，实现了电动机的正、反转。其原理图如图 3—10 所示。

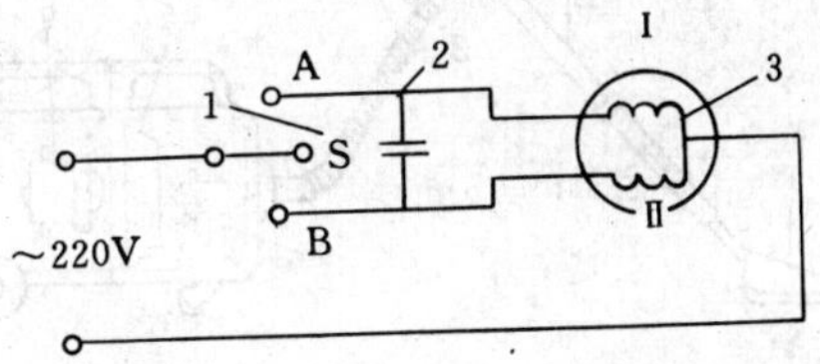

图 3—10　洗衣机电动机原理接线图

1—定时开关　2—电容器　3—电动机

第三节　电动吸尘器

一、类型、特点及主要性能指标

1. 类型及其特点　吸尘器是现代家庭常用清洁器具，主要用来清除地面、地毯、沙发、墙壁和家具的灰尘，使用省时、省力，效率高，效果好。

电动吸尘器种类很多，分类方法也不统一，常按形状大小和使用功能分类。按形状分类，电动吸尘器可分立式吸尘器、卧式吸尘器、便携式吸尘器；按使用功能分类，可分为干式吸尘器、干湿吸尘器、吸尘打蜡机等。

立式吸尘器的主要特点是立轴垂直安装，筒体多为圆柱形，外径约 30～36cm，高度约为 30～50cm。电机转速高达每分钟 18000 转，风量大，真空度高，主要用于实验室、宾馆、车间等大面积场所。

卧式吸尘器的立轴水平安装，筒体下端装有轮子便于移动，输入功率在 400～1000W，适宜家庭使用。

便携式吸尘器体积小、重量轻，功率在 400W 以下。一般不需要软管，直接拿在手中操作，适用于床上用品、书架、汽车、仪表吸尘。

2. 主要性能指标

(1) 吸尘率　是指风机的有效功率与输入电功率的百分比。吸尘功率与风量和风压的乘积成比例，吸尘率高则吸尘效果就好。

(2) 吸尘能力　是指吸尘器在规定的模式运动时，在清洁周期内吸除的灰尘量与试验面积分布的吸尘量的百分比。

(3) 真空度　指吸尘器正常稳定运转时，吸嘴处与外界大气之间的负压差。

(4) 噪声　吸尘器正常运转时的噪声应不高于 75dB。

(5) 绝缘电阻　使用 500V 兆欧表试验 1min，带电部件与外壳之间，基本绝缘电阻不低于 2MΩ。

二、基本结构与工作原理

1. 吸尘器典型结构　吸尘器无论其型号和产品规格如何，基本结构都由电源线、电源开关、电动送风机、过滤器、吸尘嘴和集尘容器等部分组成。有些吸尘器还附有吸引强弱调整装置、灰尘聚集指示器或满尘蜂鸣器及电源线内藏回收装置等。图 3—11 是卧式吸尘器的结构图。

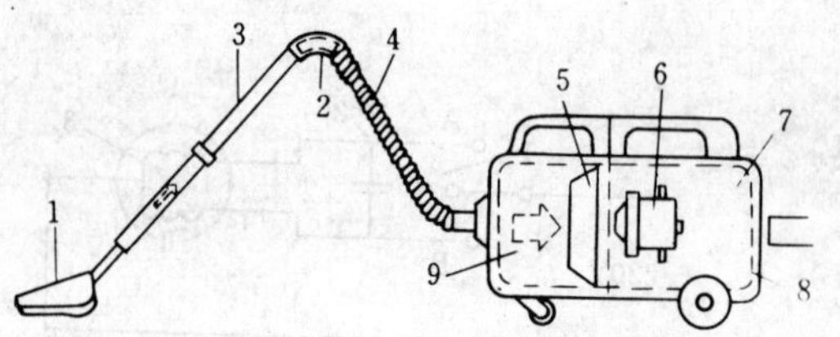

图 3—11　卧式吸尘器结构示意图
1—吸尘嘴　2—吸入气流　3—导管　4—软管　5—过滤器
6—叶轮-电机　7—吸尘器本体　8—出气口　9—收尘室

2. 工作原理　吸尘器壳体内的电动机高速运转，带动呈涡卷型的叶轮高速旋转，将吸尘器内空气排出，此时吸尘器壳体内收尘室形成瞬时局部真空，空气通过吸嘴、导管、软管进入收尘室补充。与此同时，灰尘、碎屑杂物在强大负压作用下，也被吸入收尘室。收尘室和电动送风机之间设有过滤器，使吸入混有杂物的空气经过过滤后由风扇叶轮经排气口排出机体外部。

第四节　其他家用电动器具

一、电吹风机的结构与工作原理

1. 类型　电吹风机常见的分类法有以下几种：

按电动机类型分为单相异步电动机（又称感应式电动机）、单相交直流两用串励式和永磁式电动机三种。

按照送风方式可分为离心式和轴流式。

按照使用方式又可分为手持式、折叠式、支架式和台式，常用的是手持式。

按功率大小可分为：250W、350W、450W、750W、1000W、1200W 等多种。

我国电吹风机使用的额定电压是 220V，常见的国内外电吹风机的规格型号如表 3—1 所示。

表 3—1　国内外电吹风机规格型号

牌号	型号	额定电压 U/V	额定功率 P/W	质量 m/kg
三角牌	HD—450	200～220	450	0.55
三角牌	HD—450A	200～220	450	0.675
幸福牌	RCY—35	220	350	0.225
金浪牌	RCM—2	220	350，450	—
佳宝牌	ZDF871	220	450～1000	
三洋	HD—6701	220	1000	0.4
乐声	EH—551	220～240	1000	0.625
飞利浦	HL—4418	220	1000	0.35
德律风根	F—500	220	550	0.525

2. 基本结构　电吹风机种类很多，但基本结构都是由外壳、电动机、风叶、电热元件和开关等部分组成，有的附有调温、调速装置。图 3—12 给出了采用单相异步交流电动机的电吹风机结构示意图，其他类型产品大同小异。

在电吹风机所使用的电动机当中，永磁式和串励式电机转速较高，单位时间内产生的风量大，噪声也大，对无线电装置干扰严重，常需要附加抗干扰电路，永磁式还需要附加整流电路。感应式电机噪声小、寿命长，对无线电干扰小，但其风量小，体积与质量较小，适宜吹干湿发和理发定型。

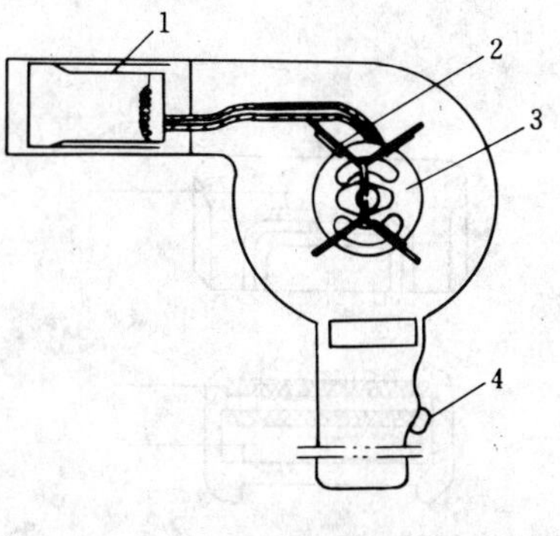

图 3—12　采用单相异步交流电动机的电吹风机结构图

1—电热元件　2—风叶　3—电动机　4—开关

电吹风机使用的电热元件通常采用镍铬电热丝绕制成螺旋状或塔形以提高热效率，延长电热丝使用寿命。用 PTC 材料做电热元件的电吹风机节电性能好，还可以自动控温。缺点是由于做成蜂窝状结构，其风阻大，出风不理想，需要高速电动机驱动。

3. 工作原理　电吹风机接通电源后，电机驱动风叶高速运转，外界空气从进风口吸入，经电热元件加热后从出风口吹出，控制电热元件的发热量可控制送风的温度。

图 3—13 是典型电吹风机的控温电路原理图。图中所示位置为电吹风机停止工作状态，当活动片置于冷风位置时，未接通电热丝，所以送出冷风；当分别置于低、中、高位置时，则分别送出低温、中温、高温三种不同温度的热风。

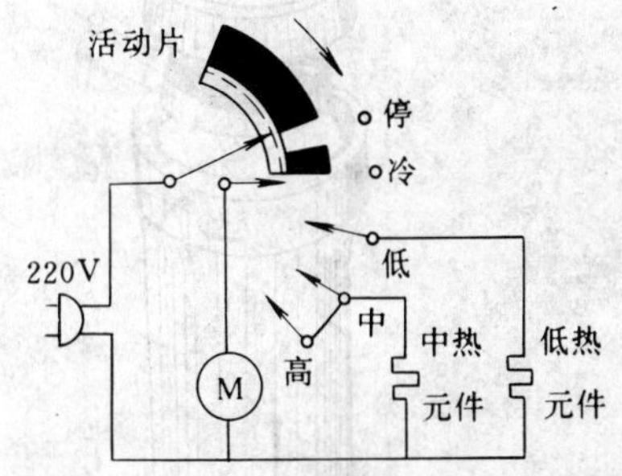

图 3—13　电吹风机控温原理图

二、电动剃须刀的结构与工作原理

1. 类型　常见电动剃须刀按照刀片运动方式可分为旋转式和往复式两种。旋转式多以直流电动机带动内刀旋转进行剃须。往复式是刀片在电动机或电磁振动驱动下，推动刀片来回高速运动，形成轧剪动作来完成剃须工作。按使用功能可分为单用式（只用作剃须）和兼用式或称组合式（除剃须外兼有其它功能，例如梳理等）两种。

2. 基本结构　电动剃须刀主要由网罩孔刀、动刀片、电动机、开关和壳体构成。图 3—14 和图 3—15 是旋转式和往复式两种剃须刀的结构示意图。

3. 工作原理　当电动剃须刀接通电源后，高速旋转或高速来回运动的动刀片和固定的网罩型外刀片形成剪切动作，将从网孔伸入的胡须轧剪断，完成剃须工作。

三、电动按摩器的结构与工作原理

电动按摩器是用机械振动对人体某一部位进行刺激，达到促进局部血液循环，加速局部组织新陈代谢，调节神经中枢系统的目的。

1. 类型　按用途可分为保健美容用按摩器、运动用按摩器、医疗用按摩器；按作用部分又可分为背部、手足、脸部和通用按摩器；按照结构分类则主要有电磁式和电动机式两种按摩器。

2. 基本结构与原理　常用的按摩器其结构主要是两种形式，即电磁式与电动机式。

（1）电磁式主要由可动铁心、固定铁心、线圈、弹簧片、开关、外壳及按摩头构成，可动铁心和固定铁心及线圈构成电磁铁。目前，按摩器电源电压大都使用频率 50Hz、电压 220V 的交流电。当接通电源时，产生周期性交变磁场，电磁铁便产生了吸、放作用，从而使振动

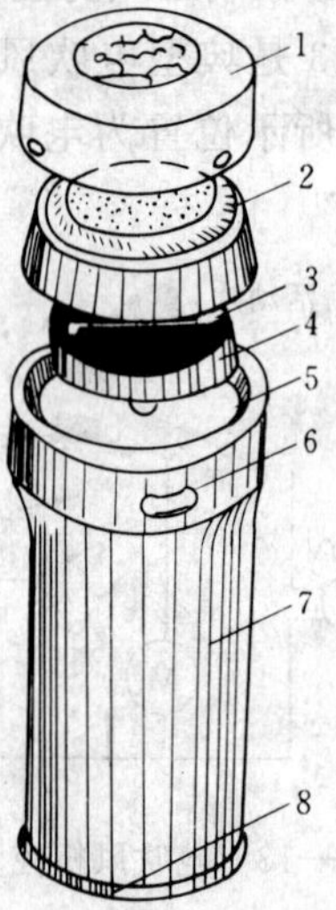

图 3—14　旋转式电动剃须刀结构图

1—保护罩　2—网罩孔刀　3—动刀片　4—剃刀架
5—电动机　6—开关　7—壳体　8—后盖

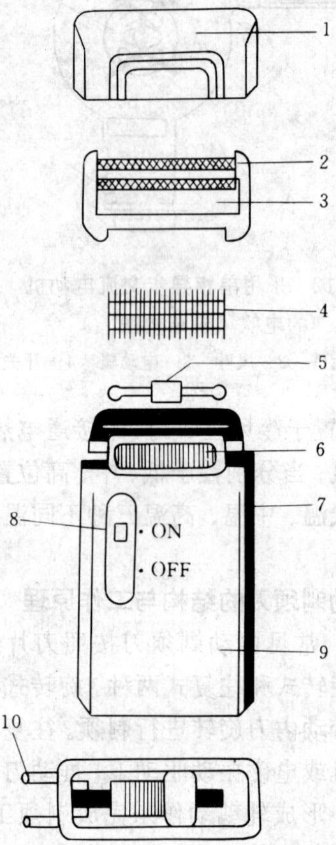

图 3—15　往复式电动剃须刀结构图

1—保护罩　2—网罩（外刀片）　3—网罩架
4—内刀片　5—内刀片支架　6—侧轧剪
7—轧剪按钮　8—开关　9—壳体　10—充电插头

弹簧片不断上下振动，根据需要在振动片上安上各式按摩头，就能产生按摩效果。

（2）电动机式按摩器主要由电动机、弹簧、弹簧轴、偏心轮、缓冲体、按摩头和外壳构成。其工作电源接通后电动机带动偏心轮转动，产生不均衡的快速振动，使按摩头不停的振动起到按摩效果。按摩头振动快慢与电动机转速相关，调节电动机转速可调节按摩的强弱。图 3—16 和图 3—17 分别表示两种常见电动按摩器的外形结构。

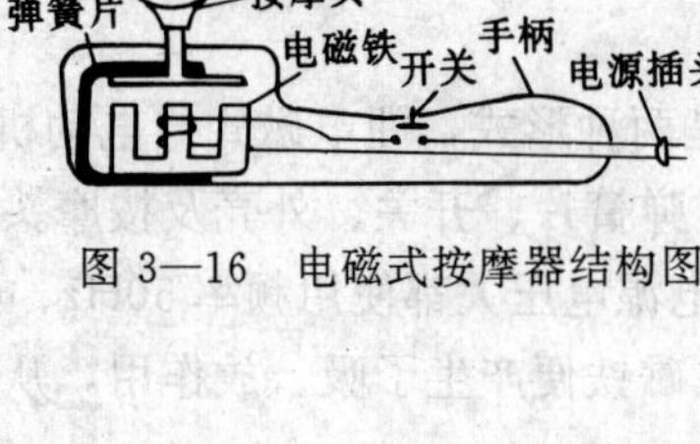

图 3—16　电磁式按摩器结构图

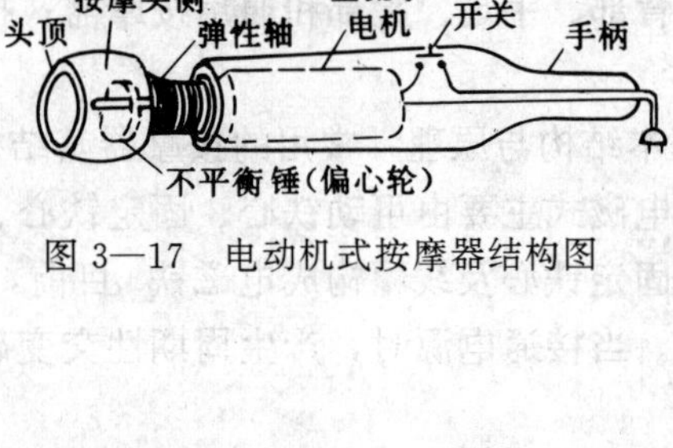

图 3—17　电动机式按摩器结构图

第四章 家用电热器具的结构与工作原理

第一节 电热器具的基本工作原理

一、发热部分的工作原理

随着家用电热器具在普通家庭的迅速普及，已有几十种家用电热器具投放市场，电热器具在家用电器中占有相当大的比重。电热器具的生产开发，主要围绕着发热部分和控制部分进行的。

电热器具的发热部分是把电能转换成热能的部分。按照转换形式，电热器具加热方法大体上可分为电阻加热、远红外线加热、电磁感应加热和微波介质加热器 4 种类型。

1. 电阻加热　电阻加热是采用最早、至今仍是电热器具中的主要加热方法。它利用电流通过具有电阻的发热体产生焦耳热来进行加热。对于被加热的物体而言，这种加热方式可分为直接加热和间接加热两种形式：

直接加热式电阻加热是将电流直接引入被加热体，利用被加热体自身具有的电阻发热达到加热的目的。因此，采用这种方式加热的物体本身必须具有一定的电阻值，过大过小或阻值不稳定都不适于采用这种方式。

电热水喷头就是利用水本身的电阻对水加热的电热水器，此类器具结构简单、加热快。采用直接电阻加热时，为了调节加热功率，常用变压器分压抽头或一个电阻器来调节工作电压和电流，从而达到调节加热功率的目的。

间接电阻加热是使电流流过电热元件产生热量，再利用传导、辐射或对流的传热方式将热量传递给被加热体。这种方法是家用电热器具中使用最广泛的一种方法，电饭锅、电熨斗、开启式电炉等就是使用这种加热方式。

2. 远红外线加热　远红外线加热是在电阻加热基础上发展起来的一种加热方式。它的基本原理是由电阻发热元件的热能激发辐射红外线的辐射源，辐射源向外辐射光子，被加热体分子吸收光子后，可以使光子的能量完全变成分子运动的能量，从而加速了分子与电子的运动。高速运动的分子与电子，会使被加热体产生热量，从而达到加热升温的目的。

红外线是一种电磁波，它以辐射形式直接向外传播，极易被物体吸收，物体吸收红外线的过程也就是被加热的过程。家用电热器具所说的远红外线波长为 2. 5～15μm。

远红外线加热的传热方式是辐射式，这种方式热效率高，升温快，穿透力强，所以省时、省电，较多使用在电烤箱、电取暖器中。

3. 电磁感应加热　当交变磁场穿越导体（尤其是铁、磁材料）时，导体内部会感应产生涡流。当涡流在具有一定电阻率的内部回旋流动时，就会产生热量，电磁感应加热就是利用交变磁场在铁磁材料中感应产生涡流损耗生热的原理进行加热的。采用电磁感应加热的典型产品是电磁灶。

4. 微波介质加热　微波也是一种电磁波，波长在 1mm 至 1m 之间。微波加热的机理，本质上是使介质内部处在高速交变电场中介质被反复极化，分子频繁摆动、碰撞、摩擦产生热量，使电能转换成热能，而达到加热的目的。

微波加热是利用介质在微波场中介质被极化产生介质损耗发热，因此，微波加热所产生的热量与被加热物质的性质有关，与微波场的电场强度的平方和频率的乘积成正比。微波炉是利用微波加热的典型家用电热器具。

二、控制部分的工作原理

为了适应加热过程不同的需要，家用电热器具常常设置温度控制、功率控制和时间控制电路。

1. 温度控制　温度控制包括温度调节和过温保护两项内容。

温度控制过程就是利用感温元件对温度进行检测、信号转换，然后通过执行机构对电热元件进行断电、通电或加热功率调节。温度控制的感温元件种类很多，但普通电热器具中最常用的还是热双金属片、磁钢温控器，热敏电阻、热电偶、PTC 元件、形状记忆元件应用较少。

热双金属片的基本特性是随温度变化而产生弯曲变形，在变形过程中产生内应力做功，带动电触点断开或接通。所以说，热双金属片是一种将温度转变成机械位移的温度传感器。

磁钢温度控制器的工作原理，是利用软铁磁体的温度达到所谓居里点时，磁性消失的特性，使常温时原来吸合在一起的磁场分离开来，从而使电触点断开或接通，以达到调节加热温度的目的。

过温保护控制是为了防止温控器失效烧坏家用电热器具，一般家用电热器具还经常附加超温保护用的安全控制元件。目前应用广泛的过温控制元件是热熔断体（简称温度保险丝），是由不同感温材料制成的温度敏感元件。其基本原理是当温度达到设定的极限温度时，保险设置中的感温材料立即熔断从而切断电源，一般只能一次性动作而不能自动复位。各种温度熔断丝的工作温度范围和性能特点，可参看电热元件一节。

2. 功率控制　为了避免简单地利用温控器通、断电源作全功率控制而引起温度波动过大，因此缩短电热元件的使用寿命，常采用温度控制与功率控制相结合的控制方式。当温度达到或超过预定温度时，减小加热功率；当温度低于预定温度时，增大加热功率，可以使被加热物体恒定于预定温度，取得理想的加热效果。常用的功率控制方法有以下三种：

(1) 机械开关调位式功率控制器　这种方法是利用组合开关、转换开关对几支电热元件进行接通与断开、并联、串联等不同的组合，从而获得大小不同的功率。其原理简单、工作可靠、应用广泛。

(2) 整流二极管功率调节电路　这种方法只有高低两档，当 220V 交流电源全部加到电热元件两端时，电压高、电流大、功率高，加热温度高；当需要低档时，使 220V 经过二极管半波整流后加到电热元件两端，由于半波整流后的电压仅是原来电压的 0.45 倍，所以加热功率变小，温度相应降低，达到了功率控制的目的。

(3) 电子式功率控制电路　这种方法主要是通过控制电路中晶闸管的导通角来改变加在电热元件上的工作电压，从而达到可以连续调节功率大小的目的。其主要特点是温控精度高、反应时间快、可连续调节。

3. 时间控制　家用电热器具的时间控制包含两方面的内容，一个要求是定时启动，例如带有定时功能的电饭锅。当接通电源后，电热元件不立即工作，在定时元件控制下延长若干时间后再启动电路加热。另一种时间控制是对电热元件的工作时间长短进行控制，当达到定时器预定时间后，切断电热器具的工作电源，使其停止工作。

常用的定时器结构分为机械发条式、电动式、电子式三种。

定时器的触点形式分为常开型和常闭型两种。常闭型不工作时触点处于闭合状态，当处于走时工作状态时触点断开，电路不通。一旦达到预定时间时，计时器停止，触点闭合，电路接通，它在电饭锅等产品中作定时启动装置。常开型不工作时触点断开，设定时间处于工作状态时，触点闭合，电路接通，达到预定的结束时间时，触点断开，切断电源，它常用来进行加热时间的长短控制。

第二节　电热器具的元件知识

一、电流的热效应

当电流通过导体时，导体本身就会发热，我们把这种现象称为电流的热效应。从能量转换的角度看，因为电流流过的导体总有一定的电阻，电流克服电阻的阻碍作用的而作了功，并且这部分电功转化为热。所谓“电热”就是电能转化为热能的物理过程。

一百多年前，英国科学家焦耳和俄国科学家楞次分别对通电导体所产生的热量与各种因素间的关系进行了深入的研究，他们用大量的实验证明了一个共同的结论：电流通过导体时产生的热量，与导体中的电流强度平方、导体的电阻及通电时间成正比，这就是著名的焦耳——楞次定律，数学公式表示为：

$$Q=I^2Rt$$

式中　Q——热量　(J)；

I——电流　(A)；

R——电阻　(Ω)；

t——时间　(s)；

应该说明的是上述表达式仅仅适用于纯电阻电路，因为只有电阻上的电功才能完全转变为热能。

由欧姆定律 $U=IR$，我们还可以推出焦耳——楞次定律另外两个表达式：

$$Q=(U^2/R)\cdot t$$

$$Q=IU^2t$$

这样，我们便可根据已知的电路条件，选取适当的公式来计算导体通电时所产生的热量。

二、电热元件

通常我们把电热材料与其它材料组合构成的既能通电发热，又能满足特定用途的独立零部件称作电热元件。

在实际应用中，一般习惯按元件的外形结构进行分类，例如裸露电热元件、管状电热元件、板状电热元件等。

电热元件按电热转换方式不同又可分为电阻式、红外式、电磁感应式、微波式四大类。红外电热元件分为近红外和远红外两种，在电阻或电热元件表面涂上不同的红外涂料就可以得到不同的红外元件。电磁感应元件是依据导体中交变磁场会产生涡流，涡流在导体内部克服电阻时会产生热量的原理而制成。微波式电热元件是利用微波能穿透物品，并把能量传递给物品所产生热量的原理而制作的电热元件。

现将常见的几种电热元件介绍如下：

1. 裸露电热元件　这种元件是直接用合金电热材料绕制成一定形状的电阻丝，裸露于空气中，发出的热能以辐射和对流两种形式传给需要加热的物体。优点是加热迅速，结构简单，安装、维修方便，成本低廉。缺点是易与被加热金属物体短路造成触电事故，常应用于开启式电炉、电吹风机中。

裸形电热元件常采用镍铬合金、铁铬铝合金等合金材料或金属电热材料制作。

2. 管状电热元件　管状电热元件是把电热丝放到护套管内的一种电热元件，它已成为国家标准系列产品。根据护套管材料不同可分为金属管、石英管、陶瓷管等几种管状电热元件。

金属管状电热元件结构如图 4—1 所示，在金属管里，沿管的轴心方向放入螺旋形高电阻合金电热丝，四周用氧化镁粉等填充，使金属等不与电热丝接触。两端有引出杆，管口密封，它常用于电热水壶、电饭锅、热水器、空调器、电取暖器等。

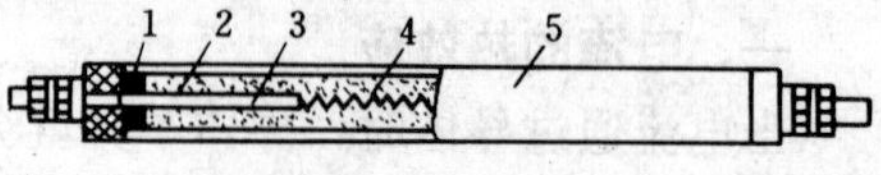

图 4—1　金属管状电热元件的结构图

1—封口材料　2—填充料　3—引出杆

4—电热料　5—金属护套管

图 4—2 和图 4—3 分别是石英辐射管状电热元件的结构图和陶瓷管状电热元件的结构图。

3. 板状电热元件　板状电热元件又称电热板，主要由电板体、绝缘填充料和电热元件三部分组成。各种电热板的板体用料有所不同，有使用金属铸造件的，有使用陶瓷包复的，也有使用碳化硅的。图 4—4 是几种电热板的外形图。

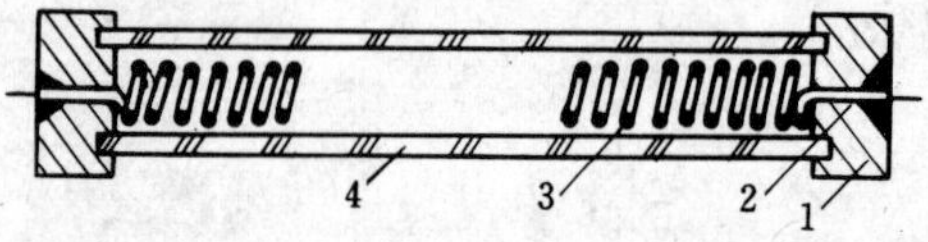

图 4—2　石英辐射管状电热元件的结构图

1—金属端部　2—引出端子　3—电热丝　4—石英管

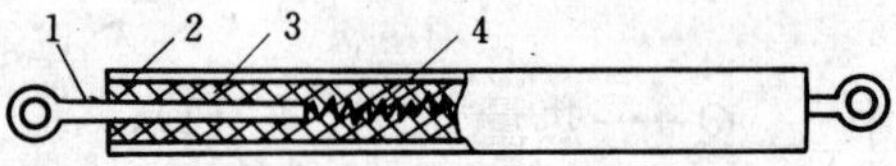

图 4—3　陶瓷包复式电热元件的结构图

1—引线段　2—釉层　3—陶瓷料　4—电热丝

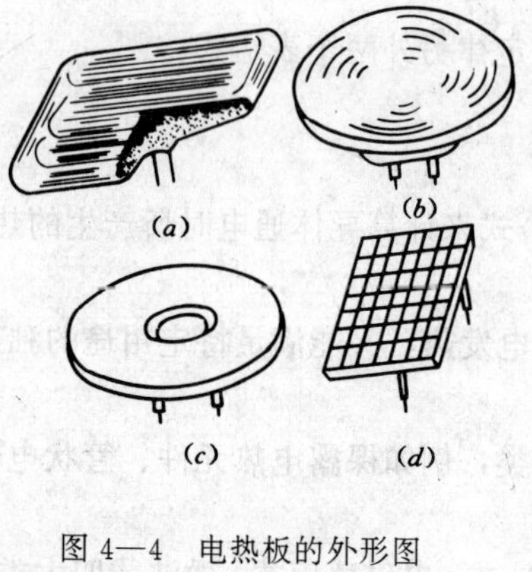

图 4—4　电热板的外形图

4. 远红外线电热元件　前面介绍的三种电热元件都属于电阻式电热元件。目前广泛应用在家用电热器方面的远红外线加热技术是一项经济效益高于传统加热方式的技术，在电暖器、电烤箱以及一些理疗器具中，已直接使用了远红外线幅射电热元件。

按加热分类，远红外线的波长为 2.0～15μm，极易被人体和食物吸收，电热元件发出的远红外线因而能起到加热作用。

远红外辐射电热元件有管状、板状元件和红外线灯多种。表 4—1 列出了国产远红外电热元件及其主要性能。

5. PTC 发热元件　PTC 电热元件不同于电阻式电热元件。电阻式电热元件的材料不是金属、合金导体就是非金属材料，而 PTC 是一种具有正温度系数的半导体材料，它由钛酸钡（$BaTiO_3$）系列化合物掺杂微量稀土元素构成。PTC 主要有如下特性：

（1）电阻温度特性　PTC 电热元件的阻值在居里点以下，呈负温度系数，电阻率在 10^{-1}～10Ω·m 之间。当温度升到居里点以上时，电阻率急剧上升，呈很大的正温度系数，因此说 PTC 电热元件具有温度自限能力。

表 4—1　　国产远红外电热元件及性能

名　称	代号	主　要　性　能
电阻带	DYF	直热式板状加热器，表面涂有铁锰酸稀土钙，$\varepsilon_\lambda=0.9$，$\eta=0.7$ 热惯性小，$T<500℃$，安全性差。
高硅氧灯	RG—1	市售卤钨灯表面涂有高硅氧黑色玻璃粉料烧结而成，规格少，$T>550℃$，可见光多
半导体	TIR	直热式管状加热元件，陶瓷基体，半导体导电层，表面涂层，两端银电极，$\varepsilon_\lambda=0.9$，$\eta=0.6$，$T<300℃$。
埋入式	MTY	电阻线烧结在石英陶瓷基体中，表面涂层，$\varepsilon_\lambda=0.9$，使用方便，单件尤其方便，规格少，弧状及板状。
不锈钢	3SK	板状加热器，表面涂层，$\varepsilon_\lambda=0.9$，$\eta=0.6$，$T<400℃$，寿命短。
远红外灯	SIDF	灯状，电阻丝绕制在 SiC 棒上，表面涂层，配用反射罩，$\varepsilon_\lambda=0.9$，$\eta=0.6\sim0.65$，$T>500℃$，价格高，均匀性差。
乳白石英	SHQ	管式，组合板式，$\varepsilon_\lambda=0.92$，不用涂料，$\eta=0.7$，$T=200\sim800℃$，热惯性小，寿命长，自动化电热元件。

（2）电流电压特性　温度在居里点以下时电流较大，并且随着元件上的电压增高而增加，当达到居里点温度时电流最大。这时尽管增加电压，电流因电阻增加而减少，最后维持在一个很小的电流范围内。

（3）电流时间特性　PTC 电热元件开始接通电流时，由于呈低阻状态，电流比较大，随着时间增加会呈现高阻状态，电流急剧减小，并维持在一个较小的电流值范围。电流变化过程的时间是由 PTC 元件的热容量、放热系数及输入电压所决定的。

PTC 元件的结构有圆盘式、带式、蜂窝式等。

三、温控元件

严格说温控元件是指用来控制电热器加热温度的部件，因此控制发热温度高低的限温器和控制加热时间长短的定时器都属于控温部件。但定时器与电动器具部分相类似，这里仅介绍几种常用的温控元件。

1. 热双金属片温控元件　是用热膨胀系数不同的两层金属轧制成片状或条状的感温材料。双金属片在常温下保持平直，当温度变化时，因热膨胀系数不同而产生内应力，使双金属片变形，金属片整体向热膨胀系数小的一面弯曲。弯曲位移能使触点接通或断开，这就是它的控温原理。

应用中有常开触点和常闭触点两种类型。常闭触点是在冷态或正常工作状态下触点是闭合的，当电流通过电热元件后升温，双金属片随温度上升而弯曲位移到足够大时触点断开，停止加热。常开触点正常工作时触点断开，当温度升高到某一温度时，双金属片弯曲才能使触点闭合。常闭触点型广泛使用在电热器具中，常开触点型仅使用在专门控制电路中，应用较少。图 4—5 是双金属片的工作原理图。

2.磁钢温度控制元件　由永久磁钢和软磁感温体及一对触点构成，如图 4—6 工作原理图所示。在一固定位置的感温软磁体下面设置一永久磁钢，并加一弹簧，以一定的拉力向下拉它。常温下永久磁钢对感温软磁体吸引力大于磁钢重力和弹簧拉力，所以触点闭合，电源接通，电热元件通电加热。一旦温度达到软磁体居里点时，软磁体磁性力急剧减小，永久磁钢对感温软磁体的吸力克服不了重力和弹簧拉力，磁钢便落下，触点断开，切断电源。这种控温元件控温准确可靠、快速，缺点是复位需人工介入。电饭锅广泛采用这种温控元件，做为极限温度控制。

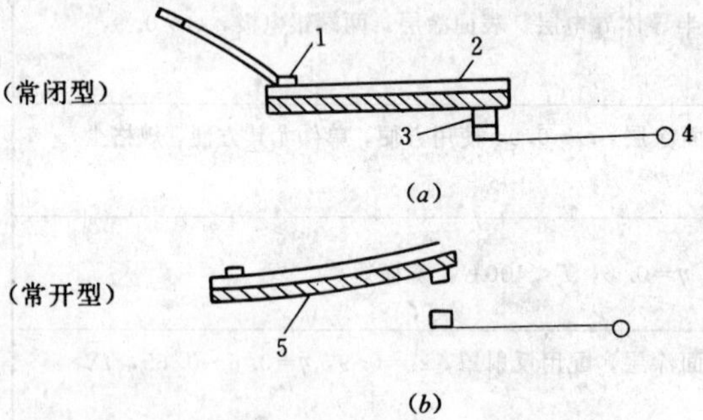

图 4—5　热双金属片工作原理图

1—电接头　2—双金属片　3—常闭触点

4—电接头　5—下部金属片的伸长大于上部金属片因而双金属片翘曲

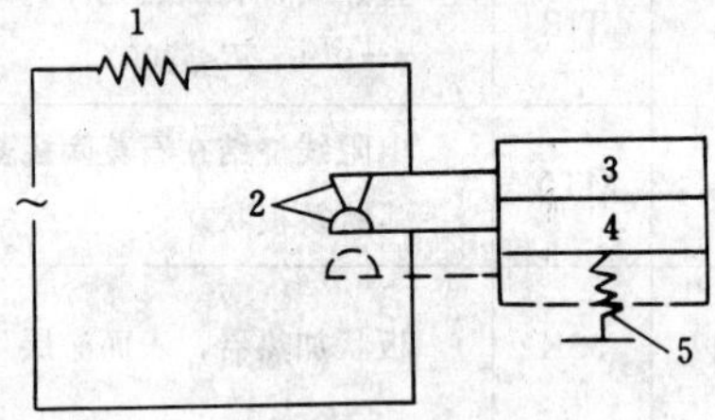

图 4—6　磁钢温度控制元件工作原理图

1—电热元件　2—触头　3—感温软磁体

4—永久磁钢　5—弹簧

3. 热敏电阻温控元件　热敏电阻是一种具有负温度系数的电阻器，其阻值随温度的升高按指数规律下降。利用这一特性，把热敏电阻设计在温控电路中，它把温度变化转换成电阻的变化，进而转换成电压变化，经过放大、驱动执行机构，实现对电热元件的控制，从而达到控制和调节温度的目的。

热敏电阻体积小，控温精度高，便于调节，按形状可分为杆式、圆片式和电阻珠等。

四、过温保险器件

一般的电热器具都设有温度控制器控制加热温度，为了防止温控器失灵烧毁电热设备，常附加过温保险器材以确保安全。家用电热器具中常用的过温保险器件主要有热熔断体和热断电器两大类。

1. 热熔断体过温保险元件　俗称温度保险丝，是由感温材料制成的温度敏感器件。热熔断体器件按照感温材料，可分为低熔点合金型、有机化合物型和树脂与低熔点合金复合型三种，表 4—2 列出了各种热熔断体的性能与特点。图 4—7、图 4—8、图 4—9 是三种熔断体的结构示意图。

熔断温度	颜色
100℃	黑
110℃	本色
120℃	红
130℃	绿
150℃	黄

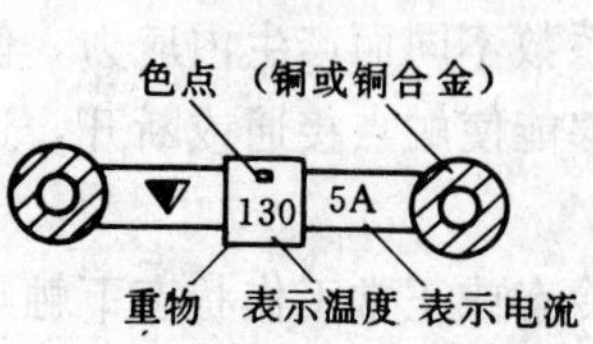

图 4—7　重力式低熔点合金型热熔断体

表 4—2　　几种热熔断体的性能特点

分类 材料	分类 结构	特点
低熔点合金型	重力式	结构稳定，成本低，但合金表面易氧化，稳定性差，动作温度精度低
	表面张力式	动作温度精度高，成本较低，但电流容量小，合金表面易氧化，稳定性差
	弹簧反应式	动作温度精度高，成本较低，但合金表面易氧化，稳定性差
有机化合物型	弹簧反应式	感温体不会变质，稳定性好，动作温度精度高，电流容量较大，响应速度快，但结构复杂，成本高
树脂合金型	表面张力式	结构简单，成本较低，可制成动作温度高（～350℃）的热熔断体

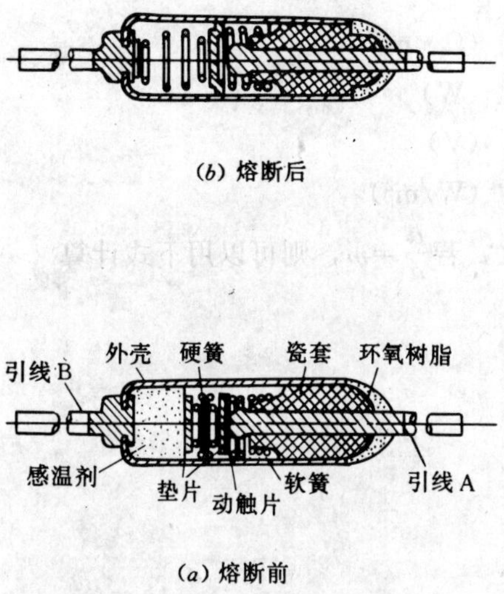

图 4—8　弹簧反应式有机化合物热熔断体示意图

2. 热继电器　在家用电热器具中，热继电器常用作重要部件和设备的过热保护器。由于热继电器是依靠双金属片受热弯曲产生的位移使触点动作，因此需要一个热积累的过程，使用时应将热继电器紧贴在被保护器件上，让感温元件直接接受器件散发的热量。当达到设定温度时，继电器动作，触点断开，从而切断加热电源，避免被保护器件或设备过热而损坏。常用的热继电器型号有 JR0、JR5、JR15 等系列产品。

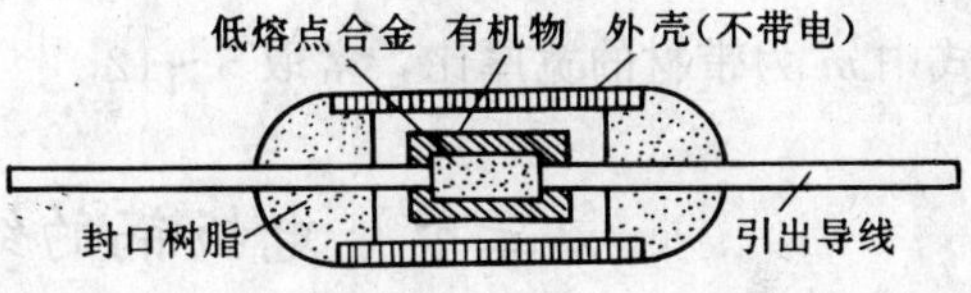

图 4—9　复合型热熔断体结构示意图

五、耐高温绝缘材料和绝热材料

绝缘材料和绝热材料是制造电热元件和电热器具不可缺少的两种材料。

1. 绝缘材料　绝缘材料又叫电介质，用于电热器具中的绝缘材料要求绝缘强度大、化学性能稳定、耐高温性能好、机械强度高。常用的几种绝缘材料的绝缘性能如表 4—3 所示，表 4—4 给出了几种常用绝缘材料的工作温度。

表 4—3　　电热器具常用绝缘材料的绝缘性能

绝缘强度	云母	玻璃	陶瓷	电木	绝缘纸	大理石	氧化镁
$E_{击穿}$ (kV/cm)	800～2000	100～400	80～150	100～200	70～100	25～35	30

表 4—4　　常用绝缘材料工作温度

材　料	一般陶瓷制品	云母及云母胶合板	电工陶瓷及耐火粘土	氧化镁和石英砂
温度范围	500℃以下	700～800℃	1400～1600℃	1500～1700℃

2. 绝热材料　绝热材料一般要求比重小、耐高温、化学性能稳定、吸湿性小、电导率低

等，常用绝热材料可分为保温、耐热、耐火三大类。

保温材料指能耐低于100℃的材料，如软木、泡沫塑料等。能承受150～500℃温度的耐热材料有石棉、石棉云母等。耐火材料是指能承受600～900℃高温的材料，如矿棉、硅藻土等。

六、电热元件的计算

电热器具中一般根据要求的工作温度和电热材料的工作温度范围确定电热材料的种类，选取适当的表面负荷。而后根据表面负荷、额定功率和工作电压来计算出电热材料的线径与长度。

如果电热采用圆形电热丝，则它的直径 d 和长度 L 可用下面的式子计算：

$$d=0.74\sqrt[3]{\frac{P^2\rho_t}{U^2W}} \quad \text{(m)}$$

式中 ρ_t——t℃时的电阻率，(Ω·m)

P——电热器具的功率，(W)

U——电热器具额定电压，(V)

W——电热材料的表面负荷，(W/m^2)

如果选用截面厚度 a、宽度 b、长度为 L 扁丝，若 $\frac{b}{a}=m$，则可以用下式计算

$$a=\sqrt[3]{\frac{P^2\rho_t}{20m\ (m+1)\ U^2W}}$$

$$L=\frac{U^2ma^2}{P\rho_t}=\frac{P}{20W\ (m+1)\ a}$$

$$b=ma$$

式中 m 为带材的宽厚比，常取5～12。

第三节 电饭锅的结构与典型电路分析

一、类型、规格与主要性能指标

1. 类型与规格 电饭锅种类很多，可按装配方式、控制方式和锅内压力进行分类。电饭锅的分类及性能特点见表4—5，电饭锅的规格见表4—6。

表4—5 电饭锅的分类及特点

分类方式	种类		特点
结构型式	组合式		早期的一种型式，锅体与电热座分开
	整体式	单层	锅体只用单层金属制作
		双层	锅体由外锅和内锅两层组成，是我国使用最多的一种结构
		三层	锅体由外锅和内锅以及中层锅体三部分组成
控制方式	普通式		能煮饭，不能保温
	保温式		饭熟后能自动保温
	定时启动保温式		任意选定开始煮饭时间，饭熟后能自动保温
	电脑控制式		采用电脑程序控制烧饭的各种功能
压力式	低压式		适用于熬稀饭和煮汤
	高压式		结合高压锅的优点制成的电饭锅

表 4—6　　　　　　　　电 饭 锅 的 规 格

额定电压 U/V	额定功率 P/W	内锅容积 V/L	煮米量 m/kg	内锅止口处内径 D/mm
220	350	2.0	0.6	180
220	500	3.0	1.0	200
220	650	4.0	1.4	220
220	900	5.5	1.9	240
220	1250	7.0	2.5	260
220	1600	8.5	3.1	280
220	2000	10.5	3.8	300

2. 主要技术指标　我国目前只有轻工部 1984 年颁发的 SG371—84《自动电饭锅》标准。

(1) 功率偏差　在额定电压下，实际消耗功率不高于额定功率的 105%，不低于额定功率 90%。

(2) 温升　电饭锅各个易接触部位，如提手、锅耳、按键、锅脚等处温升不应超过 30℃。

(3) 限温要求　煮饭时，当内锅底部中心 50mm 范围内食物温度达到 103℃±2℃时，温控器应动作，主触点断开。

(4) 保温要求　控温器动作后，内锅中心 50mm 范围内的食物应能较长时间地保持在 60～80℃的温度。

(5) 绝缘电阻　热态时电阻应大于 1MΩ，潮态时应大于 0.5MΩ。

二、基本结构与特点

图 4—10 是一种比较典型的自动保温电饭锅结构示意图，它由内锅、外壳、电热盘、控制电路及其他部件构成。

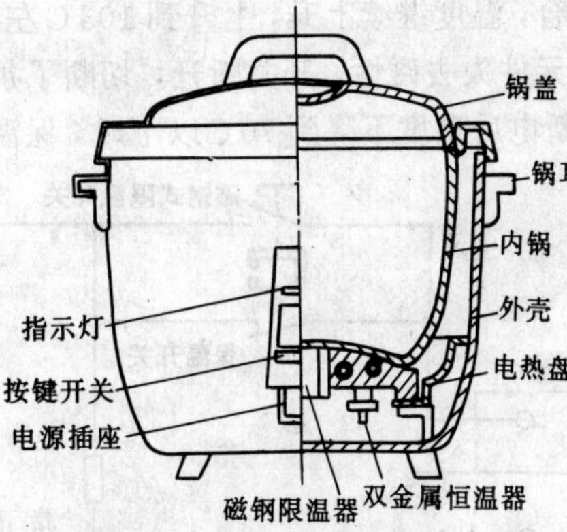

图 4—10　自动保温电饭锅结构图

内锅又叫内胆，用来盛米和水，是用厚度为 0.8～1.5mm 的纯铝板或铝合金一次拉伸成型。内锅表面经过氧化处理或喷涂一层暗灰色的聚四氟乙烯成为不粘涂层。外壳一般用 0.6～1.2mm 冷轧钢板拉伸成型，为了防锈和美化，外表面常进行喷漆、电镀、烧瓷等处理。

外锅底的底部装有一个电热盘，是由装有管状加热器的铸铝制成的。通电后电热管产热使电热盘均匀发热，再通过与电热盘紧密接触的内锅底部将热能传递给锅内的食物。为了保证良好的热传导效率，内锅底部和电热盘顶部的形状应完全吻合，这在设计、制造和使用时必须注意的。

磁钢限温元件的作用是当内锅底部温度达到 103℃±2℃时，限温元件立即动作，断开电源，起到限温作用。

热金属片与磁钢限温元件并联，一旦温度低于 70℃时，双金属片恒温片恢复原状，触点闭合，再次接通电源；高于恒温温度时，双金属片断开，如此反复动作保持恒定的温度范围。

图 4—11 是普通压力电饭锅的结构示意图。压力电饭锅主要是由锅体、锅盖、密封胶圈、限压阀、安全塞、主控制器和塑料底座构成的。锅体底部安装着电热盘、塑料底座和控制器，

锅盖上安装着把手、限压阀、安全塞等，锅盖上口内侧放置密封胶圈。主控制器由温度传感器、温度开关、温度调节器、温度热熔断器等组成。由阀体、阀瓣、阀座组成的限压阀是压力电饭锅的关键部件，它限定了锅内的压力。

电脑电饭锅的主体结构与普通电饭锅基本相同，只是控制器采用了单片微处理器作主控芯片，按需要编制好了固定的加热程序，使用时可以按需要自动控制做饭程序。

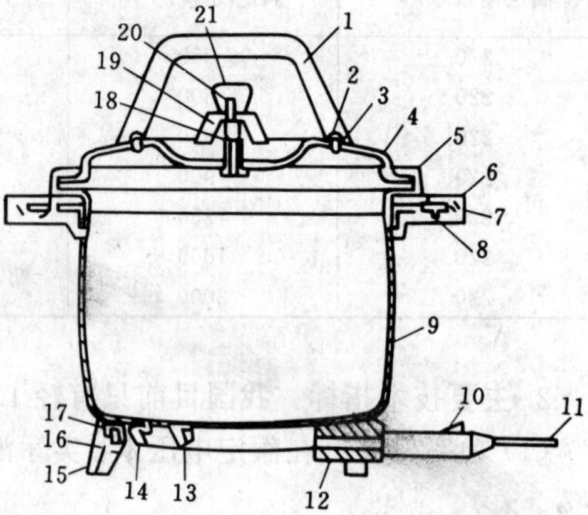

图 4—11　普通压力电饭锅的结构图

1—锅盖把手　2、3—螺钉螺母　4—锅盖　5—密封胶圈　6—锅体把手　7、8—螺杆、螺帽　9—锅体　10—琴键开关　11—电源线　12—主控制器插座　13—内侧加热器　14—外侧加热器　15—底脚　16、17—螺钉螺母　18—阀座　19—阀体　20—阀瓣　21—旋钮

三、典型电路分析

自动保温电饭锅典型电路如图 4—12 所示。当电源接通后首先按下磁钢限温开关，电热丝通过与限温开关并联的常闭保温开关，接通电源后便开始升温。当温度上升到 103℃左右时，保温开关因预先设定在 70℃左右，这时受温度影响，自动断开。但由于磁钢式温度开关闭合，温度继续上升，上升到 103℃左右时，磁性元件失去磁性，开关断开，切断了加热电源。断电后温度下降到 70℃以下时，保温开关

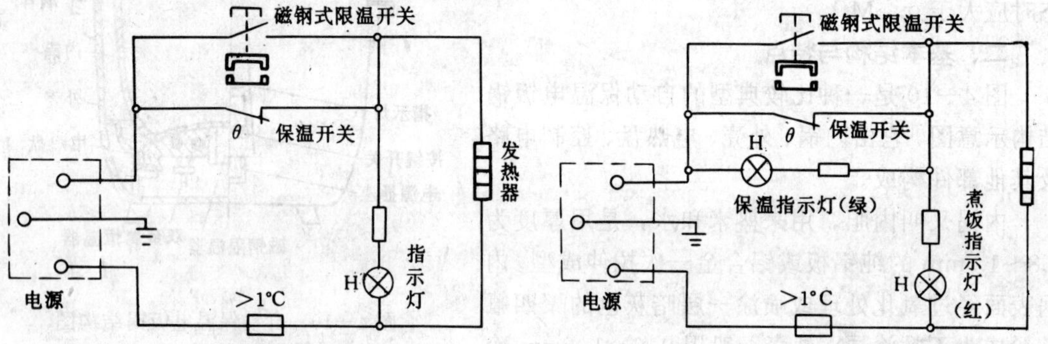

CFXB □□—2 型(单指示灯)　　CFXB □□— 1/3/4 型(双指示灯)

(*a*)　　(*b*)

图 4—12　自动保温电饭锅电路原理图

复位，电路又被接通，直到保温开关因温度达到 103℃时再次断开，如此反复交替，实现了自动保温的目的。采用这种电路的电饭锅一插上电源，指示灯就亮。若不按下限温开关，电路中仅保温的热双金属片开关接通，锅内温度最高只能达到 70℃左右。

图 4—13 是带有定时器的自动电饭锅。图中 M 是一个带有常闭触点的定时器，电路其它部分与图 4—11 基本相同。工作时插上电源插头，如果不启用定时器，工作过程与图 4—12 完全相同。如果启动定时器，将其旋钮调节到选定的启动时间，这时定时器常闭触点断开，其走时机构开始工作。虽然按下限温开关，但由于定时器延时开关断开，电源只是接通定时指

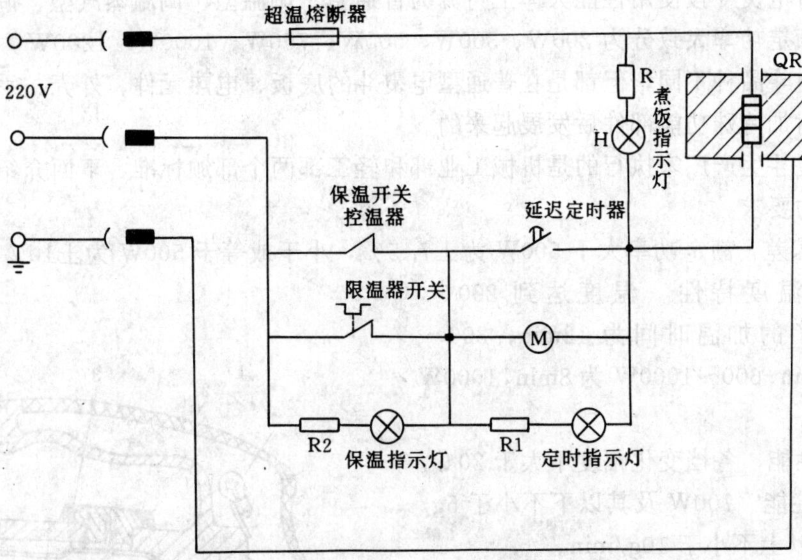

图 4—13　定时自动保温电饭锅电路原理图

示灯和 R_1 限流电阻，这时电路中流过电热元件的电流很小，亮的只是定时指示灯，煮饭指示灯不亮。当定时器运行到选定的时间时，延时开关闭合，电流通过限温开关、保温开关和延时开关将电路接通，煮饭指示灯亮，其它两个指示灯都因没有电压而熄灭，煮饭的工作过程开始。以后的自动限温、保温过程与上述电路相同。

图 4—14 是一种双电热板煮饭和保温功率可变化的典型电路。

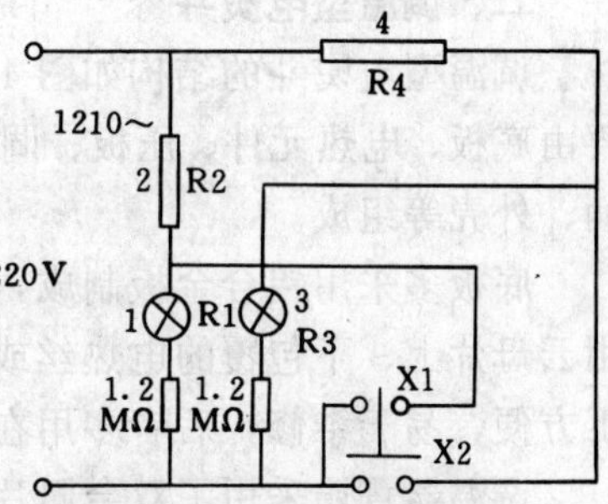

图 4—14　双发热板功率可变的自动电饭锅电路图

1—煮饭指示灯　2—保温元件

3—保温指示灯　4—主加热元件

图中 X_1、X_2 为互锁限温开关，当 X_1 闭合时，X_2 断开，X_2 闭合时 X_1 断开。工作时，按 X_2 开关，X_1 闭合，主加热板 R_4 就有电流流过，煮饭指示灯亮。这时由于保温元件 R_2 支路上电阻很大，电流很小，基本不发热，只有 R_4 主电热板发热。当温度达到限温元件居里点 103℃ 左右时，限温磁钢使 X_1 断开，X_2 接通。主加热板 R_4 和 R_3 及 1.2MΩ 电阻形成一个回路，显然这个回路中因电阻较大、电流较小使得功率也较小，此时电路处于保温工作状态，保温指示灯亮。煮饭指示灯因 T_2 闭合而熄灭，这样就使煮饭和保温时加热的电功率不同。

第四节　电熨斗的结构与工作原理

电熨斗是一种用来烫熨各种纺织物的常用家庭电热器，目前，国内已有几十个厂家生产规格款式不同的电熨斗，总产量近千万只。

一、类型及主要性能指标

家用手持电熨斗按使用性能大体上可分为普通型、调温型、调温蒸汽型、调温蒸汽喷雾型四种，按额定功率大致分为200W、300W、500W、750W、1000W、1200W六种规格。尽管市场上电熨斗品种不同，但都是在普通型电熨斗的底板、电热元件、外壳、手柄四大基本部件基础上附加特殊功能部件后发展起来的。

我国电熨斗生产厂家执行的是机械工业部和轻工部两个部颁标准，下面介绍其使用性能和安全性能的要求。

1. 功率偏差　额定功率大于500W为±7.5%，小于或等于500W为±10%。

2. 底板温度特性　温度达到200℃，200W、300W的加温时间为12min；300～600W为10min；600～1000W为8min，1000W以上为5min。

3. 调温性能　各档变化幅度不大于20℃。

4. 喷汽性能　700W及其以下不小于5g/min，700W以上不小于10g/min。

5. 绝缘电阻　热态不小于1MΩ，潮态不小于0.5MΩ。

6. 接地电阻　不大于0.2Ω。

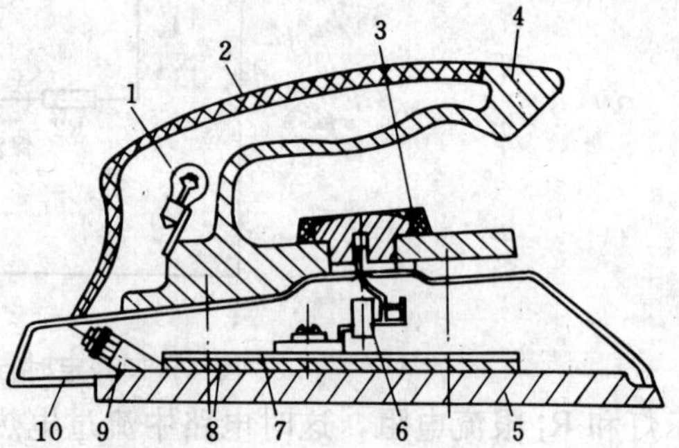

图4—15　调温型电熨斗结构图

1—指示灯　2—手柄压盖　3—调温旋钮　4—手柄　5—底板　6—调温器　7—压板　8—发热元件　9—管状加热器　10—外壳

二、调温型电熨斗

调温型电熨斗的结构如图4—15所示，主要由底板、电热元件、压板、调温感温器和手柄、外壳等组成。

底板多采用铝合金板制成，电热元件由采用云母片上、下包覆的电热丝或电热带构成，也有采用管状电热元件的。前者结构简单，加工方便，易于维修，后者多用在采用铝合金板的调温型、蒸汽型、喷雾型电熨斗中。

调温器普遍采用了双金属片，调温范围在60℃～230℃。常用的调温器结构有慢动式和快动式两种，这两种调温器都安装在紧贴电热元件的部位，但感温金属片本身均不直接通过电流。

调温型电熨斗的电路接法有两种。电路接法主要考虑采用低压小电珠和氖灯的工作电压较高而采用不同的联结方法。图4—16是电气原理图。

调温型电熨斗的主要特点是能自动控制底板的温度，以适应各类织物不同的熨烫要求。当底板温度达到预定温度时，温控器切断电源，使温度不再上升。当温度低于预定温度时，温控器又接通电源，使电热元件继续加热升温，所以，它能把温度控制在一定范围内。

三、喷汽型电熨斗

在调温型电熨斗中增加一个产生蒸汽的装置，蒸汽通过分布在底板上的喷汽孔向被熨衣物喷发蒸汽，使衣物湿润，这种电熨斗就叫喷汽型电熨斗。

喷汽电熨斗有锅炉式和滴水式喷汽两种结构，调温及电路原理与调温电熨斗相同。

图4—17是锅炉式喷汽电熨斗结构原理图。在底板和电热元件上，紧贴着一个用不锈钢或铝材做成的密封的储水器。底板上有喷汽孔，它通过出汽管与储水器上方的储汽空间相通。

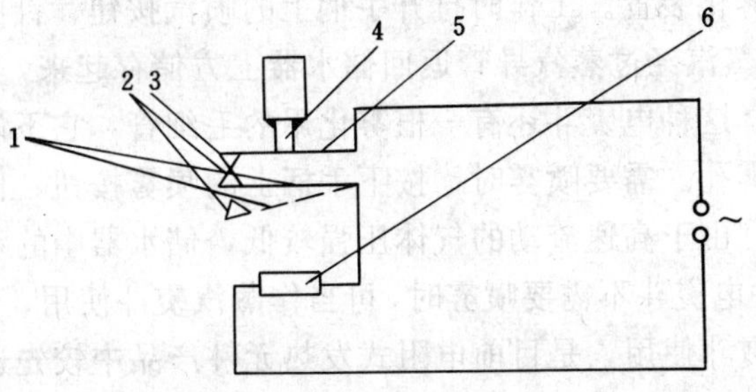

图 4—16　调温型电熨斗电气原理图

1—动触头双金属片　2—动触头　3—静触头

4—旋钮杆　5—静触头双金属片　6—电热元件

工作时电熨斗平放，通电后储水器内的水受热沸腾产生蒸汽，蒸汽达到一定压力后进入出汽管，并由喷汽孔喷出。当气压超过一定限度时，限压安全网会自动打开放汽，避免气压过高引起事故。暂时不用时可将电熨斗立放，储水器里的水停止加热。

锅炉式喷汽电熨斗的缺点是预热时间长，储水器内水沸腾后才能像锅炉一样产生蒸汽，对储水器的密封、耐压性能都有严格的要求。

图 4—18 是滴水式喷汽电熨斗的结构示意图。这种电熨斗底板和电热元件不直

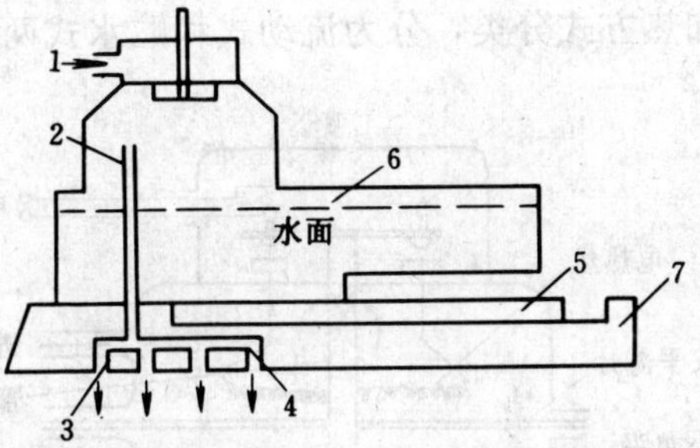

图 4—17　锅炉式喷汽电熨斗结构图

1—注水口　2—出汽管　3—喷汽孔　4—蒸汽通道

5—电热元件　6—储水器　7—底板。

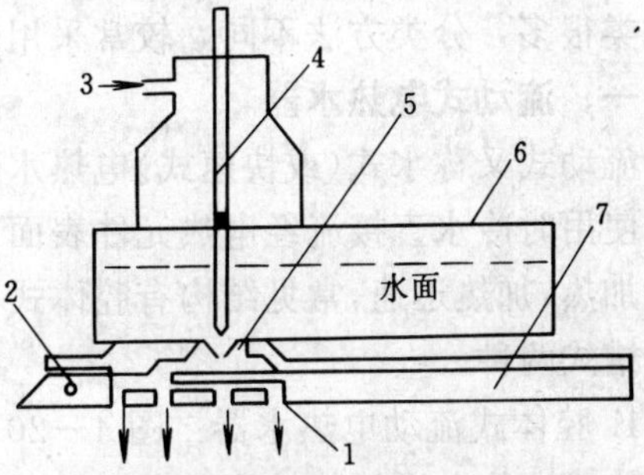

图 4—18　滴水式喷汽电熨斗结构图

1—喷汽孔　2—管状电热元件　3—注水口

4—滴水针阀　5—汽化室　6—储水器　7—底板

接对储水器加热，蒸汽也不在储水器内产生，而是在储水器中设置了一根滴水针阀，将水逐渐滴在底板上的汽化室内。工作时，汽化室预热后温度较高，当按下手柄上的喷汽按钮时，针阀上提，水滴入汽化室后即变成蒸汽，蒸汽靠自身的气压从底板喷汽孔喷出。工作时若关闭喷汽按钮，这种电熨斗也可以象干式调温电熨斗一样使用。

滴水式喷汽电熨斗虽有许多优点，但它的缺点是底板温度不高时，水的汽化不完全，会出现蒸汽夹带水珠现象，使被熨烫的衣物出现水渍。

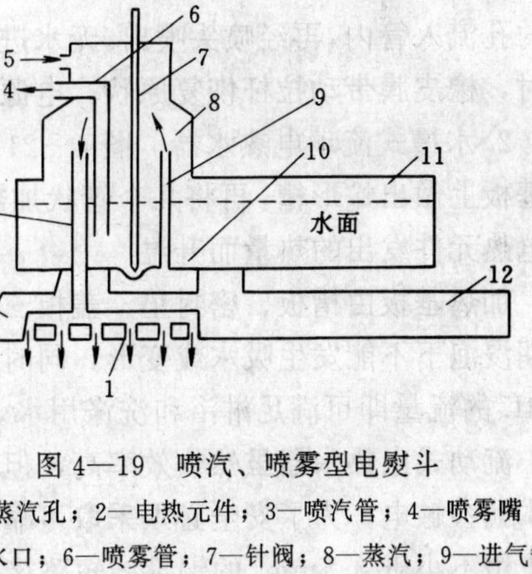

图 4—19　喷汽、喷雾型电熨斗

1—蒸汽孔；2—电热元件；3—喷汽管；4—喷雾嘴

5—注水口；6—喷雾管；7—针阀；8—蒸汽；9—进气管

10—汽化室；11—储水器；12—底板。

四、喷汽、喷雾型电熨斗

这种电熨斗是在喷汽型的基础上发展起来的，它由底板、管状电热元件、水箱、外壳、手柄、调温器、蒸汽按钮、喷雾按钮等主要

部件组成。图 4—19 是结构示意图。

它与喷汽电熨斗的不同之处就是增加了雾化装置。工作时打开手柄上的喷汽按钮，针阀上提，水从针阀孔滴入汽化室汽化，汽化后的蒸汽经过蒸汽导管返回储水器上方储存起来，当蒸汽达到一定压力时再通过导管从底板喷出。这种电熨斗还有一根雾化用的毛细管，它下端伸到储水器的下部，上端通向带有阀门的喷雾孔。需要喷雾时，按下手柄上的喷雾按钮，储汽室具有一定压力的蒸汽会高速流向喷雾口，由于高速流动的气体压强较低，储水器中的水通过毛细管被吸向喷雾口成雾化状喷出。这种电熨斗不需要喷雾时，可当作蒸汽熨斗使用，不需要喷汽和喷雾时，又可当成调温型干式电熨斗使用，是目前电阻式发热元件产品中较先进的电熨斗。

第五节　家用电热水器结构与工作原理

电热水器是利用各类电热元件通电加热后为人们提供温水和饮用水的电热器具。电热水器种类很多，分类方法不同，较常采用的是按加热方式分类，分为流动式和贮水式两类。

一、流动式电热水器

流动式又称水式(或快速式)电热水器。使用时冷水直接流经电热元件表面而被加热，加热迅速，常见结构有腔体式和水槽式两种。

1. 腔体式流动电热水器　图 4—20 是腔体式电热淋浴器的结构示意图。当打开进水阀门，冷水进入腔体后，水的重力和压力使橡皮膜下凹，带动管状拉杆向下运动，电源触点开关接通，腔体内电热丝通电发热，被加热的水沿着中上部开的孔流入管内，再经喷头喷出。无水进入时，橡皮膜带动拉杆恢复原状，电源断开。

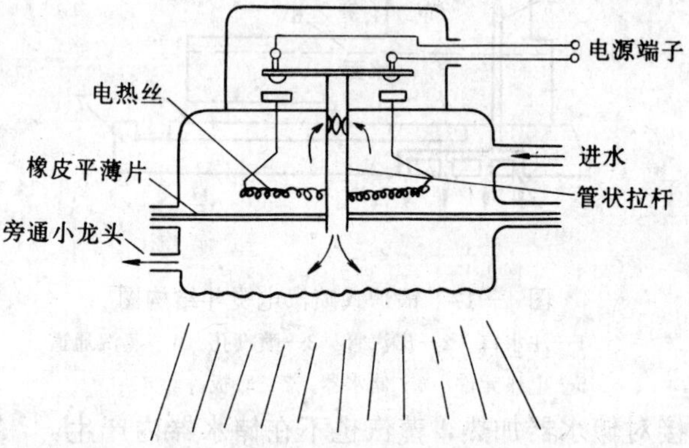

图 4—20　腔体式电热淋浴器示意图

2. 水槽式流动电热水器　图 4—21 是这种热水器的基本结构，它是在一块绝缘性能很好的基板上做出蛇形槽，再将几个管状加热器或电热丝分别装在各段槽里，水沿蛇形槽流过，吸收电热元件发出的热量而升温。

加热基板由槽板、密封垫、盖板三部分组成，加热槽板是热水器热量交换的地方，在水长期浸泡下不能发生吸水或变形，同时还应能耐热、耐压。蛇形槽的截面积可以计算，每分钟 4L 的流量即可满足淋浴和洗涤用水。安放电热元件的位置开孔应考虑水封问题。

流动式电热水器虽然热效率高，但是水流过通电的电热元件后带电，这样的水直接接触人体就会触电。为了安全必须采取可靠地防护措施，除了外壳接地外，在进水口与出水口间应使用不小于 3.5mm^2 的铜导线短路接地，接地电阻不大于 0.1Ω。此外，为了消除水中积垢造成的分布电流，出水口断面也应设一层金属网，使它同出水口一样接地。

在设计水槽时应留有足够的非加热区，因为水的电阻随着接触面积减小和距离增加而增加，有利于减小泄漏电流。在断水不断电时，电热元件发出的热量也可以被非加热区的余水

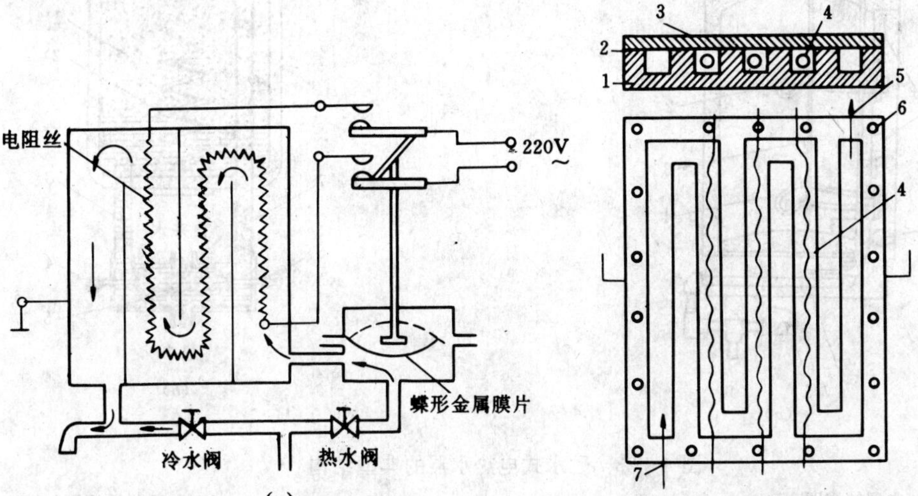

(*a*)　　　　　　　　　　　　　　(*b*)

a　结构示意图　　　　　　　　　　*b*　加热槽板结构

图 4—21　水槽式电热水器的结构

1—基板　2—密封垫　3—盖板　4—电热元件　5—热水出口　6—压紧螺钉　7—冷水进口

吸收而不致使水汽化，避免水汽压力对压力转换器回弹产生影响，从而减小干烧造成的电热元件损坏。

图 4—22 为流动式电热水器的电路原理图。其中水压开关是为保护电热元件而设置的，只有当水压足够大时开关才接通，继电器通电，主电路触点闭合，电热元件工作。改变功率转换开关的位置，接入不同数量电热元件，可以得到不同的水温。

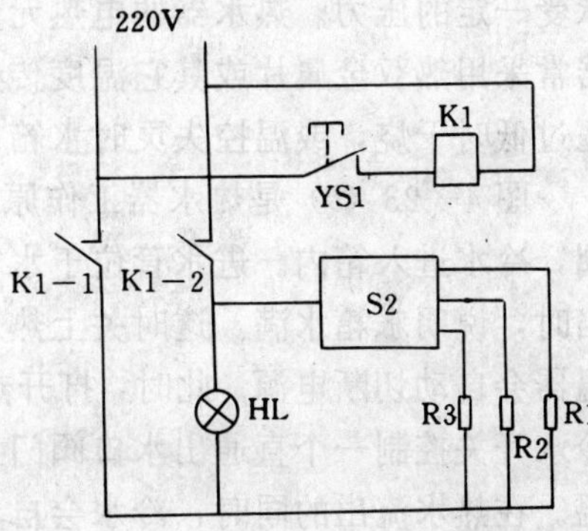

图 4—22　流动式电热水器电路原理图

K_1—继电器　　YS—水压开关

HL—指示灯　S_2—功率变换开关

二、贮水式电热水器

1. 主要性能特点　洗用贮水式电热水器和贮水式电开水器是这种电热水器的两大类，目前家用电热水器主要是洗用贮水式电热水器。洗用贮水式电热水器种类很多，其结构基本都是由贮水箱、调温器、电热元件、指示灯构成。

洗用贮水式电热水器贮水容量较大，管状电热元件表面和出水都不带电，主要性能见表 4—7。

表 4—7　　　　**洗用贮水式电热水器主要性能参数**

容量 P/L	5		15		30			50	100	150	300
功率 P/W	500	1000	1000	2000	500	1000	1500	500	1000	1500	3000
预热时间 t/h	0. 7	0. 35	1	0. 35	4	2	1. 5	8			

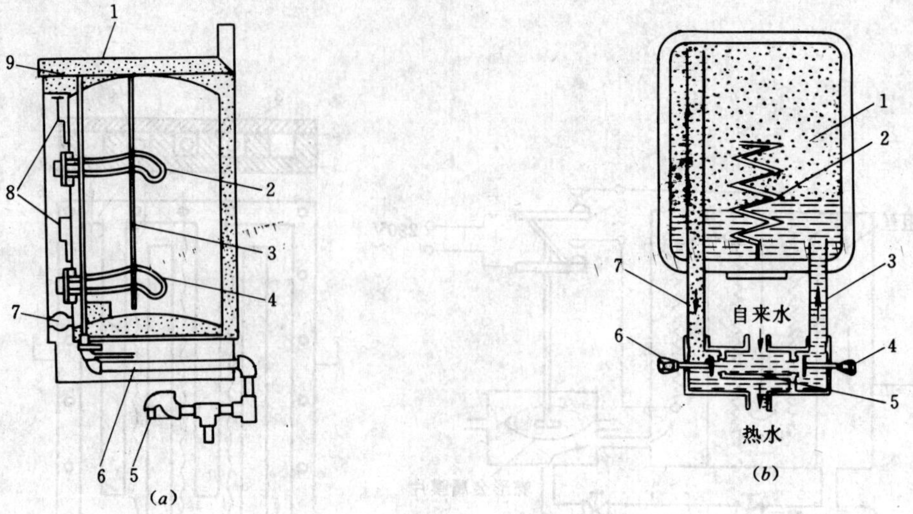

图 4—23　贮水式电热水器的典型结构

(a)　典型结构图
1—台面　2—上加热器　3—镁杆　4—下加热器
5—膜片压力安全阀　6—冷水进水管　7—水箱
排泄阀　8—恒温器　9—热水出口

(b) 工作原理图
1. 水箱　2. 加热器　3. 进水管
4. “红色”热水阀　5. 混合阀
6. “蓝色”冷水阀　7. 出水管

2. 基本结构与工作原理　贮水式电热水器的典型结构见图 4—23 (a)，贮水箱用铝合金、铜和不锈钢等材料制成，保温式贮水箱内外均有高效绝热材料，最后包覆外壳，贮水箱应能承受一定的压力。热水器的电热元件大都采用管状加热元件，一般都装有上、下两组。温控器常采用热双金属片或其它温度传感器。有的还安装了水压开关和压力安全网，用来防止水压过低时干烧，或温控失灵时水箱内部压力过高而引起事故。

图 4—23 (b) 是热水器工作原理图。使用时先打开热水阀，关闭冷水阀，再打开自来水阀，冷水进入箱内。进水管位于水箱下部，冷水逐渐上升，将箱内空气排出，当喷头有水流出时，说明水箱水满。这时关上热水阀，接通电源，进行预热，当水温达到预定温度时，恒温器会自动切断电源。此时，打开热水阀，热水便从水箱顶部经出水管、混合阀、喷头流出。冷水开关控制一个直通出水口阀门，开启此阀，部分冷水能流至出水口与热水混合，调节水温。在热水流出的同时，冷水会自动从进水管向水箱补充，当水温低于设定温度时，温度控制器会自动接通电源，再次进行加热。

三、使用注意事项

1. 安装电热水器应符合技术要求；

2. 电热水器必须接装有效地线，确保安全；

3. 使用前要认真阅读使用说明书，按操作步骤进行操作；

4. 使用贮水式电热水器要在贮满水后再通电；

5. 使用流动式电热水器在打开水阀没有出水时，应立即关掉电源，防止因水路故障损坏电热水器。

第六节 其他电热器具的结构与工作原理

一、家用电暖器具

电暖器具是将电能转变成热能的器具，因为使用便利、清洁、卫生、安全可靠，所以近年来已在我国逐渐普及。电暖器种类很多，按传递热量的方式分为直接取暖电暖器和空间加热电暖器（间接向人体传递热量）两大类。

1. 电热毯　电热毯是直接向人体传送热量的电热器具，目前生产的电热毯是以电热丝作为发热元件，额定电压为 220V 和 50V 以下两种，额定功率一般在 220W 以下。按照控制方式可分为普通型、调温型和恒温型三种。

家用电热毯的基本结构分为电热线、毯体、电路控制三部分。目前所用的电热元件通常采用高强度聚脂漆包镍铬丝，螺旋缠绕在玻璃纤丝芯上或石棉线芯上，然后在外部包覆一层交联聚乙烯构成的绳状电热线，具有较高的抗拉强度和抗曲折性能，热老化性能好。另外，还有一种带有检测线的安全电热线，毯体由底料和面料复合而成，用专用缝纫机将电热线缝制在底料上。高档电热毯的电热丝和毯体均采用阻燃型材料制作。电热毯的控温电路和使用的感温元件，同前面几种家用电热器具基本相同。

2. 空间加热电暖器　这种电暖器的热传递可分为传导、辐射和对流三种。传导方式虽然热效率高，节省电能，但限制了人们的活动范围。以辐射、对流或二者相结合的方式提高室内温度，达到取暖目的，这种电取暖器种类相当多，下面仅介绍市场常见的几种。

(1) 远红外辐射式电取暖器　是一种利用远红外辐射元件发出的远红外线达到加热和取暖目的的取暖器。这种电暖器的突出特点是热惯性小、安全性能好。带有反射板的辐射式电暖器，热量集中，适用于局部空间加热或单人取暖。

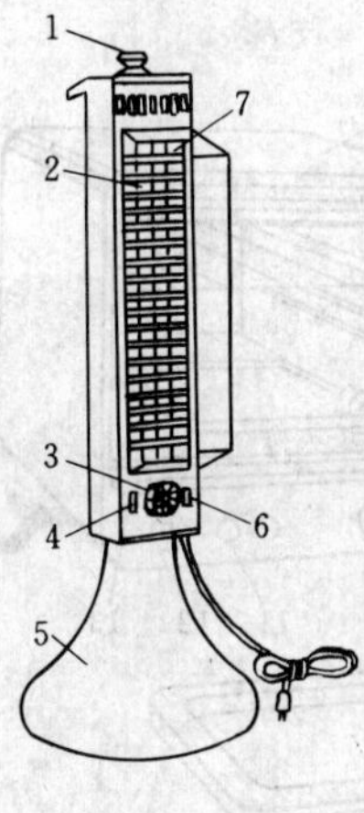

图 4—24　远红外辐射电暖器结构图
1—提手　2—乳白石英元件　3—分档开关
4—总开关　5—底座　6—指示灯　7—反射罩

远红外电暖器主要由外壳、防护条、石英管远红外电热元件、反射板组成。常以石英管安放形式分为卧式、立式两种。其结构如图 4—24 所示。

(2) 充油电暖器　主要由金属散热片腔体、管状电热元件、导热油、电气控制等部分组成，其结构如图 4—25 所示。

管状电热元件安装在多片散热辐射片的腔体中，腔体内充有导热油，这种油无毒，渗透性差，热稳定性能好。工作时，电热元件将油加热，被加热的导热油沿散热片内的管道循环，通过散热片表面将热量辐射到空间，使空间温度升高，被冷却的油沿导管流回电热元件附近后又被加热，如此不断循环。

充油电暖器最高工作温度约 120℃，达到预定温度后温控器会自动切断电源，其功率在 800～3000W 之间。

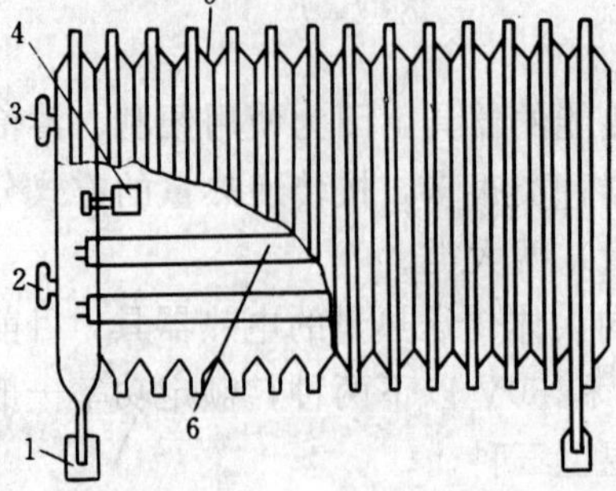

图 4—25　充油电暖器

1—小轮　2—功率转换开关　3—温度调节旋钮　4—温控元件
5—带有散热片的腔体　6—电热元件

二、家用电烤箱

电烤箱是利用电热元件发射的辐射热来烘烤各种食品的电热炊具，家用的可分为普通型、简易型和高挡型三种。

结构与原理　电烤箱典型结构如图 4—26 所示，由外壳、内壳、炉门、加热器、调温器、定时器、功率调节开关、烤网、烤盘、取盘手柄等组成。

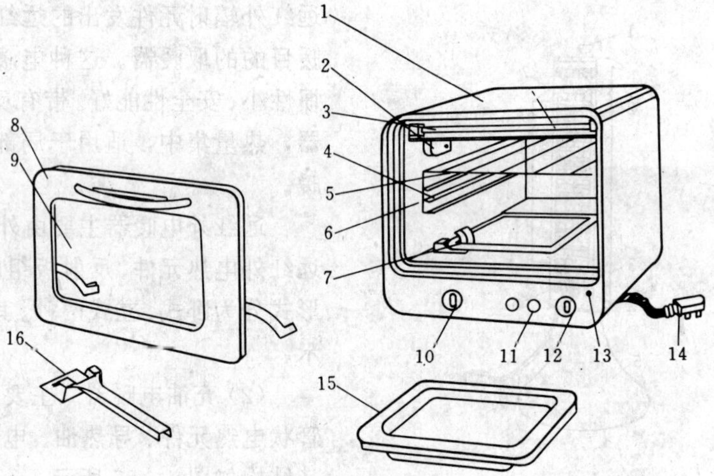

图 4—26　电烤箱结构图

1—外壳　2—控温器　3—石英发热器　4—层架　5—烤网　6—内壳　7—不锈钢发热管
8—门　9—耐高温玻璃窗　10—调温旋钮　11—半功率开关　12—定时旋钮
13—电源指示灯　14—电源线　15—烤盘　16—手柄

箱体外壳和内腔一般采用冷轧薄钢板制成的，普通型和简易型的外壳与内腔之间以空气隔热，高档和大型烤箱，在外壳和内腔之间要充填绝热保温材料以提高效率。内腔两侧设有烤架，用以安装烤盘和烤网。箱门的金属框架有耐高温玻璃，便于观察烘烤食品。

一般电烤箱的电热元件有两组，可以同时工作也可以单独工作。电热元件多用不锈钢电热管，其表面涂有远红外材料以提高辐射效率，也有用乳白石英管的管状加热器。

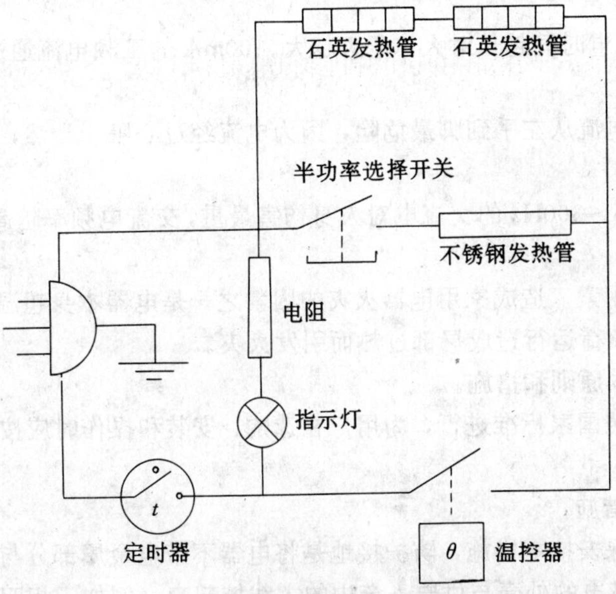

图 4—27　电烤箱电气控制电路图

图 4—27 是国产电烤箱典型电气控制电路。工作时接通电源，将定时器调节到预定加热时间，电热元件通电发热，到预定时间自动断电，在工作时间内转动调温钮可以调节烤箱温度。电烤箱的温度可在 100～250℃范围内调节，功率调节靠一个四档开关可调节满功率、半功率，上加热和下加热。

第七节　安全防护与管理知识

家用电器的普及和应用，使家用电器的维修量日异增多。正确地使用和保养家用电器，掌握必要的安全防护措施，防止触电和火灾事故的发生，已成为不可忽视的重要社会问题。

一、造成触电和火灾的因素

1. 造成触电伤害的因素

(1) 思想麻痹，对触电的危害性认识不足；

(2) 缺乏电器产品的使用常识，违反操作规程；

(3) 不慎与电源线接触，人体其他部位与大地或另一电源线构成回路；

(4) 因电器产品受热、受潮，绝缘性能破坏后外壳带电；

(5) 维修家用电器时没有安装接地线，或使用的接地线不良，接地性能不可靠。

2. 影响触电伤害程度的因素

(1) 电流的大小　电流通过人体的大小是触电伤害程度的直接因素。当人体通过工频电流 1mA 时手指就会微抖；流过 20mA 工频电流时，人将不能自己摆脱电源，可能烧伤；一旦通过 100mA 的工频电流时就可使人停止呼吸。

(2) 电压高低　日常使用的 220V 电压虽然称为低压，但并非安全电压，如果触电仍有生命危险。

(3) 人身电阻　皮肤干燥时人体电阻可达 10～100kΩ，但潮湿的皮肤可降到 1kΩ 以下，触电的危险增大。

(4) 触电的时间　通电时间越长对人体危害越大。100mA 的工频电流通过人体 3 秒后，就可使心脏停止跳动而死亡。

(5) 电流的途径　电流从左手到脚最危险，因为电流经过心脏。当然，电流通过人脑也会使人昏迷致死。

(6) 电流的频率　25～300Hz 的交流电对人身伤害最重，交流电频率越高，危险性相对减少。

3. 造成火灾的危险因素　造成家用电器火灾的因素之一是电器本身超温运行引发的，另一个原因是供电线路超负荷运行造成局部过热而引发火灾。

二、安全用电的基本原则和措施。

1. 产品的生产应按照国家标准进行，为用户在选购、安装和操作时应按照产品说明书进行。

2. 采取隔离和绝缘措施

3. 采取防护接地和保安接零措施，防护接地是将电器不带电金属部分与大地相接。保安接零是把家电产品中不带电的外壳与供电系统中的零线接起来（例如三相四线制的中性点），而不要另外接地线。

4. 使用触电保安器。

5. 采用安全电压供电。

三、电器维修场所的消防安全设施

1. 安全措施

(1) 为了防止电路接入电热器具后发生超负荷，检修前首先明确电热器具的功率，大功率的电烤箱、微波炉应采用单独的供电线路。

(2) 为了防止电炉、电熨斗等电暖器具长时间工作而烤燃易燃物质，维修场所禁止放置易燃物品。

(3) 检修时接通电源后要有专人看管，严守操作规程。下班和停电时，应立即切断电源，防止发生事故。

(4) 工作场所应配备必要的消防器材，定期检验，保证使用性能。

2. 常用灭火器的使用方法

(1) 干粉灭火器　干粉灭火器是电器设备理想的灭火器材，手提式干粉灭火器有 MF8、MF4 型两种。图 4—28 是干粉灭火器 MF4 内装式的结构，技术性能见表 4—8。

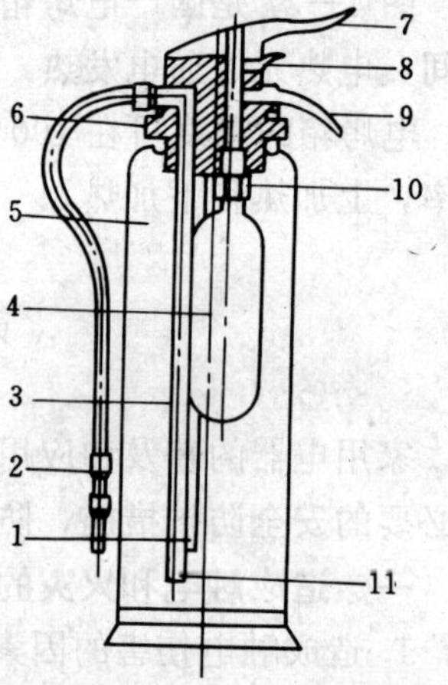

图 4—28　内装式 MF4 型干粉灭火器结构图

1—进气管　2—喷枪　3—出粉管　4—二氧化碳钢瓶　5—筒体　6—筒盖　7—压把　8—保险销　9—提把　10—钢螺母　11—防潮堵

使用方法是手提或肩扛干粉灭火器到失火现场时，先将钢瓶上下颠倒几次，离火点 3～4 米处撕去瓶上的封记，拔出保险销，一手紧握喷枪对准火源，另一手姆指按下压把，干粉即可喷出。喷撒时要迅速摇摆喷嘴，使粉雾横盖整个火区，并由近而远向前推移，很快就能将火扑灭。

表 4—8　　手提式干粉灭火器技术性能

型号	装粉量（kg）	常温下喷粉时间（s）	喷射距离（m）	灭火参考面积（m^2）	适用温度（℃）	二氧化碳充气量（g）	绝缘性（千伏）
MF4	4	14	4～5	1.8	−10～45	100	10
MF8	8	20	5	2.5	−10～45	200	10

（2）1211 新型高效低毒灭火器　它是在氮气压力下将 1211（二氟一氯一溴甲烷）以液态灌装在耐压钢瓶里的一种新型灭火器材。图 4—29 是其外型结构图。

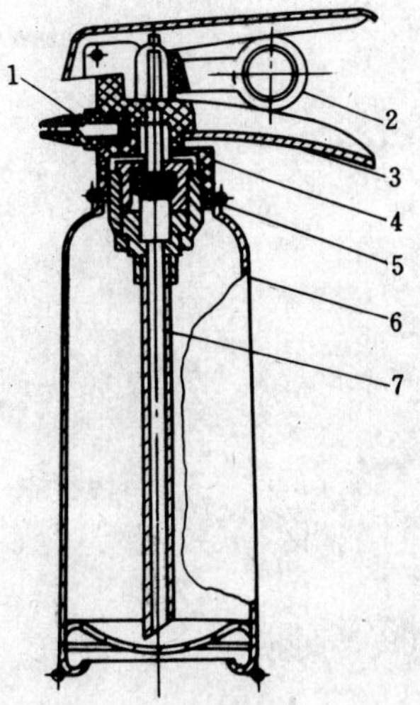

图 4—29　手提式 1211 灭火器结构图

1—喷咀　2—保险卡　3—提把　4—盖头　5—密封机构　6—筒身　7—吸管

手提式 1211 灭火器有 MY_1、MY_2、MY_4 三种型号，其性能见表 4—9。

表 4—9　　手提式 1211 灭火器技术性能

型　号	灭火剂装量 m/kg	储氮气压 P/P_2（20℃）	射　程 m	喷射时间 t/s	总重量 m/kg	密封试验压力（20℃）P/P_2	使用温度范围（℃）
MY_1	1	147×10^4	3	10～12	2	245×10^4	−40～50
MY_2	2	147×10^4	3	12～14	3.2	245×10^4	−40～50
MY_4	4	147×10^4	4.5	14～16	6.5	245×10^4	−40～50

使用 1211 灭火器，首先拔掉铅封和保险卡，手提上部（不要放平或颠倒），用力紧握提把启开阀门，储压钢瓶内的灭火剂即可喷射出来。灭火时，要将喷嘴对准火源，左右喷射向前推进，将火扑灭。松手时，提把受弹簧力作用恢复原位，阀门封闭，喷射停止。如遇零星小火时可重复开启灭火器阀门，以点射灭火。

四、经营管理知识

1. 按照我国有关法规要求，从事家电维修业的企业和单位，必须持有工商部门颁发的营业执照，维修人员必须是经过职业培训并取得初级以上证书的专业人员，从业人员应持照持证上岗。

2. 维修工价按规定要实行明码标价，自觉接受物价部门的监督。

3. 提高维修质量，改进服务态度，维护消费者的权益，自觉接受消费者的监督。

4. 产品检修部门应配备必要的仪器设备和材料工具，仪器仪表应达到技术标准的要求。

5. 产品检修前后均须填写维修登记单据，并经双方签字盖章。器具修理后要按安全标准进行检查，确保器具使用安全。

第二部分　初级维修工技能要求

第五章　常用仪表工具的使用

第一节　万用表的使用知识

万用表分为指针式和数字式两大类，本节仅介绍指针式万用表的使用。

一、使用方法及注意事项

1. 使用前要调整表头上下方调零器，使指针准确地指示在标度尺零位上。

2. 直流电压的测量　将转换开关旋钮置于“$\underset{\sim}{V}$”位置上和最大的量程上，然后根据指示值大约数值，再选择适当量程使指针得到最大偏转度。测量直流电压时，如指针向相反方向偏转，只需将测试笔“+”“−”互换即可。

3. 交流电压测量　将转换开关转换到“$\underset{\sim}{V}$”位置上，测量量程（被测讯号选择）、测量方法与测直流电压的方法相同。一般万用表 10“$\underset{\sim}{V}$”档有专用刻度，其他各档用一个刻度。

4. 直流电流测量　将转换开关旋至直流电流位置和相应量程上，然后将表笔串接在被测电路中，并注意电流的极性。切勿将测试表笔直接并接在直流电压两端，以防止仪表过负载而损坏。

5. 测量电阻　将转换开关旋至“Ω”位置和相应量程上，然后将测试笔短路，调整零 Ω 调节，使指针在标度尺零 Ω 处。为了提高测试精度，指针指示被测电阻的位置，应尽可能在刻度中间的一段。

如电阻档不能调零，则表明电池电压不足，应更换新电池。

6. 音频电平测量　测量方法与测量交流电压相似，只是读数见“dB”刻度的表针指示。

7. 注意事项　为了获得准确的测量结果，防止操作不当造成仪表损坏，使用时应遵守以下要求：

（1）仪表正在测试时，不能随意旋转转换开关；

（2）当不能确定被测量的大约数值范围时，将量程置于最大档，然后再选择适当量程；

（3）测量在线电路中的电阻、电容时，除了切断电源外还应将电容上的电放掉，切勿在带电情况下测量电路中的电阻；

（4）为了确保安全，测量高压时，测量前转换开关应置于适当量程，测试笔也应插在相应位置，一端固定在电路的地电位上，另一端去接触高压电源。测试过程中应严格执行高压操作程序，双手必须带高压绝缘橡皮手套，地板上铺绝缘橡胶板；

（5）仪表使用后，转换开关应置于空档位置，避免以后测量时误用造成仪表损坏。

二、应用实例

1. 万用表检测二极管　用万用表判断二极管的极性和质量好坏，通常使用欧姆档的 R×100、R×1K 档。锗管用 R×100 档，硅管用 R×1K 档。由于万用表内部电路可知，表正端的红表笔在欧姆档时与内部电池负极相连，负端的黑表笔和电池正极相连。因此当将黑红表笔分别和二极管两个电极相接，此时如果表指示的阻值比较小（约 100～1000Ω），将两表笔互换接触电极，表头指示电阻值较大（约几百 KΩ），则黑笔第一次接触的电极为二极管正极，红笔第一次接触的电极为负极，同时由两次测量结果表明二极管可以正常使用；如果两次测量的电阻值都较小或近似相等，则表明二极管内部短路、损坏或性能不好；如果正反向电阻均无穷大，则表明二极管内部短路损坏。

2. 万用表检测三极管　如果已知 NPN 三极管的三个电极 e、b、c 要判别管子的好坏，因为三极管的结构实际上是两个背对背二极管，相接的就是基极。这时用万用表 R×100 或 R×1K 档，将黑表笔接基极 b，用红表笔分别接 e、c，此时两个二极管均正向偏置，正向电阻较小。然后红笔接基极 b，黑笔分别接 c、e 两极，这时，两个二极管反向偏置，反向电阻很大。符合以上两次测量结果的晶体三极管基本上是良好的。PNP 三极管的判别方法相同，只是两次表笔的接法相反。

从以上过程可知，用万用表还可以判别晶体管是 PNP 型还 NPN 型。

3. 万用表测量电容性能　将转换开关置 R×1K 档，当表笔分别接在无极性电容两引线时，如电表指针先向 Ω 处迅速摆动，又逐渐回到“∞”位置，这表明电容完成了一个充电过程。最后指示的阻值越大，说明电容漏电越小，质量越好。测量电解电容时黑笔要接电容正端，红笔接负端，重复以上过程。如果电容正向电阻很小，说明电容已经击穿，或漏电太大，性能不好。

第二节　钳形表与兆欧表的使用知识

一、钳形表的使用与维护

1. 测量前，应估计测量电流的大小，以便选择适宜的量程，不能确定被测电流大小时，应选择较大的量程。

2. 测量时，被测载流导线的位置应置于钳形口中央，以免产生误差。

3. 为使读数准确，钳口要紧密结合，如有杂声，可重新开合一次。

4. 测量时次级不能开路，否则会有高压出现。

5. 钳口接合面上应保持清洁，如有污物，测量时会有杂声，结果不准确。

6. 测量完毕应将调节开关置于最大量程位置，以免下次误用损坏仪表。

二、兆欧表的使用与维护

1. 测量前应注意的问题　选择所使用的兆欧表其额定电压应与被测设备和线路的工作电压相对应，特别要避免用电压高的兆欧表去测量低压电气设备的电阻。另外，使用兆欧表前要检查表本身的“∞”、“0”。被测设备应切断电源，然后对地短路放电。

2. 使用方法　图 5—1 表示用兆欧表测量绝缘电阻的几种方法。

图 5—1 中（*a*）、（*b*）接法相同。但测量电缆线芯与缆外壳的绝缘电阻时，除了兆欧表 L 接线柱与线芯相接，F 接线柱和缆壳相接外，兆欧表的保护环 G 接线柱还必须和内绝缘层相接。因为测电缆绝缘电阻时 L、E 间要加几百伏甚至上千伏以上的高压，高压下表面漏电流是

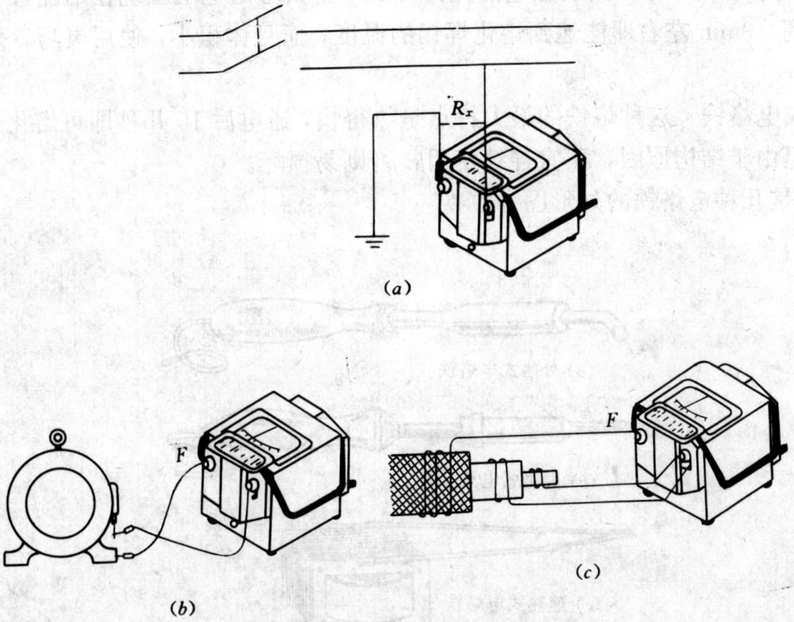

图 5—1　兆欧表的使用方法

不可忽略的。为了防止漏电流引入测量机构，使表面电流通过保护环 G 流回电负极，可防止给测量带来的误差。

3. 注意事项

（1）测量时转动手摇发电机切忌忽快忽慢，尽可能维持在规定范围内（例如：120r/min）。

（2）兆欧表没停止转动和被测物没有放电前，不要用手去触及被测部分和进行导线拆除工作。

（3）兆欧表应水平放置，注意远离大电流导体和有外磁场的场合。

（4）用兆欧表测量绝缘电阻时，测量引线不要绞在一起，要求使用两条单独引线，避免高压下导线绝缘不良引起误差。

第三节　焊接操作常识

焊接是装配和修理的重要工艺，应特别重视。焊接时粗枝大叶会造成虚焊或烧坏电子元件等故障。电烙铁焊接是家用电动、电热器具修理中常用的焊接方法之一。

一、常用的焊接工具与材料

常用的电烙铁有内热式、外热式、速热式和拆卸多脚电子元件专用的吸锡式等类型，配合焊接和拆卸集成电路的还有各种规格的镊子、集成电路起拔器等工具。

常用的焊接材料有各种规格的焊锡丝和助焊剂。

1. 外热式电烙铁　是用较粗的电阻丝绕制的，层间用云母片隔开，外层用云母片裹紧，并用细铁丝缠绕牢固，烙铁头插在管状电热芯的孔内。这种烙铁热效率低，加热到能熔化焊锡的温度约 10min 左右。

2. 内热式电烙铁　烙铁头装在电热元件外部，烙铁芯用电阻丝绕在细瓷管上。这种电烙铁加热效率高，3min 左右即能达到熔化焊锡的温度，而且体积小，使用灵巧，是目前使用最多的一种。

3. 速热式电烙铁　这种烙铁的最大特点是热得快，通电后 10 几秒即可熔化焊锡，不焊接时不通电。但由于结构原因，不宜连续使用，否则易损坏。

图 5—2 是几种电烙铁的外形图。

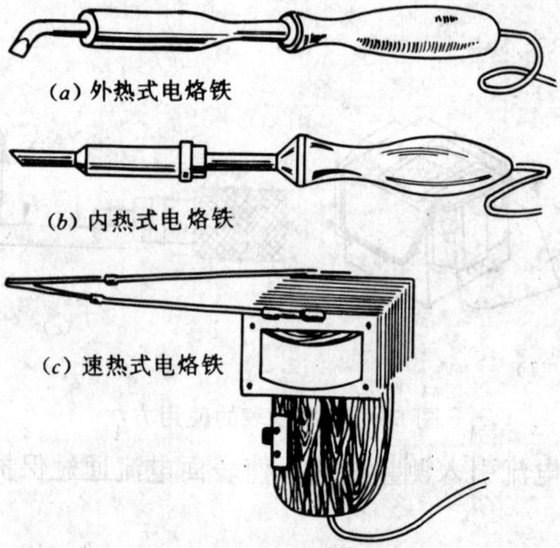

图 5—2　电烙铁的种类

二、焊接电子元件的操作及注意事项

1. 焊接电子元件操作要点　焊接前，应将焊接的元件引线和导线表面的氧化层刮净，然后涂上松香水（松香溶于酒精中），用烙铁在其表面镀锡。焊接时，可把已加热的烙铁和焊锡丝同时接触待焊处，焊丝熔化后立即拿开电烙铁。此时焊锡丝如没有凝固，待焊元件不能活动，否则焊锡会成砂粒状而附着不牢，造成虚焊。另外，助焊剂一般不要使用焊锡膏（焊油），因为它的腐蚀性强。焊接时，烙铁应有足够的温度，否则助焊剂不能完全挥发，会形成焊点不光洁和出现焊锡凝在焊剂上的虚焊现象。焊接时间不要过长，以免烫坏元器件和造成印刷线路板铜皮脱落或翘起。

从电器上拆下多脚电子元器件（尤其是集成电路）时，要尽可能使用吸锡电烙铁，先将各脚焊锡熔化吸净，再小心拔下。若用普通电烙铁须逐个管脚熔锡，因受热时间过长集成电路极易损坏。

2. 注意事项　使用电烙铁焊接元件或拆下元件时，一般要用镊子夹住管脚引线以便散热。在组装密度很高的印刷电路板上焊接时，要防止将周围元件烫坏，要仔细选择操作点和操作姿势。电烙铁作为直接使用交流电源的简单电热工具，使用前应用万用表测试插头两端的电阻及外壳是否短路，确保使用安全。用完后要拔下电源插头，冷却后妥善保管，以免长时间通电损坏和引发事故。

第六章　家用电动器具的检修技术

第一节　普通电风扇的检修

长期运转、搬运、贮存或产品质量低劣，都会使电风扇出现各种各样的故障。由于电风扇种类繁杂，相同的故障现象可能会有不同的原因，相同的原因也可能会造成不同的故障。因此，检查、分析、判断故障产生的部位和原因，以及确定检修程序和步骤就成为维修者必须熟练掌握的基本技能。

一、基本检修程序

1. 通电前的检查　首先向用户询问使用情况，例如电压是否正常，故障现象，有无打火、冒烟、产生焦糊味等；检查电源线、插头有无破损，开关、按键旋钮是否操作灵活，轻轻拨动扇叶观察转动是否灵活；然后打开开关，置于某档风速位置，用万用表欧姆档测试插头两端电阻。

2. 通电检查　在确保安全的前提下，接通电源，接通调速开关，观察电动机是否正常运转。

3. 振动和噪声检查　主要检查风叶是否变形、碰网罩及轴向窜动是否过大，判断是机械噪声还是电磁噪声。

4. 摇头机构检查　电风扇通电后将摇头机构置于摇头位置，如不能起动或起动困难，而置于停止摇头位置时起动顺利，则说明摇头机构存在故障。

5. 调速器检查　正常情况下，风量大小和转速应有明显区别，如果转换调速器，风量不变或变化不明显，则调速部分存在故障。

二、典型产品的拆装

目前，我国城乡居民家庭中，使用较多的是普通落地电风扇。以该类产品为例，说明其拆装示意图。

1. 组装程序

(1) 底座放好后，把升降杆插入固定杆上端，用紧固螺钉夹紧。

(2) 把装饰套套入固定杆上，长弹簧套在固定杆内，把固定杆垂直安装在底座内，旋紧固定螺钉。

(3) 把连接机头的开关箱安装在升降杆上端，并调节固定机头的螺钉使机头保持水平或需要的角度。

(4) 固定后网罩。

(5) 固定扇叶。

(6) 前罩与后罩对齐，并扣紧扣夹。

(7) 试机。

2. 拆卸程序　应按先装的后拆，后装先拆的程序进行。

(1) 拉开网罩扣夹，拆下前罩，用旋具旋松扇叶轴上的顶螺钉，拆下扇叶，再松背母拆下后罩。

(2) 松动升降杆固定螺钉，拆下开关箱和机头部。如果需要打开开关箱维修，先拆开开关箱后盖板。

(3) 机头拆卸　旋松机头前后的螺钉，拆下后机壳、前机壳，旋松机头后的四个长螺钉，拆下后端盖，用木榔头敲击定子可以拆出定子。

升降杆和固定底座很少发生故障，很少拆卸，确须拆卸，请参阅安装说明。

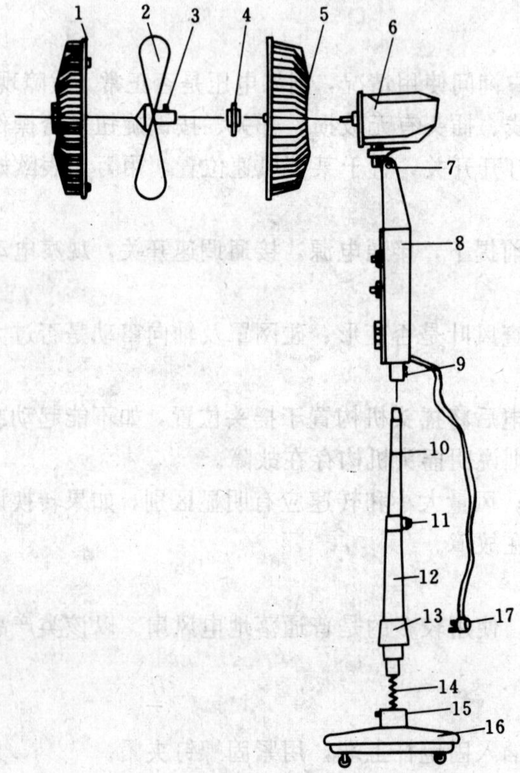

图 6—1　落地扇组装拆卸示意图

1—前网罩　2—扇叶　3—紧固螺钉　4—背母　5—后网罩　6—机头　7—夹紧螺钉　8—开关箱　9—升降杆固定螺钉　10—升降杆　11—夹紧螺钉　12—固定杆　13—装饰套　14—弹簧　15—紧固螺钉　16—底座　17—电源插头。

三、常见故障的判断及检修

普通电风扇的常见故障及检修方法见表 6—1。

四、维修实例

例 1：电风扇通电运转不摇头。

电风扇摇头失灵的原因概括起来有：钢丝绳拉断、蜗轮损坏、销子脱落、上离合器弹簧生锈而失去弹性、摇头开关失灵等。

表 6—1 **电风扇常见故障及检修**

故障现象	产生原因	处理方法
合上开关后风扇不转 1. 风扇电机没有电	①电源插头接触不良，接线脱落或脱焊 ②电源线内部断线 ③开关接线头松脱 ④开关簧片接触不良 ⑤插头与插座接触不良 ⑥插头插脚有污垢氧化 ⑦定时器损坏或接触不良	①检查插头并修复 ②更换电源线 ③重新焊好接线头 ④修复或更换开关 ⑤修复插座 ⑥消除污垢和氧化层 ⑦修复或更换定时器
2. 风扇电机有电，有时伴有嗡嗡声	①电机绕组短路或断路 ②电容器损坏 ③绕组线圈间连线接错 ④轴承偏心，定、转子相摩擦 ⑤摇头机构卡死 ⑥铸铝转子严重缩孔、断条 ⑦罩极电极短路环脱焊 ⑧三相电源缺相	①修复或重绕绕组线圈或送厂维修 ②更换电容器 ③更正连接线 ④调整或更换轴承，清理转子 ⑤修复摇头机构 ⑥更换铸铝转子 ⑦重新焊好短路环 ⑧接通断相的线路
3. 熔断器熔断	①绕组严重短路 ②电容器损坏短路 ③电源间短路 ④接线头松脱、套管脱落造成对地短路	①修复或重绕绕组线圈 ②更换电容器 ③找出短路点，重包绝缘 ④焊接线头，固定套管
风扇外壳带电	①接地线没接地，有漏电 ②绝缘损坏或击穿，带电件与外壳相通 ③导线脱焊，套管脱落，线头碰外壳 ④错将地线接入电源	①使接地线接地 ②更换绝缘件 ③重新焊线，固定套管 ④纠正接线
用手触网罩有麻电感，用电笔试有光亮	①风扇没有接地线 ②绕组绝缘老化，产生漏电 ③套管或绝缘件老化，产生漏电 ④连接线或引出线老化、破损	①接上地线 ②重新绕制绕组，并作绝缘处理 ③更换套管或绝缘件 ④更换连接线或引出线，或破损处包绝缘
运行时急剧发热	①绕组匝间短路 ②电容器短路或断路 ③绕组极性反接 ④三相风扇缺相运行	①修复或重绕短路线圈 ②更换电容器 ③纠正接线 ④接通断相线或更换断路绕组
起动时急剧发热，起动缓慢	①电源电压过低 ②电容器电容量改变 ③铸铝转子严重缩孔、断条 ④罩极短路环脱焊	①快档起动后慢档运行 ②更换电容器 ③更换转子 ④焊好短路环
运行或起动时冒火花	①绕组受潮绝缘降低 ②绕组绝缘损坏 ③电源极间有污物积聚	①烘干绕组 ②更换绕组 ③清除污物
不通电时转子转动灵活，通电后转子卡死不能转动	轴承支架螺钉松动，转子与定子间隙不均匀，通电后转子被磁场吸向一侧，因此不能转动。	调整好定、转子间隙，上紧轴承支架螺钉
风扇反转	引出线有接错	对单相电容式电机，主副绕组换接；对罩极式电机，将定子铁芯前后掉向；三相电机任两相换接。

续表

故障现象	产生原因	处理方法
有时转有时不转	①开关接触不良 ②接线虚焊 ③电容器损坏	①修复或更换开关 ②重新焊接 ③更换电容器
运行减慢	①吊扇平面轴承损坏或缺油 ②吊扇转子下沉 ③绕组匝间短路或断路 ④绕组极性接反	①换平面轴承或加油 ②调整转子，恢复原位 ③修复或更换绕组 ④纠正接线
调整不明显	①调速线圈抽头不合理 ②调速器与电动机不匹配 ③调速绕组短路 ④开关接触不良 ⑤调速绕组焊接不良	①改变调速线圈抽头匝数 ②更换调速器 ③重绕调速绕组 ④修复或更换开关 ⑤重新焊接
某一档不转动，其他档正常	①开关的这一档接触不良或损坏 ②这一档引线脱落、虚焊、断线	①修复开关或更换开关 ②更换或重焊引线
有两个（或几个）较低速档不转	T型抽头或电抗器的调速绕组断路	修复或重绕调速绕组
指示灯不亮或时亮时不亮	①灯泡烧坏 ②灯座松动接触不良 ③灯座引线断线或虚焊 ④控制开关接触不良或损坏	①更换灯泡 ②拧紧灯座的螺钉铜片或更换灯座 ③更换或重焊引线 ④修复或更换开关
琴键开关两档能同时锁住	开关的档位锁块脱落	修复或更换开关
琴键开关能按下，但松手后立即恢复原位	①琴键开关结构失灵，弹簧片移位引起动作失灵 ②导电线与开关脱焊 ③弹簧片变形，造成接触不良	①修复或更换琴键开关 ②重新焊接 ③调整弹簧片
接通快档，风叶转动缓慢但指示灯明亮，摇头灵活	风叶紧固螺钉没拧紧，没对准转轴上缺口	风叶紧固螺钉对准轴上缺口并拧紧，使风叶与转轴没有相对运动
接通慢档，有时能慢慢起动，有时不能起动	卸下风叶用手转动转子轴觉得偏紧，是前后轴承偏心引起	重新装配电动机轴承
风扇不摇头	①连杆两端固定松脱 ②齿轮磨损，失去传动能力 ③轴向定位失灵 ④中心轴螺钉过紧 ⑤离合器弹簧损坏，无啮合传动 ⑥摇头保护装置损坏	①重新装配 ②修复或换新齿轮 ③修复轴向定位 ④将螺钉适当放松 ⑤换新弹簧 ⑥修复摇头保护装置
风扇摇头不停	①控制钢丝过长，离合器不分离 ②控制钢丝两端定位处松动 ③离合器分离不彻底	①调整控制钢丝长度适当 ②重新调整固定 ③修复调整离合器

修理时，将齿箱盖螺钉卸下，逐一检查齿轮箱内的各个零部件，找出故障所在部件予以更换或应急修理。

本台电风扇经查是涡轮齿缺损，涡轮杆不能很好啮合，而造成不摇头。如手边没有现成的同样涡轮，临时补救的方法是：在涡轮底部放一个内径和涡轮内径相同的 2mm 厚的胶木垫片，然后再装上已坏的蜗轮，通电便可使电风扇恢复摇头，购得新涡轮后再更换，彻底排除故障。

例 2：一台普通型落地扇，开机不转，电机伴有较弱“嗡嗡声”。

开机后扇叶不转而电动机发出异声，是机内电路产生较大电流的一个明显特征，应立即关机，避免烧坏其它电气部分。普通电风扇引起内部电路短路的元件，常见的是定子线圈短路和启动电容击穿。

电机线圈短路时，开机后电机叫声较大，机壳温升明显。分析本例，电容损坏的可能性较大。

切断电源，打开开关盒后盖，焊下启动电容器一脚，用万用表 R×10K 档测量电阻值几乎接近零，更换相同容量和耐压值的电容后，通电后电扇恢复正常工作。

例 3：一普通型电风扇调速器中、高档电扇运转，低速档不能启动。

该电风扇为电抗器串联调速电路，中、高档能运转说明电机本身没有问题。经分析可能是启动电容容量减小或漏电所引起。电容漏电使线路损耗增大，移相效果下降，在较低电压下旋转磁场不能正常维持。

拆下启动电容，用万用表测量电容阻值为 40kΩ 左右，漏电较重。更换新电容后，再通电慢速档启动正常。

第二节　普通洗衣机的检修

一、基本检修程序

1. 向用户询问故障现象，主要向用户询问其所在地的电源情况、使用时间和发生故障时的具体情况。例如有无烧断保险、产生焦糊味等。

2. 通电前检查　检查控制面板各旋钮动作是否灵活、到位，联动机构有无断开，波轮是否转动灵活，用万用表测开机状态是否断路。

3. 通电检查　在电源正常的情况下接通电源，先用试电笔或万用表检查是否漏电，观察运转是否正常；调整洗涤定时器，检查洗涤过程情况；调整脱水定时器，检查脱水系统工作情况。主要观察有无漏水，倾听有无异常噪声，传动部分有无明显松脱，保护开关是否可靠。

4. 分析故障原因　根据洗衣机的结构和电气工作原理，对故障现象进行分析，确定原因。

5. 修理　针对各种故障对症修复。

6. 试机。

二、普通双桶洗衣机的拆装

洗衣机整机基本上分为控制、洗涤、脱水三大部分。

1. 控制系统的拆装　图 6—2 是普通双桶洗衣机控制部分的元件分布图。

拆卸步骤如下：

(1) 卸下后盖板，松开连接导线的线夹。

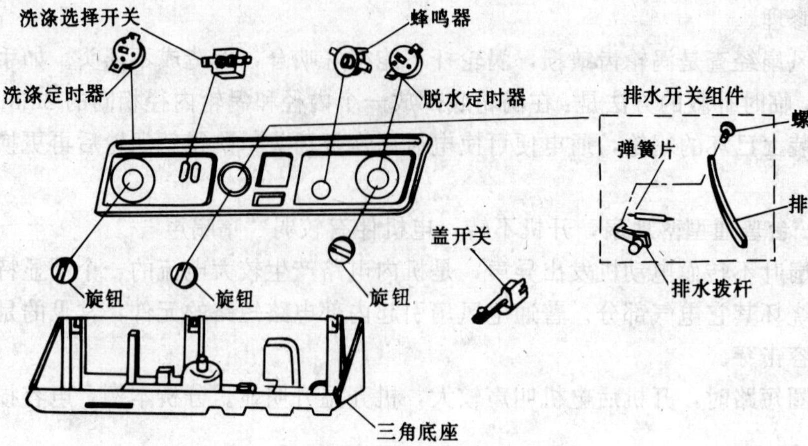

图 6—2　控制系统元件分布图

(2) 卸下溢水过滤罩后，卸下排水拉带。

(3) 卸下控制面板上排水旋钮、洗涤定时器旋钮、脱水定时旋钮、蜂鸣器旋钮。

(4) 卸下脱水盖开关。

安装步骤按拆卸时的反顺序进行。

2. 洗涤系统的拆装

(1) 取下箱体后盖板。

(2) 拆卸下皮带。

(3) 拆卸大皮带轮。

(4) 拆卸洗涤轴和密封圈。在拆下波轮和大皮带轮之后将洗衣机翻倒过来，卸下洗涤轴套螺母，卸下洗涤轴套，然后卸下洗涤轴上卡圈，拔出洗涤轴、密封橡胶圈。

(5) 卸下洗涤电动机。

洗涤桶部分很少故障，一般不需拆卸。

洗涤系统的安装，仍然遵循后拆先装的原则。安装电动机时，要调整电动机皮带轮的大小轮在一个平面上，松紧适度。调整的方法是松动电机与底座的固定螺钉，移动电动机，皮带松紧合适时再固定螺钉。

安装密封圈时，先在密封圈的唇间涂点钙基润滑脂，然后上密封圈中弹簧，圈朝下将它装入轴套内。密封圈安装后，要求在洗涤轴转动时密封圈不得跟着转，否则必须重装。

图 6—3 是洗涤部分两个主要部件的拆装示意图。

3. 脱水系统的拆装　图 6—4 是脱水系统的拆装图。拆卸的步骤是：

(1) 取下整机后盖板。

(2) 掀开脱水桶外盖、内盖，取出塑料压板。

(3) 拆卸脱水内桶。

(4) 拆卸脱水轴。

(5) 拆卸水封橡胶胶囊组件。

(6) 拆卸刹车机构。

(7) 拆卸脱水电动机。

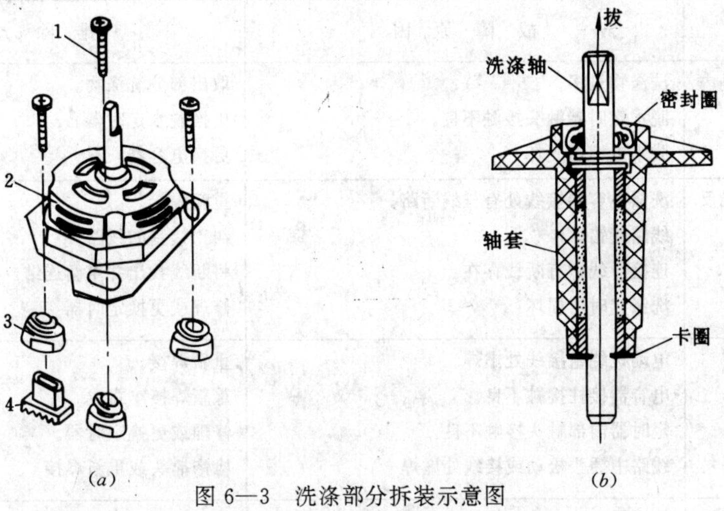

图 6—3　洗涤部分拆装示意图

(a) 卸洗涤电动机 (b) 拆装洗涤轴和密封圈

1—自攻螺钉　2—电动机　3—减震垫　4—调整套

三、常见故障判断及排除方法

国产洗衣机故障见表 6—2。

表 6—2　　**普通洗衣机常见故障及排除法**

故障现象		故障原因	排除方法
1.电动机不启动(没响声)	洗涤脱水	不通电（停电、断路、熔断丝断）。 插头、插座接触不良。 电源线断线。 定时器触头接触不良。 水流转换开关接触不良	检查是否有电，连接线路，更换熔断丝。 插好插头或重新更换插头或插座。 修理或更换电源线。 修理或更换定时器。 更换水流转换琴键开关
	脱水	脱水桶盖安全开关接触不好	更换安全开关
2. 电动机不转(有响声、开关突然关闭)	洗涤	洗涤桶和波轮之间夹有杂物，不转。 电容器不良或导线断线。 电动机不良	卸下波轮，除去杂物。 更换电容器，连接导线。 修理或更换电动机
	脱水	脱水轴里有杂物夹住。 脱水轴和波纹膜盒的金属轴套烧结住。 制动拉绳松脱，电动机联轴器被卡死。 电容器不良或导线断线。 脱水电动机损坏	除去杂物。 修理脱水轴和更换波纹膜盒。 打开箱体后盖，重新安装和调整好制动拉绳。 更换电容器，更换导线。 修理或更换电动机
3.电动机转但波轮不转		波轮紧固螺钉松动或波轮轴套磨损。 波轮皮带轮松动。 三角皮带张力太小或皮带变形伸长	紧固波轮固定螺钉或更换波轮。 重新拧紧波轮皮带轮。 调整三角皮带的张力或更换皮带
4. 脱水桶停止缓慢		脱水桶安全开关动作不良。 制动装置调整不当。 制动装置里的刹车块磨损	更换盖安全开关。 重新调整制动装置。 更换刹车块

续表

故障现象	故障原因	排除方法
5.洗涤物在脱水桶内转动慢	洗涤物过多。 脱水定时器触头接触不良。 脱水电容器变坏	取出部分洗涤物。 更换脱水定时器。 更换电容器
6.洗涤时波轮不能反转	洗涤电容器接线处有一线断路。 线路接错。 连接导线中有断线存在。 洗涤定时器损坏	重新焊接。 纠正接错的线路。 将断线找出并重新连结。 修理或更换定时器
7. 时转时不转	电动机绕组接线处虚焊。 电容器接柱接触不良。 定时器内部触头接触不良。 线路中插头松动或接线处虚焊	重新焊接。 重新焊接牢靠。 修理或更换定时器。 检修插头或重新焊接
8.有麻电感或有漏电	洗涤桶带静电往人体放电。 由于潮湿造成的绝缘下降。 电器零部件的绝缘劣化	使用导电的三角皮带，并将洗衣桶下的铁制底盘接地线。 改变洗衣机安放场所，放在干燥、通风良好的地方。 更换不良部件、接地线
9.带泵洗衣机的泵不转动	泵内有异物缠塞住。 泵电源线断开。 泵电机故障	除掉异物。 接通电线。 修理泵电动机
10. 带泵洗衣机的泵转但不排水	排水管的高度和长度不合适。 排水口的排水阀被堵塞。 排水系统有断开现象。 排水阀动作不良。 半自动双桶洗衣机的排水阀电磁铁动作不良	按说明要求安放。 除掉异物。 连结好整个排水系统。 检查恢复动作。 检修排水阀电磁铁
11. 通电后振动大	波轮严重偏心。 波轮轴偏心或弯曲。 传动皮带装配太紧	调换波轮。 调换波轮轴。 调整皮带松紧适度
12. 漏水	橡胶密封圈磨损。 转轴与轴承间隙过大。 排水管与桶口连接松动。 密封圈带进了火柴梗、线屑等异物。 管接处脱胶。 桶的焊接不良或拉伸薄弱处破裂。 排水管划伤破裂。 放水过多。 排水阀门封闭不严。 排水阀密封橡皮老化。 排水阀弹簧损坏，弹力不足。 排水阀内有异物。 橡胶支承件与脱水桶、轴承座离位	更换橡胶密封圈。 更换转轴与轴瓦。 重新装接，紧固螺母或弹簧夹。 拆卸波轮，取出密封圈内异物。 重新胶粘。 修补或更换桶。 修补或更换水管。 注意掌握注水量。 调整排水开关的拉带（绳）松紧度。 更换排水阀里的密封橡皮件。 调换弹簧。 清理异物。 拆下脱水桶，把轴承座和橡胶支承件分别压回原位
13. 渗水	洗衣桶向脱水桶渗水，逆止阀失灵	更换在洗涤桶和脱水桶相通处的逆止阀

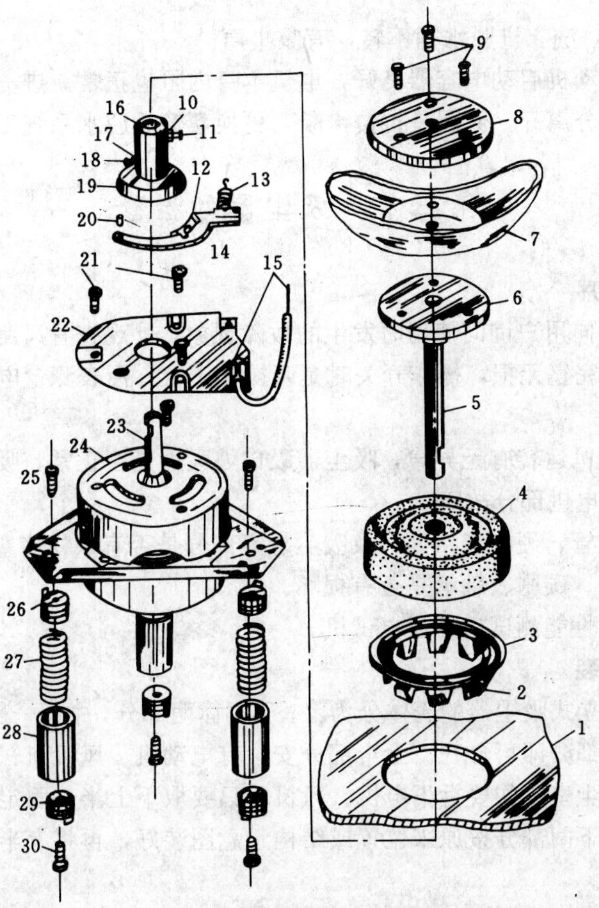

图 6—4　脱水系统拆装图

1—脱水外桶　2—爪钩　3—连接支架　4—密封胶囊　5—脱水轴　6—法兰盘　7—脱水内桶　8—加强板　9—脱水内桶紧固螺钉　10—螺母　11—紧固螺钉　12—刹车块　13—拉簧　14—刹车动臂　15—钢丝　16—联轴器　17—螺母　18—紧固螺钉　19—刹车鼓　20—轴销　21—螺钉　22—刹车底盘　23—电动机轴　24—脱水电动机　25—上紧固螺钉　26—上支架　27—防震弹簧　28—橡胶套　29—下支架　30—下紧固螺钉

四、维修实例

例 1：普通双桶白兰牌洗衣机使用 6 年以上，洗涤时桶内水流会缓慢很多，洗净效率严重下降。经检查皮带松紧适度，电机内阻正常，但启动电容严重漏电容量下降，更换新电容后，水流仍未见好转。再进一步检查发现，波轮长期磨损后与洗涤轴固定不牢，更换新波轮后试机正常。

例 2：洗衣机波轮轴周围漏水故障的处理。

洗衣机使用中最常见的故障是漏水，而且洗涤系统漏水占绝大多数。波轮轴漏水主要有三个原因：一是轴套筒固定螺钉松动、滑扣或破裂，二是密封圈损坏，三是波轮轴锈蚀严重。

修理时，先检查轴套螺母是否松动损坏，松动则拧紧，损坏就更换。

通常密封圈损坏的机率很大，要选用相同规格的双唇密封圈换上。注意不要将密封圈弹簧直接与水接触，弹簧面朝下才能延长使用寿命。波轮轴锈蚀时取下小心打磨光滑即可，如不能修理则更换新轴。

例 3：打开电源，洗衣机脱水桶不转，有嗡嗡声。

经检查，脱水电动机启动电容器良好，电机本身内阻也正常。进一步通电观察发现刹车皮与刹车盘尚未完全分离开，原因是拉簧钩断，更换新簧后脱水系统工作正常。

第三节 吸尘器的检修

一、基本检修程序

1. 通电前检查 向用户询问使用时发生的故障现象，外观查看风路组件、电源线及插头有无损伤，机壳是否完整无损，操作开关时是否操作正常。用表测量电源插头打开开关是否短路。

2. 通电检查 电机运转有无异声，吸尘器吸口处吸力是否正常，吸力弱、无吸力为有故障。电机声音异常为电机部分故障。

3. 检查吸嘴、软管、硬管连接处，及吸尘袋等部分是否有杂物堵塞或破损。

4. 检测电机绕组、碳刷、轴承是否有损坏。

5. 检修后做安全性能测试后再通电试机。

二、吸尘器的拆装

1. 立式吸尘器 立式吸尘器的壳体分为上、下桶体两部分，中间一般都用塑料搭扣固定，扳开搭扣，上、下两部分即可分开。上半部分安装有电动机、风机组、电源开关等，下半部分为吸尘过滤器和储尘室。如要拆下电机、风机，只要取下上半部固定螺钉即可取下电动机组。安装时先将上、下两部分按原来位置或结构示意图装好，再将上半部与下半部对好相应部位，扣上搭扣即可。

2. 卧式吸尘器 拆卸时，打开前搭扣后，上提可打开前盖，前盖打开后可取下储尘袋。后盖和后盖底座与整机底座之间为塑料紧密配合结构，推压即可分开。整个电动机风机机组固定在整机底座上，拆卸时，将吸尘器翻过来松开底座上的十字螺钉，即可取出整个机组。

装配时依拆卸的反顺序安装即可。

图 6—5 是目前较为流行的卧式吸尘器结构图。

图 6—6 为吸尘器电动机、风机组的拆装示意图，供需要拆卸电机时参考。

三、常见故障判断及排除方法

1. 通电后电机不转 产生此类故障的原因主要由电源和电动机两部分引起，如电源熔断器熔断，电源引入线或电机引出线松脱、接触不良或损坏，电源开关触点氧化接触不良或损坏。更换相应部件或修复损坏部位即可排除电源故障。

电机换向器碳刷严重磨损，可修磨碳刷与整流子接触面或更换新碳刷；电机轴承损坏，可更换轴承；电机定子或电枢绕组短路或断路，需更换同规格电机。

2. 电机通电后转动但吸力不足 产生这种故障的原因一般有四种：贮尘袋已满，气流堵塞；软管、吸嘴、接口处有异物堵塞；软管和接长管接口不严或有破损；壳体中间连接部没接好或密封胶圈老化；密封失效。清除杂物更换破损部件，各连接部件接好即可排除故障。

3. 吸尘器在在使用中突然噪声过高 针对产生故障原因采取以下措施：

紧固件松动，检查各部位紧固件，予以加固。

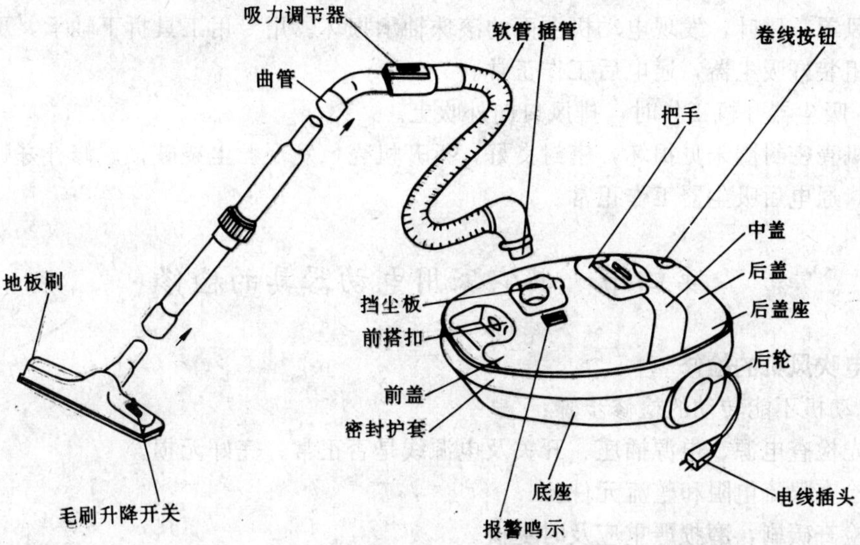

图 6—5　卧式吸尘器结构示意图

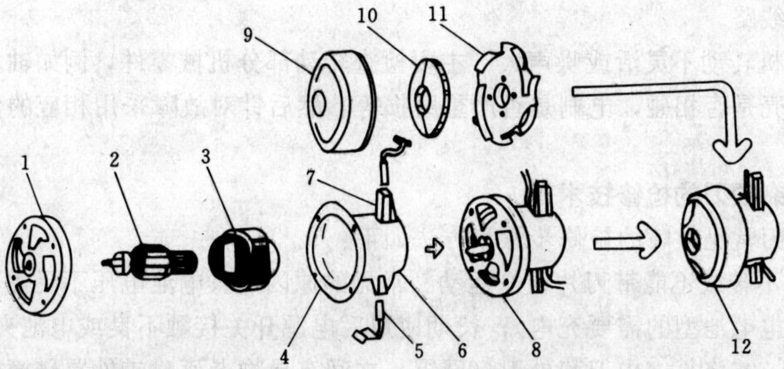

图 6—6　吸尘器电动机与风机拆装示意图

1—端盖　2—电枢　3—定子　4—机壳　5—电刷　6—电刷架

7—刷握　8—电动机　9—风罩　10—叶轮　11—导轮　12—电动机与风机组

电机风扇扫膛，调整或更换风扇。

电机轴承损坏，更换相同规格轴承。

碳刷与换向器严重接触不良，修理更换电刷。

4.吸尘器工作时电机过热　产生这种故障的常见原因是轴承过紧或损坏，造成转动不灵；电机绕组中有短路或通地故障；换向器上火花太大；电机运转时间过长，散热条件不好。维修时应拆下电机，检查发生故障部位，修复或更换相应部件。

四、维修实例

例 1　一台进口立式 1000W 吸尘器，开机后电动机有嗡嗡声，电机升温快，不转动。

断开电源，拆开机壳，测量电机绕组内阻正常，用手拨动转子，阻力很大。拆下与电动机相连的风罩、风叶，发现电动机上面的滚珠轴承损坏。用专用工具拆下轴承，更换新轴承后，重新组装好吸尘器，通电后工作正常。

例 2　吸尘器开机工作时，排风口向外吹土。

检查机壳密封圈未见损坏，密封良好，拆开机壳，发现贮尘袋破损。修补好贮尘袋，重新安装好，通电后吸尘器工作正常。

第四节　其它家用电动器具的检修

一、电吹风机的检修

1. 电动机不能转动的检修步骤：

(1) 先检查电源、电源插座、开关及电源线是否正常、完好无损。

(2) 检查限流电阻和整流元件。

(3) 检查碳刷，磨损严重应及时更换。

(4) 检查电动机绕组是否断线、短路，损坏严重的绕组应重绕或更换电机。

2. 电吹风机无热风　先用万用表测量电热丝是否烧断，若电热丝完好，应检查热双金属片温控开关的接点。由于长期使用，接点氧化或进入污物常造成接触不良，使加热电路不通。如果氧化或锈蚀应用细砂纸打磨清洁，多次修理仍然接触不良应予更换。电子调温型产品要仔细检查电子线路。

3. 电吹风机转动不灵活或噪声大　主要检查转动部分机械零件，例如轴承是否有严重磨损，扇叶与外壳是否相碰，电刷是否严重磨损等，然后针对故障采用相应的修复措施或更换部件。

二、电动剃须刀的检修技术

电动剃须刀常见故障的检修步骤和方法如下：

1. 电动机不转或不能带刀片往复运动　常见的原因有：电池电压不足需更换新电池（或带充电器、充电电池型的需要充电）；长期使用后电源开关接触不良或电池夹两端与电池正、负极接触不良，需修复；内刀和外刀（网罩）之间有异物卡死，或外罩碰撞变形造成阻碍内刀运动。清除杂物，修复或更换外罩即能排除这类故障。

往复型电动剃须刀，一般内带充电电路和充电电池，常遇到充电电池损坏而造成充电后机器仍不能运转的故障，而充电电路发生故障的机会较少。拆开机壳，焊下充电电池，更换新的充电电池后整机即可正常工作。

2. 运转不正常或噪声过大　除电池不足造成电机运转不正常外，早期旋转型电动剃须刀由于轴承转动部分未密封，污物易进入轴承内，会造成转动缓慢和根本不转的故障。这时只要拆下内、外刀片，倒过来轻轻振动几下，清除轴承间异物后即能正常工作。

3. 剃须刀变钝不锋利　一般应更换内刀片，当买不到相同规格的刀片时，旋转式剃须刀可采用刃磨方法处理。步骤是先按外刀网罩直径在一片金相砂纸上画一圆圈，剪下圆片中间宽 1cm 的一条砂纸，并在砂面上涂一点牙膏，然后将砂纸条放置在网罩内，砂面朝向内刀片，最后再将内刀片和外刀片按正常方向装好。打磨时，电池正、负极接过来，使电机向相反的方向转动，内刀片刃口在砂面上擦过，达到刃磨的目的。采用上述方法能延长电动旋转式内刀片的使用寿命。

三、电动按摩器的检修技术

电动按摩器是直接接触人体各部位的简单医疗电器，直接使用220V电源。因此检修前后一定注意电源线的绝缘和整机外壳是否漏电，确保使用者安全。电动按摩器常见故障的检修程序简述如下：

1. 开机不工作　产生的原因：(1) 电源线、插头、插座损坏或熔断器断；(2) 开关不良或焊接处脱落；(3) 电磁铁线圈或电动机线圈断路或短路；(4) 电磁铁机械故障将可动铁心卡死。排除以上故障后一般机器都能正常工作。

2. 振动过强过弱　电磁振动的按摩器，可动铁心与固定铁心之间的间隙大小对振动强弱影响很大。间隙过大振动弱，过小振动强，检修时应调整好。一般在线圈匝数调节正常时，多属上述故障导致强、弱不正常。

电动机式按摩器，一般通过调节电动机的电压来调节振动强弱，如调节失效，说明调压电路发生故障。

3. 使用时有异常声响　如电磁式按摩器可动铁心与固定铁心距离过小，相互碰撞会发出噪声，应重新调整。橡皮缓冲垫脱落或损坏时也会发生噪声，应更换或重新安装，并装紧紧固件。

电动机式按摩器应首先检查转动部件是否缺油，然后检查电动机部分运转是否正常，并装紧紧固件。

第五节　易损件的更换与修理

一、轴承的选用和代换

轴承做为支持转轴或心轴的部件，按结构和运动原理可分为滚动轴承和滑动轴承。

1. 轴承的选用和代换　滚动轴承由内圈、外圈、滚动件与保持架构成，内圈与轴颈配合，外圈与轴承座配合。滚动轴承一般都是标准件，轴承损坏时，可更换相同规格型号的轴承。

滑动轴承通常由轴承体、轴瓦与轴承衬及密封装置构成。在家用电动器具中使用的多是整体滑动轴承，在电动器具壳体上开孔，孔中安装套筒形的轴瓦。整体式滑动轴承无法调节轴颈与轴瓦间的间隙，轴瓦磨损后必须更换，滑动轴承常需自行加工制造。

2. 轴承的安装与拆卸　安装滚动轴承时，用铜或铝管垫在轴承内圈上，用手锤或木榔头均匀锤击管子四周，使轴承装入轴颈的一定位置。拆卸轴承时必须用专用的轴承拉子，它有几个爪子，均匀用力将其从轴上拆卸下来。

二、电容、电阻的代换

1. 电容器的代换　电风扇和洗衣机广泛采用了电容运转式单相异步电动机，因此，电机启动电路都使用了无极性的电容器。由于长期使用，经常出现电容器老化、容量变小或完全击穿损坏而产生的启动困难甚至无法启动的故障，这时就必须更换新的电容器。家用电动器具电容器的代换，要求电容量和耐压值保持不变，如洗涤电动机电容量通常为8～10μF，耐压400V，脱水电动机其电容量为3～4μF，耐压力为400V。

修理时，如原有电容尚能工作，但容量变小，可用相同耐压值的电容器并接一只，或用两个或几个小容量电容并联后代替一个容量大的电容。

2. 电阻器代换　家用电动器具的电控制电路常使用电阻器，电阻器损坏或变值就必须更换。更换电阻的原则是：电阻值相同，电阻功率不小于原来的数值。

应急修理时，在考虑到功率因素后，可以采用串、并联的方法构成所需的数值。

三、触点的修理

电动器具触点接触不良或损坏，是长期使用的器具最常见故障之一。根本的解决方法是更换部件，因为触点一般都和簧片连在一起，固定在定时器、调整器及各种开关的整体部件上。实际上常需要对触点部位进行应急处理，通常做法是：

1. 由于触点积垢或电火花造成麻点等原因，使触点损坏不甚严重的，可用细砂纸或什锦锉打磨干净，但应保持触点原来的形状，积垢可用四氯化碳清洗。用万用表欧姆档测试其接触良好，即可重新使用。

2. 损坏严重者，可从旧继电器、接触器开关中拆下尚可用的触点簧片，代换需要修理的触点。一般外形尺寸相同，耐压、耐流能力相近，更换后要调整好触点的压力。

3. 触点弹簧损坏或压力不够造成触点闭合发生变动时，应更换弹簧或调整压力。

四、电刷的修理

电刷磨损后会变短，导致弹簧压力不足，电机运行时产生电火花，而且电刷磨损后的粉末会导致耐压值下降，片间放电产生火花，甚至造成片间短路。当电刷与换向器的接触面积低于75％时，应更换或修理电刷，以便使其与换向器表面吻合。

修理电刷时往往采用研磨的方法。为了使电刷圆弧状接触面与圆弧状的换向器吻合良好，应在零号砂纸下衬垫一曲率半径与换向器相同的圆轮，其厚度不小于电刷厚度。

更换新电刷时应注意以下几点，一是规格型号相同；二是打磨适当，保证新电刷与换向器接触面在75％以上；三是电刷压力保持在0.02～0.04MPa 之间，转速高时取偏大值（可在接触面间放一有韧性薄膜条，用弹簧秤测试）。

第七章　家用电热器具的检修技术

第一节　电饭锅的检修

一、基本检修程序

1. 接通电源，熔断器立即烧断　这种现象表明，电饭锅存在短路故障，短路部分常产生在电热盘、开关组件和电源线三个部位。

(1) 外观检查，观察电源线有无破损，接插件有无受潮短路，开关组件有无碰线短路，有无焦黑碳化层。

(2) 用万用表电阻档测量，电源线两线间电阻为零或电热盘电热丝两端阻值比正常值变小均会造成短路故障。

(3) 更换损坏部件故障排除后，通电试验使其恢复正常工作。

2. 通电后电饭锅不发热　供电正常时，电饭锅煮饭指示灯不亮，不发热。

(1) 检查电源熔断器、温度保险熔断器是否烧断。

(2) 检查电源线、插头、插座是否接触良好。

(3) 检查磁钢限温开关是否接触良好。

(4) 电热丝内部是否断路（可用万用表测量）。

3. 控温部分的检修　电饭锅温度控制调节不灵或失效常常产生如下故障：饭煮焦了，煮不熟饭或不能自动保温和保温温度时高时低等。由原理可知，温度控制部分的主要部件是保温用的热双金属片和限温用的磁钢限温组件。检查步骤如下：

接通电源，不按下按键，放入内锅，不放食品，观察煮饭灯是否先亮，保温灯后亮，几分钟后就能判断这两个部件是否工作正常。

4. 电饭锅漏电的检修程序

(1) 观察插头、插座等带电部分是否受潮或积存煮饭留下的污物，及时予以清除，保持电气部件干燥。

(2) 打开后盖，检查内部电源引线、带电部件有无碰壳现象，检查电热管处封口绝缘是否良好。

二、典型产品的拆装

电饭锅的结构比较简单，以三角牌家用双层自动保温电饭锅为例说明拆装程序。

1. 双层电饭锅的主要部件　内锅、内胆、外壳、电热盘、温控器、磁钢限温器、开关盒、上盖、下盖、电源接插件。

2. 拆卸方法步骤

(1) 取下锅盖，取出内锅，拔掉电源接插件。

(2) 将锅倒放在工作台上，用十字旋具卸下三个十字螺钉，取下底部的下盖。

(3) 记下并绘出电饭锅的实物接线图。

(4) 松开固定在电热盘接线柱上的固定螺母，可取下固定在电热盘上的双金属片控温器。

(5) 取下磁钢限温器组件。

(6) 取下用螺母固定在内胆上的电热盘。

(7) 拆下用螺母固定在外壳上的内胆。

(8) 拆下用螺钉固定在外壳上的开关盒。

3. 安装程序　与拆卸的相反程序进行。

三、常见故障判断及排除方法

电饭锅的常见故障原因及排除方法见表 7—1。

表 7—1　　电饭锅常见故障原因及排除方法

序号	故障现象	产生原因	检修方法
1	保温指示灯不亮	1. 电源没有接通 2. 保温指示降压电阻坏 3. 指示灯泡坏 4. 线路板元件焊接点不好 5. 超温熔断器熔断	1.检查电源插头是否插入插座；如果插入，则再用万用表电阻档检测电源两端，如发现断路，需修理或更换。 2. 更换降压电阻 3. 更换指示灯 4. 重新焊接好 5. 找出熔断原因，并予排除或更换熔断器
2	煮饭指示灯不亮	1. 降压电阻坏 2. 指示灯炮坏 3. 线路板元件焊接不好 4. 微动开关接触不良	1. 更换电阻 2. 更换指示灯 3. 重新焊接好 4. 调整杠杆或更换微动开关
3	接通电源后，超温熔断器即熔断（此时保温指示灯也不亮）	1. 导线片与底板或外壳相碰 2. 电热管短路 3. 饭熟跳制时，开关杆不能使微动开关按钮压下 4. 内煲与发热板间有间隙，使之接触不良	1. 固定好导热片，使之不发生短路 2. 更换发热板 3. 调整开关杆 4. 将发热板位置适当调高，使它与内煲紧密接触
4	煮饭指示灯亮，但发热板不良	发热管断路	更换发热板
5	煮饭不熟或饭熟得不均匀	1. 内煲与发热板之间有异物 2. 内煲底变形 3. 发热板变形 4. 米下煲时严重不平 5. 米的吸水率不同	1. 清理异物 2. 进行适当修复或予更换 3. 更换发热板 4. 盖上盖前把米拨平 5. 适当调整水量
6	煮成焦饭	1. 按键开关机构不灵活不能自动断开电源 2. 中心恒温器失灵，不能自动断开电源 3. 开关杆已动作，但微动开关不能复位 4. TRS（感温开关）不能自动断开	1. 调整开关杆 2. 更换中心恒温器 3. 更换微动开关 4. 更换 TRS
7	按键不能按下煮饭	1. 开关杆调整不当 2. 内煲未放入 3. 中心恒温器失磁不能吸合	1. 调整开关杆 2. 放入内煲 3. 更换中心恒温器
8	煲盖周边有饭水和水蒸气溢出	1. 煲盖变形 2. 盖封圈破裂	1. 更换煲盖 2. 更换盖封圈

续表

序号	故障现象	产生原因	检修方法
9	煮饭时，有饭粒、水由排气筒排出	使用不当	1. 检查电压是否过高 2. 不要在最小煮饭量以下煮饭 3. 不同的米，适当调整水米的比例
10	保温不好	1.盖加热器或煲身加热器断路，使保温温度偏低 2.TRS没有紧贴内壳或失灵，使保温温度偏高或偏低	1. 进行相应更换 2. 进行检查修理或予更换
11	漏电	1. 发热管漏电 2. 发热管封口材料熔化引起短路 3. 导线端点与煲体相碰 4. 地线接触不良	1. 更换发热板 2. 更换发热板 3. 检查、固定好导线 4. 检查、接通地线

四、维修实例

例 1：一双层自动保温电饭锅，煮饭有时煮不熟即自动断电。

检查发现磁钢开关的磁芯与软磁体接触时好时坏，接触好时煮熟饭，接触不好时煮不熟饭。调整磁钢限温器两个接触面后，按下按键时接触良好，故障排除。

例 2：一台电饭锅接通电源时插座处打火，用万用表测量电饭锅电热丝电阻、电源线和插头均正常。

经检查发现，由于长期使用，在插座、插头接触面上形成碳化层，测量其电阻为零，所以插入插头时碳化层使电源短路，刮去表面碳化层后即可排除故障。

第二节　电熨斗的检修

一、调温型电熨斗的检修

调温型电熨斗的常见故障有：不热，指示灯不亮，有时热有时不热，调温器失效或调节温度不佳和外壳带电等。这些故障的判断和排除方法见表 7—2。

表 7—2　　调温型电熨斗常见故障、原因及检修方法

故障现象	可能原因	检修方法
供电正常不发热	1. 熔断器断开，电源内外引线断路 2. 电热丝断 3. 调温器接触不良 4. 接电源触点固定不牢	1. 用万用表检查并修复 2. 修复或更换 3. 调整或更换 4. 拧紧固螺钉
时热时不热	1. 电源插头、插座接触不良 2. 电源线内部折断 3. 内部连线松动	1. 重新接线或更换 2. 修复或更换新线 3. 拆开、固定接好连接处
调节温度不准	1. 触点损坏或接触不良 2. 弹簧片失效 3. 调压器有故障	1. 修复触点或更换整个组件 2. 修理更换调温组件 3. 检查电路元件，更换失效件
漏电	1. 电热丝与外壳短路 2. 绝缘材料缺损	1. 更换电热元件，附加绝缘材料 2. 更换绝缘材料或修复

二、喷汽、喷雾型电熨斗检修

喷汽、喷雾型电熨斗常见故障相同，其产生原因及排除方法见表7—3中。

表7—3 喷汽、喷雾型电熨斗常见故障原因及排除方法

故障现象	可能原因	检修方法
烧断熔断丝	电熨斗电源线或内部连接部位短路	短路部位可能在电源线线芯之间或在温控器、电热元件等电气连接部位，应由外至内逐级查找，发现短路部位给予排除
不发热	1. 电源引线断路 2. 温控器触点不能闭合 3. 电热元件断路	1.检查电源引线线芯是否拆断或接线螺钉是否松脱，必要时更换 2.检查温控器、调节触点距离，使之恢复闭合，或更换温控器 3. 检查电热元件，修复或更换电热元件
指示灯不亮但能正常发热工作	1. 灯泡（氖泡）断路 2. 灯泡和灯座接触不良，或连线接触不良	1. 更换灯泡（氖泡） 2. 重新检查灯泡、灯座和连线，使其接触良好
工作温度低	1. 温控器调乱	1. 打开电熨斗外壳，拧松温控器固定螺母，按顺时针方向把调节螺钉旋入半圈后，再将固定螺母旋紧，装好外壳
温度太高而且调温失灵	温控器两触点熔合	将两触点锯开，并用细砂纸打磨光滑，调整两触点距离不大于0.3mm，必要时更换温控器。
蒸汽量小	1.位于水箱下面的出水孔附有水垢，影响正常滴水 2. 针阀弹簧失去弹性造成失控	1. 用大头针疏通或用醋溶液清洗水孔 2. 修理或更换针阀弹簧
喷蒸汽时附有水滴	工作温度低，温控器调节不准	按工作温度低的方法处理
喷雾量小	喷雾管道阻塞	喷雾孔、管道要用细铜丝清理，内部水垢用醋注入使之溶解
喷雾孔漏气不能封闭	喷雾弹簧失去弹性	对喷雾弹簧整形或更换
漏　水	1. 工作温度太高，使内部硅橡胶垫圈老化 2. 装水太多	1.调低温控器断电温度（逆时针），检查漏水部位，更换硅橡胶垫圈 2.倒出一部分水，注意使用量杯或装水时不要超过水箱指示“MAX”线
漏　电	1. 电器线路与壳体短路或绝缘体损坏 2. 熨斗内部漏水	1. 由外至里查找短路部位，并给予排除 2.检查储水器和阀门，更换密封材料或有关零件

第三节　家用电热水器的检修

一、家用电热水器的基本检修程序

1. 只出冷水

(1) 检查电源部分及引线是否断路。

(2) 检查温控部分是否出现故障。

(3) 测量电热元件是否烧断或接触不良。

2. 水温过低

(1) 电热元件是否部分损坏或不起作用。

(2) 调节阀位置不当。

(3) 电源电压是否过低。

3. 水温过高

(1) 恒温器是否失效。

(2) 流动式热水器流量是否太小。

(3) 调节阀位置不当。

4. 漏电

(1) 接地部分是否接地失效。

(2) 电热元件绝缘是否损坏，造成碰壳或电源内部接线处是否绝缘损坏。

二、电热水器的常见故障判断及排除方法

家用电热水器大都采用贮水式结构，其常见故障原因和检修方法见表 7—4。

表 7—4　电热水器常见故障判断及检修方法

故障现象	可能原因	检修方法
出来的水为冷水	1. 停电或电源断路 2. 电热元件损坏 3. 贮存式热水器的恒温器接触不良或损坏 4. 流动式热水器压电转换器动作压力太高	1. 等待供电或检查熔断丝、插头、插座等，并修复 2. 检查并更换 3. 重新调整或更换（$19.6\times10^4\sim4.9\times10^4$Pa） 4. 重新调整，一般压力为 0.02～0.05MPa
出来的水不够热	1. 部分电热元件损坏 2. 调温器调整不当 3. 电压过低	1. 检查并按原规格更换 2. 重新调整 3. 加装自动稳压器
出来的水温度太高	1. 贮存式热水器的恒温器失灵 2. 流动式热水器的水流量太小 3. 流动式热水器的小槽堵塞	1. 更换恒温器 2. 加大进水流量 3. 清除水槽异物
热水中附有蒸汽	1. 恒温器调节温度太高，导致水箱水温太高 2. 恒温器触点烧蚀粘合，不能切断电源	1. 重新调整恒温器 2. 将触点分离并打磨平滑，严重时更换恒温器
漏　电	1. 电热水器内有碰壳、短路现象 2. 电热元件绝缘损坏 3. 恒温器绝缘损坏 4. 电热水器接地不良	1. 检查并修复 2. 重新绝缘或更换 3. 更换恒温器 4. 重新接好地线
漏　水	1. 水路系统密封件老化 2. 水路系统结构元件损坏 3. 贮水箱受腐蚀穿孔或破裂	1. 检查更换密封件 2. 修理或更换 3. 修补或更换

三、注意事项

1. 贮水式电热水器的安装拆卸，应严格按照产品说明书操作规程进行。

2. 检修时应切断电源，贮水式要将桶内的水放完，再进行测试。

3. 检修完毕，应检查地线是否接好，系统有无短路，然后再通水、通电试用。

第四节　其它电热器具的检修

一、家用电暖器常见故障及排除方法

目前家用电暖器主要有两种，一种是充油散热片式电暖器，另一种是远红外辐射电暖器。充油式电暖器结构和控制电路比较简单，常见的故障是电热元件损坏导致通电不热，以及温控失灵和漏油，修理相对容易。我们仅将远红外电暖器的常见故障列于表 7—5 中，其它形式空间加热电暖器也可参照。

表 7—5　　远红外电暖器常见故障及检修方法

故障现象	可能原因	检修方法
元件不热	1. 电阻丝烧断 2. 开关或插座接触不良 3. 熔断丝烧断 4. 发热管引出线接触不良	1. 更换发热元件 2. 检查并修复，使其接触良好 3. 更换熔断丝 4. 重新连接
接上电源马上烧断熔断丝	1. 电暖器短路 2. 电路负载较大 3. 熔断丝不符合要求	1. 检查电路，消除短路 2. 降低电路负载 3. 更换符合规格的熔断丝
发热元件发热强烈，瞬时烧坏	1. 发热元件电阻丝短路 2. 使用电压太高	1. 更换发热元件 2. 应在正常电压下使用
辐射效率减退	1. 反射罩不洁 2. 电热线阻值增大 3. 电源电压过低	1. 清洗反射罩 2. 更换发热元件 3. 调高使用电压
温控器失灵	双金属片损坏	更换双金属片
外壳带电，绝缘不良	1. 电暖器受潮 2. 排线过密，绝缘强度降低	1. 放置干燥位置 2. 调整导线位置，加强绝缘

二、家用电烤箱常见故障及排除方法

家用电烤箱常遇到的故障是，打开开关不热，打开开关即烧保险，控温不准，漏电等故障，产生故障原因及检修的方法见表 7—6。

表 7—6　　家用电烤箱常见故障及排除方法

故障现象	可能原因	检修方法
插上电源时熔断丝立即烧断	1. 熔断丝太小 2. 电源引线线芯之间或插头线端之间短路 3. 电热元件对外壳短路 4. 电气线路中局部绝缘破坏、碰壳	1. 更换适当的熔断丝 2. 检查电源引线和插头，若更换新线须用相同型号规格的软线 3. 更换加热元件 4. 检查各部分接线的绝缘，找出碰壳部位予以排除

续表

故障现象	可能原因	检修方法
不　　热	1. 电源插头与插座接触不良 2. 电源线芯拆断 3. 加热元件未接插好 4. 加热元件断路 5.开关触片弹性疲劳或触点烧损，造成接触不良 6. 调温器触点烧损 7. 定时器触头接触不良	1. 修理或更换插头、插座 2. 更换电源线 3. 检查并插好加热元件 4. 更换加热元件 5. 检查开关，用细砂纸将触点打磨光滑，使之恢复接触，必要时更换开关 6. 修理或更换调温器 7. 修理触头或更换定时器
漏　　电	1.管状加热元件封口材料损坏或有油污、脏物积聚 2. 开关、恒温器、定时器或接线的绝缘套管受潮	1.抹清加热元件端部绝缘子，或将管口清理后重新封口 2. 用吹风筒热风将受潮部位吹干
调温器失灵	1. 调温器旋钮与转轴打滑 2. 调温器触点熔接 3. 调温器弹性触点疲劳，控温不准	1. 将旋钮上的螺丝拧紧 2. 更换调温器 3. 更换调温器
定时器失灵	定时器有暂停现象	更换定时器
电烤箱升温而指示灯不亮	1. 指示灯泡烧毁 2. 指示灯氖泡和限流电阻接线松脱	1. 更换指示灯泡 2. 检查并重新焊好

第五节　电热材料的更换与修理

一、电热材料的修复与更换

1. 电热丝的修复　使用开启式电热元件的电热器，例如电炉、电热杯等，电热丝烧断是常见故障。一般说来长期使用、损坏严重的电热丝应该更换，当难于买到同规格型号的电热丝需进行应急修复时，可采用图 7—1 所示的缠绕连接、螺旋对焊、包不锈钢皮压接等方法处理。

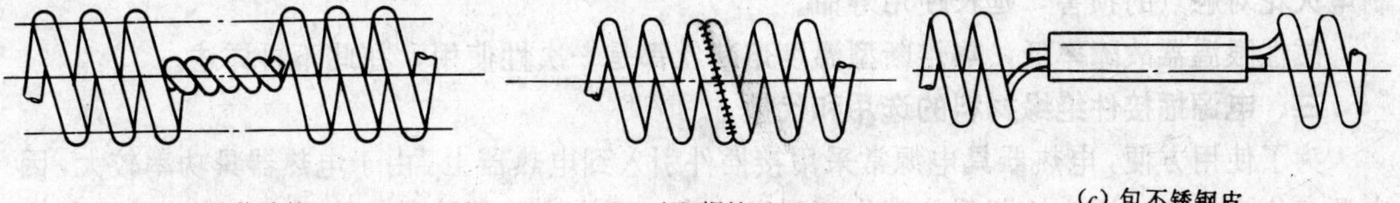

(a) 缠绕连接　(b) 螺旋对焊　(c) 包不锈钢皮

图 7—1　电热丝的几种连接方法

更换电热丝，新电热丝材料和规格要与原电热丝相同。常用的有镍铬合金与铁铝合金两种，电炉常选用的是 OCR25A15 型。安装新电热丝时要使螺旋节距均匀分布，以避免过密处因热量过于集中而造成局部寿命缩短或形成短路点。

2. 石英管状电热元件　常见的故障有石英管破裂和电热丝烧断，石英管破裂和电热丝损坏严重时，必须更换相同规格型号管状元件。当仅仅是电热丝局部烧断时，可将电热丝从管中取出来用以上介绍的几种方法将电热丝接好，然后将电热丝螺旋节距均匀的放回石英管中。一般电热丝总长度较长，修复后比原电热丝短 5～6cm，影响不大。

3. 金属管状电热元件　因为金属管状元件多为封闭式电热元件，本身的损坏率较低，一旦破坏，修复也比较困难。常见的可修复故障有：

（1）管壳上水垢的清理　电热壶、贮水式热水器中，电热管上的水垢除了使电热管传热效率降低外，还常使电热管因水垢层过厚传热不好而造成电热管本身过热而损坏。清除水垢可用稀释的磷酸和其它专用清洗剂。

（2）金属管状元件端头引出棒处，常发生电热丝引出棒固定螺钉松脱造成的断路，引出棒金属部分碰线、碰壳造成漏电或短路。这类故障比较容易处理，只需注意引出棒固定螺钉长期处在高温下易锈蚀滑扣和锈死，更换时先滴放润滑剂，浸泡一段时间再拧动，防止用力过大损坏电热管引出棒而使电热管损坏。

二、温控部件的故障处理

家用电热器具温控部件的主要功能为恒温、限温和超温保险。温控部件从结构原理讲主要分为机械和电子两大类，目前使用广泛的是机械类的热双金属片、磁钢限温器和可熔性温度熔断丝。

1. 热双金属片选择与修复　热双金属片损坏更换时，选择新的热双金属片应注意：

（1）注意考虑工作温度范围，例如电烤箱、电熨斗可选用高温型的 5J23 或 5J25，电饭锅类产品可选用中温型的 5J11、5J14、5J18 等。

（2）注意触点的最大容量　触点容量是指温控器触点在规定条件下允许通过的最大电流功率。此值选的太小，通电时触点会过热熔化，甚至烧结连接造成失控。

（3）注意用作限温器时的动作温度　用作限温器的热双金属片多为常闭型触点，当温度达到某一值时，触点断开。因此，应根据被控温度值合理选用。

国产双金属片的性能见表 7—7，供选用时可参考。

2. 热双金属片故障修理　当热双金属片因弹性减小通断接触不良，或熔点因电火花造成烧蚀引起接触不良时，从确保安全考虑均采取更换部件的措施。只是在温控器使用时间较短或应急处理时，才对触点进行临时性的修理。常用的方法是用有机溶剂清除污物，用细砂纸打磨或调整弹簧的压力，也有在双金属片两端并联耐压 400V、容量为 220μF 的小电容，以限制电火花对触点的损害，延长使用寿命。

磁性限温器故障率低，热熔断型温度熔断丝都是一次性使用，在此不再详述。

三、电源插接件绝缘材料的选用和代换

为了使用方便，电热器具电源常采用接插件引入到电热器上。由于电热器具功率较大，因电源老化，插座、插头长期受热碳化而引发故障。更换这些部件时，除了要考虑电功率的容量（例如耐压）和最大工作电流外，插件的绝缘材料要选用耐高温、机械强度大、不吸湿的材料，如电胶木、陶瓷、酚醛塑料等。

表 7—7 国产热双金属片的性能

牌号		5J11	5J14	5J16	5J17	5J18	5J19	5J20	5J23	5J24	5J25	5J101
组元层合金	主动层	$Mn_{75}Ni_{15}Cu_{10}$	$Mn_{75}Ni_{15}Cu_{10}$	$Ni_{20}Mn_6$	$Cu_{62}Zn_{38}$	$3Ni_{24}Cr_2$	$3Ni_{20}Mn_7$	$Cu_{50}Zn_{10}$	$Ni_{19}Cr_{11}$	Ni	$Ni_{24}Cr_2$	$Ni_{24}Cr_2$
	中间层											Cu
	被动层	Ni_{36}	$Ni_{45}Cr_6$	Ni_{36}	Ni_{36}	Ni_{36}	Ni_{34}	Ni_{36}	Ni_{42}	Ni_{36}	Ni_{50}	Ni_{36}
比弯曲(K)$\times10^{-6}$/°C (20～150°C)		18.0～22.0	14.0～16.5	13.8～16.0	13.4～15.2	13.2～15.5	13.0～15.0	12.0～15.0	9.5～11.7	8.5～11.0	6.6～15.0	12.0～15.0
电阻率(ρ)(20°C) $\mu\Omega$/cm		108～118	119～130	77～82	14～19	77～84	76～84	9～14	67～73	14～19	54～59	14～18
弹性模量(E) 20°C 9.8MPa		≥13000	≥14000	≥16000	≥12000	≥16000	≥16000	≥12000	≥17000	≥17000	≥17000	≥16000
线性温度范围(°C)		−20～+180	−20～+180	−20～+200	−20～+180	−20～+180	−50～+100	−20～+180	0～+300	−20～+200	0～+450	−20～+180
允许使用温度范围(°C)		−70～+200	−70～+200	−70～+350	−70～+200	−70～+450	−80～+375	−70～+200	−70～+450	−70～+400	−70～+480	−70～+200
使用允许应力 9.8MPa(20°C)		15.0	15	20	10	20	20	10	20	10	20	15
最大允许应力 9.8MPa(20°C)		30.0	30	40	30	35	40	30	40	30	40	25
抗张强度 9.8MPa(20°C)		75.0～85.0	75～85	75～85	65～75	80～90	75～85	55～65	80～90	60～70	85～95	75～85
H_v	主动层	190～240	190～240	235～295	165～210	270～340	255～320	130～170	270～340	185～235	270～340	270～340
	被动层	200～255	205～260	200～255	200～255	200～255	200～255	200～255	200～255	200～255	210～265	200～255
比热容（Cal/g °C)		0.11	0.11	0.11	0.11	0.11	0.11	0.11	0.11	0.11	0.11	0.11
密度(g/cm³)		7.8	7.8	8.1	8.3	8.1	8.1	8.3	8.0	8.4	8.1	8.2
热处理规范		260～280°C，1～2h	260～280°C，1～2h	3000～350°C，1～2h	150～200°C，1～2h	300～350°C，1～2h	300～350°C，1～2h	150～200°C，1～2h	380～400，1～2h	300～350，1～2h	400～420，1～2h	230～250，1～2h
特性		高敏感，高电阻，中温用	中敏感，高电阻，中温用	中敏感，中电阻，中温用	中敏感，低电阻，中温用	中敏感，中电阻，中温用	中敏感，中电阻，低温用	中敏感，低电阻，中温用	中敏感，中电阻，较高温用	中敏感，低电阻，中温用	低敏感，中电阻，高温用	中敏感，低电阻，中温用

第三部分　中级维修工知识要求

第八章　电工学基础（二）

第一节　电路基础

一、基尔霍夫定律

对于已经给定的电路，怎样根据电路给定的条件、参数去分析计算，这是分析电路的基本知识。通过分析计算，不仅要确定电路中各点的电压电流的大小，还要确定出各电压的方向、电流的流动方向等。确定这些电学量，需要依据基本定律定理，写出电路的电压方程或电流方程，基尔霍夫定律就是分析电路的最基本定律。

电路中电流的实际流动方向是由两点间电位的高低决定的，电流由电位高处流向低处。但电路中各点电位的高低事先很难确定，因此电压和电流的方向也不能确定。为了分析方便，我们引入一个人为的正方向做为参考方向。在电路中两个可能的任意方向上，我们选定一个方向为正方向，用箭头在电路内标出，如果电压、电流的方向与正方向一致，我们就将这个电压、电流值定为正值，相反就定为负值。

基尔霍夫定律有两个基本方面：表明电路中节点处各支路电流之间关系的，称作基尔霍夫电流定律；表明电路内各部分电压间相互关系的，称作基尔霍夫电压定律。

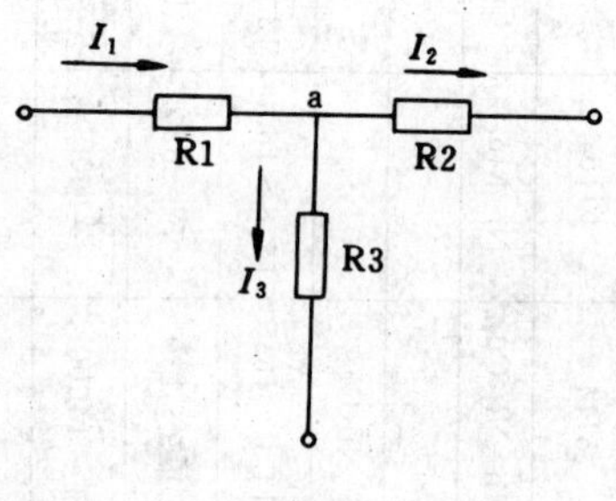

图 8—1

1. 基尔霍夫电流定律　在任意时刻，流入某个节点的电流的总和，等于同一时刻从该节点流出的电流的总和。如图 8—1 所示电路，在节点 a 处电流有三条支路，如果各支路上电流正方向如图中箭头所示，I_1 为流入节点 a，I_2 和 I_3 则从节点 a 流出。根据基尔霍夫电流定律，则 $I_1=I_2+I_3$，或者写成：$I_1-I_2-I_3=0$，这表明电路上任意一个节点处，各支路电流的代数和等于零。写成具有普遍规律的形式，即为

$\Sigma I_a=0$

需要说明两点：

（1）基尔霍夫电流定律不只适用于电路的节点，还可将节点推广为一个闭合曲面所包围的部分电路。如图 8—2 闭合曲面内是一个晶体管，则有 $I_c+I_b-I_e=0$

（2）基尔霍夫电流定律描述了电流的连续性。在电路的节点上，电流不会消失，既不能堆积电荷，也不会产生电荷，所以流入节点的电流总和，必须与流出节点的电流总和相等，这

就是电流的连续性。

2. 基尔霍夫电压定律　在任意时刻，对于电路中任一闭合回路，沿任一规定的方向绕行一周时，各部分电压降的总和恒等于电压升的总和。

$$\Sigma U=\Sigma E$$

这个式中绕行方向可以为顺时针，也可以为逆时针。如图 8—3 中取 abcd 回路中绕行方向为顺时针，与绕行方向一致的电压 U 取正值，与绕行方向相反的取负值。电源电动势方向是指向电压升的方向，同样与绕行方向一致的取正，否则取负。根据基尔霍夫电压定律，列方程为：

$U_1-U_2=E_1-E_2$

或 $I_1R_1-I_2R_2=E_1-E_2$

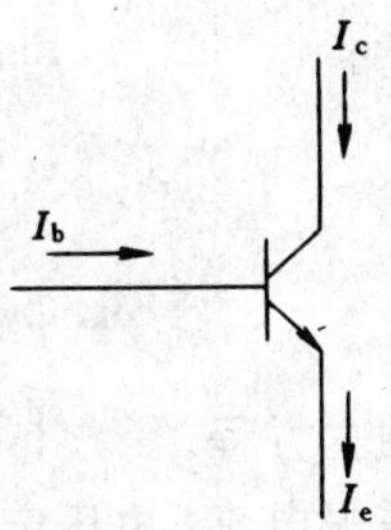

图 8—2

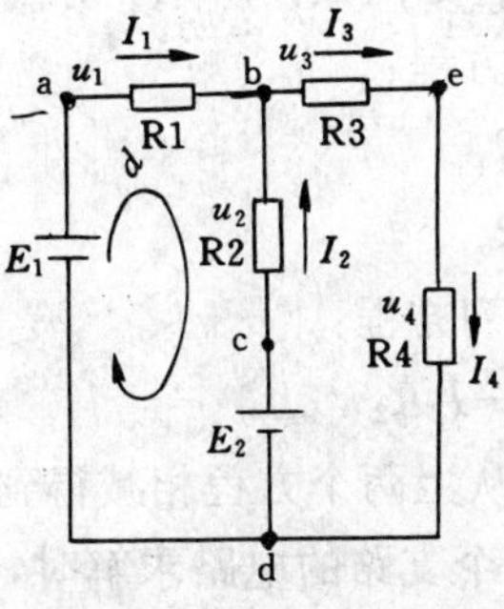

图 8—3

应用基尔霍夫电压定律求解电路时，需列电压方程，其步骤如下：

(1) 假设各支路中电流的参考方向和回路的绕行方向，用箭头标出来。

(2) 将回路中全部电动势写在等式的一边，其中电动势方向与绕行方向一致者取正号，与绕行方向相反者取负号。

(3) 将回路中全部电阻 R 两端的电压降写在等式的另一边，其中电流参考方向与绕行方向一致者取正号，相反者取负号。

二、电路中电位的计算

由电阻串联、并联的方法构成的电路称简单电路。简单电路的分析计算，要先利用电阻串、并联公式求出该电路的总电阻，然后根据欧姆定律求出总电流，再利用分压或分流公式计算出各个元件上的电压和电流。

对于不能用电阻串、并联的方法将电路化简并运用欧姆定律进行求解的电路，称为复杂电路。复杂电路的求解方法，应根据电路的要求，运用两个基尔霍夫定律，列出电路方程解未知量，并利用欧姆定律求出各个元件上的电压值。求解的方法有两种：

1. 支路电流法　以网络中各支路的电流作为未知量，利用基尔霍夫定律建立独立的节点电流方程和回路电压方程，并联立求解出各支路电流，这种方法称支路电流法。下面以图 8—4 为例，说明这种方法的解题步骤：

(1) 选定各支路电流的正方向标在图中。该电路共有三条支路，支路数 $m=3$，有三个待求电流 I_1、I_2、I_3。

(2) 本电路有两个节点 a 和 b。节点数 $n=2$。

对节点 a：$I_1+I_2-I_3=0$

对节点 b：$I_3-I_1-I_2=0$

上两式比较可知，第二式可以从第一式推得，它不是新的独立方程。所以有两个节点的电路，只有 2－1＝1 个独立节点方程。推广到一般电路，具有 n 个节点的电路，可以列出 $(n-1)$ 个独立的电流方程。

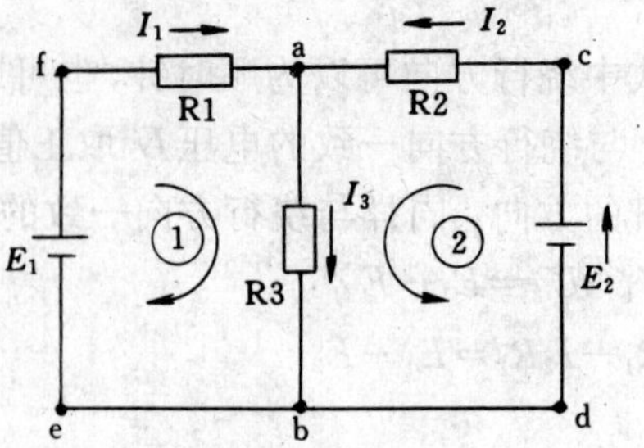

图 8—4

(3) 应用基尔霍夫电压定律，列出回路电压方程，通常取单孔回路列电压方程。一般电路网孔数＝$m-(n-1)$ 个，本电路共有两个网孔，设网孔的绕行方向如图所示，对网孔①和网孔②列出回路方程：

$$E_1=I_1R_1+I_3R_3$$

$$E_2=I_2R_2+I_3R_3$$

对回路 a b c d e f 列方程：

$$E_1-E_2=I_1R_1-I_2R_2$$

显然这个方程可以从上两个方程相减得到，它不是独立方程。

可见在具有 m 个支路的电路求解时，利用基尔霍夫电流、电压定律可以列出 m 个独立方程。把方程联立求解，得：

$$I_1=[E_1(R_2+R_3)-E_2R_3]/(R_1R_2+R_2R_3+R_3R_1)$$

$$I_2=[E_2(R_1+R_3)-E_1R_3]/(R_1R_2+R_2R_3+R_3R_1)$$

$$I_3=[E_1R_2+E_2R_1]/(R_1R_2+R_2R_3+R_3R_1)$$

(4) 对答案进行检验。对未曾列方程的回路列方程，并代入结果，是否正确进行检验。

在图 8—4 中，设 $R_1=R_2=R_3=R$，$E_1=E_2=E$，那么用方程的解得出：

$$I_1=\frac{E}{3R},\ I_2=\frac{E}{3R},\ I_3=\frac{2E}{3R}$$

那么 $U_1=\frac{E}{3}$，$U_2=\frac{E}{3}$，$U_3=\frac{2E}{3}$

代入 a b c d e f 回路：

$$E_1-E_2=U_1-U_2=0$$

说明结果正确。

2. 节点电压法　以电路中节点的电位为未知量，应用基尔霍夫定律写出回路电压方程，再与电流方程联立求解的方法，称节点电压法。

节点的电位，实际上是该点的电压与一个参考点的电压的差值。在实际应用中，通常将参考电位点选在电路的公共导线或地线上，并设参考点的电位值为零。在参考点电位设为零的情况下，电路中任意一个节点的电压值就等于该节点的电位值。图 8—5 为两节点电路，节点 a 的电流方程为：

$$I_1+I_2-I_3=0$$

设 B 点为参考点，B 点电位为零，那么 n 点电位就是电源 E_1 的电位，m 点电位就是 E_2。

$U_n=E_1$　　　$U_m=E_2$

$$I_1=\frac{U_{an}}{R_1}=\frac{U_n-U_a}{R_1}=\frac{E_1-U_a}{R_1}$$

$$I_2=\frac{U_{am}}{R_2}=\frac{U_m-U_a}{R_2}=\frac{E_2-U_a}{R_2}$$

$$I_3=U_a/R_3$$

代入电流方程：

$$\frac{E_1-U_a}{R_1}+\frac{E_2-U_a}{R_2}-\frac{U_a}{R_3}=0$$

$$U_a\left(\frac{1}{R_1}+\frac{1}{R_2}+\frac{1}{R_3}\right)=\frac{E_1}{R_1}+\frac{E_2}{R_2}$$

$$U_a=\frac{\frac{E_1}{R_1}+\frac{E_2}{R_2}}{\frac{1}{R_1}+\frac{1}{R_2}+\frac{1}{R_3}}=V_a$$

因 B 点是参考点，a 点电位 U_a 就是 B 点电压 V_a。

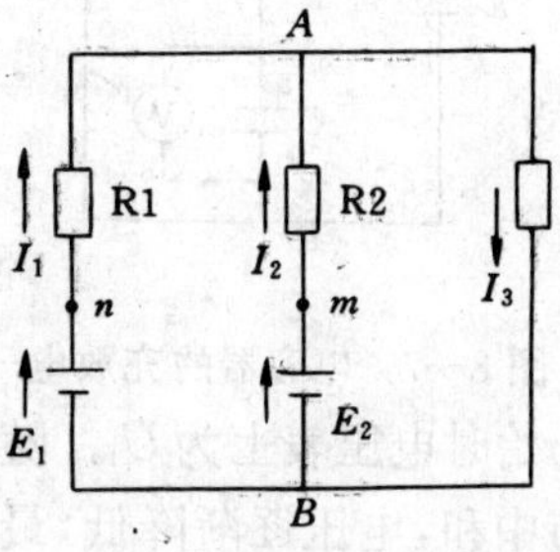

图 8—5

三、电容器的参数及充放电过程

用绝缘材料隔开的两个金属导体的组合称为电容器，这两个金属导体称为电容器的极板。当极板上有电荷时，电容器把电能储存在其中，所以电容器是储能元件。我们重点了解电容器的容量、充放电过程、储能原理以及在交流电路中的容抗。

电容器极板上储存的电荷量为 Q，两极板间加的电压为 U_c，Q 与 U_c 的比值为 C：

$$C=Q/U_c$$

C 称为电容器的电容，电容 C 的值由电容器本身的构造所决定，与所加电压无关。当所加电压改变时，量 Q 随之改变，但其比值不变。电容的单位是法拉，符号为 F。1F 的电容表示在电容器上加 1V 的电压时，极板上储存了 1C 的电量。这个单位太大了，使用时常采用较小的单位：μF（微法）和 pF（皮法）：$1\mu F=10^{-6}F$　$1pF=10^{-12}F$

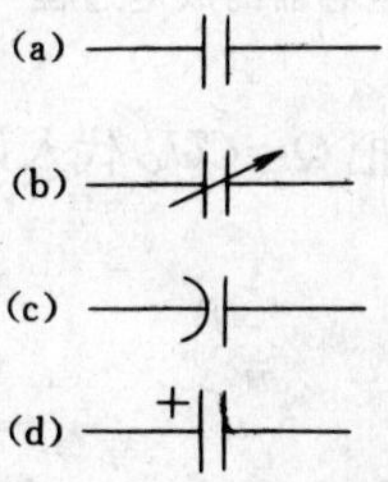

图 8—6　电容元件器的符号

（a）普通容器　（b）可变电容器

（c）普通电容器　（d）电解电容器

在电路中电容器简称电容，因种类不同，电路中常见的符号见图 8—6。值得注意的是电解电容是有极性的，如果极性接错，会使电容器击穿或爆裂，因为它的两极板间的介质材料是电解质，应用时一定要按照极性要求连接。

图 8—7 表示一个实验电路，当开关 S 置 1 位置时，电源 E 对电容器 C 充电，电流表 A 可测量其充电电流，电压表 V 可测量其端电压。充电开始时电流很大，而其两端电压为零，随着电荷在极板上的积累，充电电流逐渐减小，最后到零，端电压逐渐增大，最后 U_C 达到稳定电压 U_{co}。电流和电压随时间 t 的变化曲线为图 8—8 所示。

充电完成以后，如果把开关 S 与 2 连接，电容器里储存的电荷就会沿通路流动，形成放电电流。放电电流的方向正好与充电电流的方向相反，其变化规律与充电电流一样，由放电开始的瞬间的极大值逐渐变小，最后变为零。放电过程电容器的端电压的变化，可以由电压

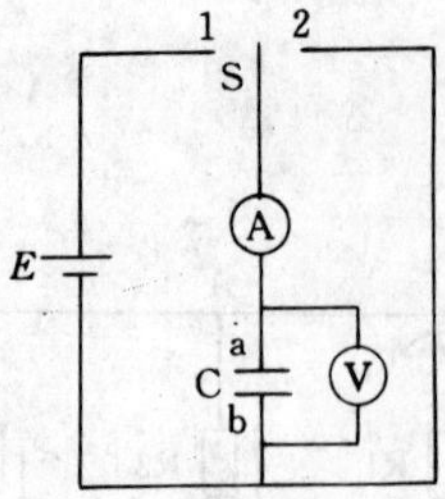

图 8—7　电容器的充放电

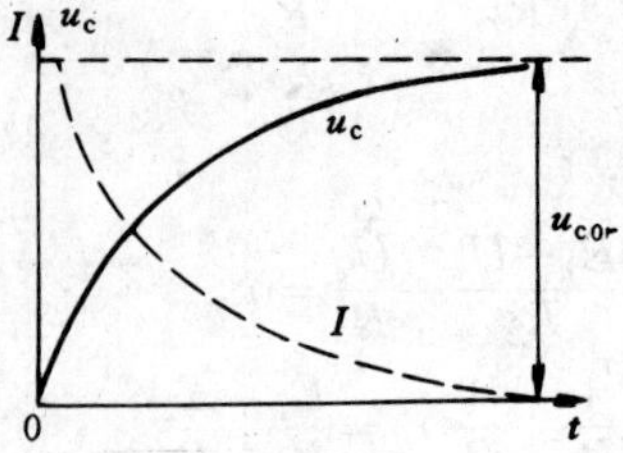

图 8—8　电容器充电过程

表 V 上读出，开始时电压表上为 U_{co}，随着放电过程电荷的流动与中和，电压逐渐降低，最后放电结束，电压为零。如图 8—9 所示。

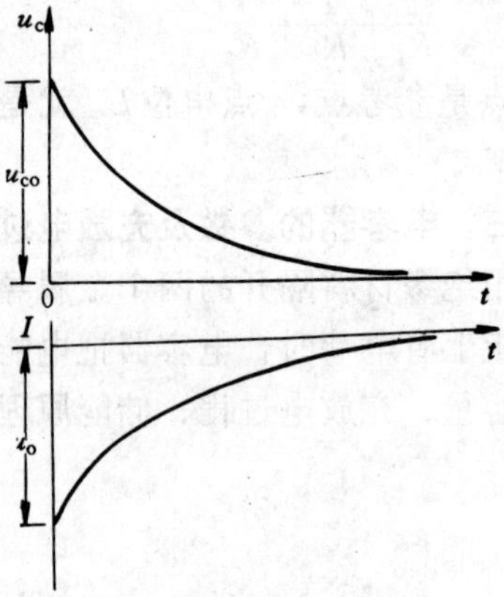

图 8—9　电容器的放电过程

由电容器充电和放电的过程可以看出，电容器是储能和换能的元件。充电时把电能转换成了电场能，在极板间建立的静电场储存了电场能；当放电时，极板间的电位差又驱使电荷流动，形成放电电流，场能又转换成了电能。

如果电容器两极板间加的电压发生变化，电路中就有电流流过，根据电流的定义，电容电路中流过的电流为，

$$i=\frac{\Delta Q}{\Delta t}$$

ΔQ 表示电容器极板上储存的电荷在时间间隔 Δt 内的改变量。如果把 $Q=CU_C$ 代入该式，因电容 C 为常量，则

$$i=\frac{\Delta Q}{\Delta t}=C\frac{\Delta U_C}{\Delta t}$$

此式表明，电容器的端电压随时间变化越快，电流就越大。

在交流电路里，设加在电容器两端的电压为正弦信号：$U=U_m\sin\omega t$，那么电容器中的电流为：$i=C\dfrac{\Delta U}{\Delta t}=U_m\omega\cdot C\cdot\cos\omega t$

$=I_m\cdot\text{Sin}\ (\omega t+90°)$

这里 $I_m=U_m\cdot\omega\cdot C$，为峰值电流。比较电流和电压两个表达式，可以看出电流的变化也是正弦波，但比电压的相位超前 90°。在电容器充电实验中可以看到这种现象，充电开始时，电流为极大值，而电容器的端电压仍为零，放电实验中也是如此。

让我们来分析一下电容器两端加正弦信号时，电容器中电流和电压在一个周期内的变化，以及电流和电压的相位关系。端电压 U 从 $\omega t=0$ 时开始，在第一个 $\frac{1}{4}$ 周期内，电压由零增长，达到峰值 U_m，而电流则从正的极大值 I_m 逐渐变为零（充电完成）；在第二个 $\frac{1}{4}$ 周期内，电压由峰值逐渐减小到零，电容器放电，电流方向为负，并随着端电压的降低，电流达到负方向

的峰值（$-I_m$），第三个$\frac{1}{4}$周期内，电压由零变到负向峰值（$-U_m$），这时电容器反向充电，电流由负的峰值逐渐向零；在第四个$\frac{1}{4}$周期内，电压由负峰值逐渐增加至零，电容器反向放电，电流由零变到正的峰值 I_m。全过程如图 8—10 所示。

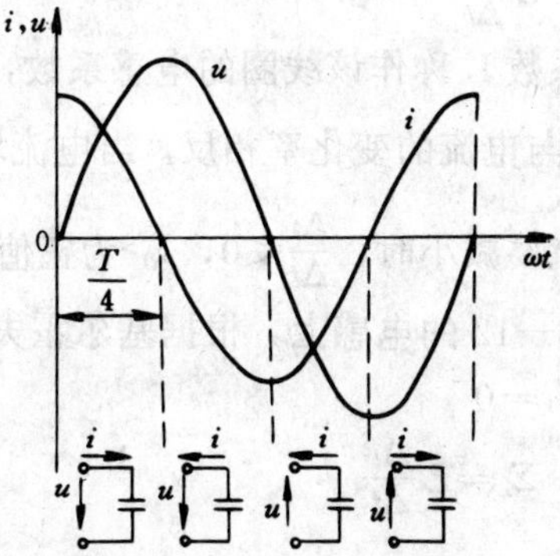

图 8—10　电容电路中正弦电压和电流的波形图及它们间的相位关系

在上述过程中，峰值电压与峰值电流的关系 $I_m=U_m\omega\cdot C$ 中，如果用有效值来代替峰值，电流与电压的关系为：

$$I=U\cdot\omega\cdot C$$

那么 $$\frac{U}{I}=\frac{1}{\omega C}=X_c$$

如果引入类似于欧姆定律的概念，$\frac{1}{\omega C}$代表了电容器在交流电路里的阻抗，称之为容抗，用 X_c 来表示。可以看出，容抗与电阻相类似，具有电阻的量纲，单位是欧姆。

容抗的大小，不仅与电容器的电容量 C 有关，而且与交流电路里的频率有关。交流电的角频率为 ω 的话，其频率 f 为：

$$\omega=2\pi f$$

那么 $$X_c=\frac{1}{\omega C}=\frac{1}{2\pi fC}$$

从容抗表达式中看出，交流电路的频率越高，电容器的容抗越小，在稳恒电路中，f=0，电容器的容抗为无穷大。

四、RLC 串联电路

在交流电路里，如果电阻 R、电感 L 和电容器 C 串联，如图 8—11 所示，那么各元件上的电流电压与电路总体参数有什么关系呢？让我们分析一下每个元件在交流电路中的情况。

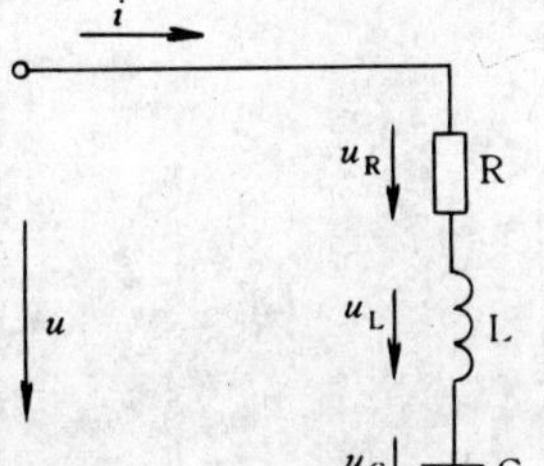

图 8—11

在交流电路里的电阻，电流和电压的瞬时值、极值和有效值，都遵循欧姆定律：

$$i=\frac{U_R}{R} \text{或} R=\frac{U_R}{i}$$

且电流与电压的相位相同。

纯电容器交流电路中，电流比电压超前 90°。

设 $i=I_m\sin\omega t$，

则 $U_C=U_{cm}\sin(\omega t-90°)$

电容在交流电路的等效阻抗叫容抗，用 X_C 表示，X_C 的大小与频率有关：

$$X_C=\frac{1}{\omega C}$$

在纯电感电路中，交变电流引入电感线圈时，其内部将产生磁通，并产生感应电动势。感

应电动势的大小与电流变化率成比例，即

$$\Sigma_L = -L\frac{\Delta i}{\Delta t}$$

比例系数 L 称作该线圈的电感系数，简称电感，单位是享利。这里的负号，表示感应电动势 Σ_L 总与电流的变化率相反。当电流增加时，$\frac{\Delta i}{\Delta t}>0$，$\Sigma_L$ 为负值，其作用是阻碍电流的增加；当电流要减小时，$\frac{\Delta i}{\Delta t}<0$，$\Sigma_L$ 为正值，要阻碍电流的减小。

在图 8—12 的电感上，根据基尔霍夫定律

$$\Sigma_L + U_L = 0$$

$$U_L = -\Sigma_L = L\frac{\Delta i}{\Delta t}$$

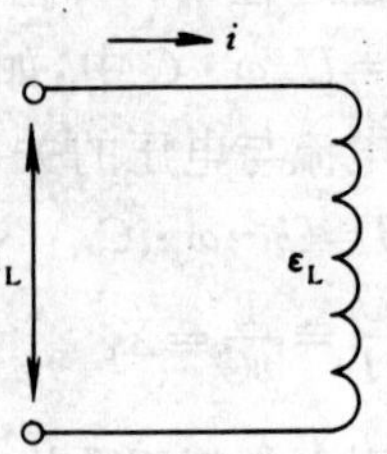

图 8—12

设 $i = I_m \sin\omega t$

$$U_L = I_m \cdot \omega \cdot L \cdot \cos\omega t$$

设 $U_{Lm} = I_m \omega L$

$$U_L = U_{Lm}\cos\omega t = U_{Lm}\sin(\omega t + 90°)$$

由上式可知，在纯电感电路里，电压的相位比电流超前 90°。电压的幅值（或有效值）是电流的幅值（或有效值）的 ω・L 倍。如果用 X_L 表示 ωL（或 2πfL）

$$X_L = \omega L = 2\pi f L$$

$$U_{Lm} = X_L I_m$$

可以看出 X_L 与 X_C 一样，具有电阻 R 相同的单位欧姆，X_L 也具有阻碍电流作用的物理性质，但它与电阻 R 是有区别的。X_L 称作感抗。感抗的大小与电感 L 有关，且与频率 f 有关。在直流电路中 $f=0$，则 $X_L=0$，表示电感没有阻碍直流的作用，电感线圈可视为短路。

在电阻、电感、电容串联的电路中，如图 8—11 所示，端电压为正弦交流电压 U，电路中各元件通过同一的电流 i，故设电流为参考量：

$$i = I_m \sin\omega t$$

那么 $U_R = U_{Rm}\sin\omega t$

$$U_L = U_{Lm}\sin(\omega t + 90°)$$

$$U_C = U_{Cm}\sin(\omega t - 90°)$$

根据基尔霍大电压定律，串联电路的电压为：

$$U = U_R + U_L + U_c$$

由于三个电压的位相不同，它们之间相加不是简单地相加减可以解决的。采用三个电压矢量 U_R、U_L 及 U_C，可以构成矢量坐标，共中 U_R 的位相与 I 一致，相角为 O；U_L 的位相超前电流 90°，在向上方向上；U_C 的位相滞后电流 90°，在向下方向上（见图 8—13）。RLC 串联电路的性质要由电感上电压 U_L 和电容上电压 U_C 这两个分量的大小来决定。由于串联电路中电流相等，各电压分量的值实质上取决于感抗 X_L 和容抗 X_C 的值的大小。

1. 当 $X_L>X_C$ 时，同 $U_L>U_C$，端电压为三个电压矢量的和，U_X 为 U_L 与 U_C 的差值，在 U_L 方向上如图 8—13 (a) 所示。端电压 U 是在 U_R 和 U_X 为直角边的三角形斜边的方向上，其大小为：

$$U = \sqrt{U_R^2 + (U_L - U_C)^2}$$

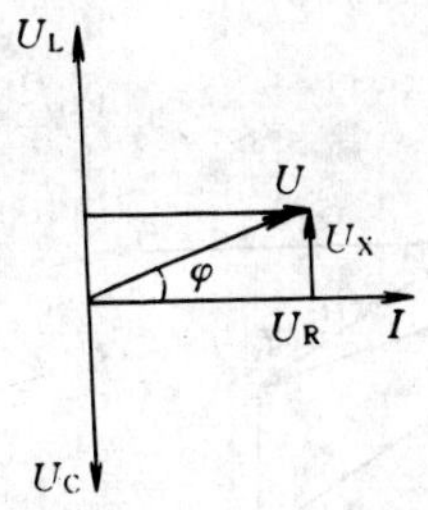

$(a)\varphi>0$

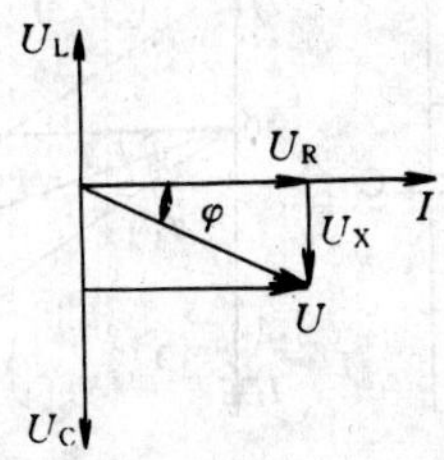

$(b)\varphi<0$

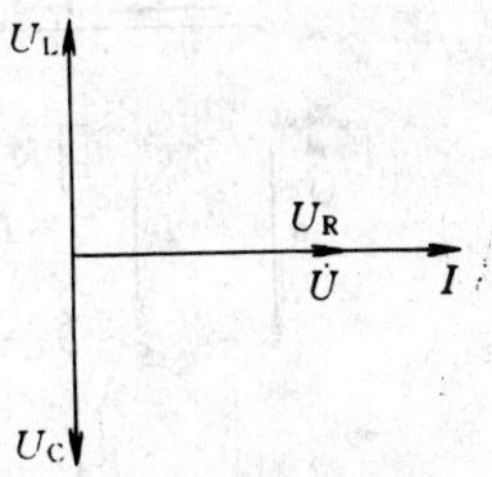

$(c)\varphi=0$

图 8—13

总电压U的方向是超前电流I一个小于 90°的 φ 角，电路呈电感性，大小可由三角关系求出：

$$\varphi=tg^{-1}\frac{U_L-U_C}{U_R}>0$$

2. 当$X_L<X_C$时，则$U_L<U_C$，三个矢量电压的关系如图 8—13（b）所示，端电压U滞后电流一个小于 90°的 φ 角，总电路呈电容性。端电压的大小和相角的计算与上面类似，但这时 $\varphi<0$。

3. 当$X_L=X_C$时，$U_L=U_C$，即电感的端电压和电容的端电压大小相等、方向相反：

$$U_X=U_L-U_C=0 \qquad U=U_R$$

端电压等于电阻上的电压，相位差为

$$\varphi=0$$

这时电路呈纯电阻性，这种状态叫电路的电压谐振。其矢量关系如图 8—13（c）所示。

五、RL 与 C 并联电路

在交流电路中，基尔霍夫定律仍然适用，但应注意各量之间的对应关系，应区分瞬时值、峰值或有效值。

图 8—14（a）是一个 L、R 串联后再与电容 C 并联的电路。根据并联电路的性质，两条支路有相同的端电压U，所以在分析问题时，电压U可以做为参变量。设 RL 支路电流为I_1，C 支路电流为I_2，根据基尔霍夫电流定律：

$$I=I_1+I_2$$

但是这里电流有方向性，不能简单相加。在交流电路里电感上的电压超前于电流 90°，以电压为参考量时，就等于电流滞后于电压 90°。而电容在交流电路里，其电流超前电压 90°。支路 R、L 串联电路中电流I_1流经 R 产生一定的压降，所以I_1的方向不是在电感I_L的方向上，而是在以滞后角度为φ的方向上。总电路的电流方向取决各支路的参数。

$$I_1=\frac{U}{Z_1} \qquad I_2=\frac{U}{Z_2}$$

这里 Z_1、Z_2 分别为两支路的阻抗，$Z_1=R+X_L$　　$Z_Z=X_C$

在图 8—14（b）中端电压U作为参考量，I_2超前 90°在向上方向，RL 支路电流I_1不在I_L方向上，而是在以小于 90°的φ角滞后于电压。I_1和I_2的合成构成端电流的方向。设端电流I

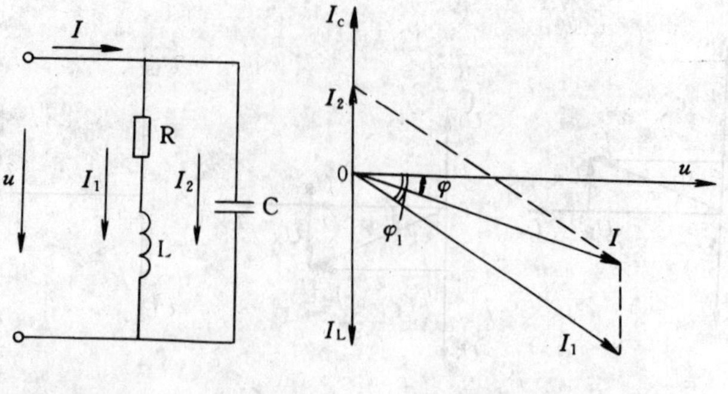

(*a*) 感性负荷与电容并联的电路　(*b*) 并联补偿电路的向量图

图 8—14

的方向角为 φ，则可以有以下三种情况：

1. $\varphi<0$　电路呈电感性，端电流滞后于端电压，这种情况在交流电的供电电路中常用到，电容的作用为补偿性的，叫作补偿电容，用以改善电路的功率因数。

2. $\varphi=0$　电路的端电流与端电压同位相，电容和电感造成的作用互相抵消，电路呈纯电阻性。这种情况叫并联谐振，并联谐振时电路有很高的阻抗，这种电路是非常有用的谐振电路。

3. $\varphi>0$　电路呈电容性，端电流超前端电压为一个小于 90°的位相。

第二节　单相交流电动机控制

家用电动器具的电机都是单相交流电机，虽然功能与应用场合不同，使之种类繁多，但对于应用来说，希望它的控制为：既能正反向旋转，转速又可调。

一、正、反转控制

单相异步电动机的旋转方向与其定子绕组产生的旋转磁场方向一致，改变旋转磁场的方向，就可以改变电动机的旋转方向，这就是单相异步电动机改变旋转方向的基本原理。

电容分相式单相异步电动机的定子绕组，包括运转绕组与启动绕组，电容器串联在启动绕组回路中。如果将运转、启动绕组两者互换，即将原启动绕组作运转绕组，将原运转绕组作启动绕组，并将电容器也改接在原运转绕组回路中，这样就改变了旋转磁场的方向，电动机随之就反转。在广泛应用单相异步电动机的家用电器中，如洗衣机的电动机需要经常改变旋转方向，采用的就是上述方法。因为洗衣机电动机的运转和启动绕组两者需要经常互换，所以洗衣机的电动机运转、启动绕组两者的线径、匝数等完全相同。洗衣机电动机的原理接线如图 8—15 所示。

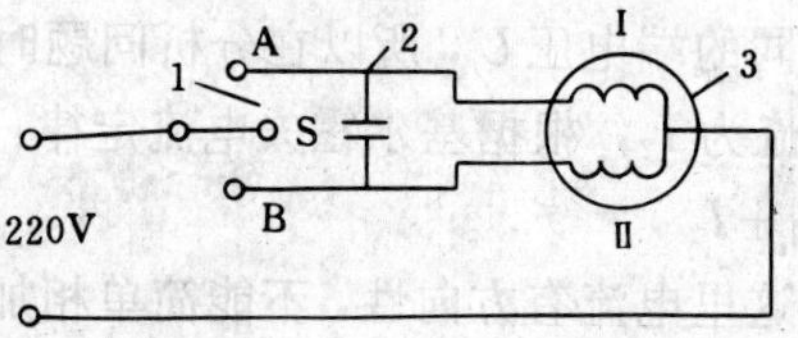

图 8—15　洗衣机电动机原理接线图

由图可知，当定时器开关 S 合向位置 A 时，电动机的绕组Ⅰ作为运转绕组，绕组Ⅱ作为启动绕组，电容器与绕组Ⅱ相串联；当 S 合向位置 B 时，绕组Ⅱ作为运转绕组，电容器与绕组Ⅰ相串联，绕组Ⅰ作为启动绕组。当定时器开关S合向位置A时电机正转，处于中间位置时电动机电源断开，停止运转，S合向位置B时电动机反转。

阻抗分相式单相异步电动机改变旋转方向困难，虽然它的定子绕组也分为运转绕组与启动绕组，但两者的匝数、线径都不一样，不能互换。阻抗分相式电动机正是利用运转、启动绕组两者线径及匝数的不同，进行分相，获得启动转矩的，因此它不允许运转、启动两个绕组的线径、匝数一样。因为阻抗分相式单相异步电动机的调速和改变方向都困难，所以它主要应用于既不需要调速，也不需要改变转向的场合，如电冰箱。

罩极式单相异步电动机的旋转方向是固定的，只有改变罩极线圈的位置，才能改变旋转方向，所以罩极式电动机不能反转。

单相串励式电动机的旋转方向如要改变，只需改变励磁绕组或者电枢绕组的极性。如果在维修中，由于接线错误致使单相串励式电动机旋转方向不对时，只要改变一下励磁绕组或电枢绕组的极性（即改变一下接线），就可以把旋转方向改正过来。如图 8—16 所示，当励磁绕组和电枢绕组采用（*a*）、（*b*）接法时，电动机逆时针方向旋转；当励磁绕组与电枢绕组采用图中（*c*）、（*d*）接法时，电动机顺时针旋转。这样就实现了单相串励式电动机的正反向旋转。

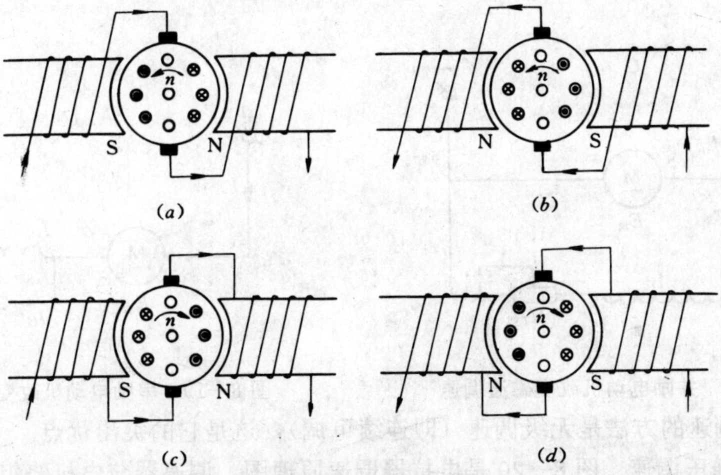

图 8—16

二、调速方法与调速电路

用人为的方法来改变电动机的转速称为调速。调速的基本原理就是改变电动机定子绕组的端电压，加在定子绕组的端电压越高，转速越高；反之，降低定子绕组的端电压，转速就会降低。电动机调速的方法可分为四类：采用电阻、电容、电感来降压调速；采用电动机绕组抽头法来降压调速；采用离心调速器调速；电子调速。

1. 用变阻器调速的方法　主要适用于直流电动机。直流电动机的转速公式是：

$$n=\frac{U-I_aR_\alpha}{K\varphi}$$

式中 n—转速；U—电源电压；φ—主磁通；I_aR_a 电枢的电压降。

由公式可看出，改变电源电压、改变主磁通和改变电枢压降，都可改变转速。但一般电源电压改变困难，主要着眼于后两者的改变来调整转速。

对于并励直流电动机，改变电枢压降，只需在电枢电路中串入一个变阻器 R_T，电枢压降增加，转速也就下降了，如图 8—17 所示。其缺点是调速范围不大，且在变阻器上消耗的电能过多。

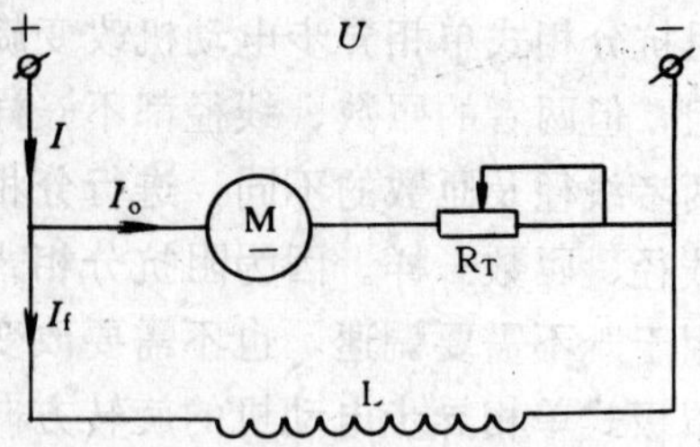

图 8—17　并励电动机串联电阻调速

并励直流电动机采用改变主磁通的方法较好。方法是将变阻器串入励磁绕组，改变励磁电路的串联电阻 R_T 的值（见图 8—18)，则励磁电流为：$I_f=\dfrac{U}{R_f+R_T}$也会随之改变。由于励磁电路中电流很小，所以调速过程消耗在 R_T 上的能量少，比较经济。

对于串励直流电动机和单相串励电动机，其调速的方法是将变阻器与串励绕组并联后，再与电枢串联，接线如图 8—19 所示。变阻器 R_T 值减小，通过 R_T 的电流增大，而通过主励绕组的励磁电流 I_f 减小，磁通 φ 也减小，于是转速就随之提高。反之，变阻器 R_T 值增大，I_f 增大，磁通 φ 也增大，转速随之降低。

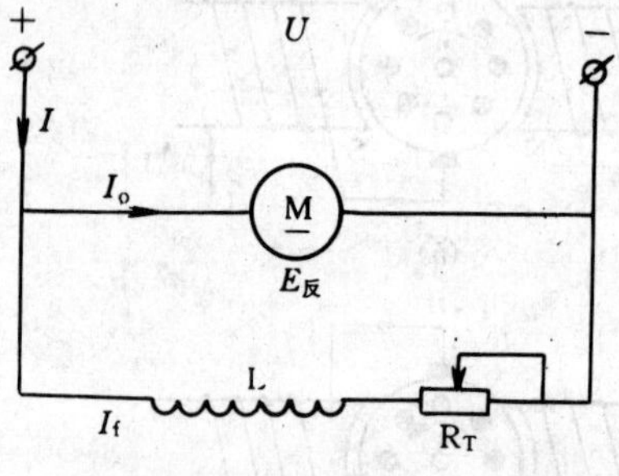

图 8—18　并励电动机改变磁通调速

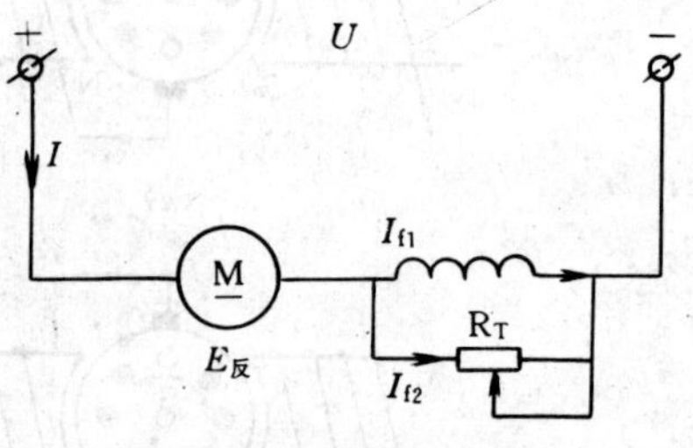

图 8—19　串励电动机改变磁通调速

用变阻器调速的方法是无级调速（即连续可调），这是它的突出优点。

2. 电抗器降压调速　图 8—20 是电抗器调速原理图，调速器与电机绕组串联，只作降压使用。当开关打在“高”位时，电抗器未被接入电路，电机绕组的端电压最高。当开关打在“中”、“低”位置时，电机绕组接入了不同匝数的电抗线圈，由于电抗器的降压作用，使电机绕组两端的工作电压下降，从而实现了转速降低。

3. 电容调速法　图 8—21 是电容调速法的原理图，其中 C_1 为电机运转电容器，C_2、C_3 为调速电容器。电容调速的原理与电抗相同，当电流经过电容元件时也会产生压降，从而改变了电机绕组的端电压，实现了调速。电容调速法优于电抗调速法，因为电容是个贮能元件，本身不消耗电能，有助于提高线路的功率因数。

4. 抽头法调速　抽头法调速的基本思路是改变定子绕组的匝数，使每匝的伏数改变，从而削弱磁场强度，达到调速目的。这种方法适用于四极的电容式或罩极式电动机，四极以上不宜采用。

罩极式电动机定子上有两套绕组，二次绕组和一次绕组串联后接入电源。调速器开关与副绕组抽头相连，通过开关来改变绕组匝数，从而改变磁场强度，以实现调速，见图 8—22。

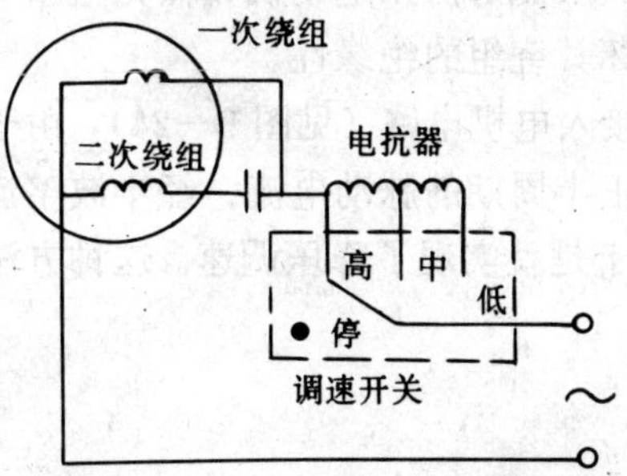

图 8—20　电抗器调速原理接线图

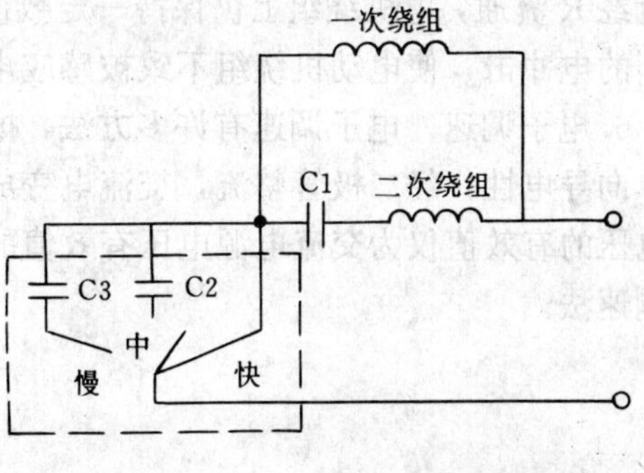

图 8—21　电容调速电路

电容式电动机的定子上有三套绕组，一次绕组、二次绕组和中间绕组。在中间绕组线圈上抽一个或几个头，并用调速开关与抽头相接。当转换开关与各档抽头相接时，由于获得不同的绕组匝数比，就可达到改变电动机转速的目的。

抽头法的缺点是定子的绕组绕制、嵌线、接线繁复，连接线多，所以适用范围受限制。

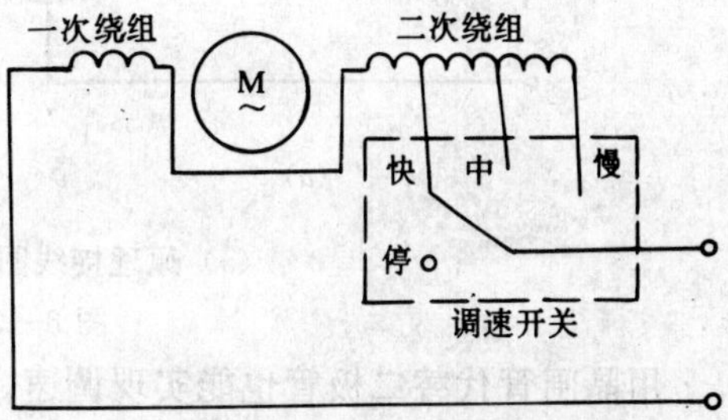

图 8—22　罩极式电动机抽头法调速原理接线图

5. 离心调速器调速　虽然这是一种机械方法，但结构并不复杂，调速平衡，调速范围广，电动机转矩损失小，还是比较好的一种调速方法。

离心调速器的原理见图 8—23，它主要由调速触头开关、调速调节旋钮和弹簧组成。弹簧机构装在电动机的轴上，调速器的触头开关靠弹簧的拉力压紧而闭合的。

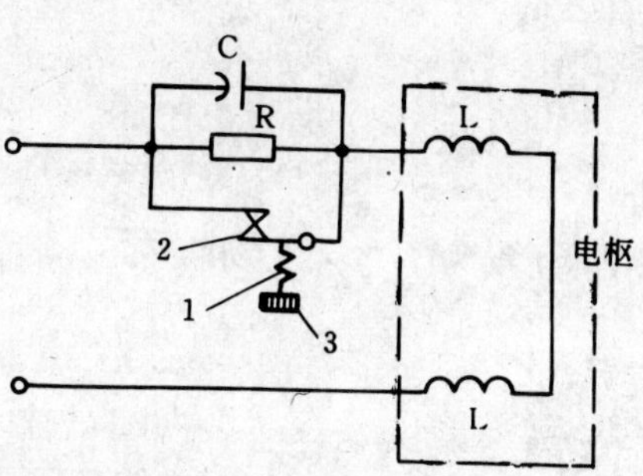

1—拉力弹簧　2—离心开关触头　3—调节旋钮

图 8—23　离心调速器原理

工作过程：电源接通后，离心调速器和电动机串联在电路上，电流经调速器的常闭触头而流过电机，电动机启动运转。随着电机转速的上升，转子的离心运动不断增大。转子的转速达到某一限度时，离心运动足以使弹簧伸长，从而使常闭触头断开，使电动机端电压突然下降，于是电机的转速慢了下来，离心运动也随之减小。当离心运动小到无法与弹簧力抗衡时，弹簧又迫使离心开关的触头闭合，电动机的端电压恢复，电动机的转速又恢复。这样循环往复，每秒钟内发生多次，电动机就能以某一选定的转速平衡地运转。

电动机的转速调整，是用手动调整调节旋钮，实质上是调整弹簧对离心开关触头的压力。加大弹簧的压紧力，电动机转速增高，反之转速则降低。

电路中并接的电容器 C，其作用是防止触头开关在通断时发生的无线电噪声干扰，同时，电容的充放电作用也有助于减少触头开关的电火花。并联的电阻 R 阻值较大，当触头断开时，电流经 R 流通，电机绕组上仍保持一定数值的电压，从而可防止电动机突然完全断电而产生强烈的电冲击，使电动机绕组不致被感应电势而损坏其绕组的绝缘性。

6. 电子调速　电子调速有许多方法，把二极管接入电机电路（见图 8—24），由于二极管的单向导电性，经二极管整流，交流电变成了只有正半周期的脉动电流。经半波整流后，电源电压的有效值仅为交流电源电压有效值的 45%，于是就实现了降压调速。这种方法叫作整流调速法。

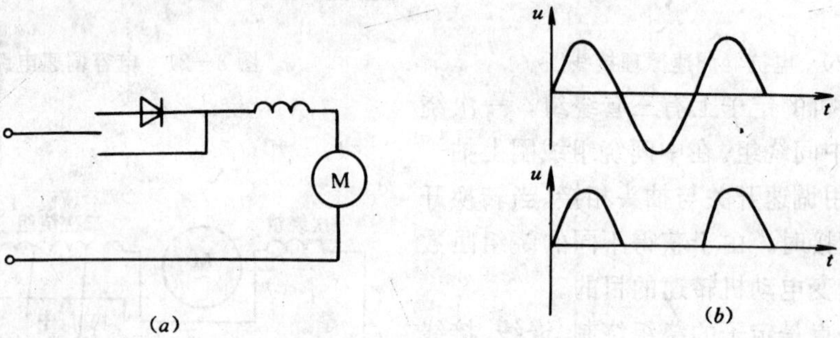

（a）原理接线图　（b）半波整流电压波形图

图 8—24　半波整流调速法

用晶闸管代替二极管也能实现调速。晶闸管旧称可控硅，是一个半导体器件，具有阳极（A）、阴极（K）和控制极（G）。在 A、K 两极加正向电压，控制极加正向控制电压时，晶闸管可正向导通。由于它有控制极，控制极加不同电压可以控制其正向转折电压，所以它比二极管有了更多的功能。

在使用微电脑控制的家用电器上，更多使用的是双向晶闸管。双向晶闸管与普通晶闸管不同，它不是仅仅能正向导通，而是在正向和反向两种场合都可以导通。双向晶闸管适合于在交流电路里工作。

第九章　模拟电路技术基础

第一节　晶体管放大电路

一、三极管的特性与主要参数

晶体管是晶体三极管的简称，又叫半导体三极管，是一种具有放大作用和开关作用的非线性半导体器件。

晶体管的种类很多，按照制造晶体管芯片所用的半导体材料不同，有硅管和锗管及其它管子之分。硅管因性能好，应用广泛。按功率分，有大功率晶体管和小功率晶体管；按工作频率区分，有高频和低频晶体管。在电子技术中常用到高频小功率管，而电力系统、工业自动控制系统中常用低频大功率管。虽然用途不同，但其作为放大电路的基本原理是一样的。

1. 三极管的特性

晶体管有 NPN 型和 PNP 型两大类，图 9—1 所示为两种晶体管的结构原理和符号。不管是哪种型号，都含有三个区，即发射区、基区和集电区。从三个区引出三个电极，分别叫作发射极、基极和集电极。相邻两个区之间形成一个 PN 结，各有两个 PN 结，发射区与基区之间的 PN 结叫发射结，基区和集电区之间的 PN 结叫集电结。

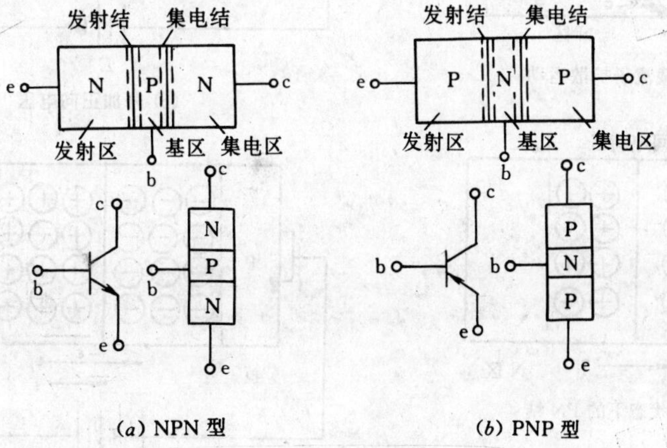

图 9—1　三极管的结构原理图和符号

PNP 和 NPN 三极管的区别，在于各个区的半导体材料的导电类型不同，PN 结的势垒电压方向不同，所以在应用电路中电流的流向不同，因而用不同的符号来表示。NPN 型晶体管的发射极的箭头向外，表示电流由发射极流出，而 PNP 型晶体管的发射极箭头向里，表示电流由外电路流入发射极。发射极用 e 表示，基极用 b 表示，集电极用 c 表示。

把 P 型半导体和 N 型半导体通过一定的工艺制在一起，在它们的接触面上就形成了 PN 结。实际上 PN 结是一个特殊的薄层，它的一侧是 N 区，另一侧是 P 区。在 N 区里有大量的电子，只有极少数由本征激发产生的空穴，在P区里有大量的空穴，也只有极少量的电子，这样N区到P区中存在着载流子浓度梯度，载流子就要从浓度高的地方向浓度低的地方扩散(见图9—2(a))。扩散时首先在靠近交界面附近进行，N区的电子进入P区，与P区的空穴复合，结果在交界面的N区一侧电子减少，出现一层带正电的施主杂质离子；同样交界面另一侧的P区的空穴进入N区，与N区电子复合，在P区出现一层带负电的受主杂质离子区。于是在交界面的两侧形成了一个空间电荷区，这就是所谓的PN结了。这个区域不再是电中性的，P区一侧带负电荷，N区一侧带正电荷。这些不能移动的电荷在空间电荷区形成一个由正电荷指向负电荷的很强的电场，叫内建电场。内建电场的存在，对电子和空穴的扩散运动形成阻碍作用，对于电子来讲，扩散作用使它由N区进入P区，而空间电荷区的内建电场却使它返回N区。当空间电荷区增大到一定宽度时，扩散作用与阻止它运动的漂移作用达到动态平衡，这时空间电荷区不再增加，内建电场不再增强了，PN结处于平衡状态（见图9—2(b)）。

如果在PN结上加正向电压，即外加电压正极接P区，负极接N区，如图9—2(c)所示。

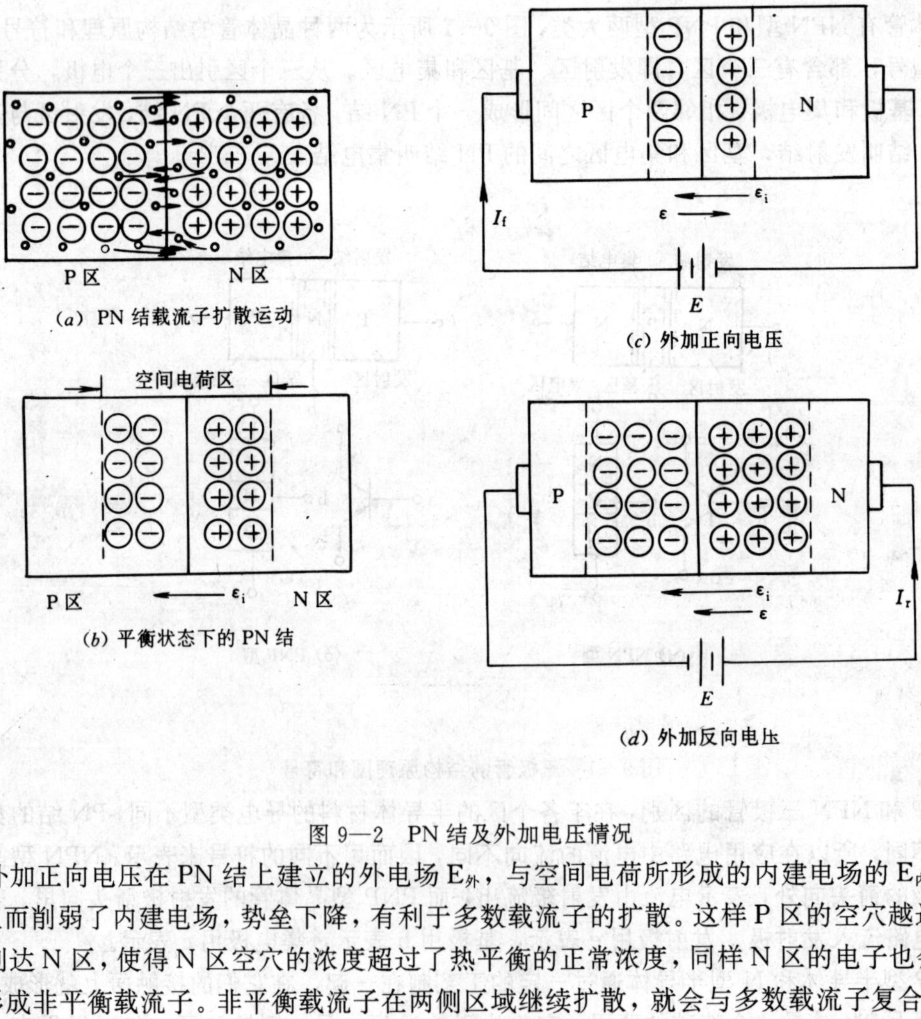

图9—2　PN结及外加电压情况

这时外加正向电压在PN结上建立的外电场$E_{外}$，与空间电荷所形成的内建电场的$E_{内}$方向相反，从而削弱了内建电场，势垒下降，有利于多数载流子的扩散。这样P区的空穴越过PN结界面到达N区，使得N区空穴的浓度超过了热平衡的正常浓度，同样N区的电子也会到达P区，形成非平衡载流子。非平衡载流子在两侧区域继续扩散，就会与多数载流子复合而消失。

为了保持两区体内的电中性，P 区和 N 区损失的多数载流子必须由电源来补充，这就是外加正向电压下空穴扩散电流和电子扩散电流的流通过程。空穴扩散电流和电子扩散电流的和就是总扩散电流 I_f，方向由 P 区指向 N 区。随着外加电压的升高，内建电场进一步被削弱，而扩散电流随正向电压升高而迅速增大。所以外加正向电压时，PN 结的正向电阻较小。

在 PN 结上加反向电压，即在 P 区接电源负极，N 区接电源正极，如图 9—2（d）所示。这时外加电压在PN区形成的电场和内建电场的方向一致，加强了空间电荷区的电场强度，阻挡层的厚度比平衡时更宽，使多数载流子的扩散更难于进行。但是空间电荷区电场强度的加强，有利于少数载流子的漂移运动，可以形成 N 区的空穴漂移电流和 P 区电子漂移电流。由于少数载流子的浓度很低，漂移电流是很小的，这种电流称暗电流或漏电流。加反向电压时 PN 结的电阻很大。

三极管是由三个区和两个 PN 结构成的，在发射结加正向电压，集电结加反向电压时，内部的物理过程是怎样的呢？图 9—3 为 NPN 三极管的实验电路，基极和发射极与电阻 R_b、电源 E_b 构成基极——发射极回路，称为输入回路；发射极、集电极与电阻 R_C、电源 E_C 构成集电极——发射极回路，称为输出回路。发射极是两回路的公共端，称这种电路叫“共发射极电路”。电路中电源 E_b 一般小于 1 伏。E_C 为几伏至十几伏，发射结加的是正向电压，而集电结加的是反向电压，这是保证晶体管放大的外部条件。

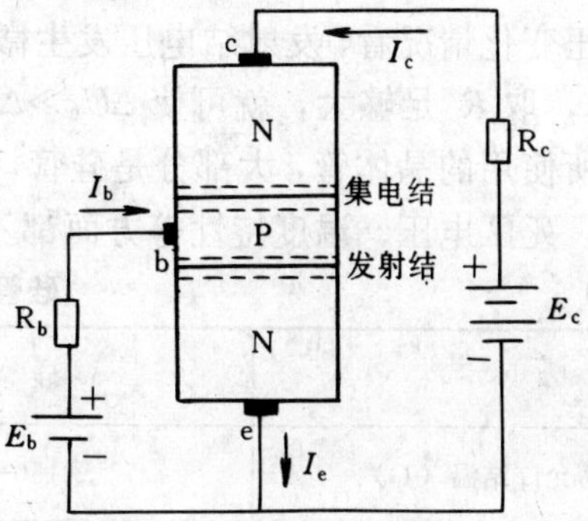

图 9－3　晶体管共发射极连接

由于发射结正向偏置，发射区（N 区）的多数载流子（电子）在正外电压作用下，很容易越过发射结扩散到基区，并由电源不断地补充电子，形成发射极电流 I_E，与此同时，基区的多数载流子（空穴）也会向发射区扩散。但由于基区的空穴浓度比发射区的电子浓度低得多，所形成的空穴电流很小，可忽略不计，因此发射极电流 I_E 主要是电子电流。

由发射区扩散到基区的电子，在基区形成一定的浓度差，即靠近发射结附近的电子浓度高，靠近集电结的电子浓度低。因此自由电子从浓度高的发射结，向浓度低的集电结方向继续扩散。基区很薄，而且为 P 型的，自由电子在这里属少数载流子，在集电结反向偏置的情况下，对于从基区扩散到集电结边缘的电子有很强的吸引力，可使自由电子很快漂移过集电结而被集电区收集，形成集电极电流 I_C。

自由电子在基区内由发射结向集电结扩散的过程中，会有一部分电子与基区的空穴相遇而复合，同时基极电源 E_b 的正极不断地拉走与复合量相等的电子，这相当于不断补充基区中被复合掉的空穴，形成基极电流 I_b。

图 9—4 为晶体管中载流子的运动规律。根据基尔霍夫电流定律 $Ie=I_b+Ic$，由于基区很薄，而且掺杂很少，所以电子与空穴的复合机会很少，形成的 I_b 很小，大部分电子到达集电区形成集电极电流 I_c，即 I_c 远大于 I_b，且二者之间有一定的比例关系。当晶体管制成以后，这个比例关系基本确定。我们把集电极电流 I_c 与基极电流 I_b 的比值叫作晶体管的直流电流放大系数 $\overline{\beta}$（或 H_{FE}）：

$$\overline{\beta}=\frac{I_c}{I_b}$$

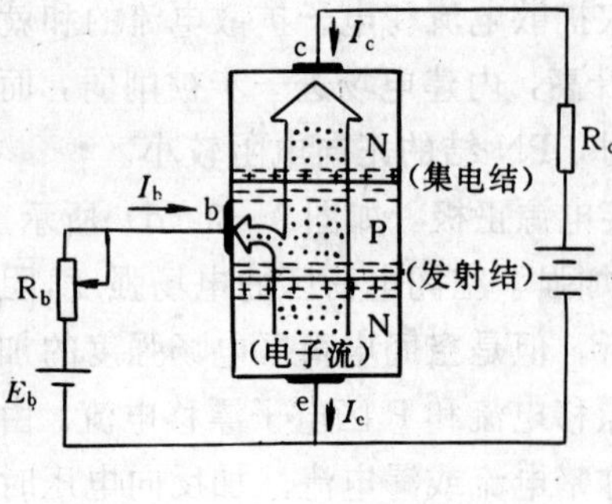

图 9—4

如果改变加在发射结上的电压 U_{be}（调 E_b），使发射极电流 I_e 随之变化，I_b 和 I_c 也就随之变化。由于 I_c 与 I_b 的分配比例已经确定，所以 I_b 的变化量 ΔI_b 要比 I_c 的变化量 ΔI_c 小得多。这就是说，基极电流微小的变化，能够引起集电极电流很大的变化，$\Delta I_c \gg \Delta I_b$。这就是晶体管的电流放大作用。我们把集电极电流的变化量 ΔI_c 与基极电流的变化量 ΔI_b 的比值，叫做晶体管的交流电流放大系数，记为 β：

$$\beta=\frac{\Delta I_c}{\Delta I_b}$$

从电压变化情况看，发射结电压发生微小变化，能够引起集电极电压有较大变化，即 $\Delta U_c=\Delta I_C \cdot R_c$，取 R_c 足够大，就可使 $\Delta U_c \gg \Delta U_{be}$，这就是晶体管的电压放大作用。

目前所使用的晶体管，大部分是硅管，只有一些 PNP 型的晶体管是锗管。硅管和锗管在极限参数、死区电压、温度特性等方面都不相同。二者的比较列表 9—1，可作为参考。

表 9—1 **硅管和锗管比较**

	硅　管	锗　管
最高允许结温（℃）	150—200	70—90
死区电压（V）	0.6	0.2
发射结电压（V）	NPN　0.7 PNP　−0.7	NPN　0.3 PNP　−0.3
发射结门限电压（V）	0.5～0.6	0.2～0.3
电源电压变动的影响	影响大（I_b 变化大）	影响小（I_b 变化小）
反向击穿电压 U_{ceo}	几百伏	400～500V，一般在 130V 以下
反向饱和电流 I_{cbo} 小功率管 大功率管	小 0.05mμA<1μA 几微安	大 1～10μA 100—300μA
最大允许功耗	硅管比锗管大 2～3 倍	
热稳定性	较　好	差

输入和输出特性曲线

当三极管按图 9—5 的形式连接成共发射极电路时，可以测量三极管的输入特性曲线和输出特性曲线，如果用晶体管图示仪会更方便。

先测量输入特性曲线。固定集电极回路中 R_2 的位置，也就是固定电压表 PV_2，使 U_{ce} 不变

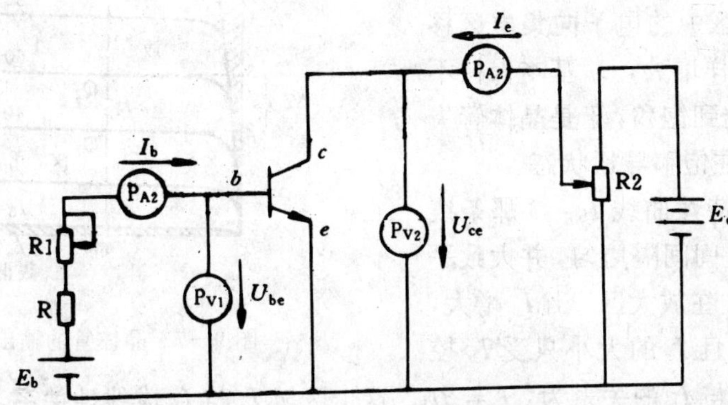

图 9—5　晶体管特性测试电路

时，调节 R_1，测量不同 I_b（μA 表）随 U_{be}（PV_1 表）的变化，在 $U_{be}-I_b$ 坐标上画出曲线来。这样测量的曲线叫作晶体管的输入特性曲线（图 9—6）。

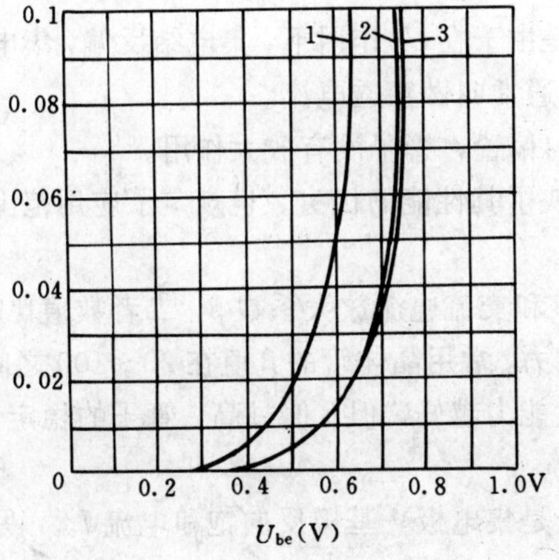

图 9—6　硅管的输入特性曲线

曲线 1 是固定 $U_{ce}=0$ 伏时得到的，它与二极管的正向特性十分相似。调节 R_2，使 $U_{ce}=2$V。由于集电结反向偏置，这时就形成集电极电流 I_C，因此在相同 U_{be}下，I_b的值减小，曲线向右移动，得曲线 2。如果继续增加 U_{ce}，测量 I_b 与 U_{be}的数值，所作曲线 3 几乎与曲线 2 完全重合。这是因为 U_{be} 达到一定值后，由发射区注入基区的自由电子数目一定，电子在基区与空穴复合的机率也一定。U_{be}再增加，I_b 也不能再显著地减少。所以用一条曲线基本就可以表征输入特性曲线了。一般选 $U_{CE}>1$V 即可。

在 U_{be}比较小时，I_b 几乎为零。外加电压到一定值后，才会出现基极电流。这个外加电压对硅管来说，约为 0.6V，对锗管来说，约为 0.2V。这个电压叫死区电压，从 0V 到死区电压之间的区域，叫作晶体管的死区。

图 9—7 为晶体管的输出特性曲线，它反映晶体管输出电压与输出电流的关系，参变量是基极电流。

测量时先固定一个 I_b 值，调节 R_2，使 U_{ce}从 0 到 E_C 变化。测量在不同 U_{ce}下的 I_c 值，可以绘出一条 $I_c\sim U_{ce}$曲线。再改变 I_b 值，可以绘制出不同 I_b 下，I_c 随 U_{ce}变化的一组曲线族。在图示仪上可以同时给出 10 条左右的曲线，构成晶体管的输出特性曲线。可以把输出特性曲线分成三个部分来讨论：

饱和区　在曲线左侧，U_{ce}比较小的区域叫饱和区。这时$U_{be}>U_{ce}$，集电结处于正向偏置，将阻塞基区中的电子向集电区移动，以致不论I_b怎样增大，I_c基本保持不变，即集电极电流达到饱和，于是晶体管失去放大作用，工作在饱和导通状态。

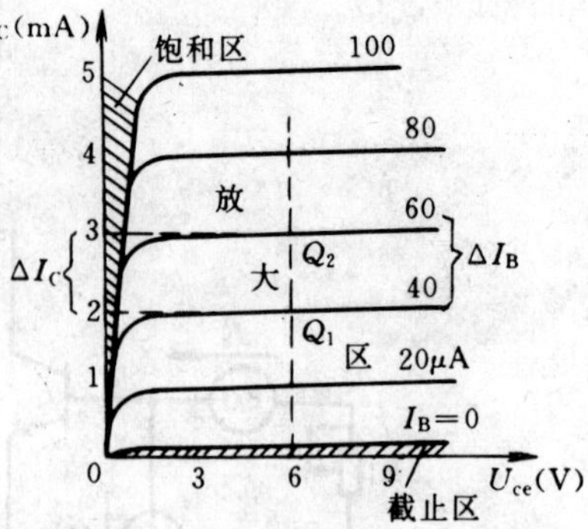

图 9—7　晶体管的输出特性

放大区　输出特性曲线$I_b=0$那条线的上方，各条曲线之间间隔均匀，并大致平行的区域叫放大区。在放大区，当I_b增大，相应的I_c也增大，且I_c的大小只受I_b控制，与U_{ce}无关。I_c与I_b的关系为：$I_c=\bar{\beta}I_b$。这个区域I_c与I_b成线性关系，所以放大区又叫线性区。

在放大区，I_b一定时曲线为近似水平的直线，表明I_c基本不随U_{ce}变化，具有恒流源的特性。通过曲线可以求出晶体管的交流电流放大系数　$\beta=\dfrac{\Delta I_c}{\Delta I_b}$。晶本管工作在放大区时，其特点是发射结正偏，集电结反偏。

截止区　在曲线$I_b=0$以下的区域，叫截止区。对于NPN型晶体管来说，当$U_{be}\leqslant 0$伏时，发射结反偏，发射区没有自由电子的发射，基极电流I_b为零，管子可靠地截止。集电结虽然反偏，但基区无电子流，I_c也基本为零。

由图上看出当U_{ce}增大时，I_c不等于零。这是由于在U_{ce}作用下，集电结反偏，集电区中少数载流子形成集电极——发射极反向电流I_{ceo}，通常叫做穿透电流。

在截止区，晶体管的发射结和集电结都反向偏置，管子没有放大作用。

2. 晶体管的主要参数　晶体管的参数，反映了其性能的优劣，也规定了应用范围，这是设计电路时选择管子的依据。主要参数有：

(1) 电流放大系数　有直流电流放大系数$\bar{\beta}$和交流电流放大系数β，二者数值比较接近，应用时不严格区分，只用β表示晶体管的放大能力。常用晶体管的β值在20～100之间，也有高β值的。一般说来β值越大，说明管子的放大能力越好，但β值过高，管子的稳定性就差，线性也就差。

(2) 极间反向电流　这包含两个参数，　个是集电极　基极反向饱和电流I_{cbo}，另一个是集电极—发射极穿透电流I_{ceo}。

在发射极开路（$I_e=0$）时，集电极加反向电压，这时测量基极电流即为I_{cbo}。这是由集电区和基区少数载流子的漂移运动形成的。它基本上是个常数，叫做反向饱和电流。室温下，锗小功率管的I_{cbo}约为10μA，硅小功率管的I_{cbo}约在1μA以下。但随温度变化较大，锗管的I_{cbo}随温度的变化更快，相对来说硅管的温度稳定性要好一些。

在基极开路时，集电极和发射极之间加电压，回路中的电流即为I_{ceo}。该电流是由集电区穿过基区到发射区的，又叫作穿透电流。

穿透电流I_{ceo}与集电极反向饱和电流I_{cbo}之间有一定的关系，可以用下面的公式来表示：

$I_{ceo}=(\beta+1)I_{cbo}$

其中β是晶体管的电流放大系数。

由于I_{cbo}受温度的影响较大，从上式可以看出，穿透电流I_{ceo}受温度的影响比I_{cbo}还要大(β+1)倍。特别是β值大的晶体管，温度稳定性更差，这是晶体管的一个主要缺点，在应用时应特别加以注意。

(3) 极限参数　极限参数是表明晶体管的适应范围，对某一型号的管子来说，通过的电流和所加电压是有一定限度的，否则就会损坏管子。这种限度用极限参数来表示。

集电极最大允许电流I_{cm}　集电极电流I_c超过一定值时，β值要下降，当β值下降为正常值的三分之二时，这时集电极电流称为集电极最大允许电流I_{cm}。如果$I_c > I_{cm}$，将使β值显著下降。

集电极—发射极反向击穿电压BV_{ceo}　当基极开路时，加在集电极和发射极之间的最大允许电压，称为集—射极反向击穿电压BV_{ceo}。在使用过程中如果$U_{ceo} > BV_{ce}$，则I_c、I_e剧增，可使晶体管击穿损坏。为此，一般要求集电极电源E_C要小于二分之一的BV_{ceo}。

集电极最大允许耗散功率P_{cm}　晶体管工作时，集电结加反向偏压，结电阻较大，集电极电流通过时，结上存在较大功率耗散，从而使结温升高，严重时会损坏晶体管。为了不使结温度过高，特规定集电结耗散功率不超过P_{cm}。P_{cm}是集电结最大耗散功率，其值等于集电极工作电流和集电极工作电压U_{ce}的乘积，即：$P_{cm}=I_c \cdot U_{ceo}$，根据这个关系，把P_{cm}绘制在输出特性曲线上，如图9—8所示，P_{cm}曲线左则为安全工作区，右则为不允许的过损耗区。

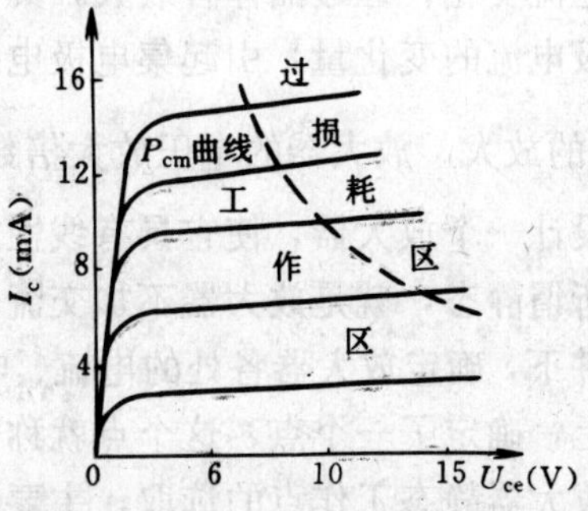

图9—8　晶体管的安全工作区

为了晶体管安全使用，必须同时接受以上三个极限参数的限制，工作在安全工作区以内。

还需注意的是，手册上给出的参数是室温（25℃）时的数据，如果温度升高，击穿电压BU_{ceo}要下降，P_{cm}曲线要相应下降，安全工作区会缩小。

二、放大电路的组成与静态工作点：

晶体管基本放大电路的组成如图9—9所示。V为晶体管，是放大元件，利用它的电流放大作用，在集电极电路上获得放大了的电流，它是放大电路的核心。

电源E_C是整个放大电路的能源。它一方面为电路提供电能，另一方面保证集电结处于反向偏置，发射结处于正向偏置，即保证放大电路工作在放大状态。它的值一般在几伏至几十伏之间。

R_b为基极电阻，又称偏流电阻。它将电源E_C分流，给基极提供合适的基极电流，并使发射结正向偏置。R_b值大约为几十至几百千欧。

R_C为集电极电阻，又称集电极负载电阻。它将集电极电流的变化转化为电压的变化，实现电压放大，其值一般在几至几十千欧。

C_1和C_2是隔直电容，又叫耦合电容。其作用是隔断直流，防止输入信号和输出负载对放大器的影响，使放大器的直流工作状态保持稳定。另一个作用为交流信号提供通路，起耦合作用。C_1和C_2的数值较大，容量为几至几十微法（μF）。一般常用电解电容，电解电容是有极性的，使用时需加以注意。

放大器基本上可以分成两个回路来分析，一个是输入回路，一个是输出回路。信号源U_i、电容C_1，晶体管的基极—射极（射极接公共端—地）构成输入回路。这个输入回路里加入信号源U_i之后，就有两个电源在起作用，一个是通过R_b提供偏流而形成的基极与射极之间的直流电源，另一个是信号源的交流信号U_i。基极电流是由这两个电源的共同作用而产生的，实质上是在直流电流上加交变信号调制的交变电流。基极电压也随基极电流的变化而变化。

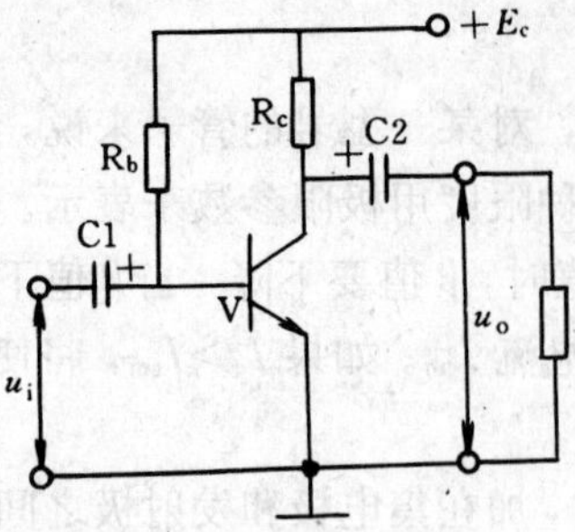

图 9—9　晶体管放大器的基本电路

输出回路是集电极与射极之间构成的，包括集电极电阻R_C、输出耦合电容C_2。U_i引起的基极电流变化，经过晶体管放大，集电极电流的变化为基极电流变化的β倍。这个放大了的集电极电流的变化量，引起集电极电阻R_C上的压降变化，实现了输入电压信号U_i到输出信号U_0的放大。放大器的电压放大倍数为A_V，则A_V的定义为：$A_V=\dfrac{U_0}{U_i}$

设计一个放大器，使它具有线性放大的功能，首先要设置好放大器的静态工作点。

所谓静态，就是放大器不加交流信号的状态，也就是放大器只加直流电压的情况。在静态条件下，确定放大器各处的电流、电压值I_b、I_C、U_{be}和U_{ce}。这些数据在晶体管的输出特性曲线上，确定了一个点，这个点就称作静态工作点，常用Q来表示。

放大器静态工作点的选取，主要取决于电源E_C、电阻R_b、R_C的数值。偏流I_b形成的通路，从图 9—9 可以看出，由电源E_C正极流出，经基极电阻R_b到基极，经发射结到发射极，并回到E_C的负极（地）。发射结的压降为U_{be}，偏流I_b为：

$$I_b=\frac{E_C-U_{be}}{R_b}$$

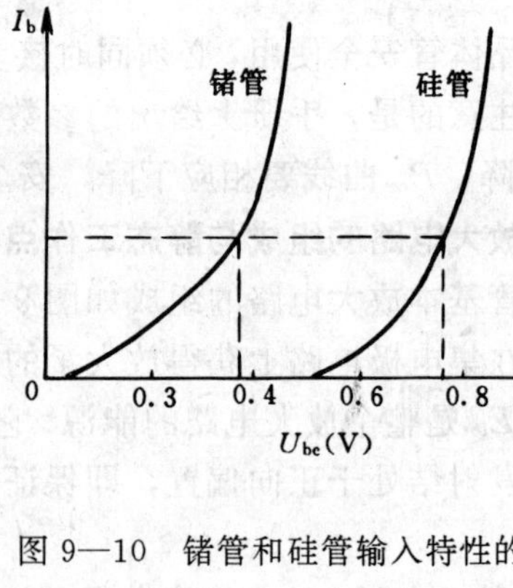

图 9—10　锗管和硅管输入特性的比较

由图 9—10 晶体管输入特性曲线可以看出，当硅管的U_{be}为 0.7V，锗管的U_{be}为 0.2V 时，曲线很陡，U_{be}有一个微小变化，可以引起I_b很大变化。所以硅管的U_{be}可以选取 0.7V，锗管U_{be}选 0.2V。电源E_C一般为几伏至几十伏，远远大于基极—射极之间的压降，在估算I_b时往往可以将U_{be}忽略不计：

$$I_b\approx\frac{E_C}{R_b}$$

有时往往会选定偏流I_b，尔后确定R_b的值，

$$R_b=\frac{E_C-U_{be}}{I_b}\approx\frac{E_C}{I_b}$$

在忽略晶体管的穿透电流I_{ceo}的情况下，集电极电流为：$I_C\approx\beta\cdot I_b$

集电极电压U_{ce}为：$U_{ce}=E_C-I_CR_C$

以上几个公式大体可以确定放大器的直流工作状态，即可进行放大器静态工作点的估算。

三、放大器的图解分析方法

为了更好地掌握放大电路的工作情况，除了对放大器的工作过程进行定性的分析外，还必须进一步定量地进行计算。

放大电路分析计算的基本方法，一是图解分析法，二是微变信号等效电路法。

图解分析法是利用晶体管的特性曲线，通过作图的方法，来确定放大电路的静态工作点和输入交流信号时的动态工作情况。其优点是形象、直观，可以判断是否失真。

直流负载线

仅根据三极管的特性曲线还不足以确定它工作在哪一点，为了解决这个问题，我们还必须同时考虑外电路。

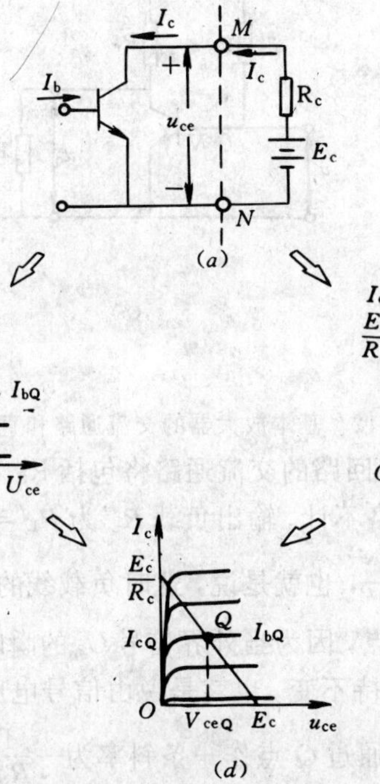

图 9—11 直流负载线和静态工作点的求法

从图 9—11（a）中，假若以 M、N 两点为界，把输出回路分成两部分，往左边看，I_C 与 U_{ce}的关系就是这个三极管的输出特性，见图 9—11（b）；往右看，是集电极电阻 R_C 和电源 E_C 串联，而且必然满足 $U_{ce}=E_C-I_CR_C$，所以 U_{ce}与 I_C 是线性关系。设 $I_C=0$ 时，$U_{be}=E_C$；设 $U_{ce}=0$ 时，$I_C=E_C/R_C$，在 I_C—U_{ce}图上定出这两点，其连线就是外电路的特性曲线，见图 9—11（c）。这条线的斜率和负载电阻 R_C 的大小有密切关系，而且是由于通路确定的。因此，我们把这条代表外电路的电压与电流关系的直线，叫作直流负载线。

静态工作点

由于输出回路的两部分在 M、N 处是连在一起的，回路的 I_c 和 U_{ce}值都只能有一个，而且既要满足左边管子的输出特性曲线，又要满足右边电路的负载线，因而只能工作在两者的交点上。只要能确定静态工作点的 I_b 的值，就可以找到交点 Q。Q 点的状态用 I_{CQ}、U_{ceQ}、I_{bQ}来描述，如图 9—11（d）所示。

交流负载线和放大倍数

基本放大电路中，交流和直流的通路是不同的。对交流来说，电容都是通路，这样输出回路的负载 R_C 也是要考虑的。图 9—12（a）（b）（c）分别是基本放大电路图、交流通路图和直流通路图。我们在前边分析直流电路时已利用了这个直流模型的输出回路。

求放大倍数时，要考虑交流通路，因此集电极负载电流就必须包括 C_2 和负载电阻 R_L 的支路。现在来分析在这种情况下负载线应如何画法。

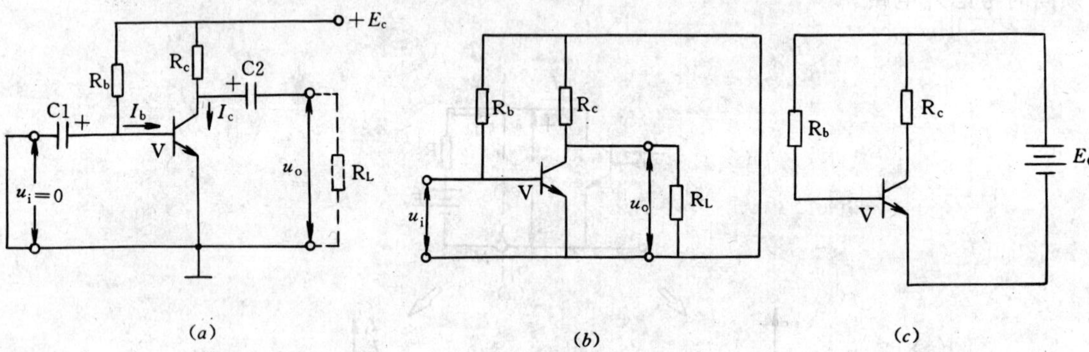

图 9—12　基本放大器的交流通路和直流通路

由图 9—12（b）看出，输出回路的交流通路将包括 R_C 和 R_L 并联。这里设 C_2 容量很大，它的容抗比 R_L 小很多，可以忽略不计。输出负载 R_L' 为 $R_L'=R_C11R_L$。输出交流电流 Δic 和交流电压 ΔU_{ce}之比为：$\frac{\Delta ic}{\Delta U_{ce}}=-\frac{1}{R_L'}$，也就是说，这时负载线的斜率将由 R_L'决定（而不是 R_L 决定）。其次这条直线应该通过 Q 点，因为当外界信号 U_i 的瞬时值为零时，如果不考虑 C_1 和 C_2 的影响，则电路的静态条件应保持不变。也就是说由信号电压变化而产生的 Δi_c 的轨迹，必在某个时刻通过 Q 点。因此，只要通过 Q 点作一条斜率为$-\frac{1}{R_L'}$的直线，就是由交流通路得到的负载线，通称为交流负载线。

当 i_b 随信号电压变化时，输出回路的工作点将沿交流负载线运动（而不沿着直线负载线运动）。所以，只有交流负载线才是放大电路的动态工作点移动的轨迹。

假设给放大电路输入一个正弦信号 U_i，则在线性范围内晶体管的 U_{be}、i_b、i_c、U_{be}都将围绕各自的静态值 U_{be}、I_{bQ}、I_{cQ}、U_{ceQ}按正弦规律变化。放大电路的动态工作情况如图 9—13 所示。

为了求得电压放大倍数，首先根据已知的 ΔU_{be}，在输入特性曲线上找到对应的 Δi_b，然后再根据 Δi_b 在输出特性曲线的交流负载线上找到相应的 ΔU_{ce}，见图 9—13（a）、（b）。那么电压放大倍数 A_V 为：

$$A_V=\frac{U_0}{U_i}=\frac{\Delta U_{ce}}{\Delta U_{be}}$$

图解分析法的步骤可以归纳为：

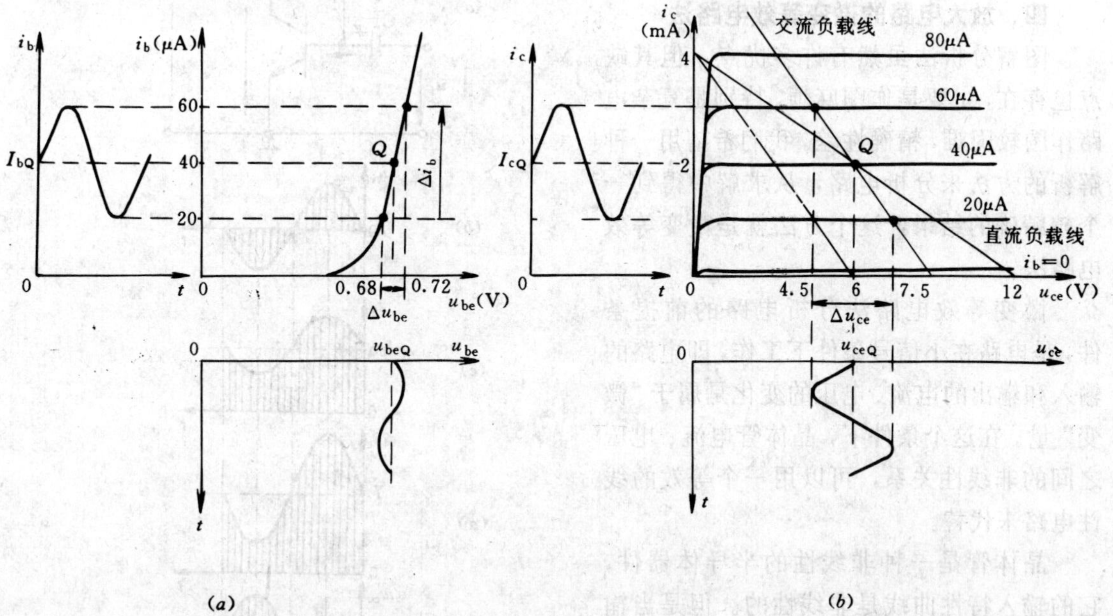

图 9—13　加正弦输入信号时放大电路的工作情况图解

1. 由直流通路作输出回路的直流负载线。

2. 用估算方法计算基极电流 I_{bQ}，在直线负载线上找出静态工作点 Q，得 I_{CQ}、U_{ceQ}值。

3. 由交流通路计算等效的交流负载 R_L'，在输出特性曲线上经过 Q 点，作斜率$-\frac{1}{R_L'}$的交流负载线。

4. 在输入特性曲线上的静态工作点附近取一个 Δi_b 值，查出对应的 ΔU_{be}；在输出特性曲线上查出 Δi_b 所对应的 ΔU_{ce}值，求出电路的电压放大倍数来。

应用图解分析法，不仅可获得电路的动态工作情况，而且还可以得出其它一些结论。

1. 由图 9—14 基本放大电路的波形图可以看到，当输入电压 U_i 为正弦波时，i_b、i_c 的波形随 U_i 而变化，但 U_{ce}和 U_o的变化则是相反的。当 U_i 增加时 U_0 减小，二者相位相差 180°，这种现象称为倒相。

2. 由图 9—14 可以看到，i_b、i_c 都是在直流电流 I_b、I_{CQ}上加上一个交变电流，U_{ce}是在直流电压 U_{ceQ}上加一个交流电压，它们都是交流和直流相叠加而成的，只有 U_i 和 U_0 是纯交流成分的。计算放大倍数时只考虑交流信号，与直流成分无关。

3. 电路参数改变时，负载线和静态工作点都将发生变化。图 9—15 (a) 为 R_b 改变时对工作点的影响；(b) 为 E_C 改变时负载线的变化；(c) 为 R_C 改变时负载线和静态工作点的变化；(d) 为更换三极管由于 β 增大或温度升高而使输出特性曲线改变引起的 Q 点改变。当然在分析一个参数改变时，假定其它参数是保持不变的。

4. 非线性失真：当工作点选择不当时，可引起非线性失真。Q 点选得过低（U_{ceQ}过大，而 I_{CQ}过小），动态波形进入截止区，产生截止失真。Q 点选得过高（即 U_{ce}过小，I_{CQ}值过大），可使动态波形进入饱和区，产生饱和失真。这两种失真都是由于进入非线性区造成的，总称非线性失真，见图 9—16 (a) (b) 所示。

四、放大电路的微变等效电路法

图解分析法虽然有许多优点，但其缺点也存在，主要是作图麻烦，特别是复杂电路作图较困难，精确性差。我们希望用一种解析的方法来分析电路，从求解中得到一个较精确的结果，这个方法就是微变等效电路法。

微变等效电路法分析电路的前提条件，是电路在小信号条件下工作，即电路的输入和输出的电流、电压的变化是属于“微变”量。在这个条件下，晶体管电流、电压之间的非线性关系，可以用一个等效的线性电路来代替。

晶体管是一种非线性的半导体器件，它的输入特性曲线是非线性的。但是当输入信号很小时，工作范围小，可以把工作点附近的一段曲线近似地看作是一段直线 (见图 9—17)。此时电压 ΔU_{be} 与电流 Δi_b 成正比关系，其比例常数 r_{be} 称为晶体管的输入电阻：

$$r_{be}=\frac{\Delta U_{be}}{\Delta i_b}=\frac{U_{be}}{i_b}$$

r_{be} 是发射结对输入电压 U_i 呈现的动态电阻。因此晶体管的输入电路可以等效成一个电阻 r_{be} 的模型。低频小功率晶体管的输入电阻常用下式估算：

$$r_{be}=300+(1+\beta)\frac{26}{I_e}\quad(\Omega)$$

其中 I_e 是射极静态工作电流，单位是 mA。

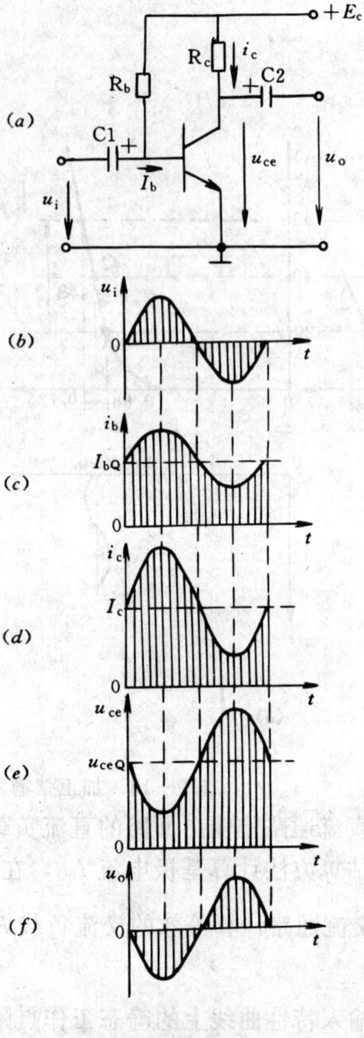

图 9—14 放大器各处电压、电流波形

(a) 放大电路；(b) 输入信号电压 U_i；

(c) 基极电流 $i_b=I_{bQ}+i_b$；

(d) 集电极电流 $i_c=I_{CQ}+\tilde{i}_C$；

(e) 晶体管压降 $U_{ce}=U_{ceQ}+U_{ce}$；

(f) 输出电压 U_0

从图 9—17 看出输出特性曲线，在线性区内是一组几乎平行于横轴的直线。假定在 Q 点附近输出特性基本上是水平的，Δi_c 与 ΔU_{ce} 无关，而只取决于 Δi_b，只是比 Δi_b 大 β 倍。所以从输出端看进去时，可以用一个大小为 $\beta\Delta i_b$ 的恒流源来代替三极管，这样我们就得到图 9—18 所示的微变等效电路。在这个等效电路中，忽略了 U_{ce} 对 i_c 的影响，也没有考虑 U_{ce} 对输入特性的影响，所以称它为简化的晶体管微变等效电路。

严格地说，从输出特性看，i_c 不仅与 i_b 有关，而且当 U_{ce} 增大时 i_c 也随之稍有增大；从输入特性看，当 U_{ce} 增大时 i_b 与 U_{ce} 之间的关系曲线逐渐右移，相互之间略有不同。但是由于在线性区内三极管的输出特性曲线近似为水平，当 U_{ce} 变化时可以认为 i_c 基本不变。在输入特性

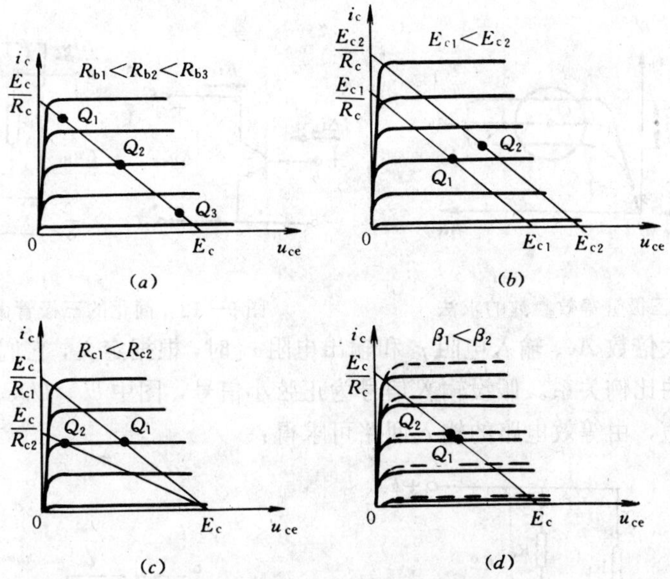

图 9—15　电路参数对 Q 点的影响

(a) R_b 对 Q 点的影响　(b) E_C 对 Q 点的影响

(c) R_c 对 Q 点的影响　(d) β 对 Q 点的影响

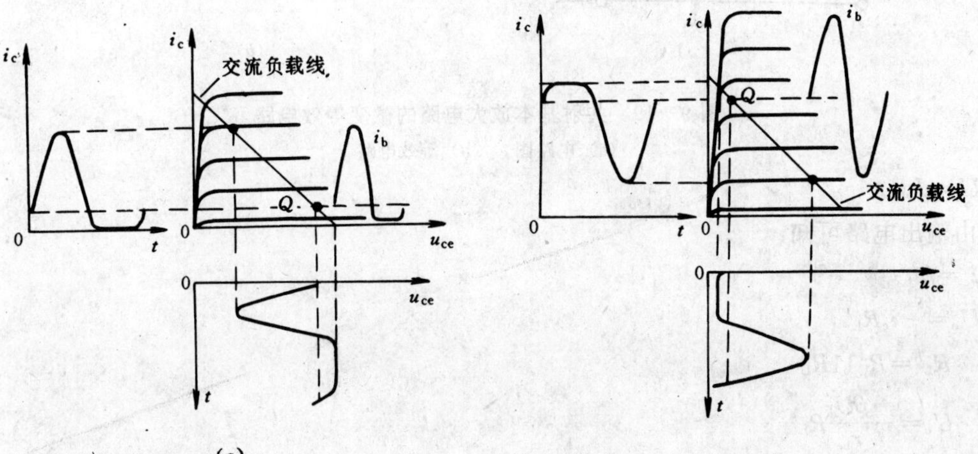

图 9—16　静态工作点对非线性失真的影响

(a) 截止失真　(b) 饱和失真

上，当 U_{ce}大于某一值（例如 1V）时，各条输入特性曲线基本上靠得很近，几乎重合了。因此，忽略 U_{ce}对输入特性和输出特性的影响所带来的误差很小，在多数情况下，简化微变等效电路对工程计算来说已经足够了。

现在利用简化的晶体管微变等效电路，来计算基本放大电路的放大倍数、输入电阻和输出电阻。图 9—12 中基本放大电路及其交流通路中的三极管，只要用微变等效电路来代替，然后画出放大电路的其余部分的交流通路。设 C_1、C_2 容值很大，可以看成交流短路，则基本放大电路的微变等效电路如图 9—19 所示。

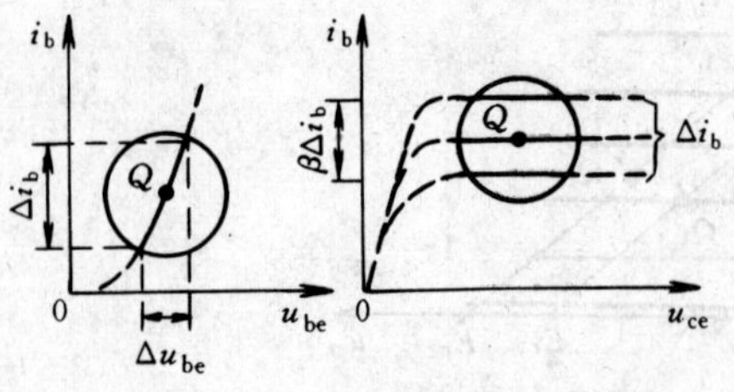

图 9—17　三极管等效参数的求法

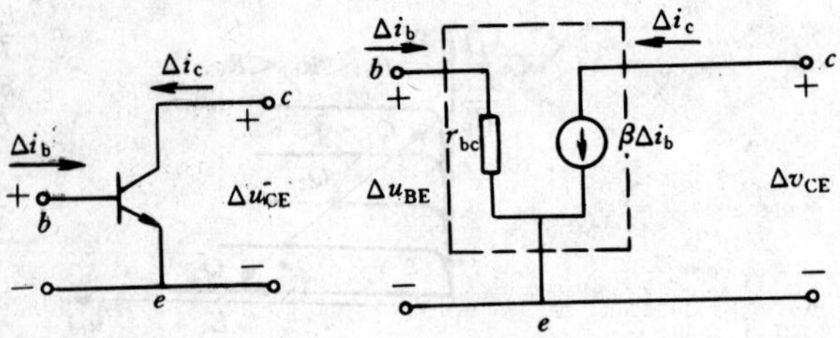

图 9—18　简化的三极管微变等效电路

求电路的放大倍数 A_V、输入电阻 r_i 和输出电阻 r_0 时，根据定义，它们都决定于电压和电流的变化量之间的比例关系。假设输入信号为正弦小信号，图中 U_i、U_0、、I_b、I_c、分别代表有关各量的有效值，由等效电路的输入回路可求得：

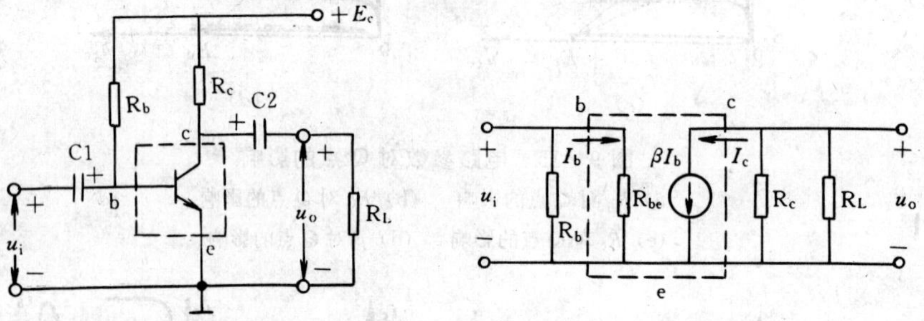

(*a*)　　　　　　　　(*b*)

图 9—19　共射基本放大电路的微变等效电路

(a) 电路图　(b) 等效电路

$U_i=I_b r_{be}$

由输出电路可知：

$i_c=\beta i_b$

$U_o=-i_c R_L'$

其中　$R_L'=R_C 11 R_L$

那么　$U_o=-\dfrac{\beta U_i}{r_{be}}R_L'$

所以　$A_V=\dfrac{U_0}{U_i}=-\dfrac{\beta R_L'}{r_{be}}$

从图 9—19 还可以求出 r_i 和 r_0（R_L 不考虑在内）。

$r_i=r_{be}11R_b$

$r_0=R_c$

如果要精确计算电路的 A_V、r_i 和 r_0，可以采用 h 参数等效电路，晶体管的微变等效电路也要附加 r_e、r_{ce}的作用，其计算结果略有变化。有兴趣者可参阅有关 *h* 参数的章节。

微变等效电路法的解题步骤可归纳如下：

1. 首先用图解法或估算法定出静态工作点。

2. 求出静态工作点附近的微变参数。

3. 用微变等效电路代替三极管，画出放大电路的交流通路。

4. 列出电路方程并求解。

第二节　负反馈放大电路

为提高放大器的质量，在线路上采用最普遍、最基本的方法，就是负反馈。负反馈在放大器中占有非常重要的地位，一般放大器都有负反馈环节。

一、反馈的基本概念

凡是将放大器输出信号电压或电流的一部分或全部，通过一定的电路，送回到放大器的输入端，这就是反馈。如果引入的反馈信号增强了外加输入信号的作用，从而使放大电路的放大倍数得到提高，这样的反馈称为正反馈。如果反馈信号削弱输入信号的作用，使放大倍数降低，则称为负反馈。

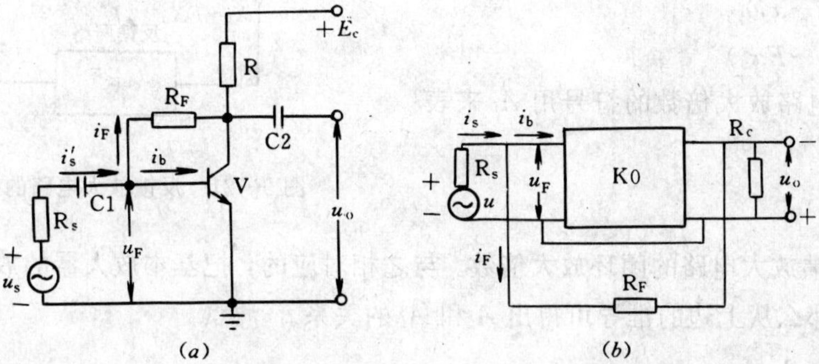

图 9—20　简单负反馈放大电路

如果要求稳定放大电路中某个电量，一般采用负反馈的方式。负反馈虽然牺牲了放大倍数，但能使其它各项性能得到改善，例如可扩展通频带，改善输入或输出电阻等，因此在电路中经常被采用。正反馈较少采用，有时也用正反馈来获得较高增益，但应注意，正反馈太强时会使电路产生振荡。

图 9—20 所示电路是一个最简单的负反馈放大电路，其输出电压 U_0 通过反馈电阻 R_F 反馈到输入端。当基极电位升高时，集电极电位下降，反之亦然。根据这个道理，设在某瞬间当输入信号 U_S 升高时，输入端信号电流 i_s 加大，注入基极的电流 i_b 也随之加大，其方向如图中所示。i_b 的加大将使集电极电流加大，集电极电位下降，而此时基极电位又是升高的，因此流过 R_F 的电流 i_F 也应加大，方向如图中所示。这样真正加到晶体管基极的有效注入电流 i_b 是输入信号电流 i_s 和反馈电流 i_F 之差（$i_b=i_s-i_F$），即反馈电流 i_F 与原有输入电流 i_s 反相，其作用是抵消原有输入信号的变化，这就是负反馈。

反馈放大器是由基本放大器和反馈电路两部分组成的。基本放大器可以是单管放大器或多级放大电路，反馈电路一般是无源的衰减器，反馈信号从放大器的输出端送到输入端。图 9—21 表示反馈放大器的方块图，在图中，x_i、x_0 和 x_F 分别表示放大器的输入信号、输出信号和反馈信号，它们可以是电压，也可以是电流。符号⊗表示比较环节，x_i 和 x_f 通过这个环节进行比较，在其输出端得到差值信号 x_i'，这才是基本放大器输入信号的值。箭头表示信号的传递方向，对于基本放大器而言，是正向传递的，即由输入端到输出端，对于反馈网络是反向传递的。

A 为基本放大电路的电压放大倍数，它表示基本放大电路的输出 x_0 与净输入电量 x_i' 之间比：

$$A=\frac{x_0}{x_i'}$$

F 为反馈网络的反馈系数，它表示从放大电路输出端反馈到输入端的反馈量占输出量的比：

$$F=\frac{x_f}{x_0}$$

由图 9—21 看出

$$x_i'=x_i-x_F'$$

那么可得：

$$x_0=A\ (x_i-x_f)$$

$$=A\ (x_i-Fx_0)$$

反馈放大电路放大倍数的符号用 A_f 来表示，则

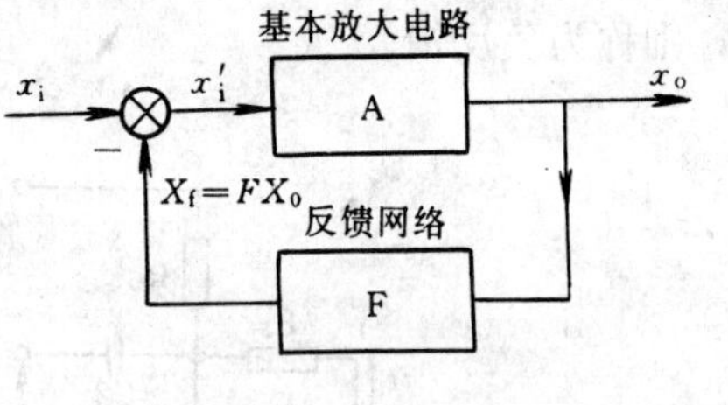

图 9—21 反馈放大电路的方块图

$$A_f=\frac{x_0}{x_i}$$

A_f 又叫反馈放大电路的闭环放大倍数。与之相对应的，把基本放大器的放大倍数又叫开环放大倍数。那么从上边的推导可得出 A 和 A_f 的关系。

$$A_f=\frac{x_0}{x_i}=\frac{A}{1+AF}$$

这个公式是反馈放大电路的一般表达。对于不同的反馈方式，A_f 的意义是不同的，这点留作后边讨论。从这个公式，我们可以看出：

1. 放大电路采用负反馈联结方式时，如果 $|1+AF|>1$，则 $|A_f|<|A|$，说明反馈放大电路的放大倍数要减小。若 $|1+AF|<1$，则 $|A_f|>|A|$，说明放大电路的放大倍数要增大，其实际效果变为正反馈。减小或增大都为 $|1+AF|$ 倍。

2. 在反馈放大电路中 $|1+AF|$ 是一个很重要的量，因为它表示引入反馈后，放大倍数增加或减少的倍数。以后我们将看到，放大电路的各方面性能变化的程度都同 $|1+AF|$ 的大小有关。我们把 $|1+AF|$ 叫做反馈深度，用字母 D 来表示，即 $D=|1+AF|$。

3. 在负反馈情况下，如果可使 $|1+AF|\geqslant 1$，即引入了深度负反馈，这时公式可简化为：

$$A_f\approx\frac{A}{AF}=\frac{1}{F}$$

此式说明，在深度负反馈条件下，反馈放大倍数几乎与 A 无关，也就是说与电路诸参数无关，而仅仅决定于反馈网络的反馈系数 F。只要 F 为定值，放大倍数就能稳定。

4. 如果恰好能使 $|1+AF|=0$，即 $AF=-1$ 时，由公式可知 $|A_f|=\infty$。它的物理意义是，放大电路虽不外加输入信号，也可以有输出电压，我们把这种状态叫做自激振荡。这时放大电路的输出不再随输入信号而变化，因而失去了放大作用。但有时为了产生各种信号波形，我们有意识地引入正反馈，使放大电路处于振荡状态。

二、负反馈的基本组态与特性

根据引入反馈后对信号传输的增强或减弱的关系，把反馈分为正反馈和负反馈两大类还不够。因为我们发现，反馈网络和基本放大器之间的联结方式，和其所表现出来的电特性之间还存在不同的特点。所以，必须从反馈网络与基本放大器的联结方式上再进行比较细致的分类，以便掌握其特性与规律。

从反馈放大器的方块图上看出，反馈网络把输出信号送回到输入端去，有电压反馈和电流反馈之分。而把输入信号与反馈信号共同加到基本放大器输入端，二者之间又有并联与串联之分。综合输出端和输入端的连接方式，可把反馈分成四种基本类型：

电压串联反馈，如图 9—22（a），

电流串联反馈，如图 9—22（b），

电压并联反馈，如图 9—22（c），

电流并联反馈，如图 9—22（d）。

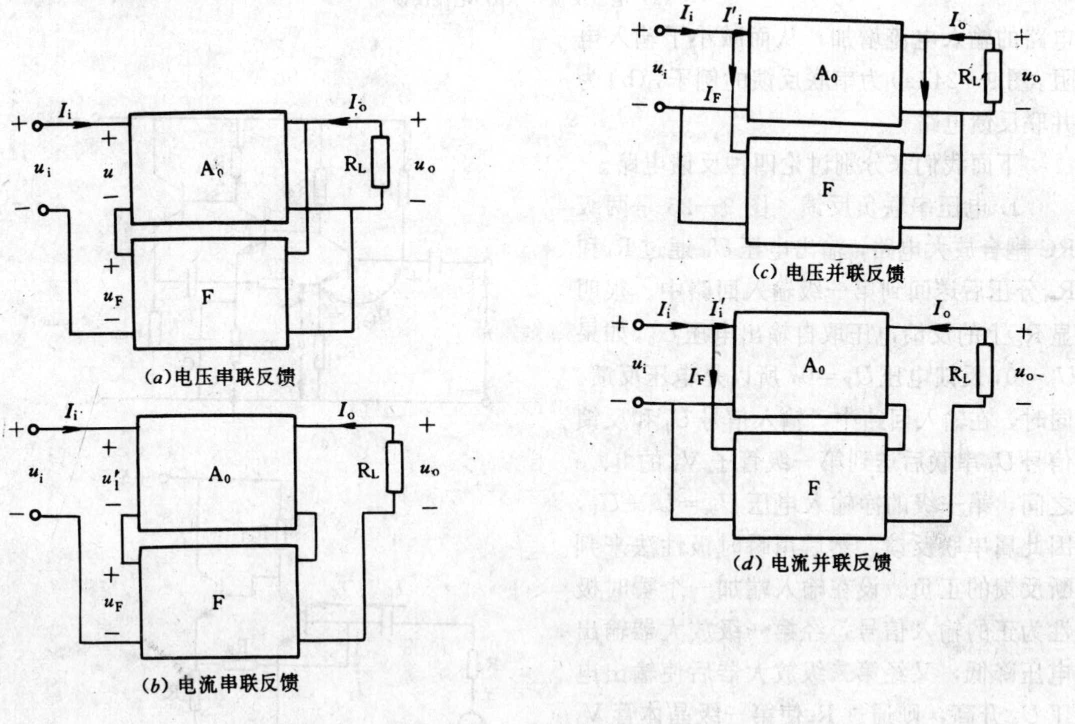

(*a*) 电压串联反馈

(*b*) 电流串联反馈

(*c*) 电压并联反馈

(*d*) 电流并联反馈

图 9—22　反馈的四种类型

怎样判断一个反馈电路是电压反馈，还是电流反馈？如果反馈信号取自输出电压，称为电压反馈；如果反馈信号取自输出电流，则称电流反馈。判断电压反馈或电流反馈的方法，可以假设输出端交流信号短路（令 $U_0=0$），观察此时是否仍有反馈信号，如果反馈信号消失，则为电压反馈，否则就是电流反馈。图 9—23（a）的反馈信号 U_F 属电压反馈，图 9—23（b）中 U_F 属电流反馈。

怎样判断串联反馈或并联反馈呢？应根据反馈信号与输入信号在放大器输入端的联结方式判断。如果反馈信号与输入信号在输入回路中，以电压形式相加减，则称为串联反馈；如果二者以电流形式相加减，即反馈信号与输入信号并联，则称为并联反馈。串联负反馈使放大电路的净输入电压 $U_{be}=U_i-U_F$ 比原来减小，其结果使输入电阻增大了。但并联负反馈却使

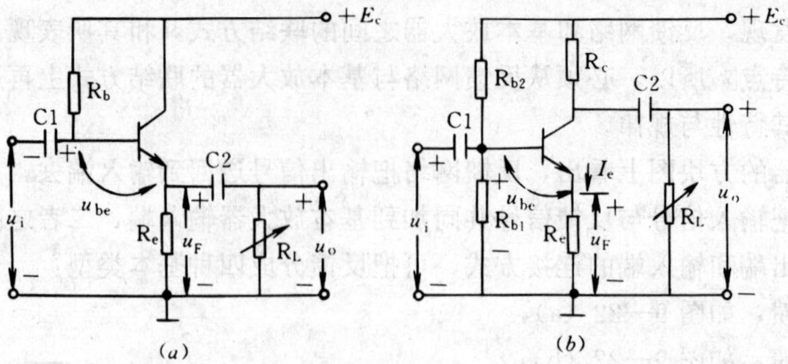

图 9—23　电压反馈与电流反馈

(a) 电压反馈　(b) 电流反馈

电路的输入电流增加，从而减小了输入电阻。图 9—24 (a) 为串联反馈的例子，(b) 为并联反馈电路。

下面我们来分别讨论四种反馈电路。

1. 电压串联负反馈　图 9—25 是两级 RC 耦合放大电路，输出电压 U_0 通过 R_F 和 R_{e1} 分压后送回到第一级输入回路中。很明显 R_{e1} 上的反馈电压取自输出电压 U_0，如果 $U_0=0$，反馈电压 $U_F=0$，所以是电压反馈。同时，在输入回路中，输入信号 U_i 和反馈信号 U_f 串联后送到第一级管子 V_1 的 b、e 之间，第一级的净输入电压 $U_{be}=U_i-U_F$，因此属串联反馈。然后用瞬时极性法来判断反馈的正负。设在输入端加一个瞬时极性为正的输入信号，经第一级放大器输出电压降低，又经第二级放大器后使输出电压 U_0 升高，则通过 R_F 使第一级晶体管 V_1 的射极电位也升高，于是 V_1 的净输入信号减小。这样反馈信号削弱了输入信号的作用，所以是电压串联负反馈。

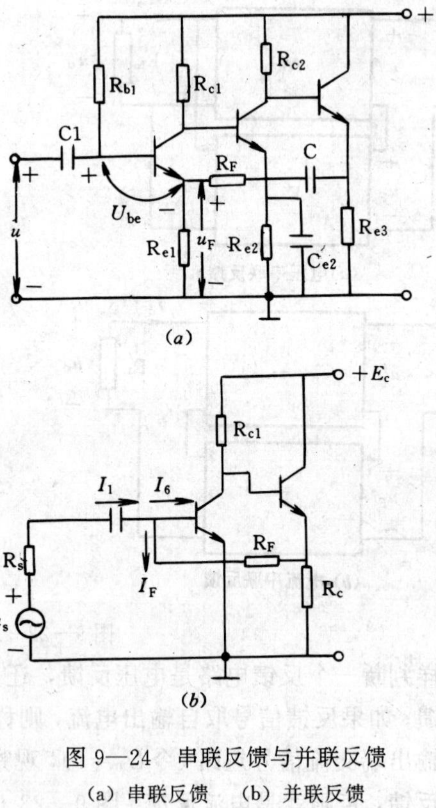

图 9—24　串联反馈与并联反馈

(a) 串联反馈　(b) 并联反馈

图 9—25 电路的负反馈网络是 R_F 与 R_{e1} 构成的。若用 A_{VV} 表示基本放大电路在反馈不起作用，但还要考虑反馈网络的负载效应时电路的放大倍数，则

$$A_{VV}=\frac{U_0}{U_{be}} \qquad F_{VV}=\frac{U_f}{U_0}$$

当 $I_f \gg I_{e1}$ 时（因两级放大），可以忽略 I_{e1} 对 R_{e1} 的作用，反馈电压

$$U_f=\frac{R_{e1}}{R_{e1}+R_F}\cdot U_0$$

那么 $F_{VV}=\frac{R_{e1}}{R_{e1}+R_F}$

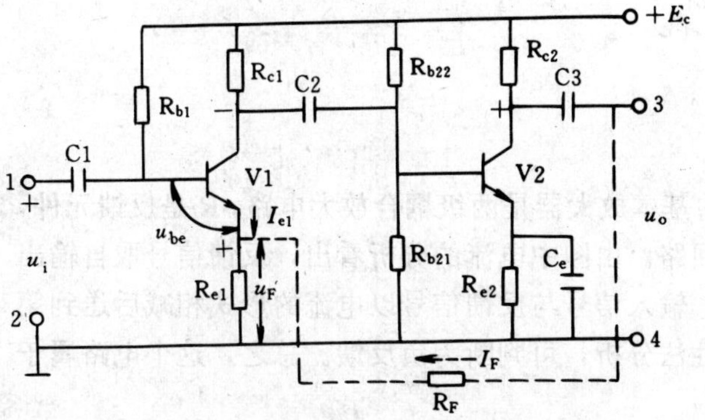

图 9—25 电压串联负反馈放大电路

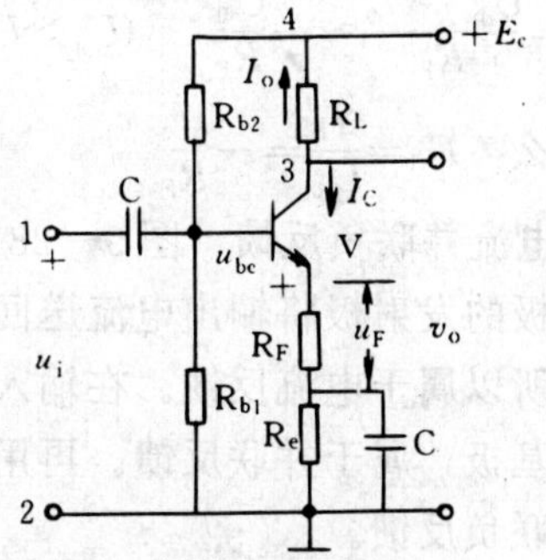

图 9—26 电流串联负反馈放大电路

2. 电流串联负反馈 图 9—26 中的基本放大电路是一个静态工作点稳定电路，但其发射极多接一个电阻 R_F，通过 R_F 将输出回路电流 I_e（$\approx I_C$）送回到输入回路中去，反馈电压 U_F 与输出电流成正比。如将输出端短路（$U_0=0$），反馈电压 U_F 依然存在，所以是电流反馈。由输入回路看，输入电压 U_i 与反馈电压 U_F 串联后送到晶体管的 b—e 端，因此属于串联反馈。当输入电压的瞬时极性为正时，射极电流将增大，R_F 上的反馈电压升高，这个电压的极性将削弱输入电压的作用（$U_{be}=U_i-U_F$），使净输入减小，因此也是负反馈。总之是电流串联负反馈电路。

这个电路中 R_F 对交流信号起负反馈作用，它是反馈网络，R_e 与 C_e 并联，交流信号由 C_e 短路，R_e 只起到确定静态工作点的作用，不是反馈元件。这种基本放大器的增益用 A_{iv} 来表示，那么 A_{iv} 为：$A_{iv}=\frac{I_r}{U_{be}}$

我们把 A_{iv} 叫作基本放大电路的转移电导。如用 F_{iv} 来表示反馈系数，$F_{iv}=\frac{U_F}{I_0}$

又 $U_F=I_eR_F\approx I_cR_F=-I_0R_F$

$\therefore F_{iv}=\frac{U_F}{I_0}=-R_F$

3. 电压并联负反馈 图 9—27 是一个单管放大器，在 c、b 之间接电阻 R_F 将输出电压反馈到输入回路中。由于反馈电流 I_f 与输出电压 U_0 成正比，因此属电压反馈。注意这个电路中，输入信号与输出信号是以电流形式相减后再送到管子的基极的，属于并联反馈，用瞬时极性法可以判断为负反馈。总之，这个电路属于电压并联负反馈。

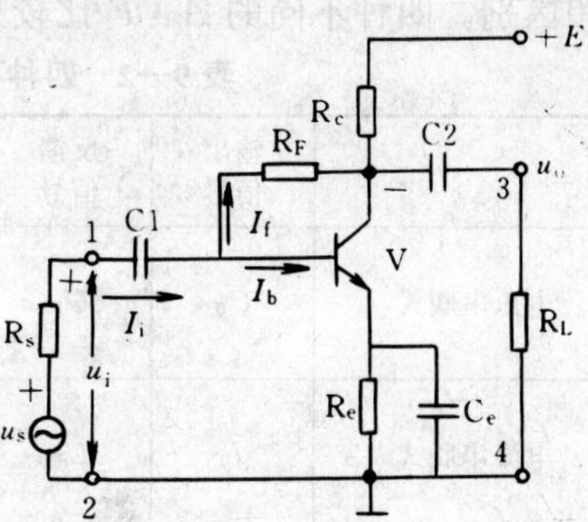

图 9—27 电压并联负反馈放大电路

这个电路中的反馈网络是电阻 R_F，其基本放大器的增益用 A_{vi} 来表示：

$$A_{vi}=\frac{U_0}{I_b}$$

A_{vi}叫作基本放大器的转移电阻，它的反馈系数 F_{vi}：

$$F_{vi}=\frac{I_f}{U_0}$$

由图 9—27 看出：

$$I_f=\frac{U_{be}-U_0}{R_F}\approx-\frac{U_0}{R_F}\quad (U_0\gg U_{be})$$

那么 $F_{vi}=\frac{I_f}{U_0}=-\frac{1}{R_F}$

4.电流并联负反馈　图 9—28 中电路的基本放大器是两级耦合放大电路，R_f是反馈元件，从第二极的发射极将输出电流送回到输入回路。由图中电流的分析看出，反馈信号取自输出电流，所以属于电流反馈。在输入回路中，输入信号与反馈信号以电流的形式相减后送到第一级的基极，属于并联反馈。再用瞬时极性法分析，可判断为负反馈。总之，这个电路属于电流并联负反馈。

它的基本放大器的增益用 A_{ii}表示：

$$A_{ii}=\frac{I_0}{I_{b1}}$$

可见其增益是一个电流放大倍数，它的反馈系数 F_{ii}为

$$F_{ii}=\frac{I_f}{I_0}=-\frac{I_f}{I_{e2}}$$

在假定 $U_{b1}\ll U_{e2}$的条件下，I_f 可看成是 I_{e2}在 R_F和 R_{e2}间的分流：

$$I_f\approx\frac{R_{e2}}{R_{e2}+R_f}\cdot I_{e2}$$

所以 $F_{ii}=\frac{I_f}{I_0}\approx\frac{R_{e2}}{R_{e2}+R_f}$

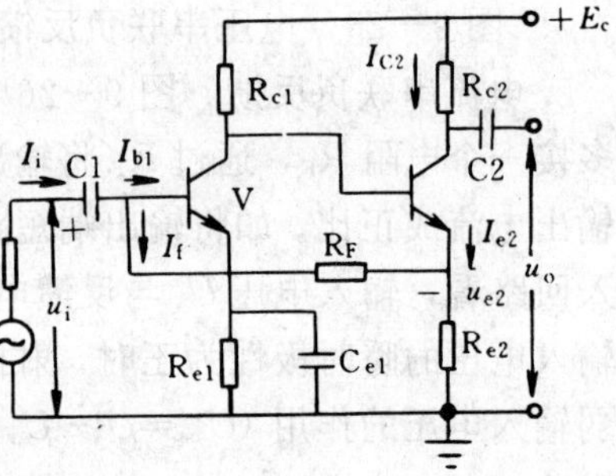

图 9—28　电流并联负反馈

以上四种不同组态的负反馈电路，基本放大电路的放大倍数分别用 A_{vv}、A_{iv}、A_{vi}、A_{ii}来表示。这里的放大倍数是广义的，四个量的物理意义各不相同，量纲也不一样，用不同的脚标相区别。四种不同的 A、F 比较列于表 9—2。

表 9—2　四种不同组态的反馈放大电路中 A、F 的比较

	输出信号	反馈信号	基本放大电路的放大倍数 A	反馈系数 F
电压串联式	U_0	U_F	$A_{vv}=\frac{U_0}{U_{be}}$ 电压放大倍数	$F_{vv}=\frac{U_F}{U_0}$
电流串联式	I_0	U_F	$A_{iv}=\frac{I_0}{U_{be}}$ (S) 转移电导	$F_{vi}=\frac{U_F}{I_0}$ (Ω)
电压并联式	U_0	I_F	$A_{vi}=\frac{U_0}{I_b}$ (Ω) 转移电阻	$F_{iv}=\frac{I_F}{U_0}$ (S)
电流并联式	I_0	I_F	$A_{ii}=\frac{I_0}{I_b}$ 电流放大倍数	$F_{ii}=\frac{I_F}{I_0}$

第三节 功率放大电路

在放大器末级所接的负载，常常要求有足够的交流功率输出。例如声频放大系统中的扬声器，要求放大器供给交流功率数十瓦甚至上百瓦，使之发出响亮的声音。向负载提供足够大的交流输出功率为目的的放大器，被称为功率放大器，它和电压放大电路是有区别的。功率放大器中，晶体管主要起能量转换的作用，即把电源的直流电能转换成信号控制的能量，既要求放大器有足够的电压动态范围，又要求放大器有足够的电流动态范围。这样晶体管的非线性失真比较大，微变等效电路方法不能使用，只能用图解法来分析问题。在实际应用电路中，还须注意功率晶体管的散热和保护问题。

一、功率放大器典型电路

用图解法来分析功率放大器，可将电路分成甲类工作状态、乙类工作状态、丙类工作状态和甲乙类工作状态等四类（见图 9—29）。放大器完全工作在线性放大区内，在信号的整个周期内晶体管都导通，这就是甲类工作状态，这种放大器称为甲类功放。晶体管静态工作点恰处于截止点，在输入信号的半个周期内导通，输出波形为半个周期的正弦波，这种功率放大器称为乙类功放。晶体管静态工作点处于截止点以上，输入信号的大半个周期内晶体管导通，而只有不到半个周期的时间截止，这种功率放大器称为甲乙类功放。丙类工作状态是指静态工作点选在截止区内，输出只有少半个周期的脉动波。因丙类状态用得少，图 9—29 中省略了。

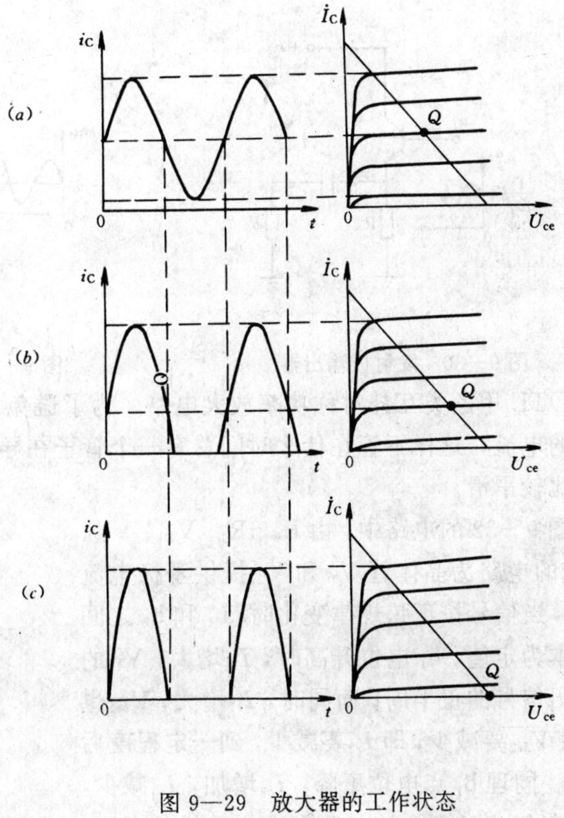

图 9—29 放大器的工作状态

(a) 甲类 (b) 甲乙类 (c) 乙类

传统的功率放大器常常采用变压器耦合方式，但由于变压器体积庞大、耗能高，而且易产生自激振荡，目前发展趋势倾向于采用无变压器的功率放大器，通称 OTL 型功率放大器。所以对于工作在甲类状态的变压器耦合功率放大器免于讨论，有兴趣的可参阅有关书籍。

1. OTL 乙类互补对称功放电路 基本单管放大器中，如果输出信号不从集电极取出，而从发射极取出，如图 9—30，称作射极输出器。射极输出器属于电压串联负反馈，其反馈系数为 1，电压放大倍数小于 1。它具有输出电阻低、带负载能力强的特点，是一种最基本的功率放大电路。但图 9—30 所示的射极输出器，对负向电压变化的跟随能力比较差，当信号电压低到某一数值之后，管子将要截止，主要靠电容放电来得到负向的负载电流，起到跟随的作用。为了克服这个缺点，用图 9—31 电路来代替，这里用一只 PNP 三极管来代替 Re。调整静态工作点，使静态时两管的发射极电位为$\frac{1}{2}E_C$则隔直电容 C 两端电压也基本上充到这个值。当信号以$\frac{1}{2}E_C$为基准上下变化时，可以看到，基极电位升高后，V_1 将导通。V_1 导通后U_{be1}的极性将使 V_2 截止，于是 V_1 以射极输出的形式将正方向的信号变化传给负载。当基极电位低于$\frac{1}{2}E_C$时，V_2 将导通，而 V_2 导通后U_{be2}的极性使 V_1 截止，于是 V_2 也以射极输出的形式将负方向的信号变化传给负载，这样就实现了双向跟随。这种形式统称为互补。电路中没有输出变压器，而且 V_1、V_2 各导通 180°，所以称乙类互补对称式电路。

这个电路的缺点是当输入信号较小时容易出现交越失真，如图 9—31 中所示。

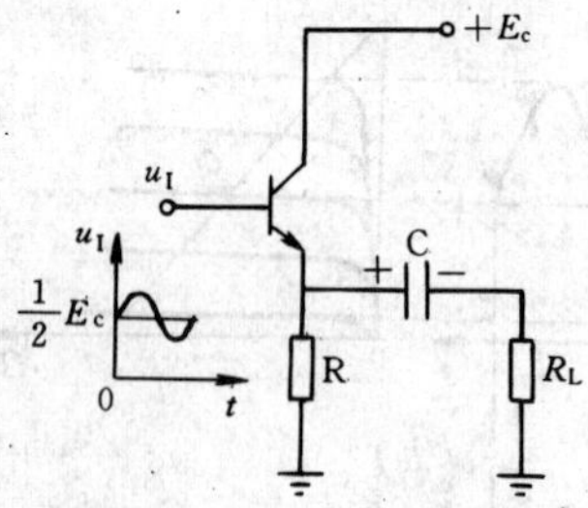

图 9—30　发射极输出器

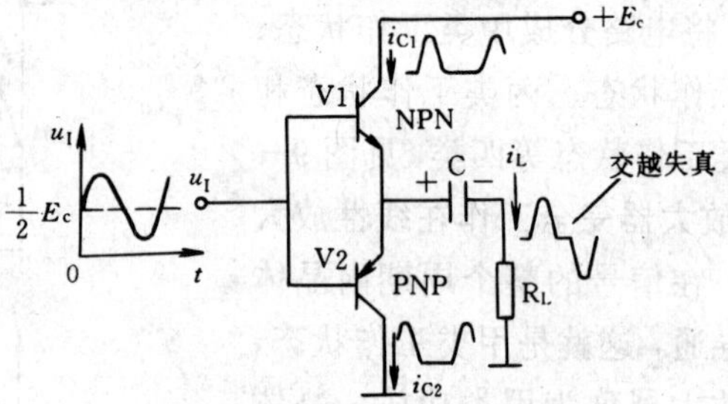

图 9—31　OTL 乙类互补对称输出级

2. OTL 甲乙类互补对称功率放大电路　为了避免出现交越失真，可以预先给每个管子以一定的电流，这样不管在什么时间总有一个管子在导通，就能使两管轮流导电，输出波形交替得比较平滑。

在图 9—32 的电路中，由 R_w、R_1、V_{D1}、V_{D2}、R2 组成的电路为晶体管 V_1 和 V_2 提供基极电流I_{b1}和I_{b2}，当信号按正弦规律变化时，b_1 和 b_2 之间压降基本为定值。b_1 电位升高时，I_{b1}增大，V_1 的射极输出信号的正半周；而同时，I_{e1}增大，V_{be1}也增大，使V_{be2}要减少，即I_{e2}要减少，到一定程度后 V_2 截止。同理 b_1 点电位下降，I_{b2}增加，I_{b1}减少，V_2 的发射极流过更多的电流形成信号的负半周，I_{b1}逐渐下降，V_1 趋于截止。这样每个管子的工作时间都大于半个周期，属于工作在甲乙类状态的，这种电路称为 OTL 甲乙类互补对称式电路。

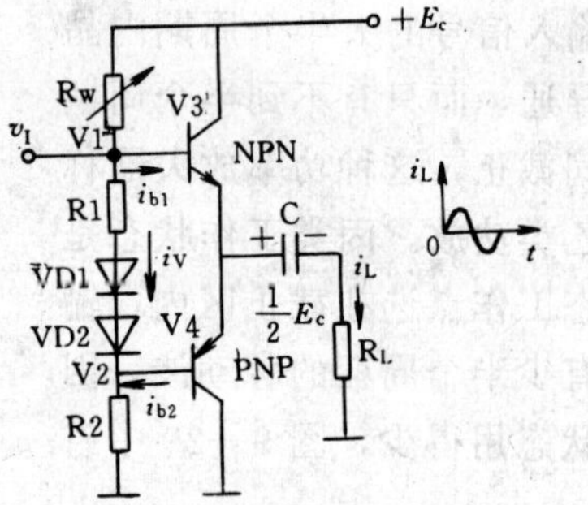

图 9—32　OTL 甲乙类互补对称输出级

3. OCL 互补对称电路　上述两种 OTL 电路，虽然省去了变压器，但输出要经过一个电容接到负载上，如果耦合电容不够大，则当信号频率较低时，在电容两端将产生交流压降，使低频性能变差，只好采用大容量的电解电容。但电解电客具有电感效应，高频时容易产生相移，而且大容量电容无法集成化。为了克服这一缺点，采用无电容器的输出级，称作 OCL 电路，如图 9—33 所示。

OCL 电路需用正负两路电源，使静态时两管的发射极为地电位，负载可以连到该处。这样省去了电容，又改善了低频响应，目前得到比较广泛的应用。

为了提高功率级电路的电流放大倍数，还常用复合管来代替 V_1 和 V_2，由复合管构成的 OCL 电路如图 9—34 所示。

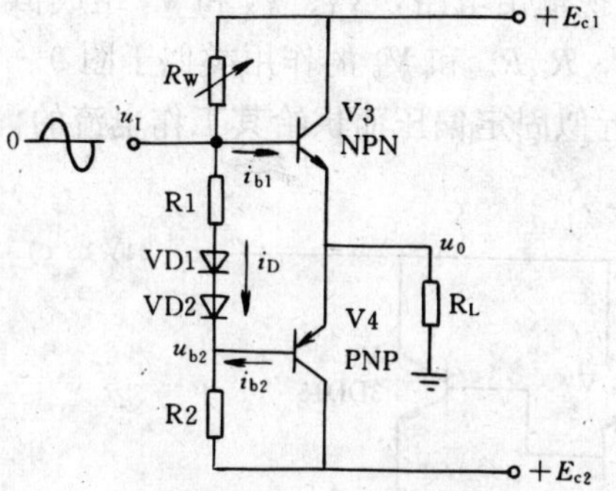

图 9—33　OCL 型输出级

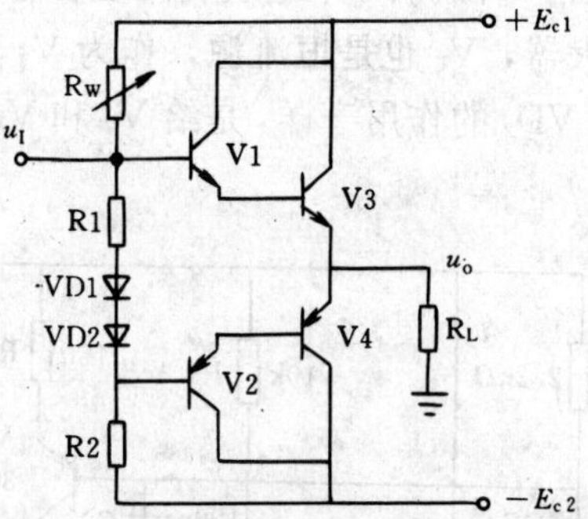

图 9—34　由复合管组成的互补对称输出级

二、实际应用中的功率放大电路

1. OCL 互补推挽电路　图 9—35 为电视接收机音频放大电路。V_3 为 NPN 管（3DG12），V_4 为 PNP 管（3AX83），二者组成互补对称电路。V_1 为一级前置放大电路，V_2 是为 V_3、V_4 提供基极电流的，静态时使 $I_{e3}=I_{e4}$。

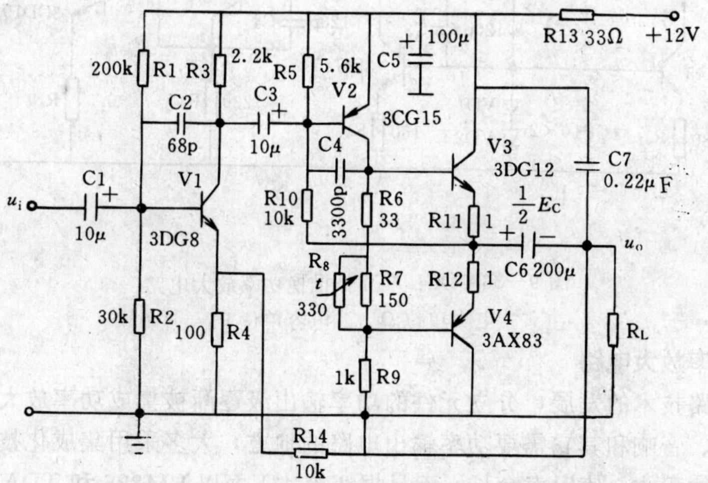

图 9—35　OTL 互补推挽功率放大电路

这个放大器的输出功率可以这样估算：设电容 C_6 上的电压 $U_{C6}=\frac{1}{2}E_C=6V$，则当正半周 V_3 导通时，U_o 最高 +6V，负半周 V_4 导通时，U_o 最低为 −6V，即有效值为 $\frac{1}{\sqrt{2}}6V=4.2V$。如负载接 16Ω 扬声器，则最大输出功率为：

$P_o max=\frac{4.2^2}{16}=1.1$ (W)

实际上，因 V_3、V_4 上存在着饱和压降（约 0.3V），R_{11}、R_{12}上也有一定的压降，而且为了避免出现过大的非线性失真，功率管也不能工作在靠近饱和区，所以该电路正常输出不超过 0. 5W。

2.OCL 准互补推挽电路　图 9—36 是一个 OCL 准互补推挽电路，是目前高保真度放大器的典型电路，在不超过功率管的额定工作参数情况下，也可用于带动电机和其它换能器。

电路中 V7、V_8、V_9、V_{10}组成利用复合管的准互补推挽输出电路，V_1、V_2 和 V_3 组成恒流源式差分放大器，V_5 也是恒流源，作为 V_4 集电极负载，$R_{c4}R_{rc5}$和 V_6 的作用类似于图 9—33 中 R_1、VD_1、VD_2 的作用一样，是给 V_7 和 V_8 提供一个近似固定偏压而供给其工作电流的。

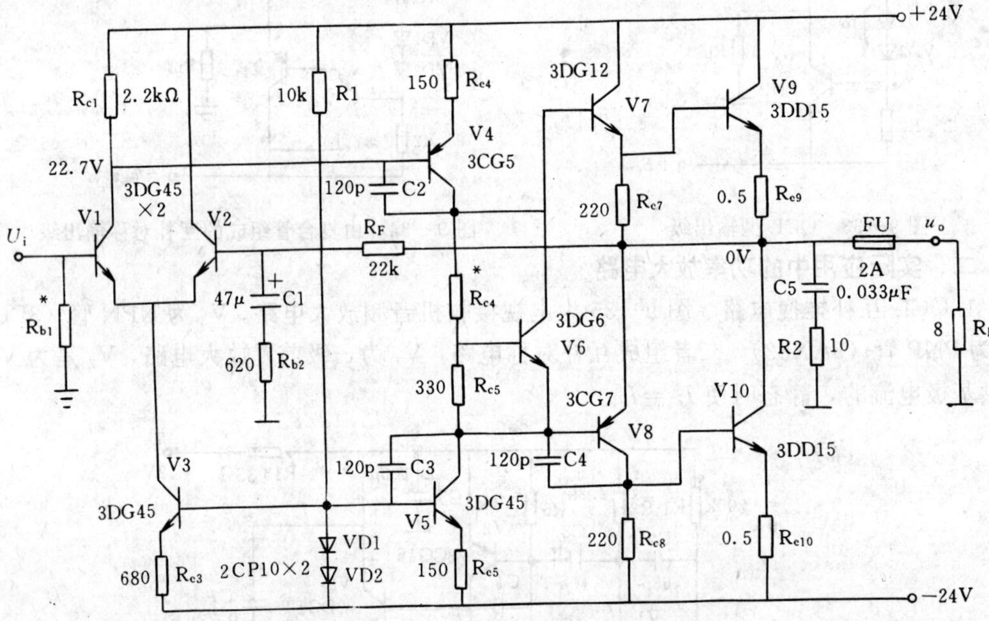

图 9—36　OCL 准互补推挽功率放大电路

电阻单位 Ω　　电容单位 F

三、集成功率放大电路

随着集成电路技术的发展，分立元件的功率输出级逐渐被集成功率放大电路所替代。目前在电视接收机、音响和其它需要功率输出电路的地方，大多采用集成化技术。其明显的优点是性能可靠、体积小、使用寿命长、不易损坏等。下面以 LM386 和 TDA2822 为例，看看集成功率放大电路的应用。

图 9—37 为LM386 音响功率放大器的内部电路和管脚连接图。这是 8 脚双列直插式封装直流工作电源是 4～15V，静态工作电流 4mA，可用电池供电。集成电路的电压增益通过外部电路连接而变化，范围为 20～200 倍（46dB），连接 8Ω 负载时，可输出几百毫瓦功率，两个差分输入端都以地为参考，典型的输入阻抗为 50KΩ

图 9—38 为LM386 应用的两个例子；其中（a）为 $A_u=20$ 的最小 LM386 放大器，（b）为

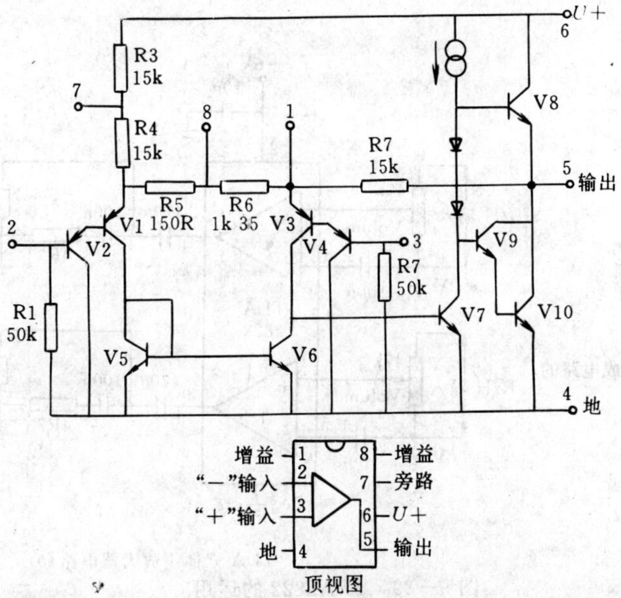

图 9—37 LM386 低噪声音响功率放大器的内部电路和管脚连接

电阻单位 Ω 电容单位 F

A_u＝200 的 LM386 放大器。电压增益的控制在脚 1 与 8 之间，(a) 中 1 和 8 脚不外接元件时，电压增益为最小，当 1 和 8 脚间接一个电容元件 C_4 实现交流短路时，内部电阻 R_6 被短路，增益变大。这类集成放大器还有很多，有兴趣可参阅有关书籍。

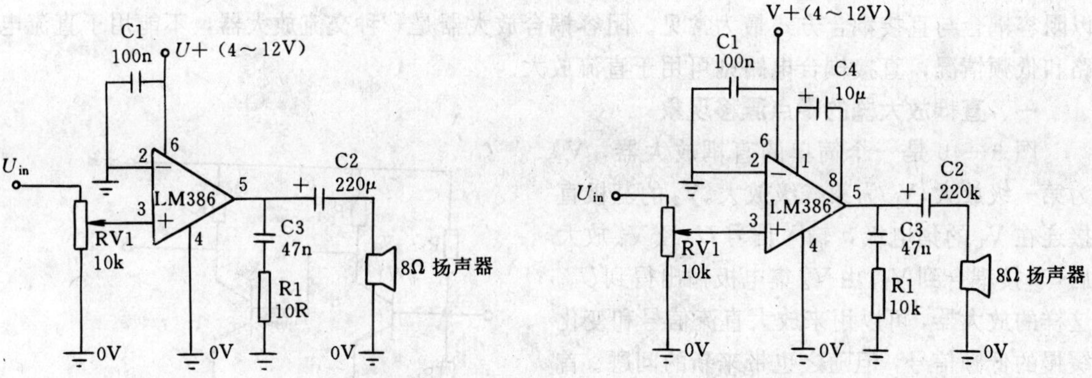

(a) 具有 A_V＝20 的最小部分 LM386 放大器

(b) A_V＝200 的 LM386放大器

图 9—38

电阻单位 Ω 电容单位 F

图 9—39 TDA2822 多用双路放大器是一个 8 脚的集成电路，工作电源为直流 1.8～15V，当一个 3V 直流电源供电时，可驱动 32Ω 的耳机，改用 9V 电源供电时，可驱动 8Ω 的扬声器。TDA2822 适用于立体声放大器，双放大器分别放大左右两声道的信号。共有四个输入端和两个输出端，因此外部电路非常简单，增益为 40 分贝。

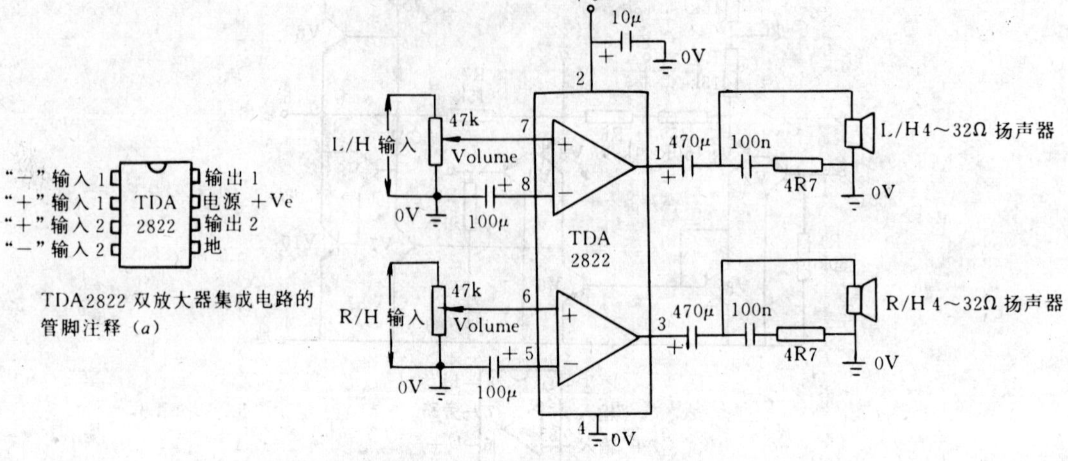

TDA2822 双放大器集成电路的管脚注释（a）

TDA 立体声放大器电路（b）

图 9—39　TDA2822 的运用

电阻单位 Ω　　电容单位 F

其他家用电路中常用的功率器件是晶闸管。它有较大的功率，常用在洗衣机等需要将电源通断或改变方向的电路中，这部分在控制电路里讨论。

第四节　直流放大器

在实际应用中，单级放大器的性能往往不能达到要求，常常需要将多个单级放大器级联起来使用，称为多级放大器。各级放大器之间的联结方式称为耦合方式，在分立元件电路中，以阻容耦合与直接耦合方式最为常见。阻容耦合放大器是一种交流放大器，不能用于直流电路和低频情况，直接耦合电路则可用于直流放大。

一、直耦放大器的零点漂移现象

图 9—40 是一个简单的直耦放大器，V_1 为第一级放大，V_2 为第二级放大。V_2 的基极直接连在 V_1 的集电极，输入信号 U_i 经 V_1 放大后，直接耦合到 V_2，由 V_2 集电极输出得到 U_o。这样的放大器，可以用来放大直流信号和变化缓慢的低频信号，但随之也带来新的问题。首先是各级静态工作点之相互影响，给各级静态工作点的设计和计算带来困难。在图 9—40 中 V_2 管的基极直接连在 V_1 的集电极上，使静态的 $U_{ce1}=U_{be2}$，因硅管 $U_{be}=0.7V$ 使得 U_{ce1} 很低，V_1 管的静态工作点接近了饱和区。虽然仍能放大，但动态范围很小。

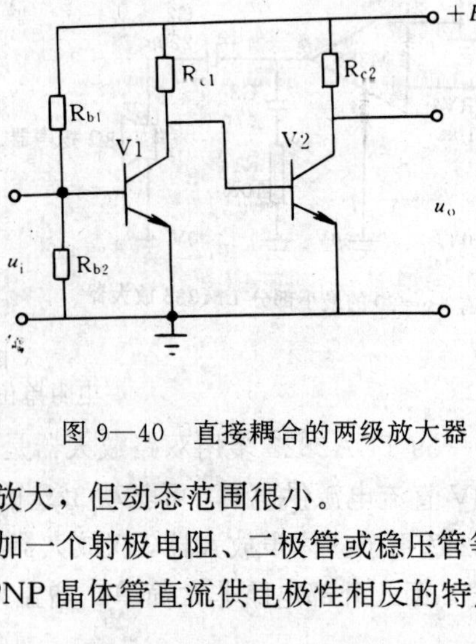

图 9—40　直接耦合的两级放大器

解决静态工作点的措施不少，如在 V_2 的射极加一个射极电阻、二极管或稳压管等，以提高 V_1 管集电极电压。常用的办法是利用 NPN 和 PNP 晶体管直流供电极性相反的特点，配置

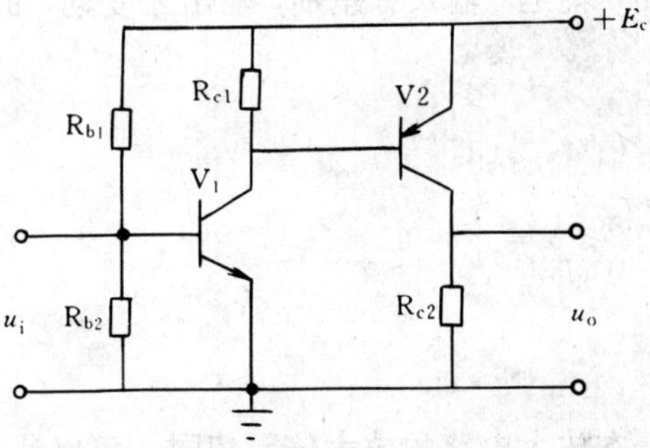

图 9—41　NPN 和 PNP 型晶体管直接耦合电路

前后级静态工作点，见图 9—41。

直耦放大器的第二个问题，是零点漂移问题，并且是不易解决的问题。

什么是零点漂移？直耦放大器输入的是直流信号或缓变信号，当输入信号为零时（$U_i=o$），在输出端观察到U_o在所设计的静态值附近忽快忽慢地不规则变化，这就是零点漂移现象。零点漂移实际上是晶体管静态工作点的变化，这是普遍存在的问题。但在阻容耦合放大器中，各级之间用电容隔开，直流工作点的改变被限制在本级内，不可能送至下一级，对放大器的正常工作构不成威胁。而在直耦放大器中，任何一级的零漂都逐级传送，并不断放大，对末级输出产生相当大的影响。

零漂的危害有两方面，一是使放大器的静态工作点偏离设计值，可能造成放大器工作状态不正常。二是当待测信号是直流信号或缓变信号时，零点漂移叠加在待测信号上，干扰输出信号，甚至可能淹没输出信号。

产生零点漂移的因素很多，任何元件参数的变化（包括电流的波动），原则上都造成输出电压的漂移。但是实践证明，温度变化是产生零漂的主要因素，也是最难克服的因素。这是因为电源电压的波动可以采用稳压电源来解决，电阻阻值的变化可以通过老化来提高它的稳定性。而晶体管的导电机构决定了它对温度的敏感性，工作过程中温度很难维持恒定，故而温度变化是零漂的主要原因。

为了克服零漂，除了提高晶体管的质量，在电路上给予温度补偿外，最重要的是从电路设计上采取新措施，即对零漂实行补偿的电路——差动放大器。

二、差动放大电路的工作原理

图 9—42 是一个简单的差动放大器的原理电路图，它由两个完全对称的共射极放大器组成。所谓对称是指电路形式相同，元件参数相同和晶体管参数一致或十分接近。

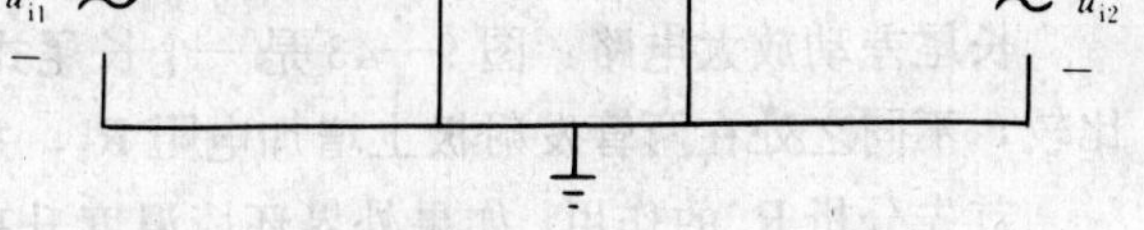

图 9—42　简单的差动放大器原理电路图

由电路不难看出，如果 V_1、V_2 的特性完全相同，外接电阻也都一一对应的话，当$U_{i1}=U_{i2}=0$时$U_{c1}=U_{c2}$，输出电压$U_o=U_{i1}=U_{i2}=0$。如果温度升高使I_{c1}增加U_{c1}下降的话，根据电路的对称性，I_{c2}也增加，U_{c2}也下降与 V_1 的相同，这样零漂可以抵消。

这种放大器有两种工作方式，当两个输入信号的极性相同、大小相等时，称共模输入信号，输出电压$U_O=0$，表示共模被抑制。

另一种工作方式是，两个输入信号大小相等极性相反（即相位相反），称为差模输入。工作时，设U_{I1}对地为正，U_{I2}对地为负，则 V_1 集电极电压下降，V_2 集电极电压上升，在输出端的电压变化，U_o 就是每部分的两倍。所谓“差动”就是“输入有差别，输出才变动”的意思。

设 $U_{i1}=U_i \qquad U_{i2}=-U_i$

$U_{c1}=A_1U_i \qquad U_{c2}=-A_2U_i$

$U_o=U_{c1}-U_{c2}=(A_1+A_2)U_i$

两管对称，应设 $A_1=A_2$，则 $U_o=2A_1U_i$。

差动输入时电路的放大倍数：

$$A_d=\frac{U_o}{U_{i1}-U_{i2}}=\frac{2A_1U_i}{2U_i}=A_1\approx\frac{-\beta R_{c1}}{R_s+R_{be}}$$

这说明，这种差动放大电路的放大倍数和基本放大电路的放大倍数相同，可以认为，这个电路的特点是用两个管子实现相当于一个管子的放大倍数，从而克服了零漂。

共模抑制比：理想的差动放大器在共模情况下，输出 U_o 应当为零。如果电路的对称性不好，U_o 就不为零。为了和以往的电路相区别，共模情况下，输出和输入的关系也用放大倍数来表示，称之为共模放大倍数，记为 A_c。把差模情况下的放大倍数，称为差模放大倍数，记为 A_d。

对电路零漂的严重性进行估计时，不仅要看输出端零漂电压的大小，也要看放大器的放大倍数，并把零漂电压折合到输入端。同样，在评价差动放大电路时，不仅要看共模放大倍数，而且也要看差模放大倍数。为此引入一个概念：以这两个放大倍数的比值作为差动放大器性能的指标，称为共模抑制比，记为 CMRR（Common Mode Rejection Ratio）。

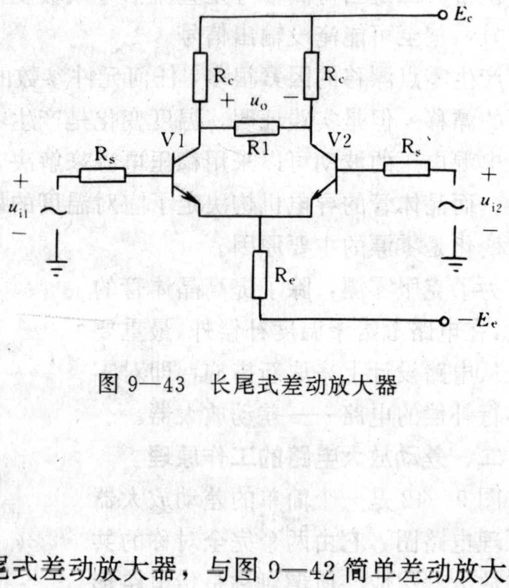

图 9—43　长尾式差动放大器

$$\mathrm{CMRR}=\left|\frac{A_d}{A_c}\right|$$

有时这个比值用分贝来记，为 CMR：

$$\mathrm{CMR}=20\lg\left|\frac{A_d}{A_C}\right| \qquad (\mathrm{dB})$$

长尾差动放大电路：图 9—43 是一个长尾式差动放大器，与图 9—42 简单差动放大器相比较，不同之处在两管发射极上增加电阻 R_e，并采用两组正负直流电源供电。

首先分析 R_e 的作用。如果外界环境温度升高，使 V_1 和 V_2 的集电极电流增大，那么流过 R_e 的电流 I_{e1}、I_{e2}之和也随之增大，R_e 上产生的压降 U_e 升高，反馈到两管的基极回路中，使 U_{be1}和 U_{be2}降低，从而限制了 I_{c1}和 I_{c2}的增加。R_e 的负反馈作用对于抑制零漂，降低共模放大倍数是有好处的。如果两输入端输入差模信号，由于两管输入信号的幅度相等而极性相反，I_{C1} 增加的量等于 I_{c2}减少的量，而流过 R_e 的电流（$I_{e1}+I_{e2}$）保持不变，R_e 对差模信号无负反馈作用，差模放大倍数保持不变。

由此可见，R_e 的作用是引入共模负反馈，R_e 愈大，共模负反馈愈强，零漂愈小。

图 9—43 电路中基极电位基本为零电位，为保证管子的动态范围，引入负电源 E_e，由 E_e 提供静态基极电流，在 $U_i=o$ 时 $U_B\approx O$，静态条件下，基极回路中：

$I_bR_s+U_{be}+I_eR_e=E_e$

由于第一项和第二项比第三项小得多，可忽略。

$I_e \approx \frac{E_e}{R_e}$

每管的集电极电流：$I_c=\frac{I_e}{2}=\frac{E_e}{2R_e}$

$$I_b=\frac{I_c}{\beta}=\frac{E_e}{2\beta_{Re}}$$

实际的基极电位为

$$U_b=-I_bR_s$$

集电极电位为

$$U_c=E_c-I_cR_c=E_c-\frac{E_eR_c}{2R_e}$$

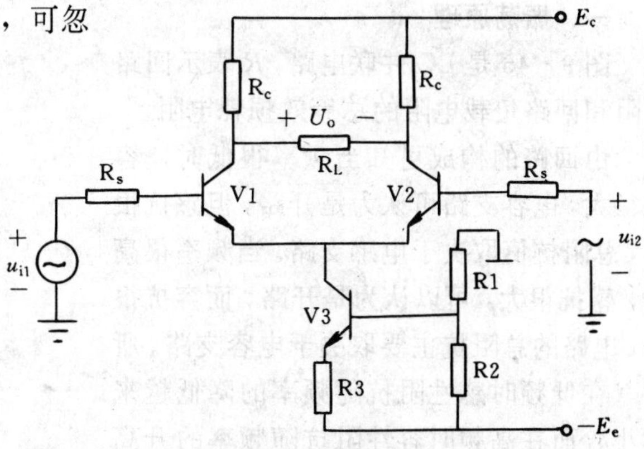

图 9—44　晶体管恒流源差动放大器

在动态情况，输入差模信号 A_d 不变：

$$A_d=A_1=-\frac{\beta R_c}{R_s+R_{be}}$$

从两个输入端看进去的差模输入电阻为：

$$R_i=2\ (R_s+R_{be})$$

两管集电极之间的差模输出电阻为：

$$R_o \approx 2R_c$$

现在再来看一下恒流源式差动放大电路，如图 9—44 所示，与图 9—43 相比，只是把 R_e 换成一个具有恒流源作用的一个单管放大电路。

所谓晶体管恒流源，是指工作于放大区的晶体管，当固定基极电流不变时，电压 U_{ce} 的变化对 I_c 影响极小，因而 I_c 具有不随 U_{ce} 变化而保持恒定的特性。这就是说，晶体管恒流源是处于基极电流恒定状态下的晶体管。

晶体管恒流源有两个重要特性，一是其 c—e 之间的交流内阻 R_{ce} 极高；二是其 c—e 间直流压降 U_{ce} 较低。

晶体管恒流源为图中 V_3，R_1 和 R_2 分压来固定 V_3 的基极电位，使得 I_{b3} 为固定电流。计算静态工作点时应先计算 V_3 的 U_{R2}、U_{R3}，I_{E3}，再计算 V_1、V_2 的 I_e、I_c 及 U_c，包括差模输入下的动态计算，都和长尾电路相同。

恒流源代替 R_e 有什么好处呢？长尾式差动放大电路中，R_e 越大抑制共模的负反馈作用就越强，但 R_e 过大，就要求负电源 E_e 的电压越高。一般情况下，希望 E_e 电压不要过高，而稳定电流的作用又好。晶体管恒流源恰好具有恒定集电极电流的作用，对 E_e 的要求又不高。带有恒流源的差动放大电路，其共模抑制比可提高许多。

第五节　LC 振荡器

在负反馈一节中，我们曾经注意到电路在正反馈情况下，会产生自激振荡。在无线电通讯、广播、雷达、导航以及无线电测量等方面，常常需要正弦波振荡器。RC 振荡器和 LC 振荡器是最常见的正弦波振荡电路，本节重点讨论 LC 振荡器。

一、振荡原理

图 9—45 是 LC 并联电路，R 表示回路电阻和回路负载电阻的总等效损耗电阻。

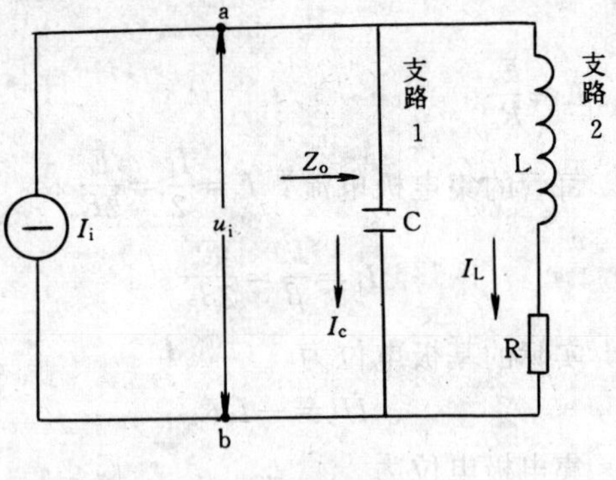

图 9—45　LC 并联谐振电路

由回路的构成可知当频率很低时，容抗很大，电容支路可认为是开路，但感抗很小，总阻抗值取决于电感支路。当频率很高时，感抗很大，可以认为是开路，而容抗很小，电路的总阻抗主要取决于电容支路。所以，在低频时感性阻抗随频率的降低越来越小，而在高频时容性阻抗随频率的升高也越来越小。可以证明只有在中间某一个频率 $f=f_0$ 时，并联阻抗呈纯电阻性，且等效阻抗达到最大值，f_0 就是 LC 电路的并联谐振频率。

根据以上分析可定性画出并联谐振电路的幅频特性和相频特性，见图 9—46。ω_0 就是使总阻抗 Z_{ab} 为最大值的谐振角频率。这就是 LC 并联谐振电路的选频特性。

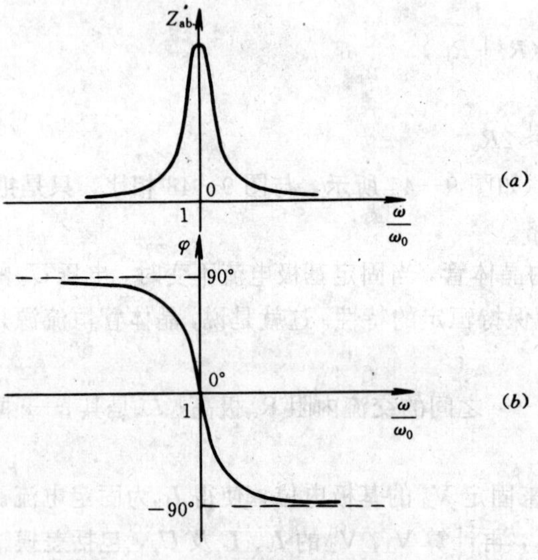

图 9—46　并联谐振电路的频率特性

（a）幅频特性　（b）相频特性

由 ab 端看 LC 并联谐振电路的总阻抗为：

$$Z_{ab}=\frac{Z_1Z_2}{Z_1+Z_2}$$

式中 Z_1 为支路 1 的阻抗，即电容 C 的容抗；Z_2 为电感的感抗和电阻 R 的总和，即支路 2 的阻抗。

$$Z_1=\frac{1}{\omega C}$$

$$Z_2=R+\omega L$$

在电路发生谐振时，可以推导出谐振角频率不仅与 L、C 有关，也与等效总电阻 R 有关：

$$\omega_o=\frac{1}{\sqrt{(\frac{R}{\omega_0 L})^2+1}}\cdot\frac{1}{\sqrt{LC}}$$

一般情况下，$R\ll\omega_0 L$，上式可简化成：

$$\omega_0\approx\frac{1}{\sqrt{LC}}$$

谐振频率 f_0 为：$f_0=\frac{1}{2\pi\sqrt{LC}}$

为了评价谐振电路的性能，引入品质因数这个概念，并用 Q 表示品质因数：

$$Q=\frac{\omega_0 L}{R} \text{或} Q=\frac{\frac{1}{\omega_0 C}}{R}$$

$Q \gg 1$，Q 值越大，电路的选频特性越好。

从以上对电路的分析可知，当外加信号源的频率为 f_0 时，LC 并联电路产生谐振。该电路并联谐振的特点是：

1. 谐振时电路的阻抗最大，而且为纯电阻性负载，其大小为 Z_0：

$$Z_0 \approx \frac{L}{RC}$$

2. 谐振电路的品质因数 Q 是衡量谐振电路优劣的重要指标。Q 值大的电路在等效损耗电阻 R 上消耗的电能小，谐振维持的时间长。

3. Q 值高的谐振电路，其总电路的电流远远小于各支路电流，电感支路和电容支路的电流接近相等，并为总电路电流的 Q 倍。

并联电路的电压相等，由总电路电流 I 和支路电流 I_C、I_L 有如下关系：

$$I \cdot Z_0 = I_C Z_{C0} = I_L Z_{L0}$$

$$I_C=\frac{IZ_0}{Z_{C0}}=\frac{IL}{RC\frac{1}{\omega_0 C}}=I \cdot \frac{\omega_0 L}{R}=QI$$

$$I_L=\frac{IZ_0}{Z_{L0}}=\frac{IL}{RC \cdot \omega_0 L}=I \cdot \frac{1}{\omega_0 R_C}=QI$$

4. Q 值很大的谐振电路（R 可忽略），谐振频率只与 L、C 有关。

5. 谐振时并联电路内部 L 与 C 之间发生能量转换而引起振荡，有时线圈将磁场能量通过对电容充电变为电场能量，而电容器又将电场能量对线圈放电转变为磁场能量。电源与振荡电路并不发生能量的转换，只是补偿电路电阻在振荡时的损耗。

二、LC 振荡电路

图 9—47（a）是一个带有并联谐振电路的互感耦合式振荡器电路。R_{b1}、R_{b2}组成分压式基极偏置电路，集电极联有互感耦合系数为 M 的变压器。变压器的初级与电容 C 组成振荡回路，变压器的次级线圈 N_2 引出反馈电压 U_f。

由反馈放大器的自激振荡条件知道，当放大器的放大倍数 A 和反馈系数 F 满足 $A \cdot F=1$ 时，可产生自激振荡。若用幅度平衡和相位平衡条件来表示，即：

$|A \cdot F|=1$

$\Phi_A+\Phi_F=\pm 2n\pi$　　　　（$n=0, 1, 2, \cdots$）

由此可知，变压器反馈 LC 振荡器应当满足上述两条件才能产生自激振荡。图 9—47（a）中 U_f 由 N_2 引到基极，其位相与输出电压 U_0 相差 180°。

图 9—47（b）为该电路的交流等效电路，同时忽略了晶体管输入电阻、输出电阻和负载电阻对回路的影响。由自激振荡的振幅条件得：

$$A \cdot F=1$$

其中

$$A=\frac{-\beta Z}{\gamma_{be}}$$

$$F=\frac{U_f}{U_0}$$

电路谐振时的振荡频率为：

$$f_0=\frac{1}{2\pi\ \sqrt{LC}}\cdot\ (\sqrt{1+\frac{R^2C}{L}})\approx\frac{1}{2\pi\ \sqrt{LC}}$$

电路谐振所需的振幅平衡条件为：

$$\beta=\frac{\gamma_{be}\cdot R\cdot C}{M}$$

图 9—48 是电感反馈式 LC 振荡器原理图，它与互感耦合式振荡电路相似，振荡元件是 LC 并联电路，但反馈电压不是由变压器的次级线圈取出，而是主线圈拉了一个中间抽头，把电感 L 分成 L_1 和 L_2 两段，L_2 上的电压作为反馈电压引到晶体管的基极，形成自激振荡器。这个电路与图 9—47 相比，因 L_1 与 L_2 取自一个线圈，耦合紧密，电路容易起振，且自耦变压器制造技术也较简单，更有生产意义。这种电路也叫做电感三点式 LC 振荡器。

也可以采用互感耦合电路的方法，分析本电路的相位状态、谐振频率和起振条件。可得

$$f_0=\frac{1}{2\pi\ \sqrt{(L_1+L_2+2M\ \ C}}$$

$$\beta\geqslant\frac{L_1+M}{L_2+M}$$

应该说明的是，实际电路与理论结

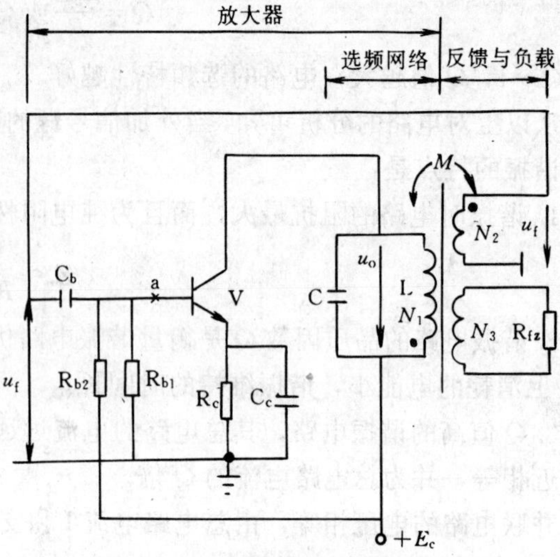

(a) LC 振荡电路

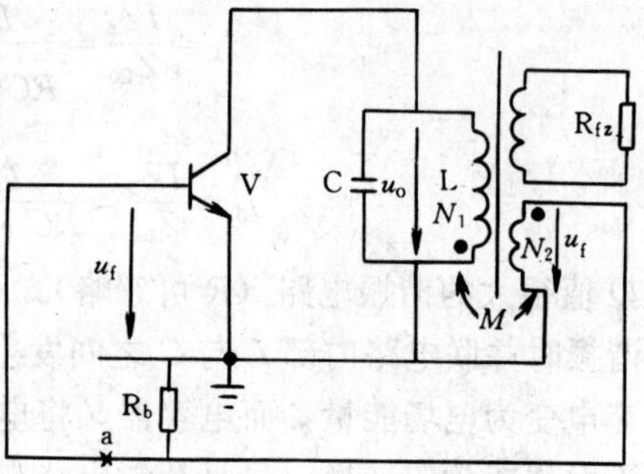

图 9—47　变压器反馈 LC 振荡器的原理电路

(a)（b）等效电路

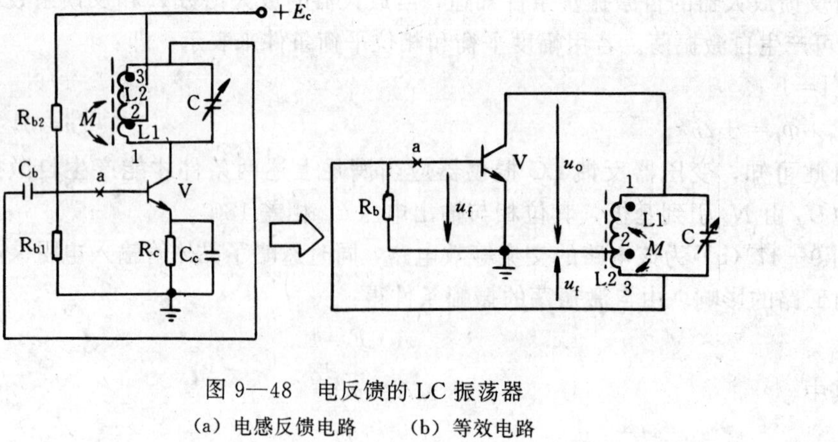

图 9—48　电反馈的 LC 振荡器

(a) 电感反馈电路　　(b) 等效电路

论总是有差别的，实践表明 L_2 的匝数约为总匝数的 $\frac{1}{8}$ 到 $\frac{1}{4}$，具体的匝数比要通过实验调整来确定。

了解电感反馈式 LC 振荡器以后，会提出这样的问题，如果 L_1 和 L_2 之间的磁场毫无联系（即互感 $M=0$），电路是否会起振？

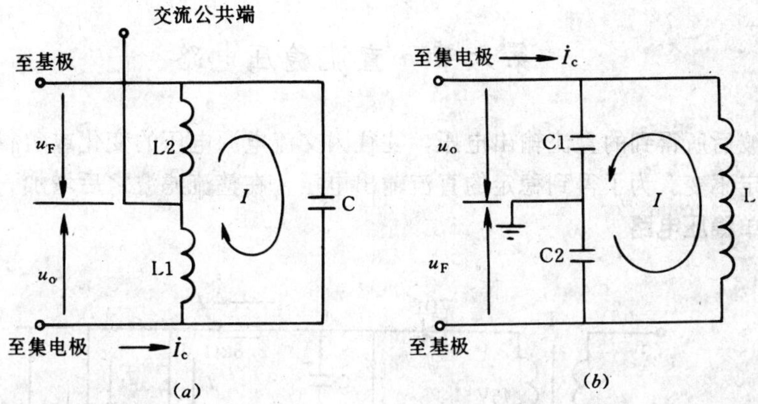

图 9—49　谐振电路在振荡器中的接法

(a) 电感反馈电路的谐振电路接入电路的示意图 (b) 电容反馈电路的谐振电路接入电路的示意图

由图 9—49 (a) 可以看出，将这样的谐振引入放大器时，如有 I_C 流入，则在回路中就会产生谐振电流 I，且 $|I| \gg I_C$，因此在 L_1 和 L_2 上会产生压降 U_0 和 U_f，很显然 U_0 和 U_f 相位相反。根据前面的分析，将 U_f 引回基极就会满足相位条件，只要适当安排电路参数就会起振。因此 U_f 不一定通过互感耦合得到。由此分析图 9—49 (b)，反馈电压 U_f 是谐振电流 I 在电容 C_2 上产生的压降，U_0 是 I 在 C_1 两端的压降，中间接地，二者必然反位相，只要提供直流通路，将此电路接入放大电路中也会产生振荡。

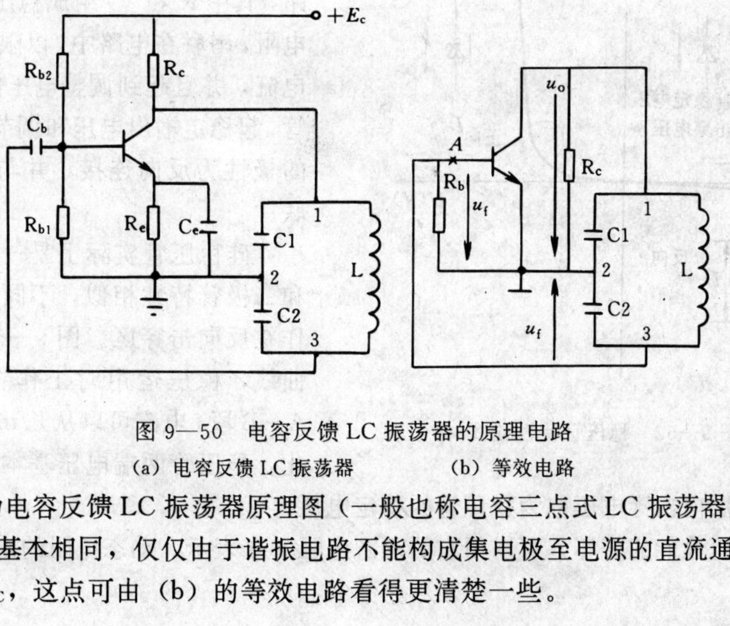

图 9—50　电容反馈 LC 振荡器的原理电路

(a) 电容反馈 LC 振荡器　　　　(b) 等效电路

图 9—50 为电容反馈 LC 振荡器原理图（一般也称电容三点式 LC 振荡器）。与电感反馈电路比较，形式基本相同，仅仅由于谐振电路不能构成集电极至电源的直流通路，所以增设了集电极电阻 R_C，这点可由 (b) 的等效电路看得更清楚一些。

相位条件满足时，谐振频率为：

$$f_0=\frac{1}{2\pi\sqrt{L\dfrac{C_1C_2}{C_1+C_2}}}$$

起振条件为：$\beta\geqslant C_2/C_1$

第六节　直流稳压电路

整流滤波后所得到的直流输出电压，往往因交流电源电压的变化或负载电流的变化，而不能保持稳定不变。为了得到稳定的直流输出电压，在整流滤波之后增加一稳压电路。

一、简单稳压电路

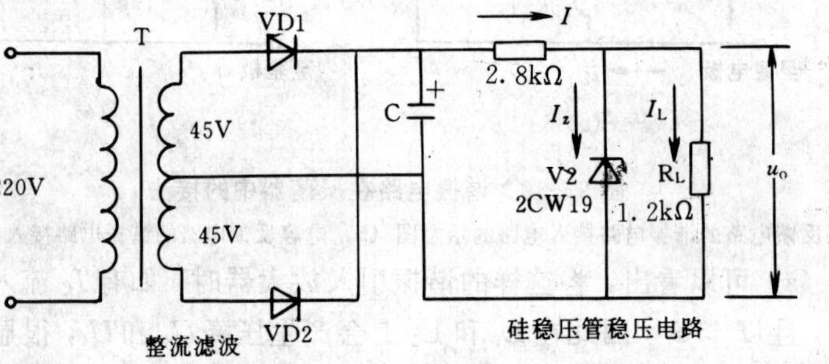

图 9—51　稳压管稳压电路

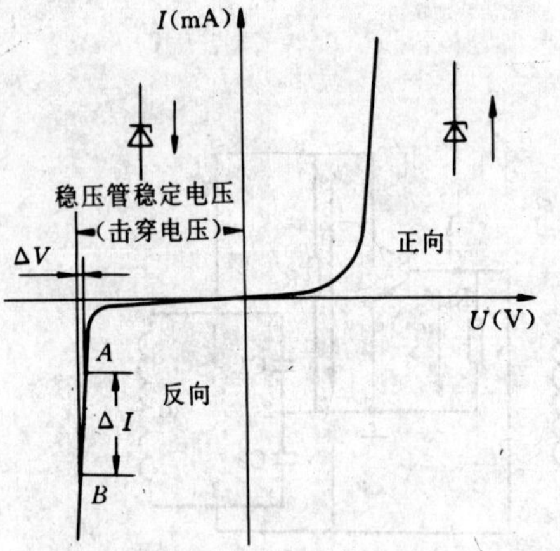

图 9—52　稳压管特性曲线

利用硅稳压管的稳压特性，做成稳压电路这是小功率设备中最常用的稳压电路。图 9—51 是一个典型的稳压管稳压电路，其中 R 和 V_Z 组成稳压电路，R 是限制电阻，串联在电路中，以限制流过稳压管的电流，并且起到调整电压作用。V_Z 为稳压管，起稳定输出电压和调节电流的作用。V_Z 的极性为反向连接，并与负载电阻 R_L 并联。

硅稳压管实际上是一个硅二极管，它和二极管特性相似，不同的是硅稳压管工作在反向击穿区。图 9—52 为稳压管特性曲线，稳压运用时工作在反向击穿区的 A—B 段，电流可以从几 mA 至几十 mA 变化，稳压管两端电压基本上稳定在击穿电压上。管子的反向击穿电压称为稳压管的稳定电压。

稳压管稳压性能的好坏，可以用它的动态电阻 γ 来表示。动态电阻的定义是

$$\gamma=\frac{\text{电压的变化量 }\Delta U}{\text{电流的变化量 }\Delta I}$$

那么　$\Delta U=\gamma\Delta I$

就是说动态电阻越小，稳压性能就越好。动态电阻小在特性曲线上看，A—B 段线越垂直越好。

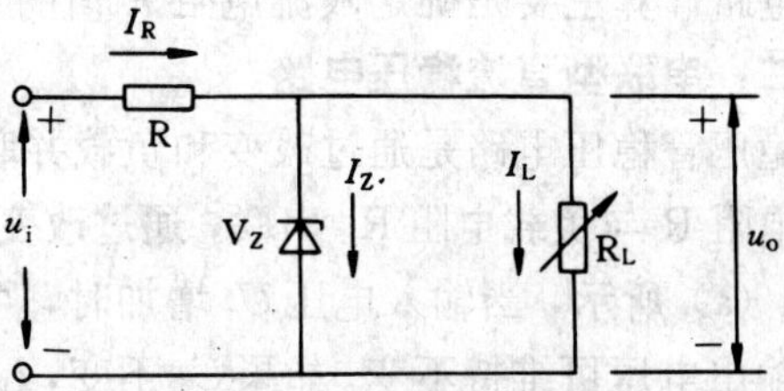

图 9—53　硅稳压管稳压电路

现在让我们来分析图 9—53 稳压电路的稳压过程。当电网电压波动，引起整流滤波后的电压 U_i 上升时，负载 R_L 的电压上升，即加在稳压管上的电压 U_2 $(U_2=U_0)$ 上升，U_2 的微弱改变会导致稳压管电流 I_2 急剧增大，流过 R 的电流随之增大，R 两端压降 $U_R=I_R\cdot R$ 增大，从而使输出电压基本保持不变。这个过程可以表述如下：

$$U_i\uparrow\longrightarrow U_0\uparrow\longrightarrow I_z\uparrow\longrightarrow I_R\uparrow\longrightarrow U_R\uparrow\longrightarrow U_0\downarrow$$

如果稳定输入电压保持不变，当负载电阻 R_L 减小 I_L 增大时，由于电流在限流电阻 R 上压降升高，输出电压 U_0 将下降。而稳压管并联在输出端，当稳压管两端电压略有下降时，电流 I_Z 将急剧减小，亦即由 I_Z 的减小来弥补 I_L 的增大，最终使 I_R 基本保持不变，因而输出电压也维持基本稳定。这个过程可以表述为：

$$R_L\downarrow\longrightarrow I_L\uparrow\longrightarrow I_R\uparrow\longrightarrow U_o\downarrow\longrightarrow I_Z\downarrow\longrightarrow I_R\downarrow\longrightarrow U_0\uparrow$$

不同型号的稳压管，其稳定电压的数值不同，允许流过的电流也不同，应该根据负载的要求来选择稳压管的型号。稳压管应该工作在规定的电流范围内，电流太小，其稳压性能不好；电流过大，会超出额定功率，造成损坏。

稳压电路的质量指标有两个，一为电路的内阻；二是稳压系数。

稳压电路的内阻定义为，经整流滤波后输入到稳压电路的直流电压不变时，稳压电路输出电压变化量 ΔU_0 与输出电流变化量之比：

$$\gamma_0=\frac{\Delta U_0}{\Delta i_0}\bigg|_{ui=\text{常数}}$$

稳压系数的定义，是当负载不变时，稳压电路输出电压的相对变化量与输入电压相对变化量之比，即

$$S=\frac{\Delta U_0/U_0}{\Delta U_i/U_i}\bigg|_{R_L=\text{常量}}=\frac{\Delta U_0}{U_i}\cdot\frac{\Delta U_i}{U_0}\bigg|_{R_L=\text{常数}}$$

稳压管稳压电路的内阻，是稳压管的动态电阻 γ 与限流电阻 R 的并联：

$$\gamma_0=\gamma/\!/R$$

稳压管稳压电路的稳压系数可以由定义推算：

$$S=\frac{\Delta U_0}{\Delta U_i}\cdot\frac{U_i}{U_0}=\frac{\gamma}{R'+\gamma}\cdot\frac{R_2}{R+R_2}\cdot\frac{U_i}{U_0}$$

在 $R'=R/\!/R_L\gg\gamma$ 时，可简化为：

$$S \approx \frac{\gamma}{R'} \cdot \frac{R_L}{R+R_2} \cdot \frac{U_i}{U_0} = \frac{\gamma}{R} \cdot \frac{U_i}{U_0}$$

可见稳压管动态内阻 γ 越小，R 越大，则稳压系数越小。

电路计算主要是确定限流电阻 R 值的大小。

二、串联型直流稳压电路

稳压管稳压电路是通过改变和负载并联支路的电流，实现稳压的目的。如果设想将一个可变电阻 R 与负载电阻 R_L 串联，通过改变 R 两端的压降，来实现 R_L 两端电压的稳定。如图 9—54（a）所示，当输入电压 U_i 增加时，可把 R 阻值调大，使它把 U_i 的增值全部承担下来，这样输出电压可维持不变。如果 U_i 不变，I_L 增大，这时把 R 的阻值减小，使 R 上的压降不变，也可维持输出电压不变。这就是串联型晶体管稳压电路能够稳压的基本原理。用晶体管 V 来代替可变电阻，阻值的调节利用负反馈的原理，以输出电压的变化量去控制晶体管集电极与发射极之间的电阻值。图 9—54（b）是一种简单的串联型晶体管稳压电路。可以看出，它即

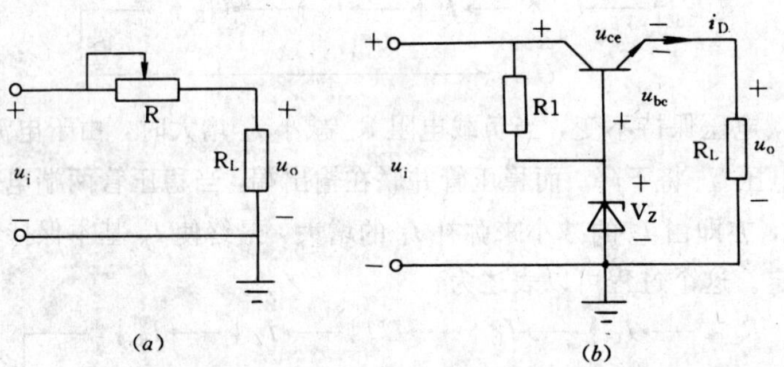

图 9—54　串联型晶体管称压原理及电路图

（a）串联稳压调节原理图　（b）串联型晶体稳压原理电路图

是一个射极跟随器，晶体管的基极电位被稳压管稳定电压值所固定，R_1 是它的限流电阻。如果输入电压 U_i 增加，将使输出电压 U_0 增加，并使晶体管 $U_{be}=U_Z-U_0$ 减小，则 I_b 减小，引起管压降 U_{ce} 增加，从而使 U_0 的增加受到抑制，达到 U_0 稳定。如果 R_L 减小，则 U_0 相应会减小，并使 U_{be} 增加，管压降 U_{ce} 减小，从而抑制 U_0 的减小，达到使 U_0 稳定的目的。晶体管 U 起调整稳定输出电压的作用，故称调整管。与原来稳压管稳压电路相比，增加调整管的稳压电路的突出优点是带负载能力增强了。

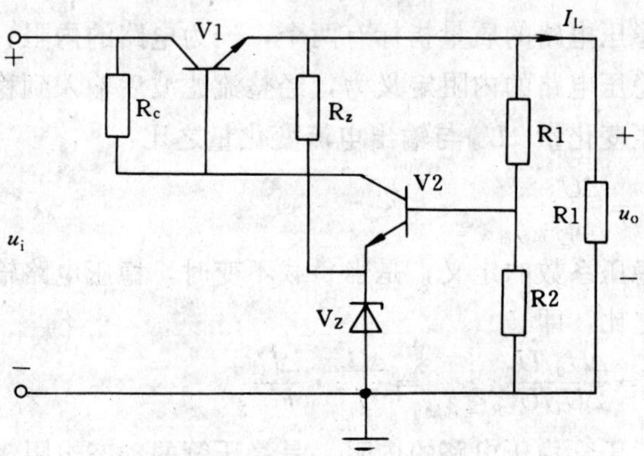

图 9—55　串联反馈式晶体管稳压电路

图 9—55 是带有放大环节的串联稳压电路。为提高晶体管调节的灵敏度，可将输出电压的变化量加以放大，再回送到晶体管基极进行对 U_{CE} 的控制，为此在输出负载与调整管之间加

入一个高放大倍数的放大器，称为比较放大器，这样构成了串联反馈式稳压电路。图中 V_1 是调整管，R_1 和 R_2 组成分压器，将输出电压变化量的一部分送回到比较放大器。V_2 是放大管，它的发射极电位被稳压管 V_Z 固定，R_C 是 V_2 的集电极负载电阻，同时给 V_1 提供偏置电流。V_2 基极接分压器中点，R_Z 是给稳压管 V_Z 提供工作电流的。

这种电路稳压的原理：由于 U_i 的变动或 I_L 的减小而使输出电压 U_0 增大，通过分压电路使 V_2 基极电位提高，而放大管的发射极接基准电压，即 $U_{e2}=U_Z$，因此 $U_{be2}=U_{b2}-U_Z$ 也升高了，于是放大管集电极电流 I_{c2} 增大，而 U_{c2} 降低，这就使调整管 V_1 的输入电压 $U_{be1}=U_{c2}-U_0$ 降低，则 V_1 集电极电流随之减小。同时管压降 U_{ce1} 升高，最后保持输出电压 U_0 基本不变。上述过程可表示如下：

$$U_o\uparrow\longrightarrow U_{be2}\uparrow\longrightarrow I_{c2}\uparrow\longrightarrow U_{c2}\downarrow\longrightarrow U_{be1}\downarrow\longrightarrow I_{c1}\downarrow\longrightarrow U_{ce1}\uparrow\longrightarrow U_0\downarrow$$

由此看出，稳压过程实质上是通过负反馈使输出电压维持稳定的过程。

为了提高输出电压的调整范围，可在分压电路中加入电位器，使分压比例连续可调。

尽管如此，这种稳压电路仍有缺点，需要改进。如调整管采用复合管，加辅助电源等，可进一步改进稳压指标，目前稳压电路多采用集成块（IC 电路）代替分立元件。

第七节　模拟集成电路

集成电路（Integrated circuit，缩写 IC）是本世纪 60 年代初发展起来的一种半导体器件。它是在半导体制造工艺的基础上，实现元件、电路和系统的三结合。因此它的密度高，引线短，外部连线少，从而提高了电子设备的可靠性，并大大缩小了体积。

一、集成电路的种类、特性

集成电路的分类并不规范，按集成度的大小，即单元芯片上含元器件的数目，可以把集成电路分为小规模、中规模、大规模以及超大规模集成电路。

按电路所体现的功能，集成电路可分为模拟集成电路和数字集成电路两大类。数字集成电路是利用二极管和三极管的开关特性，用导通和截止两个工作状态，来处理外界在时间上不连续的事件，表达其逻辑关系或时序关系，详细情况在后续课程中会学到的。处理连续变化的模拟信号的集成电路，叫模拟集成电路。模拟集成电路的类型很多，例如集成运算放大器、集成功率放大器、集成高频放大器、集成中频放大器、集成比较器、集成稳压器、集成数—模和模—数转换器、集成锁相环等。近年来还发展了许多专用模拟集成电路。

集成电路的优点是显而易见的，集成度高、体积小、速度快、能耗低、可靠性高，这些优点使它的应用更加广泛。但集成电路并不是可以把一切电路元器件都包括，由于集成工艺的原因，如 NPN 和 PNP 不同型的晶体管还不能做得十分理想，某些电阻（高阻值、低阻值）还不能做到同一芯片上，多数电容和电感元件需要在外电路连接等。

二、集成运算放大器

集成运算放大器是一种高增益的直接耦合放大器，它的代表符号如图 9—56 所示。它有两个输入端和一个输出端，其中“＋”代表同相输入端，“－”代表反相输入端。

运算放大器分为通用型和特殊型两大类，通用型的指标比较均衡全面，适用于一般电路，依增益的高低可分成不同档次。特殊型的指标有一项非常突出，如高精度型、高速型、高压型、功率型、高阻抗型、低功耗型等。

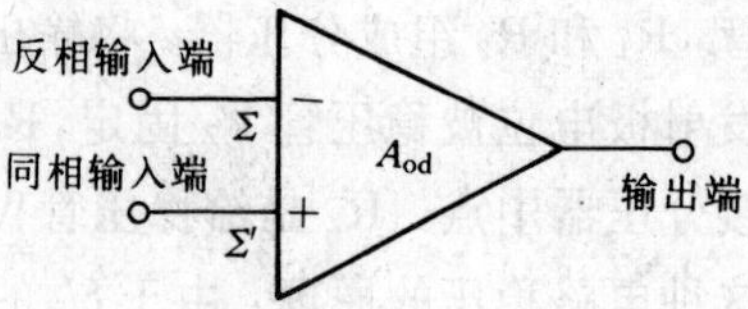

图 9—56 运算放大器的符号

运算放大器的主要参数为：开环差模增益(A_{od})、输入失调电压、输入失调电压温漂、输入失调电流、输入失调电流温漂、输入偏置电流、差模输入电阻、共模抑制比等。选用电路时，在有关手册上可查到以上各项参数。

理想运算放大器具有下面的特点：开环差模增益和共模抑制比为无穷大，差模输入电阻为无穷大，输入失调电流和输入失调电压及其各自的温漂为零，输入电流为零，输出电阻为零。

实际运算放大器与理想运算放大器比较接近，所以在实际应用该电路时，常用理想放大器代替它，带来的误差并不严重，而且十分简便。由此而引出两个重要特性是十分有用的：

(1) 由于其开环差模增益无穷大，即

$$U_{\Sigma}'-U_{\Sigma}=\frac{U_0}{A_{od}}\to 0$$

那么 $U_{\Sigma}'=U_{\Sigma}$

即理想运算放大器两个输入端电压差为零，或两输入端电位相等。

(2) 由于理想运算放大器输入电阻无穷大，在 Σ' 及 Σ 点没有电流流入运算放大器，即

$$I_{\Sigma}'=I_{\Sigma}=0$$

运算放大器在输出端和输入端之间接负反馈电阻时，称作闭环，不接时称作开环。在大多数主要应用场合都要接成闭环形式。

运算放大器外接不同的反馈网络，可以实现多种电路功能，可做成加法器、减法器、微分器、积分器、滤波器、振荡器、稳压源、稳流源及各种变换器。可以说，运算放大器是应用最广泛、通用性最强的一种模拟集成电路。

下面来看几种应用实例：

1. 比例放大器　图 9—57 为运算放大器作比例放大器的原理，(a) 为反相比例放大器，

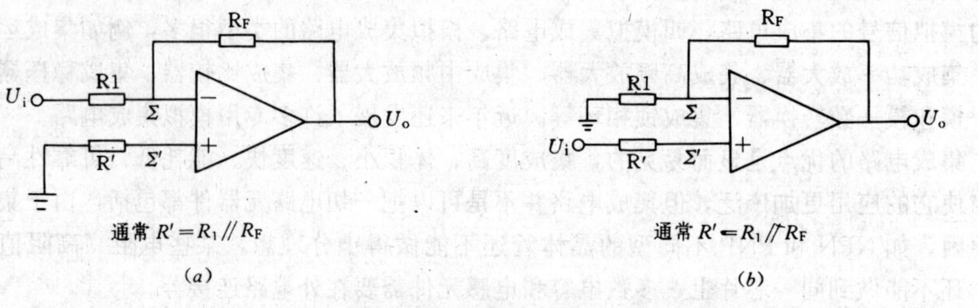

图 9—57 比例放大器

(a) 反相比例放大器　　(b) 同相比例放大器

(b) 为同相比例放大器。反向比例放大器由反相端输入，输出信号的位相与输入信号的相反；同相比例放大器由同相端输入，输出信号的位相与输入信号的相同。

根据理想运算放大器的特性，可以方便地导出反相比例放大器的电压放大倍数 A_{f1}：

$$A_{f1}=\frac{U_0}{U_i}=-\frac{R_F}{R_1}$$

同样可导出同相比例放大器的电压放大倍数 A_{f2}

$$A_{f2}=\frac{U_0}{U_i}=1+\frac{R_F}{R_1}$$

这里同相端电阻 $R'=R_1/\!/R_F$，当 $R_F=R_1=0$ 时，$A_{f2}=1$，且位相相同，这种电路称作电压跟随电路。

2.差动比例放大器　差动比例放大器如图 9—58 所示，由两个输入端输入信号电压 U_i 和 U'_i。为了保证运放的输入平衡状态，应使两个输入端对地的电阻相等，$R_1=R_1'$，$R_F=R_F'$。理想情况下输出电压为：

$$U_0=-\frac{R_F}{R_1}\ (U_i-U_i')$$

输出信号与输入信号的差成比例。利用这个特点，可以把这个电路用作减法电路，称为减法器。

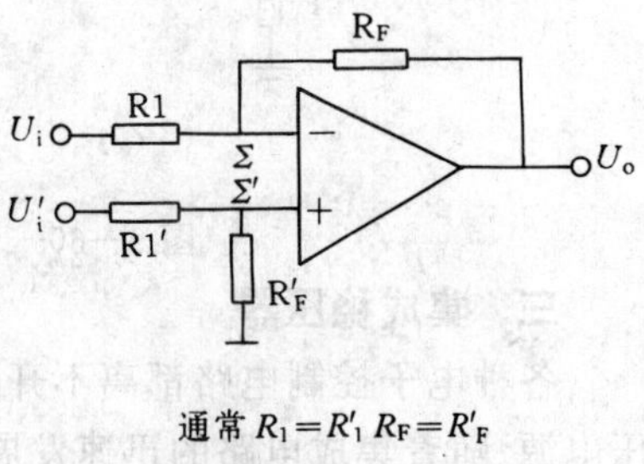

图 9—58　减法电路

依据这个想法，我们可以在反相比例放大电路上制作加法电路，即在反相输入端并接若干个不同的电阻，形成多个信号输入通道，如图 9—59 所示。其输出电压为：

$$U_0=-\left(\frac{R_F}{R_1}U_{i1}+\frac{R_F}{R_2}U_{i2}+\frac{R_F}{R_3}U_{i3}\right)$$

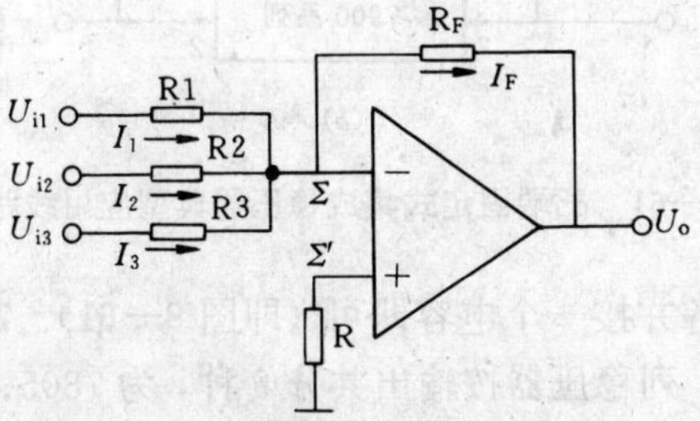

图 9—59　反相输入求和电路

这种电路可以模拟这样的函数关系：

$Y=a_1x_1+a_2x_2+a_3x_3$

电路参数改为

$R_1=R_2=R_3=R$，则

$$U_0=-\frac{R_F}{R}\ (U_{i1}+U_{i2}+U_{i3})$$

这种电路可以模拟 $Y=a\ (x_1+x_2+x_3)$ 的函数关系。

在同相输入端加输入信号，也可以做成加法电路，其结果读者可推导。

3. 基本积分电路和基本微分电路

图 9—60（a）为基本积分电路的原理，（b）为基本微分电路的原理。基本积分电路的输出端和输入端之间跨接电容 C，由于 RC 电路的积分性质，运算放大器的输出电压为：

$$U_0=-\frac{1}{RC}\int U_i\ (t)\ \mathrm{d}t$$

式中所用的积分符号，表示输出电压与时间的关系。

如果把电容放在输入端，由于电容的充放电作用，可形成微分电路：

$$U_0=-Ri_C=-RC\ \frac{\mathrm{d}U_i}{\mathrm{d}t}$$

积分电路和微分电路也是电子线路中经常用到的波形发生电路。

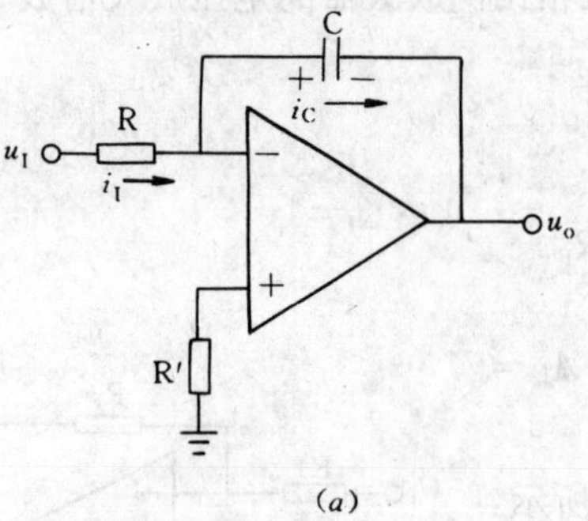

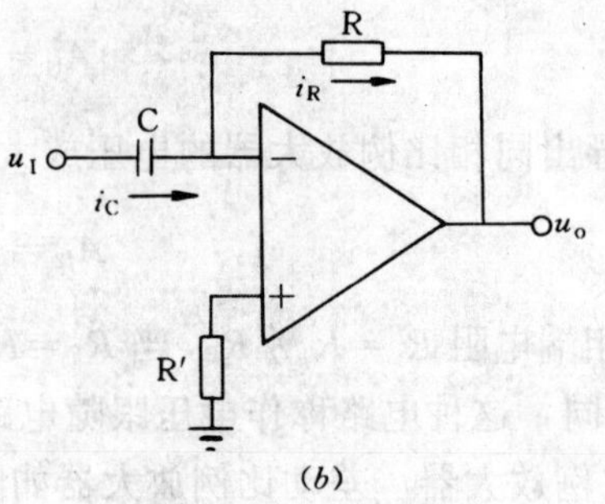

图 9—60 (a) 基本积分电路 (b) 基本微分电路

三、集成稳压器

各种电子控制电路都离不开直流稳压电源。随着集成电路的迅速发展，相应地要求直流稳压电源也能集成化、小型化、多功能、高可靠性和低成本。三端稳压集成电路就是这样的稳压器。

所谓三端稳压器，是指该器件有输入端、输出端和公共接地端等三个端。三端稳压器分为固定式输出和可调式输出两大类。固定式输出又分输出正和输出负稳压器。

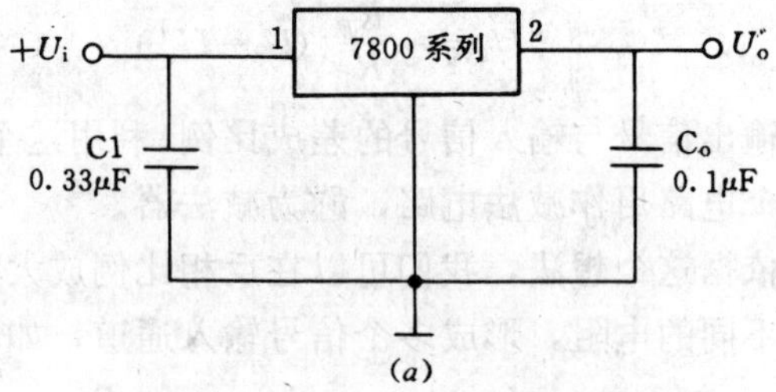

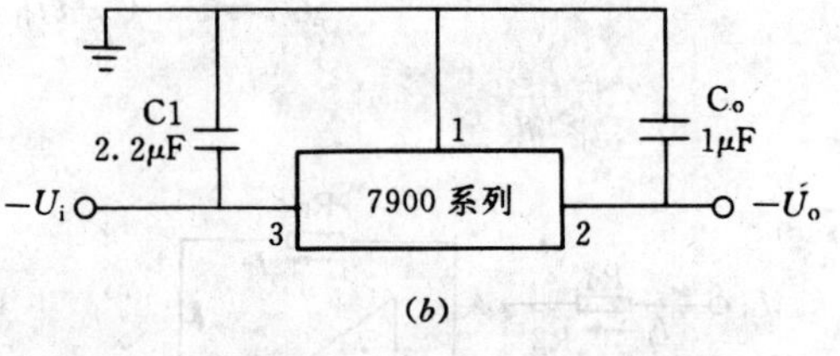

图 9—61 三端固定式集成稳压器典型应用线路

输出正是指输出为正电压，国内外厂家均以 7800 系列命名，78 后面的两位数字，表示输出正电压的数值，如 7805 是输出电压为正 5V 的稳压器。其使用也十分方便，只要在输入、输出和地之间，各并接一个电容即可（即图 9—61）。7800 系列稳压器按输出共分 9 种，为 7805、7806、7808、7809、7810、7812、7815、7818、7824。按最大输出电流又分为 78L00、78M00 和 7800 三个系列，前者电流为 100mA，次者电流为 500mA，7800 系列最大输出电流为 1.5A。输出负电源的稳压器，命名为 7900 系列，基本情况均与 7800 系列相同。

可调式输出稳压器，其输出电压可通过外接电位器进行调整。输出范围为 ±1.2 ～ ± 37V 其中输出正的为 117 系列（如 217、317），输出负的为 137 系列（如 237、337），应用接线图如图 9—62 所示。

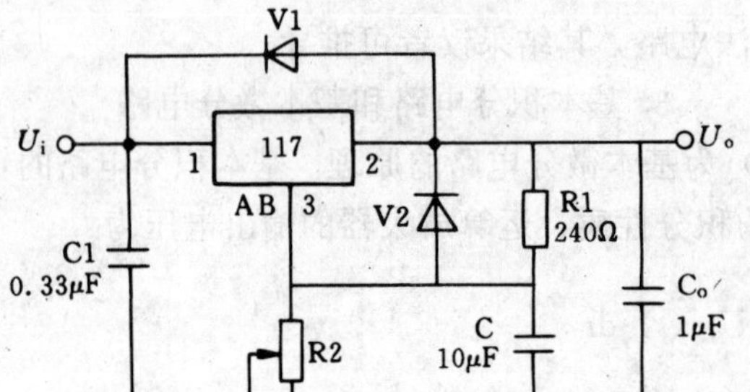

图 9—62 三端可调式集成稳压器典型应用线路

7800 系列稳压器的稳压原理与串联型稳压电路类似，不同的是增加了启动电路、恒流源和保护电路（见图 9—63）。

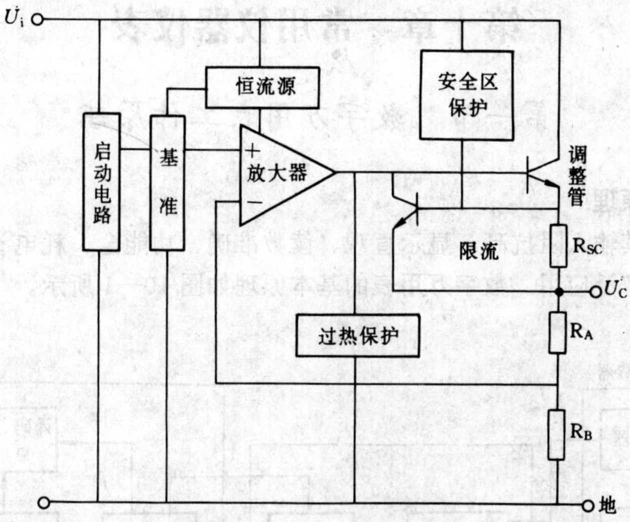

图 9—63　7800 系列集成稳压器原理框图

117 系列稳压器的原理图如图 9—64 所示。

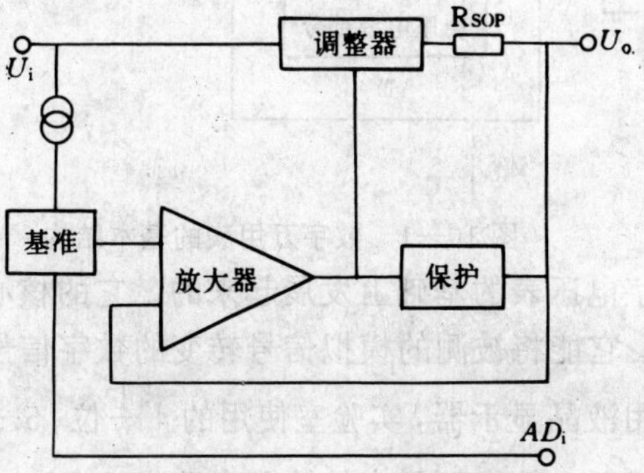

图 9—64　117 系列可调稳压器原理框图

第十章　常用仪器仪表

第一节　数字万用表工作原理

一、基本工作原理

数字万用表因其输入阻抗高、显示直观、读数准确、功能全、耗电省、体积小、携带方便等许多优点得到广泛应用。数字万用表的基本原理如图 10—1 所示。

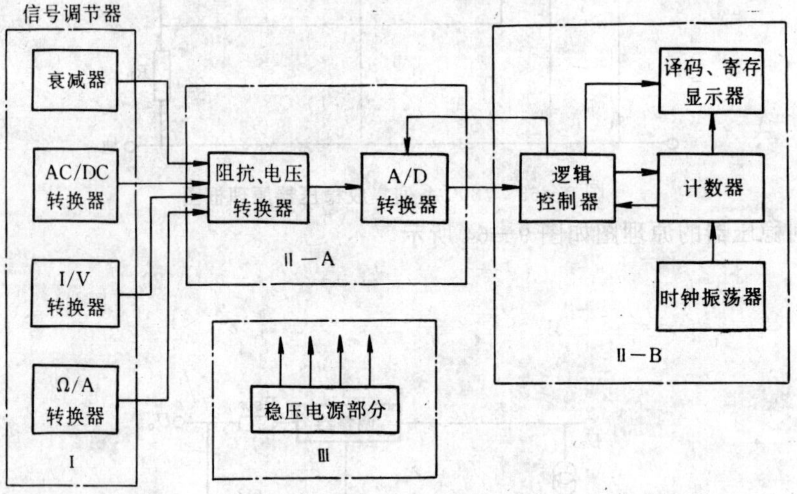

图 10—1　数字万用表的基本结构

数字万用表是在数字电压表的基础上发展起来的。它的核心部件是大规模集成电路构成的 A/D（模/数）转换器。它能将被测的模拟信号转变的数字信号进行计数、译码、驱动显示。便携式数字电压表多采用液晶显示器，实验室使用的 4 $\frac{1}{2}$位、5 $\frac{1}{2}$位及 6 $\frac{1}{2}$位的数字万用表多采用高强度荧光数码管显示。数字万用表的输入电路由 Ω/V（电阻/电压）转换器、I/V（电流/电压）转换器、AC/DC（交流/直流）电压变换器等用不同量程测量的各种变换器电路构成。总之，各种不同的物理测量经变换器变换后，实际上都变成了电压的测量。

数字万用表一般按测量精度或显示数据的位数进行分类。维修常用的普通型万用表能显示四位有效数字，因首位只能显示称作半位的 1，不能显示 0～9 的数字，把四位显示又称为 3 $\frac{1}{2}$位即 3 位半。其最大显示值为±1999，其它的依次类推。目前由于微电子技术的发展，单片数字电压表早已问世，高精度、智能化使数字万用表的测量功能日益增强。

二、使用方法及注意事项

1. 使用数字万用表前，应估计被测值的大小范围，尽可能选用接近满度的量程，这样可提高测量精度。例如测 12kΩ 电阻，应选 20kΩ 档而不用 200kΩ 档。如果事先不能估计测量值，应自最大量程开始，逐渐选择适当量程。如果测量结果只显示半位上的读数 1，表示被测量数值超出所在档量范围，即量程选得太小，应更换较大的量程。

2. 测量时显示屏数值会跳动，类似指针的摆动，待正常的读数稳定后才能读数。如果测试的表笔与被测端接触不良，显示屏会长时间跳动，无法读数，必须排除故障，才能读取正确数值。

3. 便携式数字万用表约 30 个测量档位，用一个转换开关，相邻档位距离很小，拨动时用力不要猛。开关到位后，轻轻左右拨动一下，看是否真正到位，确保量程开关接触良好。

4. 严禁测量的同时拨动量程开关，以防损坏整机。

第二节 直流电桥工作原理

当需要精确地测量电阻时，常常使用直流电桥。直流电桥中单臂电桥（惠斯顿电桥）常用来测（1Ω～100000Ω）的所谓中值电阻。当测量 10^{-4}～1Ω 这样小的低值电阻时，常常采用双臂电桥（凯尔文电桥）。

一、结构及工作原理

单臂电桥的电路原理、内部结构及外形如图 10—2 所示。

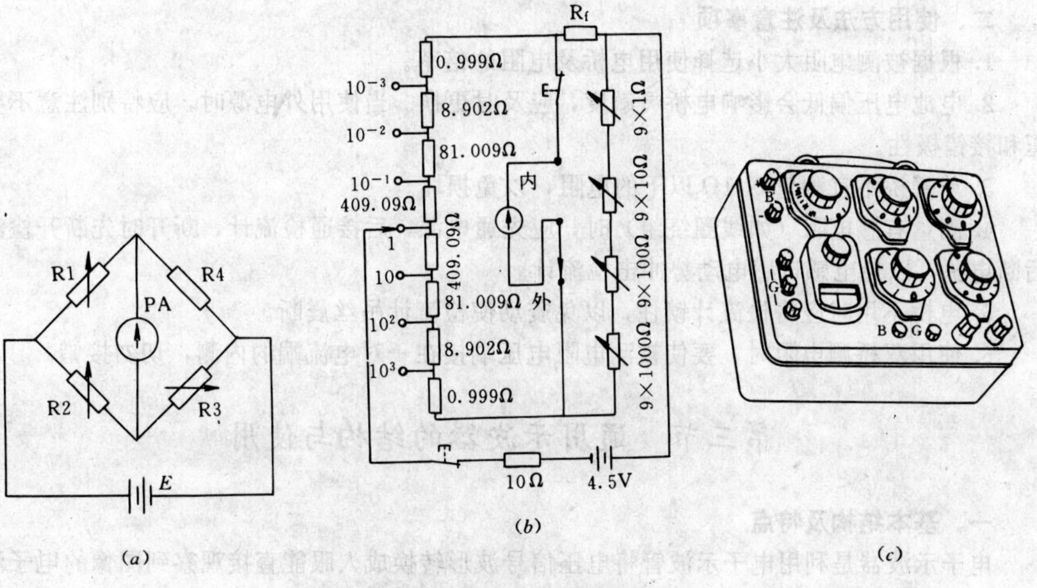

图 10—2 QJ_{23}携带式直流单臂电桥

(a) 电原理图 (b) 内部结构电路 (c) 外形图

图中 Rx 被测电阻，G 为检流计，当调整 R_1、R_2、R_3 数值使电路达到平衡时，检流计中的电流为零。这时已知电阻 R_1、R_2、R_3 与被测电阻 Rx 的关系为：

$$Rx=\frac{R_1}{R_2}R_3$$

R_1、R_2 叫做比较臂。在实际电桥中是接在一起的用一个转换开关来调节 R_1/R_2 的比值。一般有 10^{-3}、10^{-2}、10^{-1}等七档。R_3 有 9×1Ω、9×10Ω、9×100Ω 及 9×1000Ω 四个读数盘。

双臂电桥的电路及外形如图 10—3 所示。

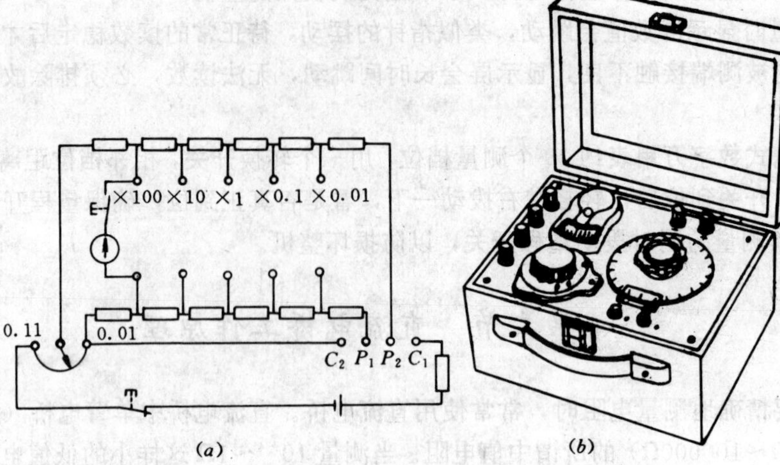

图 10—3　QJ_{130}直流双臂电桥及电路

单臂电桥在测量触电电阻及电动机电枢绕组等低阻时不适用，因为引线电阻和接触电阻都不可忽略，所以必须采用双臂电桥来测量。

二、使用方法及注意事项

1. 根据被测电阻大小选择使用电桥及电阻的倍率。

2. 电池电压偏低会影响电桥灵敏度，应及时更换。当使用外电源时，应特别注意不要过压和接错极性。

3. 单臂桥不宜测量 0.1Ω 以下的电阻，以免损坏。

4. 测量有感电阻（如线圈绕组）时，应先通电源，后接通检流计，断开时先断开检流计后断电源，以免电感自感电动势冲击检流计。

5. 电桥不用时应将检流计锁住，以免震动使检流计吊丝震断。

6. 使用双桥测电阻时，要使被测电阻电压端接在一对电流端的内测，切勿接错。

第三节　通用示波器的结构与使用

一、基本结构及特点

电子示波器是利用电子示波管将电压信号波形转换成人眼能直接观察到图像的电子测量仪器。应用示波器不仅可以直观形象地观察到被测物理量的变化全貌，而且可以通过它测量电压、电流、频率、相位以及描绘特性曲线等，它还能通过传感器测量各种非电量。

示波器的种类很多，其基本结构是由示波管和电子电路两大部分组成，图 10—4 是典型示波器的结构方框图。

示波管是利用高速电子束轰击荧光屏而发光的显示器件。一般情况下示波管的 x 轴上加有一个由仪器内部产生的线性锯齿波电压，称为“时基”。它使电子束产生的光点在荧光屏上自左至右周期性地扫描；被观测的信号加在示波器的 y 轴上，使光点与输入电压成比例的上下运动。这两个在空间互相垂直的运动合成的结果，使输入信号的波形重现在荧光屏上。

示波器具有以下优点：

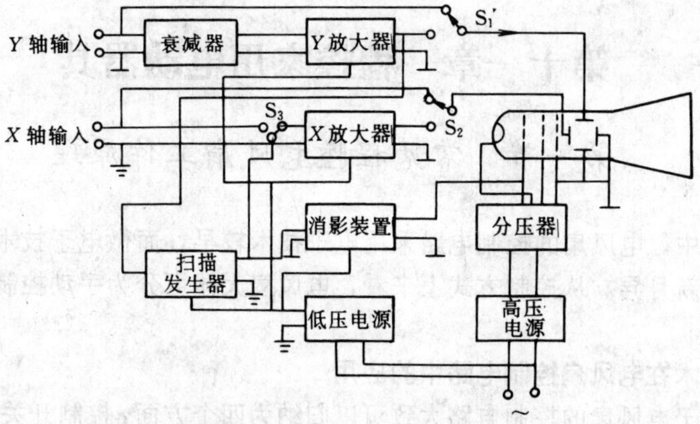

图 10—4 典型示波器的框图

1. 能显示信号波形，并可测量其瞬时值。

2. 灵敏度高，如配用高增益放大器，灵敏度可达微伏量级，并且有较强的过载能力，便于观察瞬变现象的细节。

3. 配用变换器可观测各种非电量，并组成综合测量仪器，以扩展其功能。

4. 工作频带宽，通常可达数百兆赫。

二、使用方法

不同类型示波器的使用方法应按使用说明书操作，这里仅介绍通常的使用方法步骤。

1. 使用前的准备工作及注意事项

(1) 检查电源电压应适应（220±10%）V 的范围；

(2) 熟悉面板上各旋钮的功能；

(3) 输入端不应馈入过高电压。

2.开机接通电源　将辉度和输入通道选择、内触发、触发方式旋钮位置置于适当位置，并将 y 轴位移、x 轴位移和 x 轴移位微调置于居中位置，然后寻找光点。如果看到光点后再调整辉度、聚焦钮，使光点或时基线亮度适当、清晰。

3. 信号输入的连接　用示波器专用的同轴电缆，将示波器标准信号输入选择的通道对示波器校准，然后再将输入信号连接到输入端。

4. 探头的使用　示波器在测量时，由于信号源受到测试负载的影响会产生误差，通过探头可使两者之间隔离。探头的分压器可进行 10 倍的衰减，因此能适应大幅度信号的测量，其读数应为开关刻度指示值的 10 倍。

5. 当使用触发扫描形式时，应先检查并确定有关旋钮触发工作状态是否正确。输入信号后，调节触发电平合适才能得到稳定的波形。

第十一章　程控家用电动器具

第一节　常见程控电风扇工作原理

在家用电器中，电风扇的控制电路采用电子技术较早，而微电子技术的应用更使电子风扇的功能控制日新月异。从控制方式上来看，电风扇大体可分为手动控制、遥控、微电脑控制三大类。

一、电子技术在电风扇控制电路中的应用

电子技术用于电风扇的控制电路大致可以归纳为四个方面：控制开关、控制电机转速、控制开机时间、人身安全防护。

1. 控制开关　电子式的控制开关有手控和遥控两类，在手控电子开关中又分为触摸开关和轻触开关。

手动电子开关主要是利用手动感应信号或利用微动开关输入脉冲信号的变化使触发器电路翻转，再通过驱动电路去推动继电器或晶闸管工作，以接通电源使电风扇运转。

遥控开关一般是利用声、光、电波来做媒介，构成声控、红外线遥控和无线电遥控等控制电路，一般分为发射和接收两部分电路。目前应用较多的是红外线遥控和超声波遥控。

2. 电机转速控制　电风扇排风量的大小主要与电动机转速有关，电机调速电路常见的有无级调速和模拟自然风电路。

3. 定时控制　电子定时分为利用 RC 充放电电子线路和数字电子钟控电路。

4. 安全防护控制电路　常用人手触网罩实现电扇自动断电，实际上是一个感应开关电路。

二、电子定时控制电路

1. 用 CD4060 构成的定时电路　CD4060 是 14 级二进制计数器，器件内部有一振荡器，振荡器产生的脉冲可直接用作计数器的计数脉冲，其振荡频率由外接的 RC 来确定，即 $f \approx \frac{1}{2.2RC}$。该器件可按二进制方式输出不同周期的方波，只要改变振荡器中的 RC，就可改变各个输出端输出的方波周期时间的长短。因此，这种集成电路常常被用于构成定时控制电路。图 11—1 就是用这种器件构成定时控制电路的两种方式，图中 (a) 电路的定时时间设置是通过固定振荡器振荡频率，输出端转换不同接法来获得不同档的定时时间。图中 (b) 电路与此相反，输出端固定而通过调节振荡器外接的 RC 时间常数改变振荡器的振荡频率，因此获得连续可调的定时时间。

2. 用 LM8560 构成的钟控定时电路　国产长城牌 FS11—40 电风扇采用了钟控定时控制电路。数字钟集成电路采用 LM8560，整机图如图 11—2 所示。该电路使用了 LM8560 的时间显示功能和睡眠定时功能，工作时，当开关置于定时位置时，该器件工作在睡眠定时工作状态，预定时间一到，该器件的 17 脚就输出低电平（此时为－10V 左右），使 555 电路强制复位，3 脚就输出低电平使继电器吸合，将电扇关断，从而达到定时控制的目的。

四、转速控制电路

电子调速大多利用双向晶闸管的电压导通角的可调性来实现，这种电路没有触点，速度

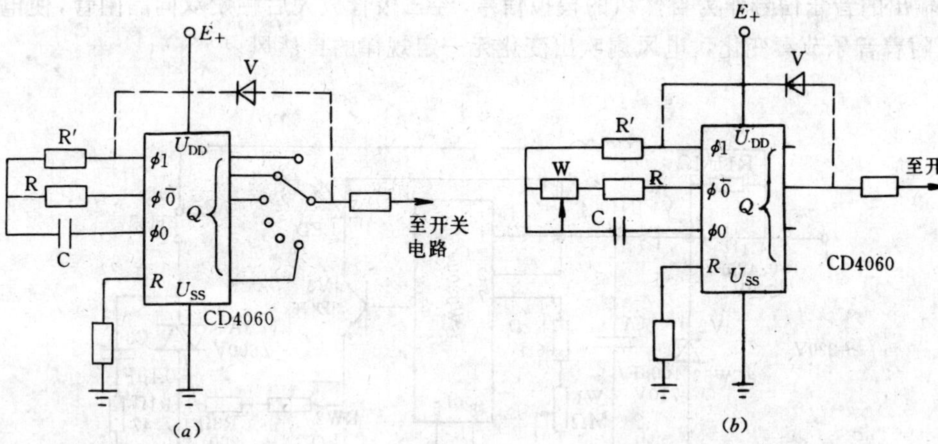

图 11—1　电子定时控制电路

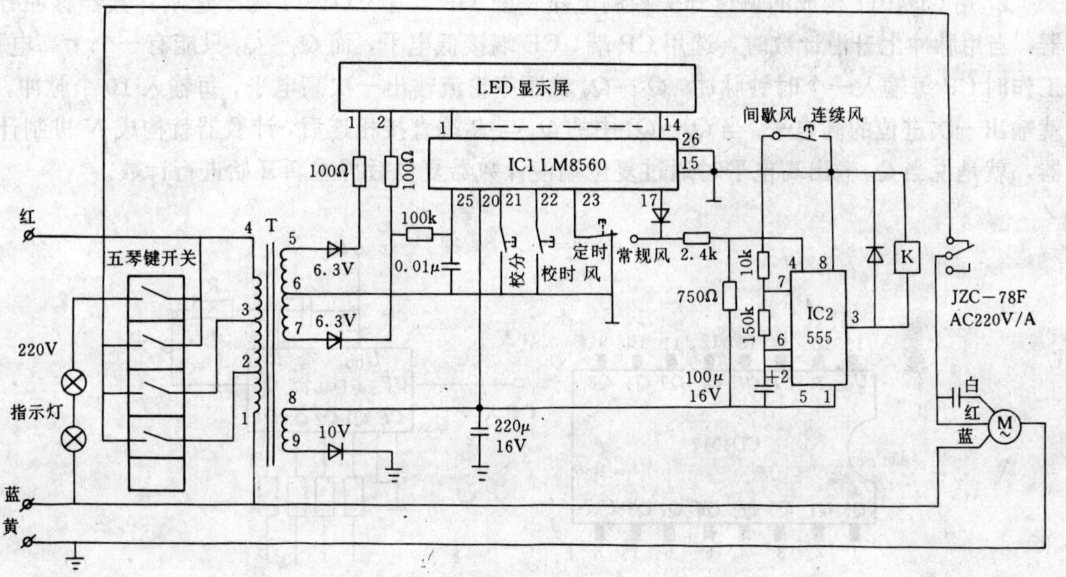

图 11—2 长城牌 FS11—40 电子电风扇电路原理

可以连续调节，所以称为无级调速。

晶闸管的触发脉冲波形不同，晶闸管的导通角则不同，因此施加到电动机上的电压不同，电动机的转速就快慢不同，电风扇排风量也就不一样。晶闸管的触发电路可采用各种不同的电子电路，构成各种各样的电子调速电路，以便控制电动机的转速。

1. 模拟自然风电路　图 11—3 中，风扇电动机和双向晶闸管整流器 SCR 的阳极串接在 220V 电源上，在双向晶闸管导通时，电动机得到全电压高速运转；当双向晶闸管关断时，电动机停止运行。若改变晶闸管的导通角，则风扇电机的电压降低，就能改变电风扇的风速。双向晶闸管导通程度受控于控制极电流，该电流由 CM9300 3 脚和三极管控制。音乐集成电路 CM9300 输出的音乐信号作为自然风的模拟信号，经三极管放大后触发双向晶闸管，使电风扇上的电压随着音乐节奏变化，电风扇吹出变化无一定规律的自然风。

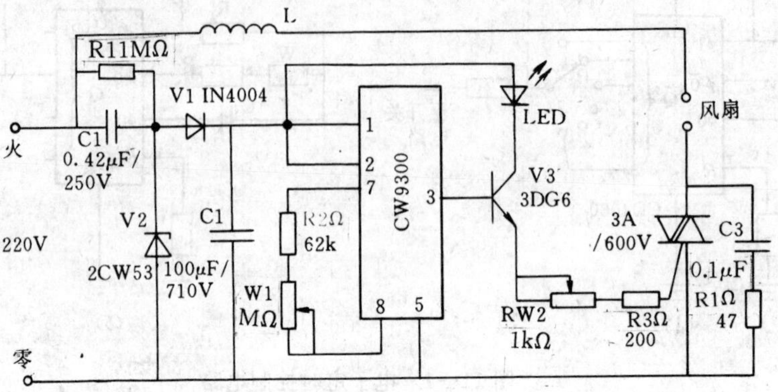

图 11—3 用音乐集成电路构成的模拟自然风电路

电路采用电容降压的工作方式，稳压管 V_2 稳定输出一直流电压做全电路的直流电源。

2. 用 CD4017 构成的调速开关控制电路 图 11—4 中 CD4017 为十进制计数器脉冲分配器，当用脉冲上升沿计数时，选用 CP 端，CE 端接低电平，而 $Q_0 \sim Q_9$ 只能有一个为高电平。工作时 CP 每输入一个时钟脉冲，$Q_0 \sim Q_9$ 就顺序轮流输出一次高电平，每输入 10 个脉冲，Q_c 就输出一次进位的高电平。当 $Q_0 \sim Q_9$ 中的 Q_n 与 R 端直接相连后，计数器就构成 N 进制计数器，就是说当 Q_n 输出高电平时通过复位端使计数器复位后再重新开始进行计数。

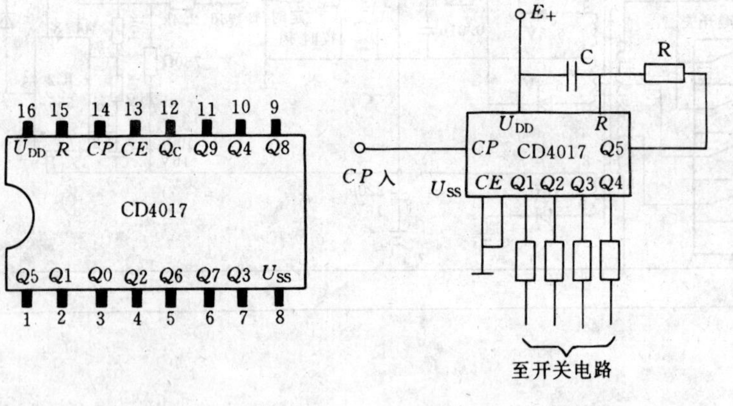

图 11—4 采用 CD4017 的调速开关控制电路

CD4017 在电扇调速器电路中，常构成 4 或 5 进制计数器，并利用 $Q_0 \sim Q_9$ 或 Q_5 顺序输出高电平的特性，控制由晶闸管构成的开关电路，使电风扇完成顺序调速的控制功能。

3. 用 555 集成电路构成的自然风控制电路 555 时基单片集成电路很容易构成低频振荡电路。图 11—5 是用 555 构成的占空比可调的振荡电路。

充电时间（3 脚输出高电平）由 R_1C 确定。放电时（3 脚输出低电平）由 R_2C 确定。3 脚输出的脉冲去周期性的控制开关电路，控制电风扇的开关就可完成自然风控制功能。

五、电脑程控电风扇

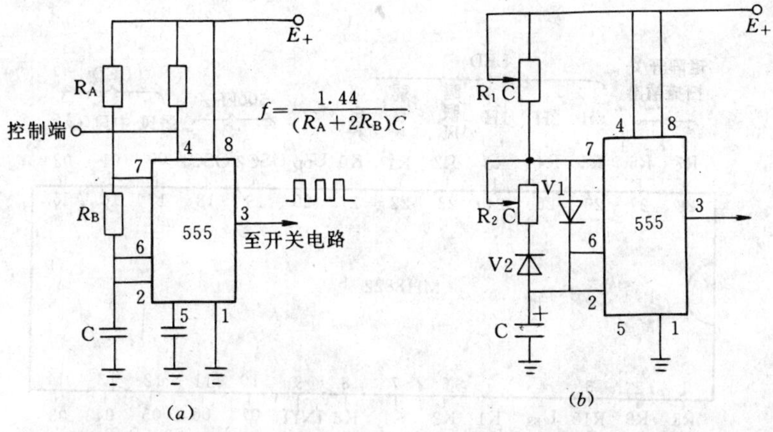

图 11—5　用 555 集成电路构成的自然风控制电路

电子电风扇的种类随着电子技术的发展产品不断更新。70 年代电子风扇采用分立元件构成控制电路，80 年代初开始使用集成电路，尤其大量使用中大规模集成电路制做程控电风扇。近年来微电脑技术迅速发展，特别是单片微处理器的广泛使用使电风扇的功能控制日趋完善。目前国内大量微电脑控制电风扇所使用的单片微处理器，大都有置入特定程序的集成电路或称为专用集成电路（ASIC）单片机。集成电路出厂时，制造者已将预先编制好的程序固化在集成电路内，使其具有特定的功能。用户不能自行编制，也不能改变程序。这种专用电脑控制器控制的电风扇使风扇部件的装配、调试、维护更加简便，产品的可靠性也大大提高。

目前，电脑控制器的型号种类很多，但大多采用了 CMOS 4 位单片机，其功能基本相同。下面介绍几种常见应用电路。

1. 专用集成电路 MH8822 电脑控制器　图 11—6 是 MH8822 的管脚排列与程控电路，当电源接通，单片微电脑通电复位，进入中断状态，等候启动指令。二极管 V_1 用于电源频率选择，以改变集成电路的运转时基。电源为 50Hz 时需接入，60Hz 时不接。MH8822 单片微电脑的定时选择分三种，由 3 脚至 5 脚连接二极管为 60、120、360min，不接二极管为 60、120、240min，在 1 至 6 脚接二极管定时时间为 30、60、120min。

风速选择键——重复按该键，风速及相应二极管显示按强、中、弱顺序循环。

仿自然风键——自然风运转方式有三种。

定时时间选择键——有三种选择，重复按键则按顺序进行循环。定时时间改变，则相应改变。

摇头控制键——在运转状态下按该键，07 脚高电平，摇头电机工作。再按一下，停止摇头。

照明灯控制键——按一下照明灯亮，再按一下则熄灭照明灯。

消除键——按下此键，全部操作失效，电扇恢复中断状态。

除消除键外，所有键按下时，2 脚都会输出 48ms 的音响讯号，使蜂鸣器发声。

如使用遥控器时，从 8 脚输入放大后信号完成相应操作。不需遥控时，要将 8 脚对地接一 4. 7kΩ 电阻，断开接收电路。

长城牌 FS22—40、FS26—40 电脑电风扇使用了这种专用电脑遥控器。

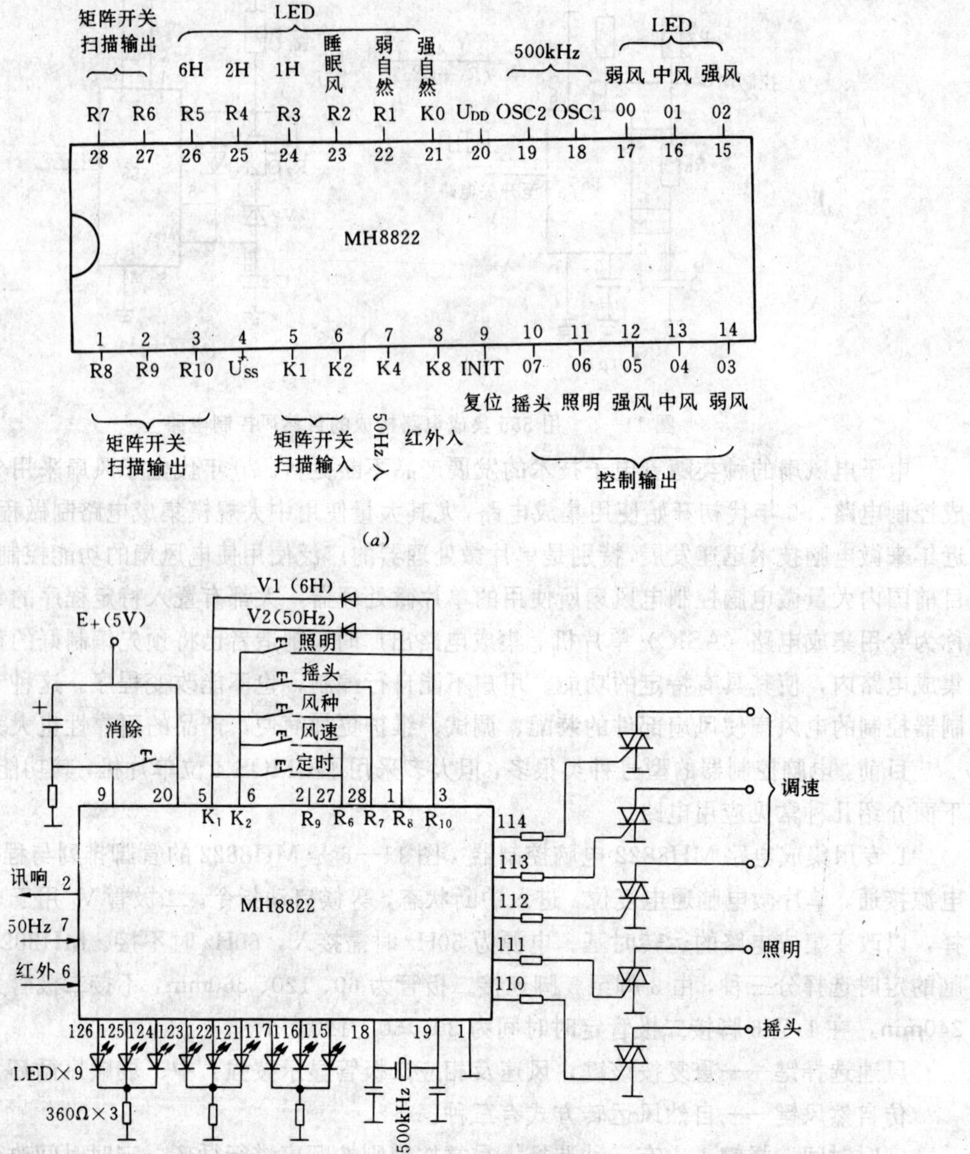

图 11—6　MH8822 电脑遥控器

(a) 管脚图　　(b) 程控电路

2. MP1366 构成的电脑控制器　图 11—7 是用专用集成电路 MP1366 构成的电风扇电脑控制电路，它的主要功能是：

(1) 三挡风速控制，转换秩序为弱、中、强、弱。

(2) 三挡模拟自然风控制。

(3) 关闭定时器分为 0.5、1、2h 三档选择。

(4) 睡眠定时器分为 1、2、4h 三挡选择，睡眠风为间歇式操作，即电风扇在运转一定时间后，自动停止一段时间。在定时器所定的时间范围内，其停止的时间间隔会随着时间向后

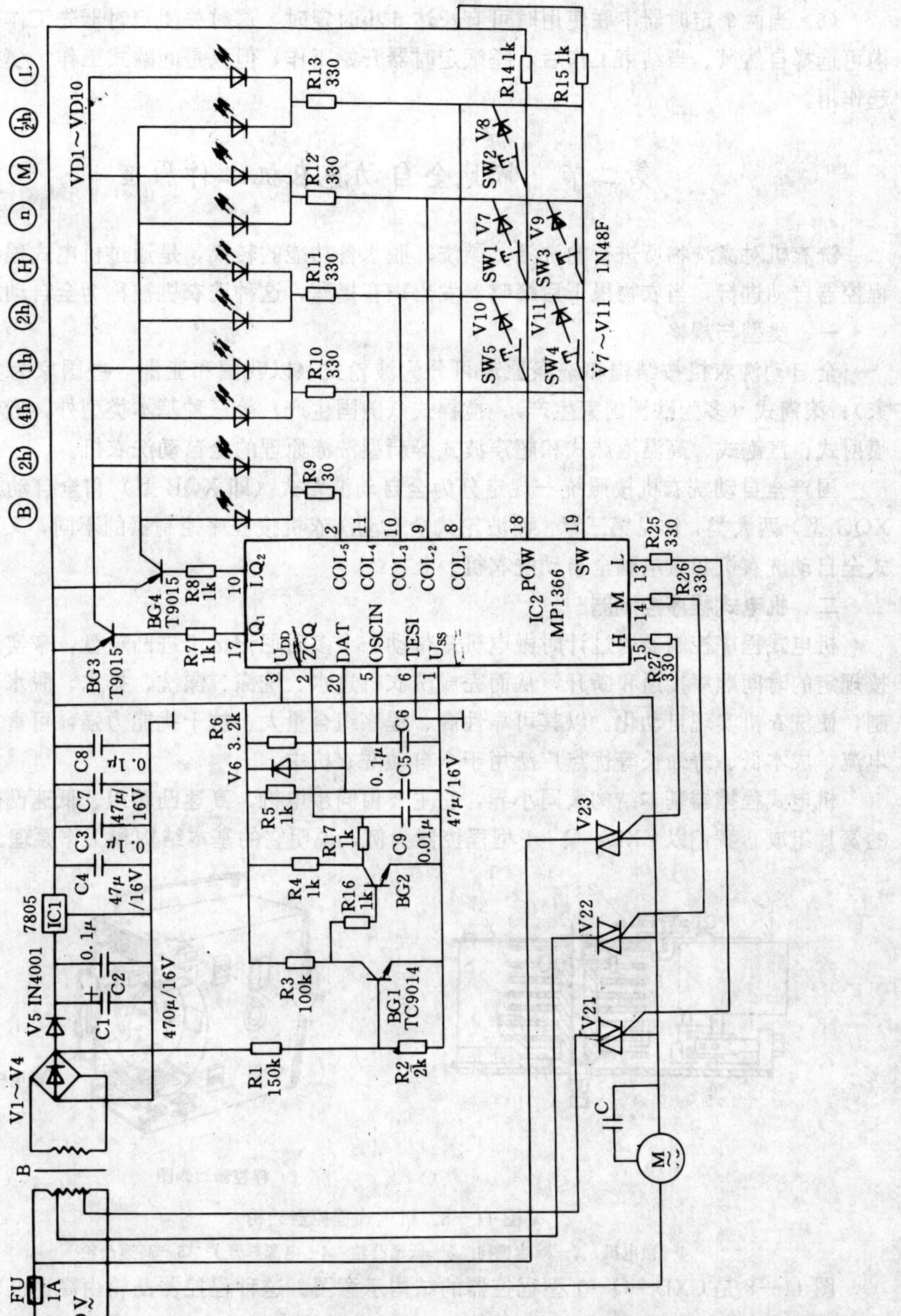

图 11—7 MP1366 电脑遥控器电路

图中电阻单位 Ω　　电容单位 F

推移而逐渐加长，比较符合人体的生理需要。

(5) 各程序均有发光二极管显示。

(6) 当两个定时器串联使用时可有长达 6 小时定时，这时关闭定时器先工作，这段时间内可选择自然风。当结束工作后，睡眠定时器开始工作，但只是间歇式工作，模拟自然风不起作用。

第二节　常见全自动洗衣机工作原理

洗衣机对涤洗物所进行的洗涤、漂洗、脱水各功能的转换，是通过机电式程控器或电脑程控器自动进行，当衣物甩干后蜂鸣器发出声音提醒，这种洗衣机被称为全自动洗衣机。

一、类型与规格

全自动洗衣机按结构和洗涤原理可分为波轮式（以我国和亚洲一些国家为主要生产厂家）、滚筒式（多为欧洲国家生产）、搅拌式（美国生产）等三种基本类型外，近年来又出现喷射式、汽泡式、高温泡沫式和超声波式等新型洗涤原理的全自动洗衣机。

国产全自动洗衣机按照统一规定分为全自动波轮式（即 XQB 型）和全自动滚筒型（即 XQG 型）两大类，详见第三章。而波轮式全自动洗衣机按程序控制器的不同，又可分为机电式全自动洗衣机和微电脑全自动洗衣机。

二、机电式程序控制器

机电式程序控制器通过计时微电机来带动一个多阻尼记忆步进凸轮盘，来实现一组开关按规定的时间顺序接通和断开，从而完成洗衣机进水、洗涤、漂洗、排水、脱水等程序的控制，使洗衣机实现自动化。以其可靠性高、程序组合量大、抗干扰能力强，可直接控制较强电流、成本低、寿命长等优点广泛用于全自动洗衣机中。

机电式程控器基本结构大同小异，它主要由同步电机、高速凸轮组、低速凸轮组和相应的簧片组成。我们以 CXD—Q—1 型程控器为例，说明它的基本结构和工作原理。

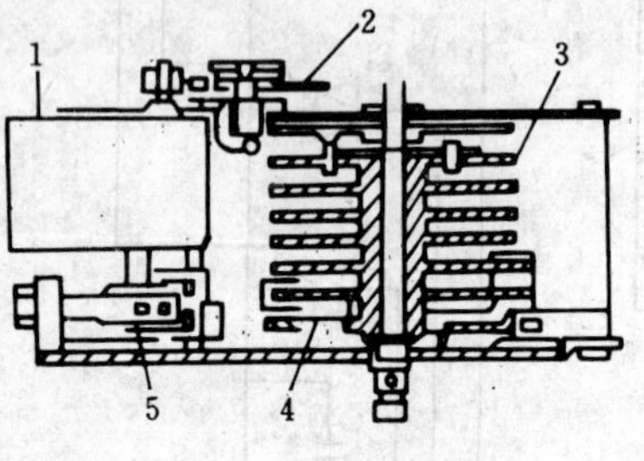

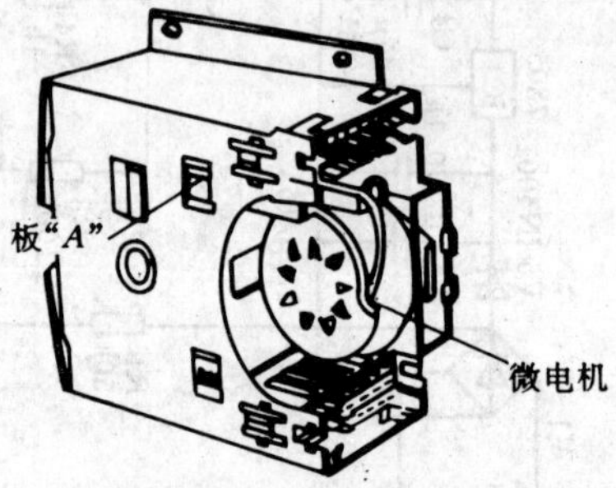

程控器轴侧图

图 11—8　机电式程控器结构

1—微电机　2—减速机构　3—低速凸轮　4—电源总开关　5—高速凸轮

图 11—8 是 CXD—Q—1 型程控器的结构示意图。这种程控器凸轮由高速凸轮组和低速凸轮组构成，有标准程序、经济洗涤程序、单洗和单排水四种程序。当前两个程序结束时，蜂鸣器控制触点接通，蜂鸣器会发声以提醒操作者洗衣过程结束。低速凸轮组有 7 个凸轮，带动 4 组簧片，每组簧片有 3 片，中间片为动触点片，两边 2 片为静触点片，组成四个控制开

关。

图 11—9 是这种程控器的电路原理图。图中 M 是同步微电机，T_1、T_2、T_3、T_4 为程控器低速凸轮，T_5、T_6 为高速凸轮。高速凸轮相当于一般机械定时器，用它来控制标准和弱洗两种洗涤方式时，电动机周期性地正、反转。

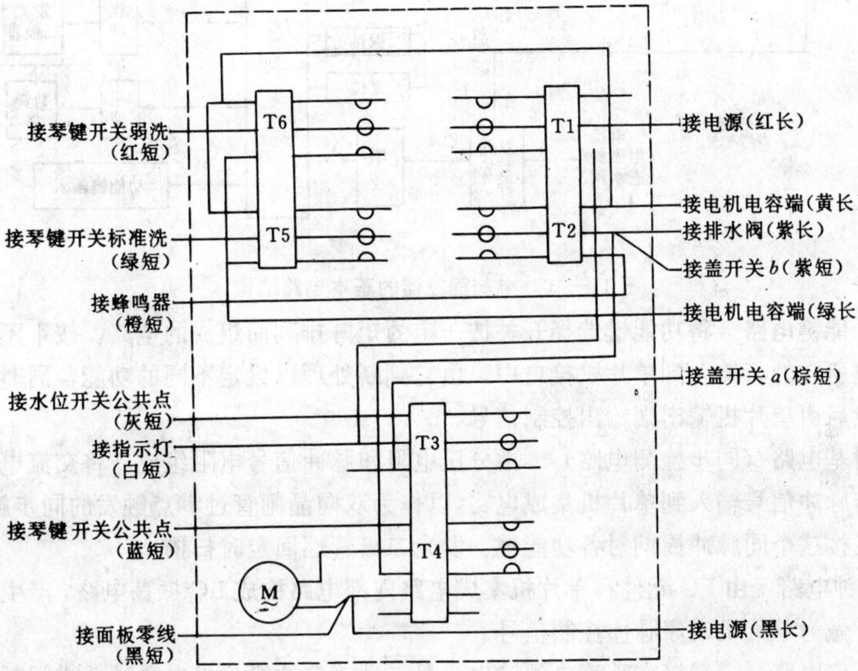

图 11—9　机电程序控制器电路原理图

程序控制器控制进水阀、水压开关、离合器、排水阀等零部件按预定的程序进行工作。

三、微电脑程序控制器

微电脑洗衣机的单片机集成电路，早期多以 4 位单片机（型号有 DJ2001、14021WFW、1402WFCS、Z_8 系列 HJ8901）为主体组成。4 位单片机为 24 或 28 脚，内部集成了 CPU、程序存储器 ROM、数据存储器 RAM、I/O 接口和定时器等逻辑单元，近来大量采用了 8 位单片机（型号有 8048、8049 等）。

1. 电脑程控器的控制原理　电脑程控器是以安装在印制电路板上的单片机集成电路和双向晶闸管为主要部件，外接外围元件及触摸选择开关（功能键）构成的输入、输出控制系统，其中主要是对双向晶闸管的触发信号的输出控制。因此，双向晶闸管在电路中起到交流电源的开关作用，它的接通和关断由单片机控制。也就是说由触摸选择开关发出的操作指令给单片机，根据指令按预定的程序向各有关双向晶闸管的触发控制极送出控制信号，使各双向晶闸管按程序导通，电机等执行部件就按程序运转，洗衣机按程序控制工作。

2. 电脑程控器电路　图 11—10 是电脑控制器的基本电路系统方框图，电路包含交流电源负载驱动电路、直流供电电路。电脑程序控制器一般由以下几部分构成：

(1) 单片机电路　包括集成电路和外围电路。当单片机集成电路工作时，对各功能键进行扫描，根据功能键设置情况输出相应的控制信号。

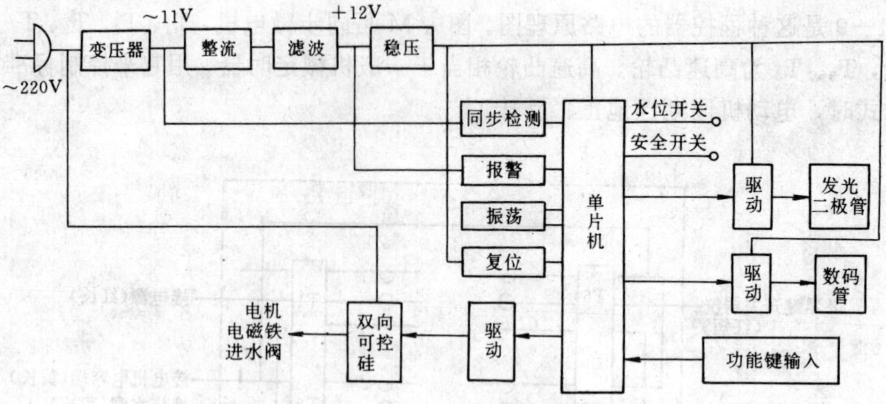

图 11—10　电脑程控器的基本电路结构

(2) 功能键电路　将功能键选择开关按一定的矩阵排列而组成的电路。按下不同的功能键时，该键所在的行输入到单片机接口中，由它判断处理以设定不同的功能，同时转入相应的程序，然后由单片机输出端输出控制信号。

(3) 时基电路（同步检测电路）　由分压电阻和脉冲信号电阻组成。将交流电过零点所产生的同步脉冲信号输入到单片机集成电路，以作为双向晶闸管过零点触发的同步触发信号，并使单片机按这个同脉冲周期对各功能键、发光二极管巡回定时扫描。

(4) 时钟电路　由 LC 元件和单片机集成电路内部电路构成 LC 振荡电路，产生几兆赫的时钟脉冲，做为单片机时序脉冲控制信号。

(5) 复位电路　一端接在直流电源输出，另一端接单片机。当电源过低或间断时，直流电压就输出不正常。这时复位电路就把单片机内存清零，使其复位到初始状态，以免造成工作程序混乱。

(6) 负载驱动电路　由双向晶闸管驱动电路、触发电路和保护双向晶闸管的电路构成。

(7) 显示电路　由发光二极管矩阵构成，由单片机输出端巡回输出显示信号，使发光二极管交替发光以显示洗衣机的运行状态。

(8) 报警提示电路　由蜂鸣器及其驱动电路组成。在程序启动有效、程序终了和运转状态异常时报警提醒操作者。

(9) 直流供电电路　向程序控制器板提供直流工作电源的电路，一般包括整流、滤波、稳压。输出＋5V 和＋12V 两组直流电源。

(10) 过流或过压保护电路。

四、典型产品的基本结构与工作原理

1. 波轮式全自动洗衣机基本结构　波轮式套桶全自动洗衣机是国产全自动洗衣机产量最大、家庭使用较多的一种产品。与普通双桶洗衣机相比，结构复杂，零部件较多。图 11—11 是这种洗衣机的结构示意图。

全自动波轮式洗衣机的基本结构，主要由控制台、盛水及脱水套桶、波轮、电动机、离合器、进水、排水电磁阀、支承机架和箱体等部件构成。

2. 机电式全自动洗衣机工作原理

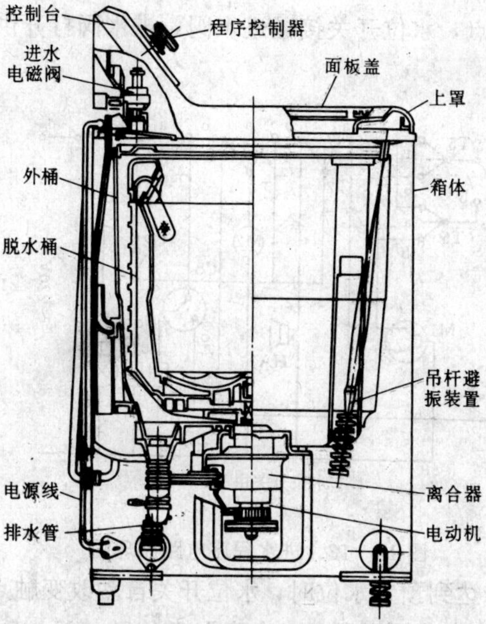

图 11—11　全自动波轮式洗衣机结构

机电式全自动洗衣机，由电动程序控制器、水压开关、安全开关（盖开关）、排水选择开关、漂洗选择和洗涤选择开关等构成控制电路，控制电动机、进水阀、排水阀、蜂鸣器的电压输出，实现洗衣机的程序运转，其电路的差异取决于所选用的机电式程序控制器。为了叙述的方便，现以采用 CDX—Q—1 型机电式程序控制器的小天鹅牌 XQB20—6A 型全自动洗衣机为例，说明其电路工作原理。图 11—12 是整机电气原理图。

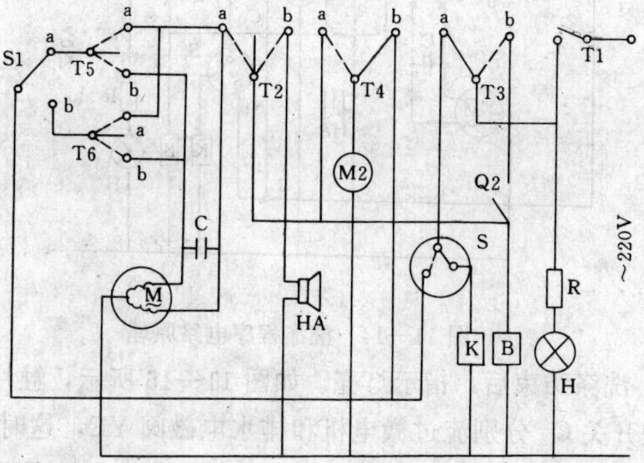

图 11—12　小天鹅 XQB20—6A 型电气原理图

M1—电动机；R—电阻器；C—电容器；H—指示灯；Q_2—盖开关；S—水位压力开关；
M2—微电机；Y—进水阀；HA—蜂鸣器；Q_1—双挡开关；T_1～T_4—程控器触片

(1) 进水程序　图 11—13 是进水时电路所处的状态。接通水源和电源后，将程序控制器旋钮旋在标准洗涤程序起始位置，然后拔出程序旋钮（带电源开关）接通电源，指示灯亮。如图 11—13 所示，T_3 经 a 触点，水位开关接通进水阀，进水阀打开供水。

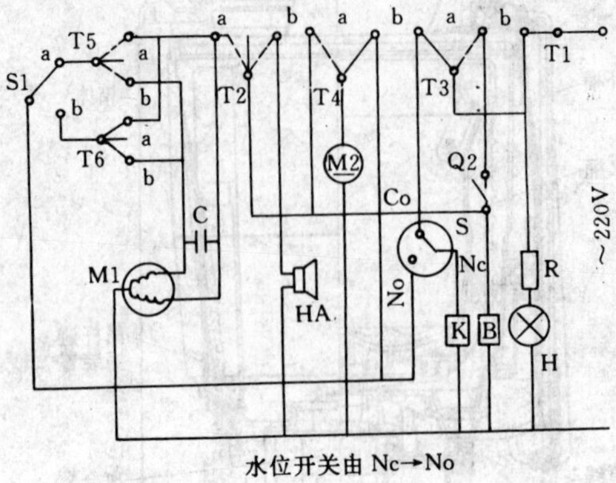

图 11—13　进水程序电路原理图

（2）洗涤程序　当进水达到预置水位时，水位开关自动改变触点状态，从 Nc 位置到 No 位置，如图 11—14 洗涤程序电路原理所示，电流由 T_1、T_{3a}、No 流过微电机 N 和再经 Q_1 流过电动机。电动机和微电机运转后，电动机就被微电机驱动 T_5、T_6 触片作正、反两个方向的转动，以完成洗涤功能。

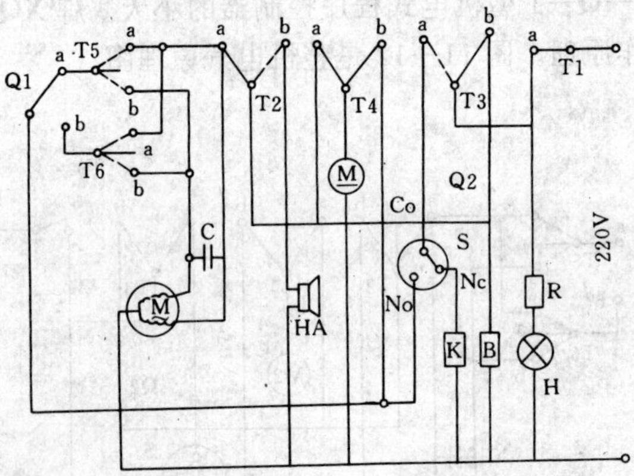

图 11—14　洗涤程序电路原理

（3）排水程序　洗涤结束后，指示灯亮。如图 11—15 所示，触片 T_{4a}通、T_2 悬空，电流由 T_1、T_3、T_{3b}、盖开关 Q_2 分别流过微电机和排水电磁阀 YE，这时排水阀打开排水。

（4）脱水程序　图 11—16 是脱水程序电器原理图。当排水结束时，T_1 通电指示灯亮。T_2 接 a，T_4 接 a，T_3 接 b，电流从 T_1、T_{3b}、Q_2 盖开关分别流向电磁阀 B、电动机和微电机。电磁阀打开，但由于 T_4、T_5 悬空，电动机只向一个方向转，进行脱水工作。

当脱水结束后程控器自动进入下一程序，整个程序结束时，微电机使 T_1 脱开，自动切断电源。

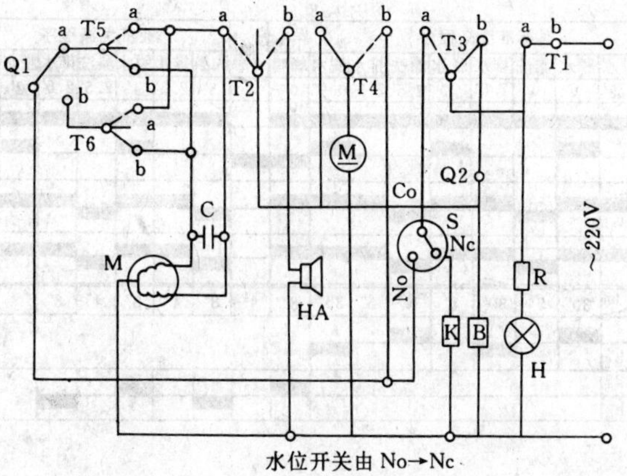

图 11—15 排水程序电路原理

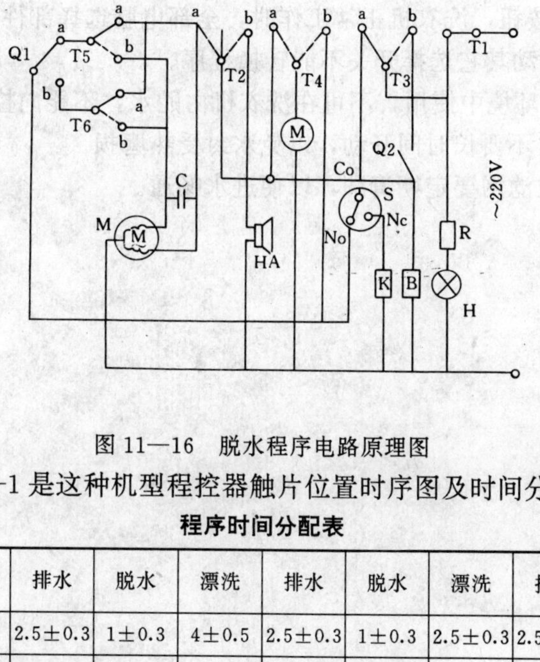

图 11—16 脱水程序电路原理图

图 11—17 和表 11—1 是这种机型程控器触片位置时序图及时间分配。

表 11—1 程序时间分配表

程序	洗涤	排水	脱水	漂洗	排水	脱水	漂洗	排水	脱水	蜂鸣	停
标准洗程序（分）	9±1	2.5±0.3	1±0.3	4±0.5	2.5±0.3	1±0.3	2.5±0.3	2.5±0.3	2.5±0.3	0.33	
经济洗程序（分）	5±0.5	2.5±0.3	1±0.3	2.5±0.3	2.5±0.3	2±0.3				0.33	
单独洗涤（分）	9±1	停			2.5±0.3	停					

五、使用与维护常识

1. 机电式程序控制器的正确操作　在预选程序时，主轴要先按下后顺时针旋转，主轴抽出来后洗衣机即开始正常工作。如果在选择程序时没有将主轴按下旋转，程控器易损坏。在洗衣机洗涤过程中需要临时中止其工作，将旋钮按下即可。

全自动洗衣机水位选择开关分低、中、高、再注水四档。当程控器工作后，如需在漂洗

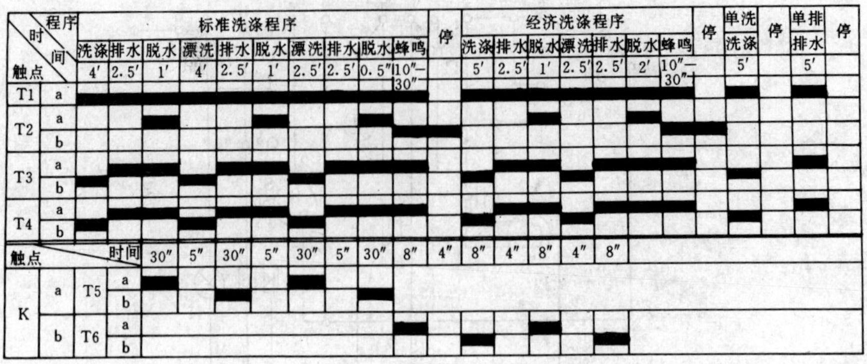

图 11—17　程控器时序图

中变换水位，可将水位开关旋至“再注水”，然后再回到自己所要选择的注水位置上。

2. 电脑程控器的正确操作　正常操作应按说明书进行，仅需脱水或漂洗时，应按动“撤销程序”开关，至脱水或漂洗指示灯亮，其它指示灯灭为止。

当按下起动/暂停按钮，洗衣机正常工作时，全部电脑选择部件已“自锁”。所以洗衣机在启动工作过程中，按动其它选择开关不能转换程序。

3. 不可在 0℃以下环境中使用，不可在洗衣机内贮水，不能向控制板浇水。

4. 洗衣桶内无水，不要长时间开动，以免水封受热磨损。

5. 进水管接头处过滤网要定期清洗，以便进水畅通。

第十二章　家用电热灶具

第一节　电磁灶工作原理

一、类型与特点

电磁灶按感应加热电流的频率分为工频和高频两大类。

工频电磁灶的电源就是普通的50Hz220V市电，所以称为工频电磁灶。高频电磁灶加热的高频电流频率在20～50KHz以上。这是两者的主要区别。

工频电磁灶的特点是结构简单，可靠性好，使用寿命长，成本低。缺点是重量和体积大，容易产生振动和躁声。

高频电磁灶是将交流整流后经电子电路的转换将直流变成20kHz以上的高频电流，供给感应加热线圈。由于高频电磁灶使用大量的电子元件，其结构较复杂，价格较高，但它热效率高，噪声小，体积小，重量轻，使它在电磁灶产品中占据了主导地位。

二、基本发热原理

电磁灶是根据电磁感应原理制成的感应式电热器具，当交变电流通过电磁灶的励磁线圈时，在线圈周围产生交变磁场。此交变磁场的磁力线通过电磁灶的特制锅时就会在锅底产生大量的涡流。这个感生电流通过具有一定内阻的锅体就会产生焦耳热，把电能转变成热能。电磁灶就是这样一种将电磁能转换为热能的器具。

三、高频电磁灶的结构及电路工作原理

高频电磁灶一般做成薄形塑壳结构，图12—1是它的结构示意图。它主要由感应加热线圈、灶面板（上盖）、控制保护电路板和底座构成。

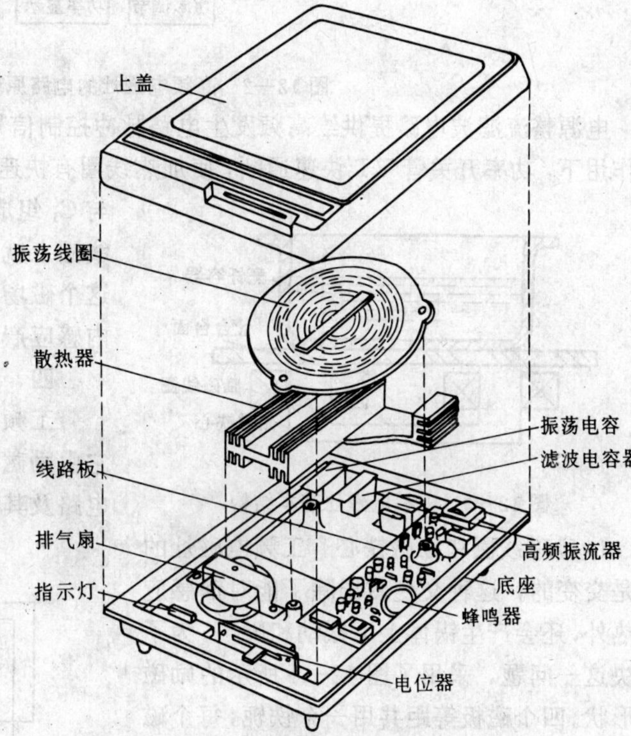

图12—1　高频电磁灶结构示意图

1. 加热线圈　由16～20股ϕ0.5mm的漆包铜丝绞合而成，也可用28股ϕ0.4mm漆包铜丝绕制。直径大约为180mm左右，呈扁平空心螺旋状。在线圈底部常粘贴铁氧体，或在固定线圈的座内掺入铁粉末，以此来减小或抵消电磁干扰。

2. 灶面板（上盖）　一般采用 4mm 厚的结晶陶瓷玻璃制造，它具有良好的耐热性能（300℃左右）和绝缘性能，有较好的机械强度，并且耐腐蚀。玻璃四周用金属框封闭，既能防尘污又形成磁封闭，减少辐射干扰。

3. 底座　控制电路板及其他部件，均设计安装在其上。

4. 高频电磁灶的电路工作原理　图 12—2 是一个典型高频电磁灶电器原理方框图。它由整流滤波电路、控制电路和高频发生电路三大部分构成。

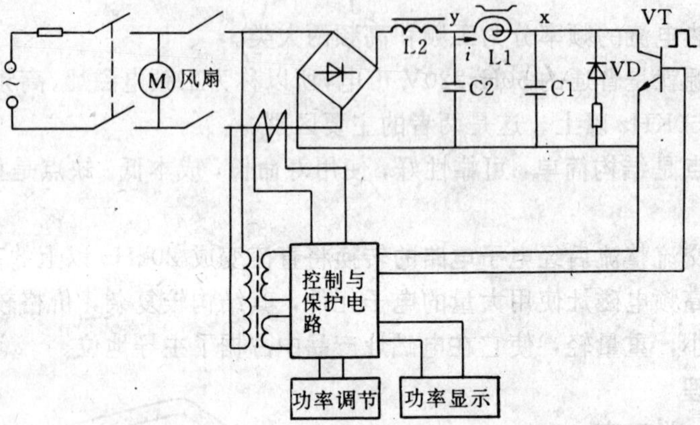

图 12—2　高频电磁灶的电路原理方框图

电源整流滤波电路提供给高频发生电路脉冲控制信号。高频振荡发生电路在控制信号驱动作用下，功率开关管 VT 快速通断，使加热线圈有快速的断续电流流过。因此，在加热线圈与 C_1 组成的谐振回路上产生高频振荡，加热线圈上就形成高频电流，同时产生高频磁场。这个磁场的磁力线穿透灶面，通过锅本，在锅内感应产生涡流，并产生热量加热食品。

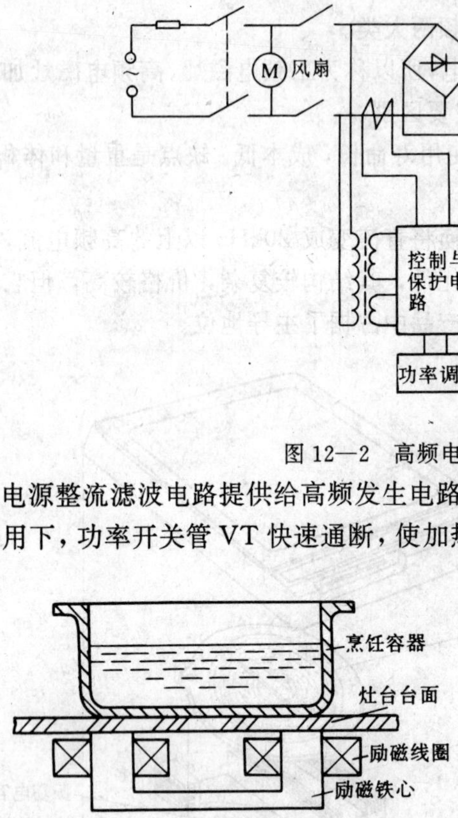

图 12—3　工频电磁灶基本结构

四、工频电磁灶的结构

工频电磁灶的基本结构如图 12—3 所示，它由励磁线圈、铁心、灶面壳体、锅体和控制电路及其元件构成。

1. 励磁线圈和励磁铁心　工频电磁灶的磁是交变的，这种交变磁场除了能对锅感应加热外，还会产生锅体上下振动和噪声。为了解决这一问题，采用了图 12—4 所示的励磁器形状。四个磁极等距共用一个铁轭，每个磁极绕有线圈，且绕向一致，对角的两个线圈联成一组，最后两组并联在同一工频电源上，并且有一组要串联一只移相电容。当接通电源后，两组电路中的电流 I_1 和 I_2 相差为 90°，并且 $I_1=I_2$，因此两个电流产生的磁通 Φ_1、Φ_2

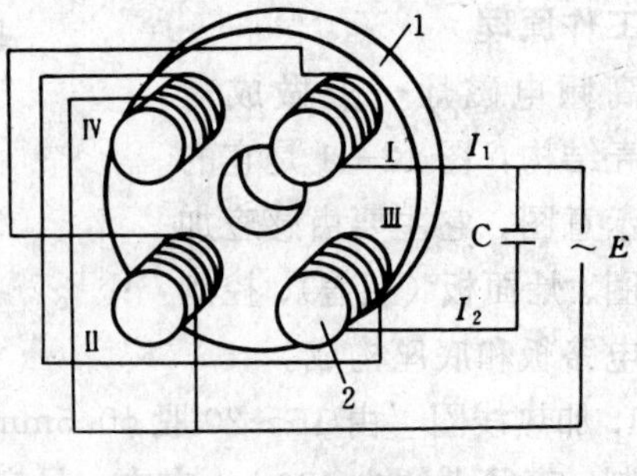

图 12—4　工频励磁器

也相差 90°。当 Φ_1 为零时 Φ_2 最大，而 Φ_2 过零时 Φ_1 最大，因此避免了交流过零时的震动，消除了不必要的噪声。

采取上述措施后噪声虽然小了，但涡流会产生洛伦兹力，使锅悬浮和转动。为了克服这种不利因素，采用了一个有中心磁极和外围多个磁极组成的励磁系统，如图 12—5 所示的励磁器结构。中心磁极上单独绕一个线圈，作为第一励磁线圈，其余磁极上的线圈串联起来作为第二励磁线圈。第二励磁线圈对角线上的两个线圈绕线方向相同，而非对角线上的两个线圈绕制方向相反。这样绕制再串联移相电容器，可使两个励磁线圈的电流相位相差 70°～110°，能有效地防止锅的转动，并消除噪声。

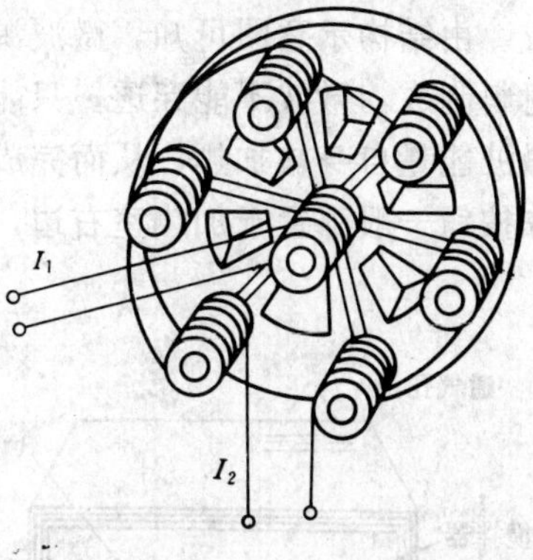

图 12—5　改进型工频灶励磁器

2. 工频电磁灶的锅体　它常采用不锈钢—铁—不锈钢—铝四层复合锅体，既用铁做为基材，满足热效率、发热量要求，又用不锈钢包覆，解决了卫生美观和耐腐蚀的问题。

五、电磁灶的使用与维护

1. 电磁灶应选用符合要求的产品，锅的底部尽可能大而平。

2. 使用时人体如接触锅体，高频电流会通过锅体流向人体。应在灶台台面下涂有导电膜，通过静电屏蔽可使漏电流降至安全漏电流（1mA）以下，设计时应使高频电流基本上为正弦波形，将高频转换装置屏蔽，避免电波干扰其它无线电设备。

3. 不应将金属餐具放在灶台上。

4. 使用时防止锅体干烧，引发事故。

5. 严格按规程操作。

第二节　微波炉工作原理

一、微波炉加热原理与种类

1.微波炉的加热原理　微波是一种电磁波，波长在 1mm 到 1m 之间，相应频率在 300MHz 到 300GHz 之间，家用微波炉的工作频率为 2450MHz。

微波加热的原理比较复杂，简单地讲，被加热的食品不是导体，而属于电介质，它由许多带正负电荷的有极性分子组成。如果把介质放在交变电场中，介质就会被交变极化。外加电场越高，极化程度越强；外加电场极性变化越快，介质分子交变极化越频繁。由于分子的反复交变极化，使分子快速摆动，分子与分子之间相互碰撞、摩擦，继而产生热量。当交变电流频率达到 2450MHz 时，介质的有极分子也随之变化 24.5 亿次。这时分子之间碰撞和摩擦产生的热量就从宏观上显露出来。这种介质分子从微波场中取得能量再转变成热能的过程，可以被认为微波加热原理，也就是微波炉的加热原理。

2. 微波炉的种类　微波炉品种很多，目前分类尚未统一。按输出功率一般可分为大功率（2000W 以上）、中功率（1000～2000W）、小功率（600～1200W）三种；按结构可分为普通型、电脑控制型两种。

二、微波炉的基本结构

图 12—6 是常见微波炉的外形图和结构示意图，微波炉主要由加热室、微波源、电器控制三部分组成。由结构示意图可知，微波源的磁控管发出微波，通过波导传输到加热室。加热室由金属材料制成，微波不能穿透，只能在加热室内反射，同时反复穿过被加热物品。加热物品吸收微波能量自身被加热，从而完成微波加热过程。控制部分主要控制加热功率、加热时间，操作按钮一般都置于加热室右边，如外形图所示。

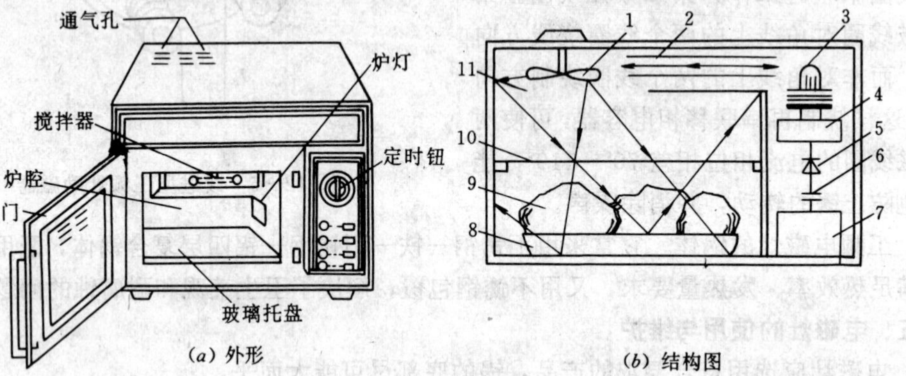

(a) 外形　　(b) 结构图

图 12—6　微波炉的结构图

1—搅拌器　2—波导　3—天线　4—磁控管　5—整流器　6—电容器　7—变压器　8—托盘　9—食物　10—搁板　11—灶腔

三、主要部件

1. 磁控管　图 12—7 是微波炉使用的连续波磁控管的结构图，主要由下面几部分组成：

阳极：用高电导率无氧铜制作的扇形谐振腔。

阴极：直热式或间热式，它的作用是发射电子。

磁铁：供给阳极与阴极轴线方向平行的强磁场。

天线：向外输出微波能量。

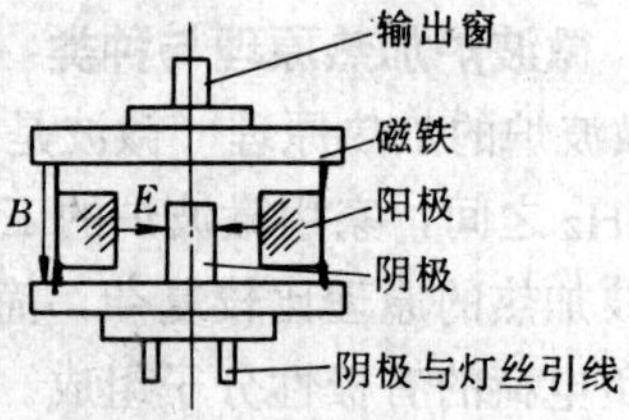

图 12—7　微波磁控管结构

磁控管是微波炉产生微波的关键部件，常称作微波炉的“心脏”，是一种真空器件。连续波磁控管的工作原理是：磁控管工作时，阴极热丝或直热式阴极灯丝加上约 3V 电压，而阳极加上约 3～4kV 的脉动直流电压。阴极热发射的电子受到阳极正电位的加速而飞向阳极时，由于空间存在轴向磁场的作用，电子在电场力和磁场力作用下做轮摆运动。它们在到达阳极之前先在谐振腔内发生振荡，产生微波，微波经过天线、波导管的传输将微波送到炉腔。

2. 高压变压器　高压变压器常采用所谓漏感变压器。初级工作在磁非饱和区，次级工作于磁饱和区，匝比也不同于普通变压器。初、次级之间的磁分路插片的厚薄对稳压性能影响很大，它的作用是为磁控管阳极和阴极提供工作电压。

3. 波导管　微波的频率很高，波长很短。所以微波的传输就不能在低频情况下使用的双导线传输法。通常用高电导金属做成矩形波导管，波导的尺寸直接影响到微波功率的传输，也就是说，波导管的尺寸与波长之间要满足一定的关系。一般说来，如果波导管长边为 a，波长为 λ，则 $\lambda/2<a<\lambda$，波导才能传输微波。

4. 加热室（包括炉门）　加热室又叫加热腔，它是微波炉进行能量交换的地方。加热室与微波源之间的耦合至关重要。微波传输由于负载（包括加热室和被加热食品）不同，工作状态也不同，一般分为三种：如果负载不吸收有功功率，入射波功率全部由反射波带回，这种全反射状态称为"线驻波状态"；如果负载全部吸收入射功率而没有反射，称为"行波状态"；如果负载对于入射波波功率部分吸收，部分反射，则称为"驻波状态"。所谓驻波，就是无传播特性，驻而不动，在原地作简谐振动的波。微波炉的加热室就是工作在驻波状态，所以我们常把微波炉称为驻波场加热器。

为了使微波加热均匀，一般采用两种方法。一种是加热室顶部装有微波搅拌器，搅拌器由轻金属制成，几何形状如风叶。另一种是在加热室底部装上采用低损耗耐热玻璃制成的转盘。前者靠搅拌引起负载变化，不断改变微波的工作模式，以此来达到均匀加热的目的。后者则靠转盘使被加热物体与高频场相对运动，以机械形式使加热均匀。

炉门也是加热室的重要组成部分，它采用各种方法使炉门和炉前板接触良好，防止微波泄漏。

四、典型电路原理

普通型微波炉的整机电路因型号规格不同虽有差异，但主要部件和基本原理是相同的。现以图 12—8 650W 微波炉典型电路为例，说明电路工作原理。

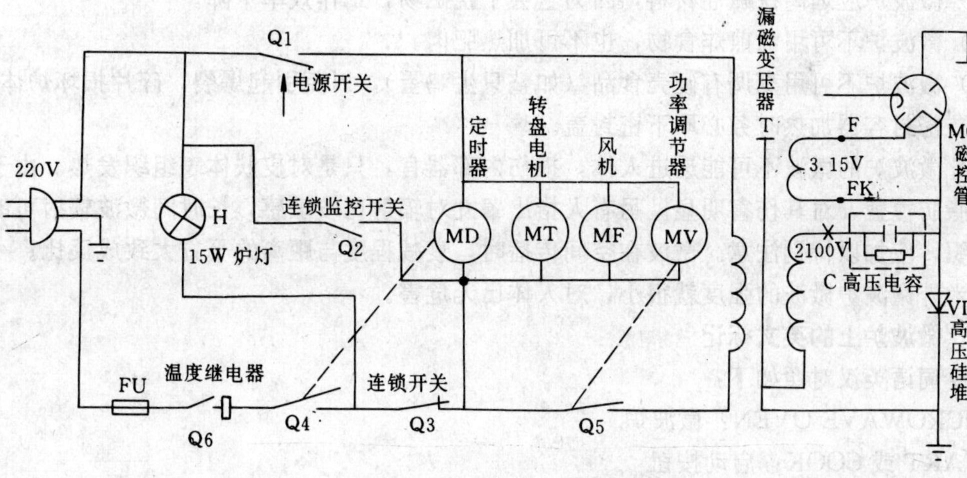

图 12—8　普通型微波炉电路原理

当关上炉门时，Q_3 闭合，Q_2 断开，启动电源开关 Q_1 就闭合，指示灯亮，当选择好功率调节时 Q_5 闭合，选择好定时时间后 Q_4 闭合，整个电路接通。变压器次级供给磁控管阴极 3V 左右的电源，阳极经倍压整流加上约 4kV 的电源，微波炉处于正常工作状态。定时时间到，则 Q_4 断开，切断整机工作电源。

MV 和 Q_5 是微波炉的功率调节器，保温为额定功率 15%，解冻为 30%，中温为 50%，中高温为70%，高温100%，也有分为烹饪、解冻两档的。调节方法是用电机带动机械开关Q_5控制磁控管在选定开启时间内的工作时间。

Q_6是磁控管热保护器，为常闭型触点。当磁控管正常工作时，它处于常闭接通状态，一旦磁控管工作部件超温（因故障）就立即断开电源。

Q_2是一个与炉门联动的监控开关，属常闭型。当炉门关闭时Q_2断开，打开时恢复常闭状态。如发生炉门连锁开关失灵等情况，在炉门尚未关闭时，发生电源开启的误动作时，由于它的短路作用，电源熔断器（保险丝）FU立刻被烧断，所以它起到防止微波泄漏的监控保护作用。

五、使用方法及注意事项

1. 使用方法

(1) 详细阅读产品说明书。一般操作程序是：插上电源，在炉内放入专用器皿及食物，将炉门关好。然后选择加热功率或时间、程序，按下电源开关即开始工作。到预定时间自动断电，并鸣铃提示操作者。加热过程中可以改变功率、时间和程序，也可以开门，但只有关门后才能工作。

(2) 2450MHz微波穿透能力为2～4cm，每次放入的食品尽可能大小薄厚相近，以求同时热透。

(3) 炉内无食品时不要启动微波炉，空载易损坏磁控管。

(4) 最好使用微波炉专用器皿，以便提高加热效率。绝对不能使用金属器皿，陶瓷、玻璃塑料器具也不能涂有金属边环，否则会引起放电打火现象。

(5) 炉内如有异味，可用柠檬或食醋加水在炉内煮沸2分钟消除。

2. 注意事项

(1) 微波炉应远离铁磁性材料，因为它会干扰磁场，工作效率下降。

(2) 微波炉不可用油煎炸食物，也不可加热肥肉。

(3) 微波炉不可用烹调有硬壳食品（如整只生鸡蛋），以免引起爆裂，碎片损坏炉体。

(4) 密封容器加热时务必取下密封盖。

(5) 微波炉的微波不可能透进人体，损伤内部器官，只是对皮肤体表组织发热。由于眼睛没有脂肪覆盖，对其伤害明显。另有人指出睾丸对辐射比较敏感，长时间微波辐射可能损伤其组织，应加以特别注意。微波在空间传播时，衰减程度与距离的平方大致成反比。一般说来1米外微波炉微波的强度就很小，对人体已无危害。

六、微波炉上的英文标记

主要词语英汉对照如下：

MICROWAVE OVEN：微波炉

START 或 COOK：启动按钮

DOOR OPEN 或 OPEN：开门按钮

TIMER：定时器

COOKING CONTROL 或 POWER 或 POWER LEVEL：功率调节器

LOW：低功率档

DEFROST：解冻档

MEDIUM：中功率档

MED · HIGH：中高功率档

HIGH：高功率档

MAIN SWITCH：总电源开关

对于电脑控制的微波炉还有以下标记：

TIME COOK：加热时间键

TEMP：温度选择键

PAUSE：暂停键

CLOCK：计时键

AUTO START：自动启动键

MEMORY NETRY 或→M：记忆输入键

MEMORY RNCALL：记忆调出键

AUTO DEFROST：自动解冻键

CLEAR：清除键

第三节　经营管理知识

一、经营业务与售后服务

1. 家用电动、电热器具的维修经营业务的主要内容：实际上从事家用电器维修经营的企业或个人，大多数同时从事家电产品的销售和家电产品的维修两项业务。企业经营管理是一门实践性很强的科学，经营和管理模式也是多种多样。但是做为每一个从事维修经营工作的劳动者，都应该懂得企业经营业务的基本知识。这样才有可能使企业素质全面提高，以适应竞争日益激烈的市场经济体制。

(1) 家用电动、电热产品销售须知　家用电器产品销售到千家万户，关系到人民生命财产的安全。因此，经营的家电产品必须是国家正式批准准许正式生产的厂家生产的。即所经营的产品应具有生产许可证、产品合格证、注册商标、生产厂家。销售前应以进货按国家标准规定对产品进行抽样检测，自身不具备条件者应在当地技术监督部门指导下进行产品质量检测。按照我国目前的行业管理规定，产品售出都必须有一定时间的保修期。产品销售部门应对消费者在产品质量方面发生的问题负责，销售家用电器产品的单位和个人在产品保修期内应负责维修或联系产品生产厂的特约维修点维修。产品进价、售价应遵守物价管理规定，产品销售者对产品的安装、调试、使用注意事项等在产品售出前都应向用户详细介绍。目前国家对于售后服务尚无统一规定，但市场竞争形势已使许多厂家对产品的售后服务都在产品说明书附件中作了相应的介绍。

2. 注意事项　无论国家、集体、个人开办的家电维修部门都应建立一套严格的维修制度。通常应建立修理间规则，修理人员职责、交接班制度，产品进出、维修登记制度，维修报告填写规定，维修价格表。作为个人应自觉养成维修前检查电源是否断开、电压是否正常、工具是否摆放整齐、仪器仪表是否准确完好等；在检修中要自觉遵循各种电器的检修程序。严禁违章操作；所有维修更换的部件、元器件都应使用合格品，严禁使用副品，更不允许使用伪劣产品，以免引发事故或损坏家电产品。维修完毕应对产品主要性能进行检测试机，维修部件应实行一定时间的免费保修期。

二、保修期与保养方法

1. 保修期　洗衣机、电动吸尘器、电烤箱等大件产品目前国内生产厂家都实行一年的保修期，正常使用一年内免费维修更换主要部件，产品主要部件（如电动机）各厂家保修期限各不相同。小件商品例如电动剃须刀、电热杯等一般都没有统一的保修期，各产品售出部门和生产厂家规定也不相同。

2. 保养方法

（1）所有家用电器都规定了使用环境温度、清洗方法和注意事项，应特别注意按照规定安装、存放和使用。

（2）电源开关处、接线处、电源线、接插电器的插头处应避免潮湿淋水，以防水流入电器元件引发事故。

（3）电热器具、电热灶具长期不用，应将器具内部清洗晾干后收存于干燥通风处。

（4）家用电动吸尘器、电风扇、洗衣机都是间歇性使用的家用电器，使用后应清洁后收存，使用前检查电气线路有无断路破损，以防发生触电事故。

第四部分　中级维修工技能要求

第十三章　仪器仪表的使用与维修

第一节　电工仪表测量

一、数字万用表的使用

1. 电阻的测量　用指针万用表测电阻，每转换量程均须欧姆调零，比较麻烦，数字表自动调零。测量时将转换开关拨到相应量程，例如测 4.7kΩ 的电阻应使用 20kΩ 档，然后打开电源，两表笔跨接电阻两端，读数稳定后显示为 4.64kΩ。数字表测量明显精确于指针表，因后者只能做估计而不能精确显示，人为误差较多。

2. 二极管测量　一般数字万用表均在欧姆档附设有蜂鸣器和二极管标志的档（例如常用的 DT890D 数字万用表）。该档有两个功能：第一检查线路通断，当用来检查一根导线时，有声响时被测线路通（R＜70Ω），无声响表示不通；第二用来测二极管极性的正向压降。用红黑表笔分别接二极管两个极，显示“1”时表示反向，当显示读数 554 时表明为正向，管子正向压降为 0.554V，而不是正向 554Ω 电阻。由于数字万用表欧姆档测试电流小于 1mA，还可以利用这档判断二极管是硅管还是锗管。锗管正向压降 0.15～0.3V 左右，硅管正向电压 0.5～0.7V 左右。

3. 三极管 hF 测量　这是在小电流低电压下测得的数值，仅供挑选管子参考。

4. 交直流电压、电流测量　数字电压表测电压量程较宽，测交流显示值为有效值，测直流能自动显示极性而不必调换表笔。测量方法与指针式类似。

二、直流电桥进行低电阻测量

当测量分流器电阻及电动机、变压器绕组或其他 1V 以下电阻时要使用直流双壁电桥。正确使用双臂电桥要注意以下几点：

1. 被测电阻电流端和电位端与双臂桥的对应端正确连接。

2. 双臂桥工作电流大，故测量要迅速，以免耗电量大（尤其使用电池时）。

3. 电源选择须按说明书要求进行。没有说明书时，可按不大于被测电阻或标准电阻的额定电流 1/2 作为电源及工作电流。

4. 连接标准电阻及被测电阻的引线应尽量短。

5. 使用比较盘时，宜选择下列范围：$0.1R_x <$ 标准电阻 $R_n < 10R_x$。

三、指针式万用表的常见故障及排除

表 13—1 列出了万用表的常见故障及排除方法。

表 13—1 万用表常见故障及排除方法

故障位置	常见故障	故障原因
表头	摇动表头，指针摆动不正常。	1. 表针支撑部位卡住； 2. 游丝太脏，有粘圈现象； 3. 机械平衡失调。
	不回零。	1. 轴尖生锈或磨损变钝； 2. 轴承锥孔磨损光洁度降低； 3. 游丝弹性疲劳。
	不平衡误差大。	1. 仪表过载指针打弯； 2. 平衡锤位移； 3. 转动部分或其他部位螺钉松动。
直流电流档	表针无指示。	1. 表头被短路； 2. 动圈断路； 3. 表头串联电阻损坏。
	各量程误差有正有负。	1. 表头特性改变； 2. 分流电阻某档焊接不良，电阻阻值变大。出现此情况时一般先为正误差，后为负误差； 3. 分流电阻某档烧坏而短路。出现此情况时一般先为负误差后为正误差。正负误差转化的一档的分流电阻短路。
	测量误差大，且各档都为比例相同的正误差。	1. 与表头串联的电阻阻值变小（或短路）； 2. 表头灵敏度偏高；如重绕动圈或换过游丝； 3. 分流电阻阻值变大。
	各档都为比例相同的负误差。	1. 与表头串联的电阻阻值变大； 2. 表头灵敏度降低。
直流电压档	表针无指示。	1. 电压部分转换开关公共接点脱焊； 2. 最小量程档附加电阻损坏或断开。
	某档不工作而其他档工作。	转换开关接触不良，或该点与该档附加电阻脱焊。
	小量程档误差大，随量程增大误差变小，或某量程显著不准确。	小量程或某量程附加电阻变值或短路。
交流电压档	指针轻微摆动，指示值极小，读数比实际值小一半左右。	整流元件坏，或全波整流变成半波整流。
	各档测量值偏低，且为同一误差率。	整流元件反向电阻阻值变小。
	小量程误差大，随量程增大而误差变小。	该档附加电阻有故障。
电阻档	表针无指示。	1. 电池引线断； 2. 转换开关触点引线断； 3. 调零电位器中心焊点引线断。
	测试笔短路指针不能调零。	1. 电池容量不足； 2. 串联电阻阻值变大； 3. 转换开关接触电阻增大。
	调零时指针跳跃。	调零电位器接触不良。
	某量程误差大。	该档分流电阻有故障。

第二节　示波器的使用

一、电压测量

测量电压时，一般将灵敏度开关“V/dIV”的微调顺时针转到校准位置，按照灵敏度旋钮指示的位置可直接计算被测的电压值。当被测电压为直流时，荧光屏上光点的位移正比于被测电压的大小，当被测电压为交流电压或脉冲电压时，光点位移的最大高度正比于被测电压的峰—峰值。

当被测信号直接从示波器上输入端接入时，被测电压的峰—峰值 U_m 可按下式计算：

$$U_m = A \cdot S_y \cdot Y$$

式中　A——探头衰减比；

S_y——示波器 Y 通道电压灵敏度对应值；

Y——光点在垂直方向最大位移。

需要说明的是测量前应先校准，校准的方法见示波器原理一章的说明。

二、频率、周期的测量

用示波器测量时间的具体方法很多，现仅介绍常用定扫描速度法。

设示波器的扫描速度为 V，荧光屏显示波形图上某两点的水平距离为 L，于是两点间所对应的时间为：

$$t = V \cdot L \quad \text{（示波器扫描速度用 } \mu s/cm \text{ 表示）.}$$

如果使用扫描扩展，一般扩展倍数 K 为 5～10 倍，则：

$$t = V \cdot L / K$$

测量信号的频率或周期时，只要测得信号的周期 T，周期的倒数便可计算出来。当然，也有用李萨如图法测得频率后再计算周期的，这里不再详述。

三、使用注意事项

1. 使用示波器时应远离磁场，不要将带有永久性磁铁的仪表放在示波器上，以免影响示波器正常工作。

2. 仪器在使用过程中要注意亮度适中，不宜过亮，光点不应长时间停留在一点，以免有损示波管之荧光屏。

3. 当电源电压波动范围较大时，应采取有效的交流稳压措施。

4. 注意仪器的频带宽度和最大量程，不要做超出技术指标范围的测量。

四、常见故障的判断及处理

以 SR8 型通用双踪示波器为例，介绍几种常见故障的分析与处理。

1. 低压电源部分

（1）烧熔断丝　主要是对应的整流二极管有短路现象，检测后更换管子即可排除。

（2）开机时±12V 两档电压时有时无　在对应调整管两端上并联一个几百欧姆的电阻，可清除这种电路阻塞现象。

2. 高频高压显示电路

（1）烧熔断丝　主要是高频振荡管击穿，检测予以更换。

(2)高频高压失控　一般是振荡线包受潮后 Q 值下降所致，调整电阻和晶体管无效时，可适当减少变压器铁心中垫纸，或更换新部件。

3. X 轴系统无自激扫描，一般是开关管 V_{23} 坏或电位器 R_{23} 处开路。

4. 校准信号无输出，标准信号振荡器管子击穿。

5. 示波器输入探头短路或断路也是常见故障之一，一般均须更换新的输入线。

第十四章　电子控制电动、电热器具的维修

第一节　语言文字与识图知识

一、电路原理图的识图步骤

在实际工作中，我们经常见到一些家用电器的电路原理图，初看往往感到错综复杂，很难理解各部分的性能和作用，因此在检测维修时比较盲目。本节试用前面学过的理论和知识对如何看电路原理图归纳出步骤，希望对解决这一问题能有所帮助。

读电路原理图大致可以从以下几方面入手：

1. 了解用途　该电器是用来做什么的？起什么作用？怎样把电能转换成其他形式的能。

2. 化整为零　将总图分成若干部分，弄清每一部分由哪些基本单元组成和各部分的功能。

3. 找出电流通路　在单元电路中交直流通路及反馈通路。

4. 抓住相互联系　综合前几步内容，说明从输入到输出以及各基本部分之间是如何联系的。

5. 估算　判断各单元电路和全电路的性能指标。

二、微波炉电路原理图识图实例

图 14—1 是 WL—5001 型微波炉的电路原理图。我们按上述基本步骤解说图 14—1。

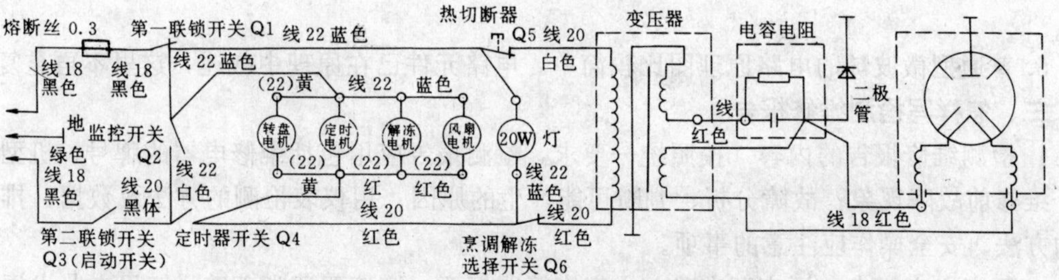

图 14—1　WL5001 型微波炉电路原理图

1. 微波炉是利用微波加热食品的电热灶具，利用这个电路的电可以产生微波从而实现电、热转换。

2. 电路分三大部分　产生微波的磁控管、磁控管的供电电路、整机控制电路。磁控管是具有阴极、阳极的电真空微波管，它需要灯丝供电，阳极直流高压供电。

磁控管供电电路由高压变压器、高压电容、高压二极管组成。变压器的作用是将市电变压后，产生一种较低的灯丝电压，产生一个较高电压（约 2000V）。变压器高压次级线圈与电容、二极管组成的电路，是一个典型的半波倍压整流电路。

控制电路是由各种功能机械开关和四个微电机组成。其中定时电机控制定时开关，解冻

电机可在解冻时控制烹调解冻开关。

3. 清楚各开关的作用和相互关系，也就懂得了控制电路的工作原理。所有的开关均串、并在交流电源供电回路中，因此它们的作用都是控制电源的通断，彼此互相制约相互配合，实现微波炉的正常工作。现在分析图中各开关的作用。

第一联锁开关与门监控开关联动。门闭合时（如图 14—1 所示）监控开关 Q_2 断开，当 Q_1 断开（即开门时）Q_2 闭合，此时按下 Q_3 电源短路保险丝烧坏。因此，Q_2 的作用是只有门闭上时才允许启动电源，以防微波向外漏。Q_1 的作用是门开的切断电源，闭合时扫通电源。Q_3 是常开型微动开关，按下电源按钮 Q_3 闭合并自锁，再按它不起作用，只有打开门才使其恢复常开。

Q_4 为定时器电机带动的常开开关，顺时针旋转选定时间后闭合，电机转动，当旋钮反时针回到零位时 Q_4 断开。

Q_5 是位于磁控管上的热保护开关，正常时常闭，超过允许的工作温度时 Q_5 断开。它的作用是保护磁控管不因故障造成过温而损坏。

Q_6 为常开开关，当烹调、解冻开关置于空调时闭合，当选择解冻时 Q_6 由解冻定时电机带动杠杆使其间断性的通断，加热断续进行，实际上就控制了微波加热功率。

这些开关之间的关系由图 14—1 中可知，它们都串联在供电回路中，从逻辑电路的观点看是“与”的关系，也就是说 Q_1、Q_3、Q_4、Q_5、Q_6 必须都闭合时，微波炉才能通电工作。其中任何一个断开，微波炉都处于断电状态。它们的共同作用是使微波炉安全可靠地工作。

4. 微波炉的操作程序从电路原理图可综合为：(1) 关闭炉门（放入食品后）Q_1 闭合，Q_2 关断。(2) 启动电源 Q_3 闭合指示灯亮。(3) 选择烹调、解冻 Q_6 闭合。(4) 选定时间 Q_4 闭合，微波炉开始工作。

当到达预定时间后，断电，指示灯灭。但 Q_3 尚闭合。打开门，Q_3 断开，Q_2 闭合，Q_1 断开。

5. 普通型微波炉的电路原理图比较简单，电路元件已在原理中叙述，这里不再重复。

三、怎样写检测维修报告

1. 检测维修报告的内容　按照统一要求，检测报告应用包括维修电器的牌号、机型、编号；维修前故障现象；故障分析、判断可能产生的原因；用仪表检测的方法及数据；排除故障的方法、安全操作应注意的事项。

2. 语言文字要求　语言要准确，文字应简明扼要，字迹要清晰工整。使用专业术语、词汇应规范，测量数据、单位书写符合国家标准化规定。

3. 参考检修报告格式见表 14—1。

表 14—1　　**检修报告参考格式**

检　修　报　告

机型		编号	
故障现象			
分析判断			
检测方法及数据			

续表

机型		编号	
排除方法			
安全操作注意事项			
小 计			

第二节 常见电子风扇的检修

电子化电风扇的故障可以分为电气电路部分（包括机械定时器、电容器、机械开关、电抗器、电动机等电气线路）故障、电子电路控制部分故障、机械传动机构部分故障。不再重复电气线路和机械传动机构部分故障的检修，因为它与前面讲述的普通电风扇相同，所以仅介绍电子控制部分的一般检查程序和常见故障维修。

一、基本检修程序

确定电子控制器工作不正常后，可按以下步骤检修：

1.检测控制器变压器前的电路是否良好，只要测量变压器输入级交流电压是否为有 220V 就可做出判断。有 220V 表明前面的电路无故障，若无 220V 电压，则说明前面电路中有脱焊或断线处。

2.检测变压器次级有无电压，一般次级输出约为 9V 左右，较小说明变压器内部有短路，无输出则说明次级断路。各产品设计控制器的工作电压不一定相同，修理时应参照产品电路线路图进行。

3.检查直流输出电压是否正常。

4.检查线路中发光二极管、晶体三极管、晶闸管等是否正常，IC 各脚直流电平是否为标准值。

根据故障现象，采用上述检测可以大致确定故障部位。

二、常见故障判断及排除方法

1.电源电路故障

（1）无电源电压输出的主要原因有：熔断丝熔断；电源变压器开路或降压电容失效；整流器开路；稳压电路输出调整管开路；电源开关损坏等。

（2）电源直流电压下降的主要原因有：电源负载过重；变压器或降压电容损坏；整流电路一支路开路；滤波电容失效。

2.开关电路故障

（1）晶闸管损坏　电路故障引起过流烧坏；器件自身质量不佳。

（2）驱动电路失灵　晶闸管触发回路的二极管、三极管等故障造成触发电路功能失效。

3.控制电路故障　控制电路目前采用较多的是集成电路，一般故障多发生在 IC 的外围电路主件上，有时 IC 本身损坏。

4.电路检修原则　首先检测电源电压是否正常，进一步检查晶闸管有无烧坏或击穿，然后再检查 IC 外国电路，最后试验 IC 来排除故障。

三、拆装程序与检修注意事项

1. 拆卸程序　先拆扇罩、风叶，再拆机头，然后拆卸控制盒。各部分的拆卸与普通风扇基本相同。

2. 检修注意事项

（1）控制器部分的焊接要采用 25 瓦以下的电烙铁，以免焊接过热损坏电子元件。

（2）直接焊接集成电路管脚引线时，电烙铁须接地线，防止外界干扰损坏 CM05 型集成电路。

（3）更换电源部分元器件或电源板时，应注意稳压电源输出两端有正、负极之分。切勿在焊接时正、负接错，否则通电即损坏集成电路。

四、维修实例

例 1　长城 FS19—40 工作失控的检修

长城牌 FS19—40 电扇是红外遥控，利用 4017 计数/脉冲分配器调速的电子风扇。通电后尚未启动按键，电扇就自动运转、自动换档，经分析故障可能出在遥控器接收部分。经检查发现接收部分的单片锁相环集成块 LM 的 5、6、7、8 脚有较大的脉动电压输出，造成后级产生误动作。在 8 脚对地接一个 0.01μF 电容后，该脚电压就稳定，风扇工作正常。

例 2　长城牌 FS7—40 选择开关置于间歇位置时，电风扇仍连续运转。

经分析，故障可能发生在控制电路。该电扇主控芯片为 555 集成电路，先测 555 电路，工作正常，各脚电压正确；再查继电器触点，也未发现故障从电路原理分析，转换开关可能失灵，断开 S_{1-2}后电路正常。本电路故障的排除可更换转换开关，或断开 S_{1-2}不用，电路即可正常工作。图 14—2、图 14—3 为两个维修实例的产品电原理图。

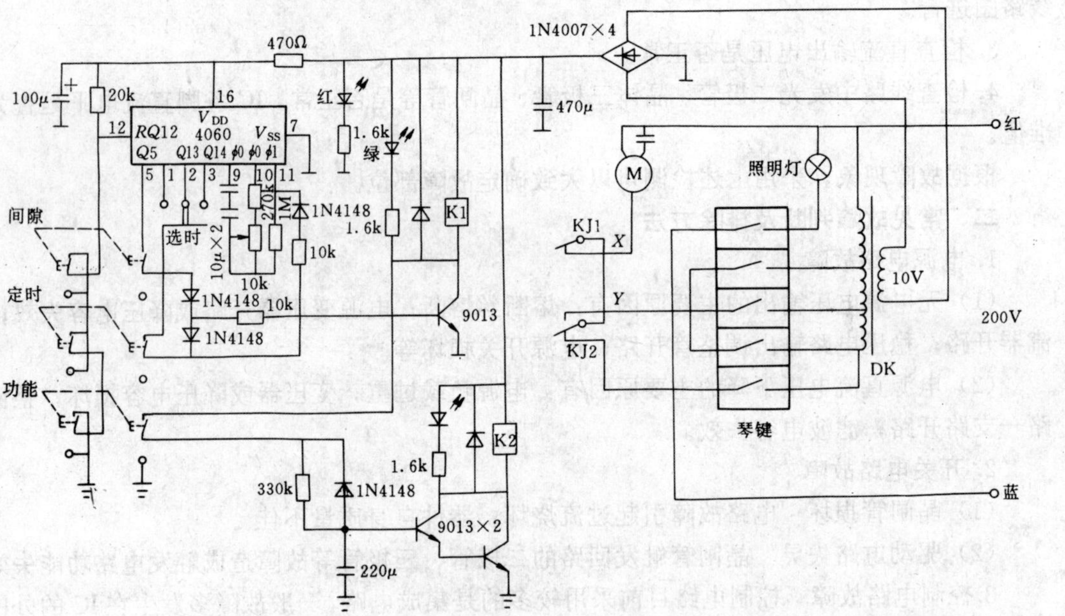

图 14—2　长城牌 FSⅠ0—40 电扇电路原理
电阻单位 Ω　　电容单位 F

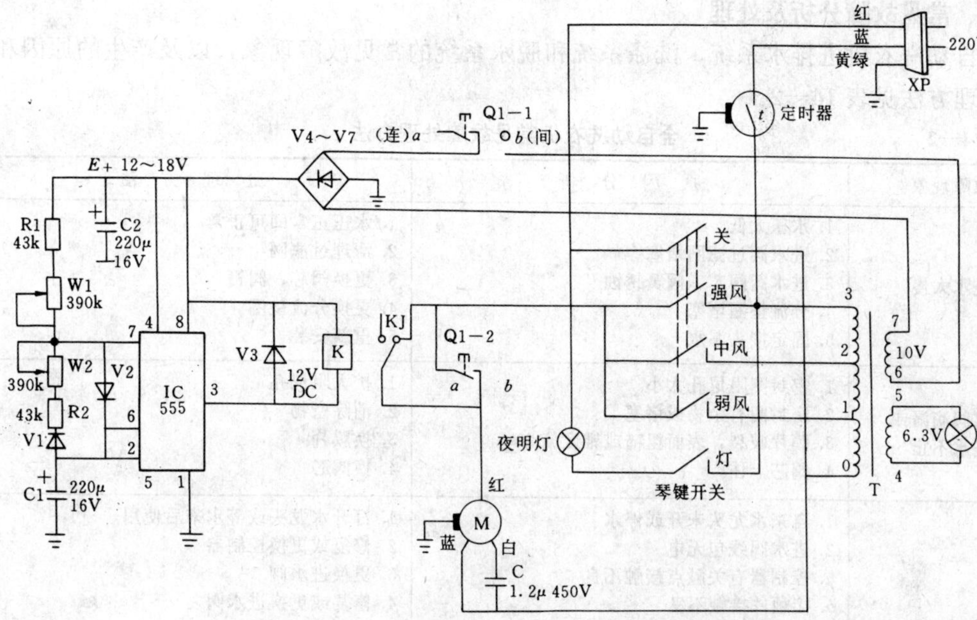

图 14—3　长城牌 FS7—40 电风扇电路原理
电阻单位 Ω　　电容单位 F

第三节　全自动洗衣机的检修

一、基本检修程序

1. 熟悉机型的性能特点　检修时，维修者应先了解洗衣机的型号、控制的方式、结构、正常运转程序。向用户问询使用条件、使用时间及故障现象。全自动洗衣机复杂程度较高，维修时尽可能持有电气原理图。因为使用者并不了解全自动洗衣机工作原理，常把正常现象当作故障。例如，洗涤时虽然排水阀关闭，但排水管内照样有少量水排出，这并不是漏水，常常是溢流孔溢出的水。还有进水达不到设定水位前波轮不运转，不要误认为是故障，因为这是由功能决定的。

2. 观察、分析故障产生部位　针对用户反映的故障现象进行外观检查察看，电源线有无损坏，内部接线有无损伤，内部接线有无脱焊、短路，电容器有无异常变化，用手转动波轮能否灵活运转，有无螺钉松动等。然后通电检查，正常操作各旋钮，观察故障现象及变化情况。

3. 用万用表检查　机电式全自动洗衣机程控器部分相当于一个智能型开关，它控制各种阀门和电动机按规律运转。正常情况下，每种机器从电源进线处测量整机电阻都有一个确定的阻值范围，测试值偏离太大，就是电路不正常了。当程序选择置于洗涤起始位置时，从电源插头测进水阀阻值约为 4.5kΩ 左右。安全盖合上测排水电磁阀电阻约为 65Ω。电机的两个绕组阻值间相等，约为 23Ω 左右。

4. 更换部件　此时注意记下部件各处引线的接法，部件上机前应检查质量是否完好。

5. 整机复查后试机　整机大修后应重点检查地线、水路系统、绝缘性能后再试机。

二、常见故障分析及处理

全自动洗衣机进排水系统、洗涤系统和脱水系统的常见故障现象，以及产生的原因和相应的处理方法见表 14—2。

表 14—2　　**全自动洗衣机常见故障处理方法**

故障现象	原因分析	处理方法
进水太慢	1. 水压太低 2. 进水阀过滤网堵塞 3. 进水阀阀芯、阀簧锈蚀 4. 分流垫圈堵塞 5. 固定接头漏水	1. 水压正常即可正常 2. 清理过滤网 3. 更换阀芯、阀簧 4. 更换分流垫圈 5. 重新安装
进水阀滴漏或进水不止	1. 密封圈阻尼孔太小 2. 密封圈有杂物或堵塞 3. 膜片破裂，表面粗糙或锥度偏心 4. 阀芯卡住	1. 扩大阻尼孔 2. 消除杂物 3. 换膜片 4. 换阀芯
指示灯亮但进水阀不进水	1. 自来水龙头未开或停水 2. 进水阀线包无电 *a*. 控制器有关触点接触不良 *b*. 接触件接触不良 3. 磁场不够，阀芯未吸上 4. 导向套脱落或弹簧卡住 5. 线包引线虚焊 6. 线圈断 7. 过滤网堵塞	1. 打开水龙头或等水来后使用 2. 修复或更换控制器 3. 更换进水阀 4. 修复或更换进水阀 5. 焊牢引线 6. 更换线圈 7. 清理或更换过滤网
进水阀通电后响声大	1. 磁路系统装配质量不良 2. 导向套位不对 3. 电源电压低	1. 调整磁路系统 2. 调整或更换进水阀 3. 电压正常后即消除
进水断断续续	1. 进水阀线包电源时通时断 2. 水压不正常	1. 检查控制器及接插件 2. 水压正常后工作即可正常
进水成柱状	1. 分水器盖掉 2. 水压低	1. 重新装好分水器 2. 水压正常后即成喷淋状
电磁铁响声大	1. 电源电压过低（此时极易烧毁电磁铁） 2. 铁芯接触面不平，漏磁大、吸不牢 3. 引线接触不良 4. 铁芯与拉杆装配时质量差	1. 应在电压正常时使用 2. 换铁芯 3. 接好引线 4. 重新调整
门盖振动噪声大	1. 门盖左右两只橡皮防振垫不平 2. 门盖插销配合不好 3. 门盖不平	1. 调整防振垫高度 2. 调整插销 3. 用 300W 电吹风接平
电源电压正常电动机不能启动	1. 电动机引线开路 2. 主副绕组开路或短路 3. 电容击穿或引线开路 4. 轴承卡住 *a*. 轴承锈蚀损坏 *b*. 轴承内有杂物 *c*. 润滑脂干涸 *d*. 轴承装配不良	1. 检查引经并接好 2. 修复或更换绕组 3. 更换电容或者接好引线 4. *a*. 更换轴承 *b*. 清除杂物 *c*. 添加润滑脂 *d*. 重新装配

续表

故障现象	原因分析	处理方法
电动机有不正常的振动	1. 转子不平衡 2. 皮带盘不平衡 3. 轴弯曲 4. 紧固螺钉松动	1. 校正平衡 2. 校正平衡 3. 校正或更换轴 4. 旋紧螺钉
电动机外壳带电	电动机绕组受潮、绝缘老化，或引线绝缘层破与壳碰	电机绕组干燥处理，更换引线
洗衣机噪音增大	1. 传动系统零件松动 2. 润滑油脂干涸 3. 轴承磨损	1. 旋紧紧固件 2. 增加润滑油脂 3. 换轴承
甩干时洗衣机桶转速慢	1. 皮带过松 2. 电容容量过低 3. 传动机构有故障 4. 电源电压过低 5. 洗衣粉泡沫太多	1. 调整电机位置或更换皮带 2. 更换电容 3. 修传动机构 4. 电压正常后使用 5. 冲洗泡沫或更换低泡洗衣粉
甩干不停	控制器停步	修理或更换程控器
第一次或第二次甩干后不进水	1. 控制器停步 2. 控制器触点接触不良 3. 水位调节器引线接触不良	1. 修理或更换程控器 2. 修理或更换程控器 3. 修理水位调节器
刹车有“嗒嗒”连续响声	1. 拨叉挂不住 2. 扭簧弹力不够	1. 修或换拨叉 2. 换扭簧
程序停步	1. 程控器程序盘不进步 2. 程控器微电机变速齿轮卡死或打滑	1. 修小棘爪或换程控器 2. 修或换微电机
刹车刹不住	1. 刹车带松或刹车带严重磨损 2. 拨叉挂不住 3. 齿轮包渗油	1. 换刹车带 2. 修或换拨叉 3. 换齿轮包
程序跳步	1. 程控器棘爪底板变形 2. 大棘爪移位失去定位作用	1. 修或换程控器棘爪底板 2. 调整大棘爪位置
微电机噪声大	微电机受冲击使零件位移	更换微电机
微电机不工作	1. 接插件或触点接触不良 2. 引线脱落 3. 线包烧毁 4. 微电机及其传动系统卡住或磨损	1. 检查修复使之接触良好 2. 接牢引线 3. 更换微电机 4. 更换微电机
指示灯不亮	1. 供电线路有问题 2. 控制器开关失灵 3. 氖泡坏或引出线短路、断裂、虚焊 4. 限流电阻变质或损坏 5. 电源线断开、虚焊 6. 电压过低（灯微亮）	1. 检查电源线路 2. 修理或更换控制器 3. 修复或更换氖泡、检查线路 4. 换电阻 5. 检查焊牢或更换电源线 6. 电压正常后灯即亮

续表

故障现象	原因分析	处理方法
电源时通时断	1. 电源插头松动 2. 控制器触点接触不良	1. 插好电源插头 2. 修理或更换程控器
洗涤时间歇单向转	1. 控制器触点不可靠 2. 抱簧扭曲 3. 棘爪不到位未能拨动换簧 4. 电动机供电线路接触不良	1. 修理或更换控制器 2. 换抱簧 3. 调整棘爪、棘轮或换拨叉 4. 检查接牢
洗涤无力	1. 电容容量不够 2. 固定头和主动轴套轴向无间隙 3. 皮带过松或过紧 4. 波轮打滑 5. 电源电压过低 6. 传动机构故障	1. 换电容 2. 换固定头 3. 调整皮带松紧 4. 紧固或更换波轮 5. 待电压正常 6. 修理或更换传动机构
洗衣后不排水或排水中途停止	1. 门盖未盖好 2. 门开关失灵 3. 控制器失灵 4. 电磁铁线包焊片虚焊 5. 电磁铁线包、插头脱落或接触不良 6. 控制器接插件接触不良 7. 电磁铁线包烧毁 8. 衣物偏置，甩干时门开关起保险作用而脱开	1. 盖好门盖 2. 修门开关 3. 修或换控制器 4. 焊片焊牢或换线包 5. 插头插紧 6. 检查排除 7. 更换电磁铁 8. 反复开合门盖，调整门开关使其复位
水位到达预定位置仍进水不止	1. 水位调节器失控 2. 连通管漏气或脱落 3. 进水阀故障	1. 调整或更换水位调节器 2. 将连通管接好并紧固 3. 修复或更换进水阀
水位偏低	水位器调节不准	调节水位调节器
不进水波轮正常旋转	1. 水位调节器触点失灵 2. 水位调节器引线接错	1. 更换水位调节器 2. 更正接线
洗涤时波轮不转	1. 电源插头、插座接触不良 2. 水位未到位 3. 水位调节器三脚引线有脱落 4. 水位调节器失灵 5. 控制器触点接触不良 6. 电容开路或短路 7. 电动机断电或损坏 8. 传动系统有故障 9. 波轮轴孔键槽磨平打滑	1. 检修插头插座 2. 等水到位 3. 插好引线 4. 修复或者更换水位调节器 5. 修复或更换控制器 6. 接好线头或更换电容 7. 修理或更换电动机 8. 检查传动系统 9. 换波轮
洗涤有异常声	1. 波轮松动 2. 波轮下有异物 3. 棘爪不到位 4. 轴承磨损或轴与轴套间有杂物 5. 紧固件松动 6. 电动机故障 7. 皮带或皮带轮损坏 8. 带扇皮带轮松脱 9. 两皮带轮不在同一平面	1. 紧固波轮 2. 消除异物 3. 调整好棘爪位置 4. 更换轴承或消除杂质 5. 检查并紧固 6. 检查修复或更换 7. 更换皮带或皮带轮 8. 紧固并调整 9. 调整在同一平面

续表

故障现象	原 因 分 析	处 理 方 法
洗涤时内桶转（超过 360°）	1. 刹车装置的拨叉挂不住 2. 刹车带松 3. 齿轮包渗油 4. 扭簧复位不好	1. 修理或更换拨叉 2. 换刹车带 3. 换齿轮包 4. 换扭簧
洗涤时连续单向转	控制器触点烧结或微电机卡住	修理或更换程控器
排水不畅	1. 排水管堵塞 2. 排水阀失灵或堵塞 3. 排水软管放置过高 4. 洗衣粉泡沫太多	1. 清理排水系统 2. 修理或更换 3. 降低排水软管 4. 改用低泡洗衣粉
排水后不甩干	1. 门盖未盖好 2. 门开关失灵 3. 控制器失灵 4. 电动机无电 5. 水位调节器故障	1. 盖好门盖 2. 修门开关 3. 修或换控制器 4. 检查供电线路 5. 修理或更换水位调节器
甩干时桶晃、振动大、碰外壳、打门开关、甩干突然停止	1. 洗衣机未放平稳 2. 衣物严重偏置一边 3. 洗衣机大螺帽松脱或波形垫圈损坏 4. 拉杆弹簧移位	1. 将洗衣机放置平稳，锁紧活动脚 2. 将衣物放匀 3. 紧固大螺帽更换波形垫圈 4. 调整或更换拉杆（弹簧）组合
甩干时底部有摩擦声	1. 保护支架松动 2. 电动机皮带盘扇叶碰电机 3. 皮带盘松动或螺孔滑牙 4. 皮带与皮带盘摩擦	1. 紧固支架 2. 调整皮带盘 3. 紧固或换皮带盘 4. 调整皮带盘位置
波轮松动	1. 紧固螺钉松动 2. 波轮孔内键槽磨损	1. 固紧螺钉 2. 换波轮
排水阀漏水	密封不好	换排水阀
内排水管漏水	1. 内排水管接头处松脱 2. 内排水管断裂	1. 接牢接头并密封 2. 换内排水管
进水管与洗衣机连接处漏水	1. 橡皮密封圈未装 2. 螺纹滑牙 3. 密封圈位置装错	1. 装好密封圈 2. 换进水阀或进水管 3. 正确放置密封圈
排水管、溢水管漏水	1. 油封磨损或失效 2. 排水管、溢水管与水桶连接处松 3. 排水管、溢水管划伤、破裂 4. 连通管脱落或断裂	1. 更换油封 2. 重新安装并密封好 3. 更换 4. 重新安装或更换
机壳带电	1. 地线安装不良（松脱、断线或者接地螺钉松） 2. 电源插座地线位置接错 3.导线破裂或接头部分绝缘不好，相线与非带电金属部分碰 4. 电容漏电 5. 电气元件绝缘损坏并与机壳碰	1. 接好地线 2. 检查插座接线，正确接线 3. 更换导线或者重新进行绝缘处理 4. 更换电容 5. 检查并更换损坏部分

三、典型产品的拆装

图 14—4 是机电式全自动洗衣机电路框图，我们以此类产品为例说明产品几个主要部件的拆装程序。

1. 控制器的拆装

(1) 逆时针方向旋下面板上的旋钮。

(2) 旋下工作台后背螺钉，将控制面板扳倒。

(3) 用扁嘴钳夹住微机电源线，轻轻拔下插头。

(4) 将两程控器的插座与插头分离。

(5) 旋下控制器的螺钉，取出控制器。

(6) 安装的顺序与上述过程相反

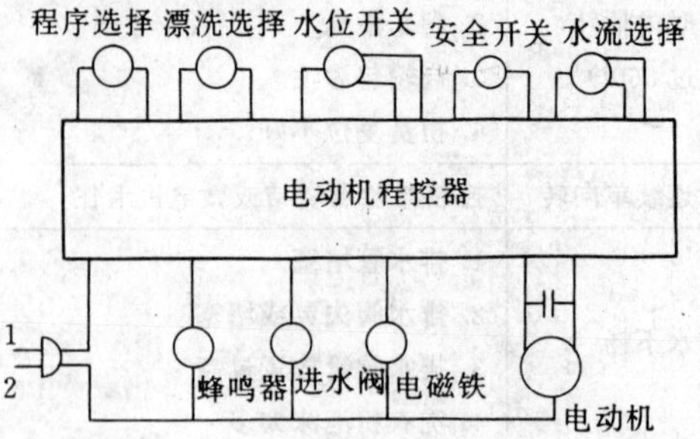

图 14—4　机电式全自动洗衣机电路简图

(7) 控制面板上的进水阀、水平压力开关、蜂鸣器的拆装与上述过程相同。

2. 波轮的拆装

(1) 用长柄十字旋具旋脱固定波轮螺钉，然后用该螺钉插入螺孔向外拉出波轮，也可用二根塑料包装带从波轮与洗衣桶凹坑空隙中塞进套住波轮底部，将波轮提出。

(2) 安装时，应先对准键槽再压到位，旋紧螺钉。

3. 洗衣桶（离心桶）拆装

(1) 卸下面板，将面板与箱体分离后挂在箱体后部，因水位调节器连通管及线扎长度有限，应妥善放好。

(2) 拆下波轮，同方法 2。

(3) 用专用套筒扳手卸下固定洗衣桶的六角特殊螺母。将洗衣桶轻轻晃松动，然后握住两边向上提，因配合较紧须重复提放几次方能卸下。拆洗衣桶时，只能上提，不能反时针方向转，否则会折断离合器扭簧。

(4) 装配洗衣桶时，要注意使桶底部连接盘的中心孔与离合器外轴切削平面配合，上好止退波形垫圈，紧固六角螺母，装上波轮，将面板连接线等复位，固定好面板。

4. 传动系统的拆装

(1) 用上述方法拆下波轮与洗衣桶，然后再将面板与机壳固定。

(2) 翻倒洗衣机，拆下保护支架，卸下三角皮带和皮带轮

(3) 拆下刹车装置、电排组合及电动机，有关线扎应放置妥当。

(4) 旋松十字架的 4 只紧固螺母，连同十字架取出传动机构。

(5) 装配前应检查油封是否干净，与不配合的零件不应有毛刺。

(6) 装配时应在油封配合表面涂上润滑油，同时在工作卡口和表面涂上润滑油。压装要用力均匀加装到位，不要用锤棒直接在端面上敲击。

(7) 对角旋紧十字架 4 只螺母，再依次装上刹车装置、电排组合、电动机、皮带轮，接好溢水管、内排管等，调整好传动系统，所有紧固处都必须旋紧，线扎正确连接，最后装上保护支架。

5. 盛水桶拆装　盛水桶是用螺钉固定在底盘上，并用防振吊杆吊挂在箱体四角上。盛水桶底部与排水阀口相连接，它的底部中心通过脱水轴水封，防止水的渗漏。拆装步骤如下：

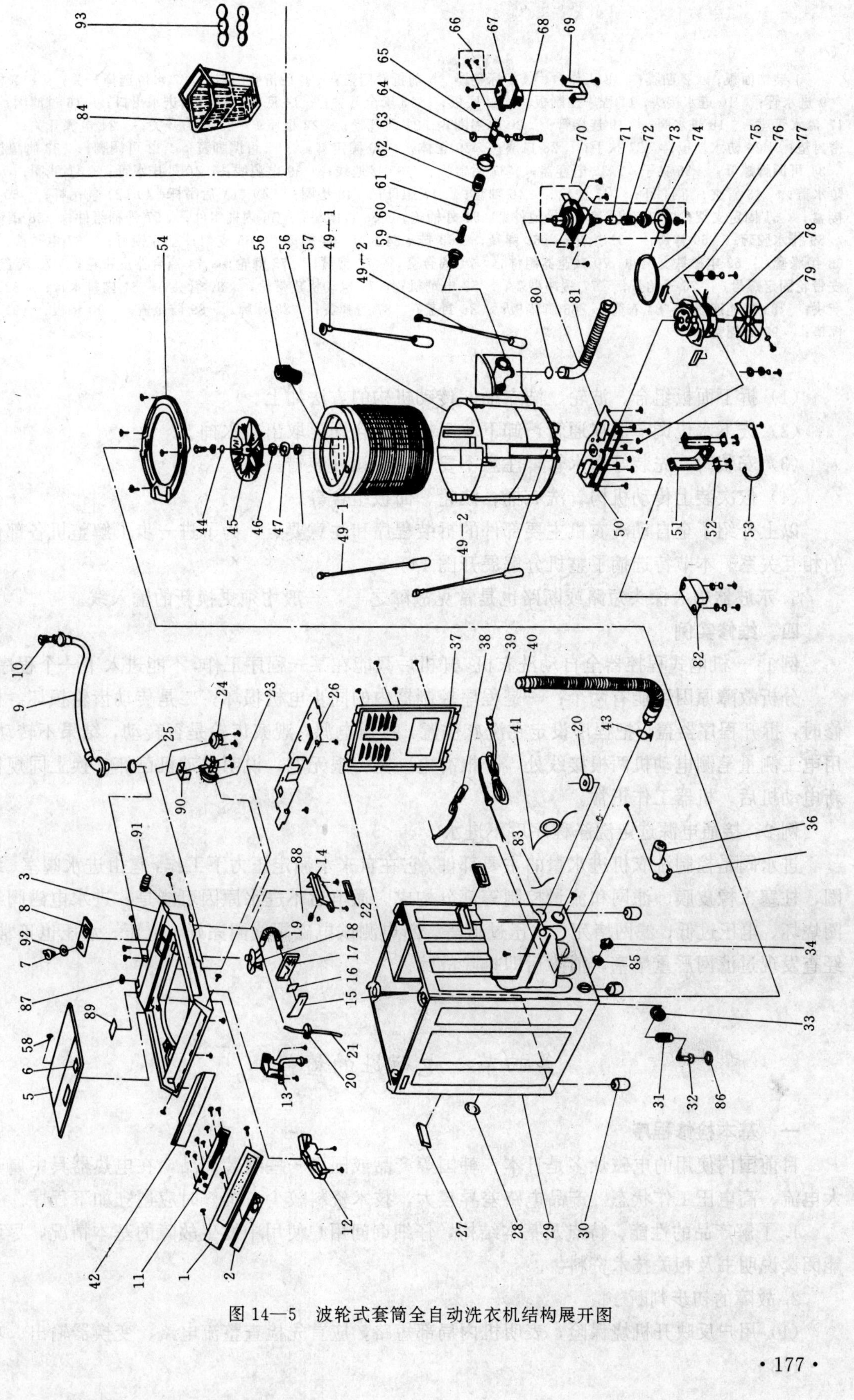

图 14—5　波轮式套筒全自动洗衣机结构展开图

1 装饰面板；　2 贴膜；　3 工作台；　4 标签；　5 前折叠门盖；　6 后折叠门盖；　7 水位选择开关；　8 嵌板；　9 进水管；　10 进水接头；11 程序控制板；　12 底板；　13 安全开关；　14 底板 A；　15 进水出口；　16 过滤网；　17 溢水管座；　18 进水阀；　19 连接管；　20 海绵圈；　21 回气管；　22 板座；　23 压力开关；　24 电源开关；　25 密封垫；　26 防水挡板；　27 扶手；　28 口塞；　29 箱体；　30 固定脚；　31 可调脚簧；　32 可调脚；　33 脚垫板；　34 可调脚螺母；　35 夹子；　36 电容器；　37 后盖板；　38 接地线；　39 电源线；　40 外排水管；　41 线圈；　42 防水盖；　43 管夹；　44 环；　45 波轮；　46 轴套；　47 螺母；　48 垫圈；　49 (1) 后吊杆；49 (2) 前吊杆；　50 连接盒；　51 固定支架；　52 垫板；　53 接地件；　54 外桶盖；　55 过滤袋；　56 内桶组件；　57 外桶组件；　58 销轴；　59 排水胶碗；　60 弹簧；　61 拉杆；　62 弹簧；　63 排水阀盖；　64 螺母；　65 支架；　66 锁钉；　67 电磁铁；　68 绝缘套；　69 电磁铁支架；　70 减速器组件；　71 离合套；　72 抱簧；　73 棘轮；　74 离合器皮带轮；　75 离合器皮带轮固定螺母；　76 三角带；　77 缓冲型盖；　78 电动机；　79 电动机皮带轮；　80 管夹；　81 内排水管；　82 平衡块；　83 接地连线；　84 衣篮；　85 脚垫板；　86 封盖；　87 盖弹簧；　88 标牌；　89 防止盖；　90 垫板；　91 海棉垫；　92 海棉垫。

(1) 拆下面板组合、波轮、洗衣桶、传动机构的方法如上。

(2) 拔下水位调节器连通管，卸下 4 只拉杆组合即可取出盛水桶。

(3) 安装时，先装好溢水管，注意不要将前后拉杆装错。

(4) 依次装上传动机构、洗衣桶、波轮、面板组合等。

以上介绍了全自动洗衣机主要部件的拆装程序和注意要点。为了进一步了解整机各部件的相互关系。本节特选摘了整机分解展开图 14—5。

5. 示波器输入探头短路或断路也是常见故障之一，一般均须更换新的输入线。

四、维修实例

例 1：一机电式程控器全自动洗衣机，开机后只能在某一程序工作，不能进入下一个程序。

分析故障原因可能有两个：一是程序控制器内的同步电机损坏；二是传动齿轮损坏。检修时，拆开程序器盖，把程序设定在洗衣位置，接通电源，观察齿轮是否转动，结果不转动。用电工测量笔测电动机两根接线处，一根有电，另一根无电，说明电动机已坏。换上同规格新电动机后，机器工作正常。

例 2：接通电源选定洗涤程序后不进水。

进水阀是控制洗衣机进水量的主要部件，它在自来水额定压力下工作，它由进水阀室、线圈、柱塞、橡皮膜、滤网和流量控制等部分构成。通电后不进水原因可能是：进水电磁阀线圈烧坏、电压过低、滤网堵死、水压过低等。断电测试电磁阀线圈完好，电压、水压也正常。经查发现过滤网严重堵塞，清除后即排除故障。

第四节　电磁灶的检修

一、基本检修程序

目前国内使用的电磁灶多是日本、韩国等产品或国内一些组装产品，在电热器具中属于大电流、高电压工作状态。产品电路差异较大，技术资料较少，维修时应遵守如下程序。

1. 了解产品的性能、特点及基本结构，仔细询问用户使用中发生故障的基本情况，尽可能阅读说明书及相关技术资料。

2. 故障的初步判断

(1) 用户反映开机烧保险，表明机内局部短路，应首先检查整流电路、变换器输出、功率件是否击穿，内部引线间短路则必须查找到短路部位，排除后方可通电检查。

(2) 开机后电路电流正常，工作一般时间后电流增加，一般说明控制电路有故障，应进一步检查。

3. 整流及功率变换输出电路的检修　这部分为故障较多的部分，应通过观察与测试各主要部件，确定故障部位予以排除。

4. 检查控制电路是否有输出，波形是否正常，若无输出应检查振荡与保护电路。检查这部分时，应采取措施使高压整流电路与这部分断开，以确保检查安全。

二、常见故障及排除方法

电磁灶常见故障原因，以及一般的维修方法见表 14—3。

表 14—3　电磁灶常见故障及检修方法

	常见故障	可能原因	维修方法
高频电磁灶	指示灯不亮，不能感应加热	1. 停电或熔断丝熔断 2. 插头、插座接触不良；电源线松脱或断线	1. 待供电正常；更换熔断丝 2. 使接触良好。若损坏，应更换或接好断线部分
高频电磁灶	指示灯亮，但不能感应加热	1.大功率高速开关半导体管损坏或风冷不良 2. 热保护器脱断 3.加热线圈、滤波电容器或谐振电容器损坏	1.更换半导体管，排除风扇故障，清除风道异物 2. 断电后应恢复常闭状态 3. 更换已坏的元器件
高频电磁灶	灶台台面裂缝，断裂探测装置失灵，使用者感觉到触电	受到强烈热冲击或机械冲击	需弥补台面并修复台面下的导电膜，恢复断裂探测装置的功能，漏电流应小于 0.5mA
高频电磁灶	耗电功率不可调	功率调节电位器活动头接触不良	修理，使其接触良好或更换新的电位器
工频电磁灶	工作时锅子振动、转动和发出噪声很大，锅子向上悬浮或转动	各磁极对锅产生的感应磁力不平衡	调整等距磁极和励磁线圈中的电流，检查励磁线圈中的串联电容，调整电容量，使两组励磁线圈中电流相位相差 90°
工频电磁灶	锅子不热或热效率差	锅体材质用错，不能用铝、铜、不锈钢质锅	改换成专用的复合锅体进行烹调

第五节　微波炉的检修

一、基本检修程序

1. 微波炉不工作

(1) 检查熔断丝

(2) 检查各开关

(3) 检查高压、低压供电电路各部件

（4）检查磁控管

2. 微波炉通电后不能加热

（1）断开变压器次级电路并检查，逐级检查初级各元件。

（2）检查变压器次级电路及磁控管。

3. 微波炉工作功率输出不正常

（1）检查功率调节电机及传动系统

（2）检查供电系统

（3）检查风机及温控器

二、常见故障判断及排除方法

普通型微波炉常见故障、原因及排除方法见表 14—4。

表 14—4　　普通型微波炉常见故障及排除方法

序号	故障	原因	排除方法
1	调节定时器熔断丝立即熔断	1. 转动电机动短路 2. 高压变压器短路	查出并更换
2	调节定时器时，熔断丝在短路时间内熔断	1. 电容器短路 2. 高压变压器短路	查出并更换
3	当炉门打开时，熔断丝熔断	联锁开关问题	检查并调换联锁开关
4	当炉门关闭时，熔断丝熔断	监控问题	检查并调换监控开关、开关杠杆、开关动杆，检查杠杆是否原位
5	微波炉使用一段时间后，玻璃盘不转，并有异味	转动电动机里面有油污和脏物，造成短路或转动轴锈牢	调换相同型号的转动电机
6	微波炉炉腔内蒸汽无法排除	故障在风扇电动机，风扇叶片与风扇电机骨架碰	清除腔内排气孔脏物，更换风扇电机，重新固定风扇叶片
7	炉腔内照明灯不亮，但能加热	照明线开路或插头脱落，灯泡坏	排除线路故障，更换灯泡
8	炉灯亮，转盘不转，能加热	转动电机损坏，固定玻璃盘子的三角支架方向放反，连接线脱落	更换转动电机，把固定玻璃盘的三角支架放正确，排除连接线脱落现象
9	门打不开	门钩错位	调整开门机构，松动二定位螺钉
10	机内打火	1. 高压线靠外壳太近 2. 炉腔内油污太多 3. 云母片烧焦	1. 高压线推向里档 2. 清除腔内油污杂物 3. 调换云母片
11	可以加热，但定时器旋钮不能回复到零位，将食物蒸煮过度	定时器损坏，定时器固定螺钉偏	更换定时器，调整定时器三个定位螺钉，使旋转 360°无阻碍
12	电源线插入插座后，熔断丝熔断	1. 联锁开关损坏 2. 电源线或导线系统短路	1. 检查并更换联锁开关、监护开关、开关杠杆 2. 更换导线

续表

序号	故障	原因	排除方法
13	炉内照明灯亮，但不能加热	1. 可能是磁控管失效 2. 二极管开路或击穿 3. 电容器开路或击穿 4. 功率分配器微动开关开路 5. 高压变压器坏等	查出并调换
14	调节定时器，炉子完全不工作	1. 无电源 2. 熔断丝断 3. 电力线或接线系统开路 4. 门上钩与联锁开头开路	1. 检查电源 2. 检查熔断丝 3. 更换或修理接线 4. 调整门上钩与联锁开关成通路

三、WL—5001 主要部件拆装程序

1. 外壳拆装　拔下电源开关，用旋具取下外罩上的固定螺钉，后推取下外壳。装外壳时外壳与腔体安装应接插良好，固定上螺钉即可。

2. 炉门组件的拆装

(1) 将腔体铰链处的固定螺钉取下。

(2) 启动一下门按钮，使门钩脱出。

(3) 把上铰链连同门拉出腔体，取出门下铰链的尼龙垫圈。

安装时以反顺序进行。

3. 控制面板的拆装

(1) 拔出定时器功率分配器旋钮和启动开关上的接线插头。

(2) 取下固定控制板的螺钉。

(3) 取下控制面板。

安装时以反顺序进行。

4. 磁控管的拆装方法

(1) 先拆去外壳，并使高压电容器放电。

(2) 拆下热保护器。

(3) 取下固定磁控管螺钉，取下磁控管。

安装时顺序相反，注意要与复位周围部件衔接。

整机拆装分解图见图 14—6。

四、维修实例

例 1：普通型三星牌微波炉，通电即烧熔断丝。

故障现象说明电路内部有短路，先断开变压器次级，通电后指示灯亮，托盘转，风机运转正常。进一步断电检查次级电路各元件，发现高压硅堆击穿，更换新件后故障排除。

例 2：WL—5001 微波炉开机指示灯亮，托盘转，但放入的食品不能加热。

故障现象表明高压变压器初级以前电路正常，断电检测，次级电路电容高压硅堆均正常，变压器次级线圈也正常，判断可能是磁控管老化。拔下电源，拆下外罩，将电容器放电，拆去磁控管灯丝接线柱上引线，取下热保护器，再卸下磁控管。更换新管子后，复查线路，关

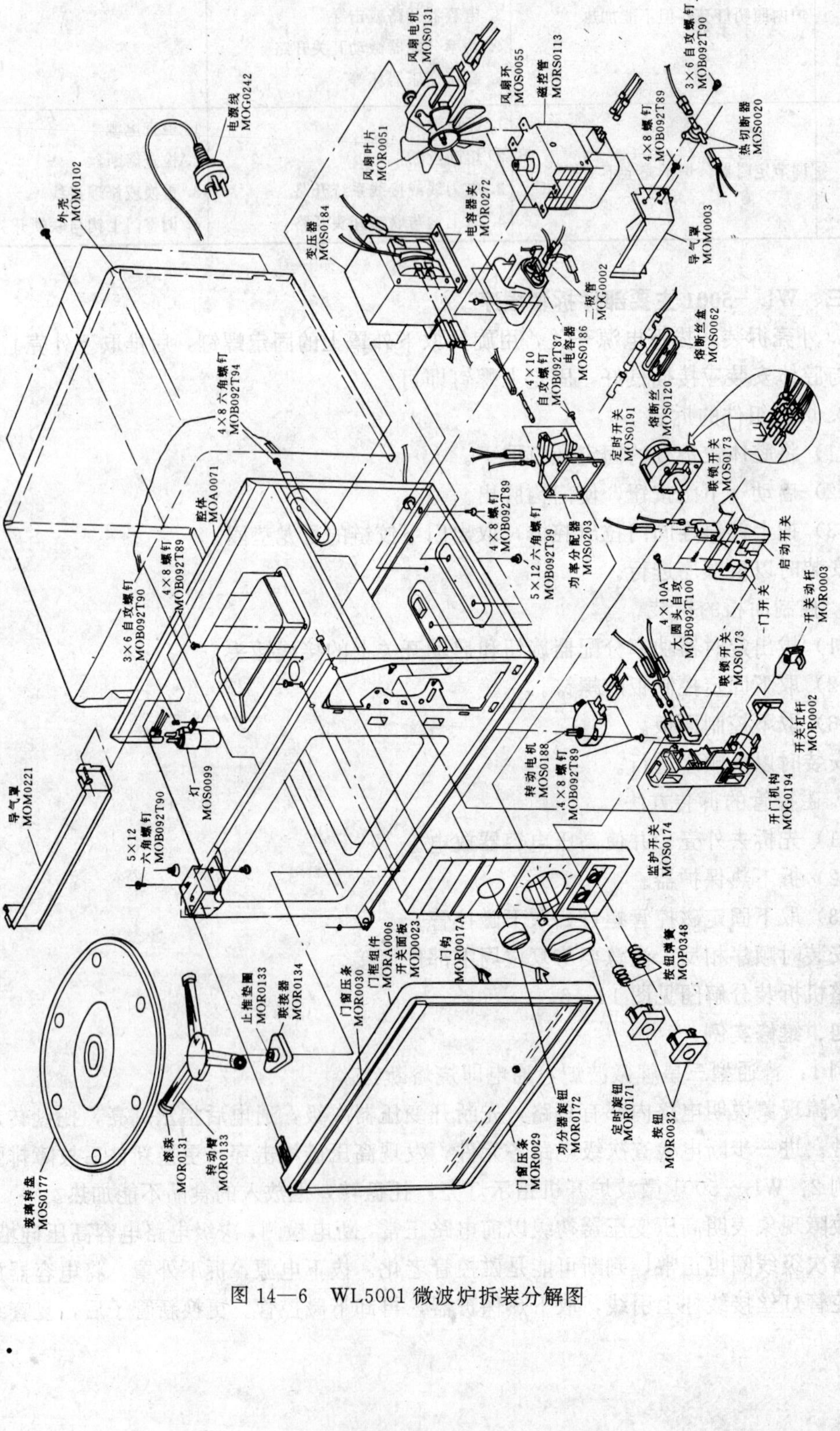

图 14—6　WL5001 微波炉拆装分解图

门，放入加热样品，通电试机，工作正常，故障排除了。

第六节　常用元器件的更换

一、常用控制电路元件

1. 光电器件

（1）砷化镓红外发光二极管型号：BT401058

特点：采用带反射腔的引线条和砷化镓红外管芯，能将管芯侧面的红外线集中，增加了器件的法向光功率，具有光线束集中，法向光功率较强的特点。

用途：用于各类光电转换的传感器，家电控制中常用于遥控器的遥控发射器中。

参数见表 14—5。

（2）红外接收光电二极管型号：GDCK302、PH302（NEC）、TPS703（Toshiba）

特点：红外接收光电二极管与砷化镓红外发光二极管 BT401058 配套使用，采用 PIN 结构，光灵敏度较 PN 结构提高一倍。反偏压大于 5V 时，结电容不大于 20PF，适用于高频。采用透红外塑料包封，能抑制可见光干扰。芯片面积大，灵敏度高。平面封装，全方位受光。

参数见表 14—6。

表 14—5　　砷化镓发光二极管性能参数

型　号	极限参数			
	P (mW)	P_{FM} (mA)	V_R (V)	I (A)
BT 401158	150	100	5	1

型　号	电参数		光参数		
	V_F (V)	I_R (μA)	P (mW)	λ_p (nm)	$\triangle_\lambda$ (nm)
	$I_F=50$mA	$V_R=5$V	$I_F=50$mA	$I_F=50$mA	$I_F=50$mA
BT 401158	≤1. 45	≤10	≤3. 75	940	10

表 14—6　　红外遥控接收光电二极管性能参数

参数名称	符号	单位	测试条件	典型值	极限值	
					最小	最大
暗电流	I_D	μA	$U_R=10$V　$E_V=0$	10	—	30
短路光电流	I_L	μA	$U_R=5$V　$E_V=1000$L$_x$	48. 5	34	—
峰值灵敏度波长	λ_P	nm	$U_R=10$V	960	—	—
开路光电压	U_L	mV	$E_V=100$Lx　$E_V=1000$L$_x$	285 365	—	—
上升时间	t_r	ns	$R_L=1$kΩ　$U_R=5$V	125	—	—

续表

参数名称	符号	单位	测试条件	典型值	极限值	
					最小	最大
下降时间	t_f	ns	$\lambda=960nm$ $f=1kHz$	50	—	—
结电容	C_i	pF	$U_R=5V$ $f=1MHz$	14	9	19
反向击穿电压	V_{RR}	V	$E_F=0$	30	—	—

2. 双向晶闸管　在家用电动、电热器具中需要交流调压和交流电压通断的电路控制中，大量应用了双向晶闸管和双向触发二极管。国产双向晶闸管 3CTS 和双向触发二极管 2CTS 参数见表 14—7。

表 14—7　　2CTS 双向触发二极管参数

参数名称及符号	峰值电流 I_P	转折电流 I_{BU1} (I_{BO2})	转折电压 U_{B01} (U_{B02})	转折电压对称度 $\triangle U_{BO}$	峰值电压 U_P
单位	A	μA	V	V	V
2CTS2	±2	≤50	26～40	$\|U_{BO1}-U_{BO2}\|\leq 3$	≥5

表 14—8　　3CTS 电参数

参数名称	通态有效电流	峰值关态电压	峰值关态电流	通态浪涌电流	通态电压	控制极触发电流	控制极触发电压	控制极最大功耗
符号	I_T	U_{DRM}	I_{DRM}	I_{ISM}	U_T	I_{GT}	U_{GT}	P_{Gm}
单位	A	V	mA	A	V_2	mA	V	W
3CTS401A	0.8	200	0.5	22	1.5	50	2	3
3CTS401B	0.8	400	0.5	22	1.5	50	2	3
3CTS401C	0.8	600	0.5	22	1.5	50	2	3
3CTS401D	0.8	800	0.5	22	1.5	50	2	3
测试条件	50Hz 电源电阻负载正负半周导通角分别大于 170°和 350°	$I_{DRM}=0.5mA$	$U_{DM}=U_{DRM}$	50Hz 一周期正弦半波峰值，待结温稳极定后测另一性方向	通 I_T 至结温稳定后测试	$U_{DM}=12V$ $R_C=100\Omega$	$U_{DM}=12V$ $R_C=100\Omega$	$f\geq 50Hz$ 占空比≤10

参数名称	控制极平均功耗	控制极最大电流	维持电流	结温	存贮温度	外形图
符　号	P_G	I_{Gm}	I_H	T_i	T_S	
单　位	W	A	mA	℃	℃	
3CTS401A	0.2	1.2	25	125	−40～+125	To—92
3CTS401B	0.2	1.2	25	125		
3CTS401C	0.2	1.2	25	125		
3CTS401D	0.2	1.2	25	125		
测试条件	通 I_T 至结温稳定	$f\geq 50Hz$ 空比≤10%	$V_D=24$			

续表

参数名称	通态有效电流	峰值关态电压	峰值关态电流	通态浪涌电流	通态电压	控制极触发电流	控制极触发电压
符号	L_T	U_{DRM}	I_{DRM}	I_{TSM}	V_T	I_{GT}	V_{GT}
单位	A	V	mA	A	V_2	mA	V
3CTS1ABC	1	400～500 500～700 700～1000	≤1	≥10	2.2	≤50*	≤3
3CTS2ABC	2	400～500 500～700 700～1000	≤1	≥20	3.2	≤50*	≤3
3CTS3ABC	3	400～500 500～700 700～1000	≤1	≥30	2.2	≤50*	≤3
3CTS4ABC	4	400～500 500～700 700～1000	≤1	33.6	≤2.2	≤50*	≤3
3CTS5ABC	5	400～500 500～700 700～1000	≤1	420	≤2.2	≤50*	≤3
测试条件	50Hz 电源电阻负载正负半周导通角分别大于170°和350°	$I_{DR}=1mA$	$U_{DR}=U_{DRM}$	50Hz 一周期正弦半波峰值，待结温稳定后测另一极性方向	通 I_T 至结温稳定后测试	$v_{DM}=12V$ $R_C=100\Omega$	$v_{DM}=12V$ $R_C=100\Omega$

注：* I_{GT}≤15mA 为白点，≤30mA 为黄点，≤50mA 为红点。

控制极最大功耗	控制极平均功耗	控制极最大电流	维持电流	断态电压上升率	结温	存贮温度
P_{GM}	P_G	I_{GM}	I_H	dU/d_t	T_i	T_s
W	W	A	mA	V/μs	℃	℃
≥3	≥0.3	±0.5	≤5		125	−40～+125
≥3	≥0.3	±0.5	≤5			
≥3	≥0.3	±0.5	≤5			
≥3	≥0.3	±0.5	≤5	≥20		
≥3	≥0.3	±0.5	≤5	≥20		
f≥50Hz 占空比≤10%	通 I_T 至结温稳定	f≥50Hz 占空比≤10%	$V_D=24$			

二、电子器件、集成电路的在线简易测量

在维修电子控制的家用电动、电热器具中，常要判别故障部位的电子元器件是否工作正

常，以判断该器件是否损坏，不可能将元器件一一拆下进行测量。常常需要在通电工作情况下，通过测量它们和自管脚的工作电压、输出波形来判断器件是否正常，这就是所谓在线测量的主要含义。常用的方法是：

1. 用万用表（数字万用表更好，因其输入阻抗高，对被测电路影响较小）测量二极管正、负极的电压，判别其是否正常（通常硅管正向压降在 0.5V～0.7V 左右）。通过测量三极管的发射极、基极、集电极电压差别其是否正常，是处在放大、饱和、截止哪个工作状态；通过测量集成电路各管脚的直流工作电平，对照电路图来判断其外围电路及其本身是否工作正常。

2. 利用示波器测波形　控制电路中的振荡器、脉冲分配器等信号发生器件，在带电工作状态下通过测量其输出波形，可判别器件本身和外围电路的故障。

一般通过在线测量排除外围电路故障，并确定电子元器件确实损坏时，最后才拆下集成电路一类的器件予以更换。

第五部分　高级维修工知识要求

第十五章　相关基础知识

第一节　家用电动器具的电动机绕组

一、单相异步电动机绕组

单相交流电动机种类很多，家用电动器具常用的有电容运转式电动机（洗衣机）、电容启动型电动机（电风扇）、交流串励电动机。工作原理前面已经介绍，本节重点介绍其绕组的绕组展开图、接线图。

1. 洗衣机定子绕组　定子绕组是用高强度漆包线绕制而成的，嵌入定子槽内。电机每一个绕组的匝数和导线的截面积，都是按额定功率、槽的截面积和转速等有关参数设计的。洗衣电动机的定子大多是 4 极 24 槽，定子绕组采用特殊的正弦绕组。导线数按正弦规律分布，使磁通在气隙中的分布接近正弦。定子绕组只有大线圈和小线圈两种线圈，嵌线方法有两种，都是单双层同心绕组。图 15—1 是两种嵌线方法的展开图。

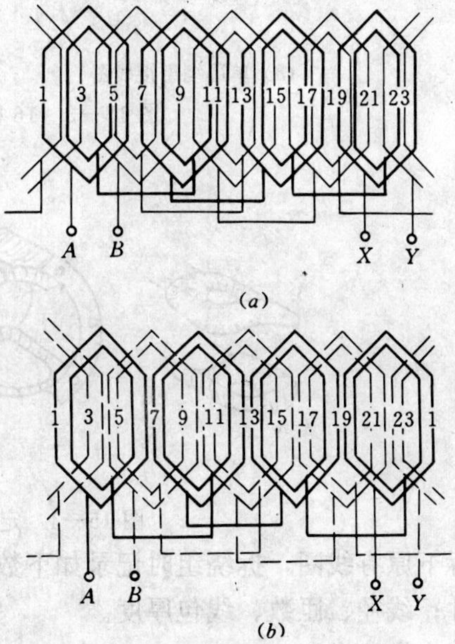

图 15—1　洗衣机定子绕组展开图

2. 风扇电动机绕组　电风扇常用的电容运转式电动机的定子铁心，由 0.5mm 厚的硅钢片叠压而成，内圆上冲有槽口，常用的有 4 极 8 槽和 4 极 6 槽两种。它们的绕组展开图和接线图见图 15—2、图 15—3。

二、单相串励电动机

单相串励电动机主要由定子、电枢、换向器刷握、机壳和轴承组成。

1. 定子与励磁绕组　图 15—4 是定子铁心和励磁绕组的外形图，磁绕组为集中绕组。重绕励磁绕组的步骤如下：

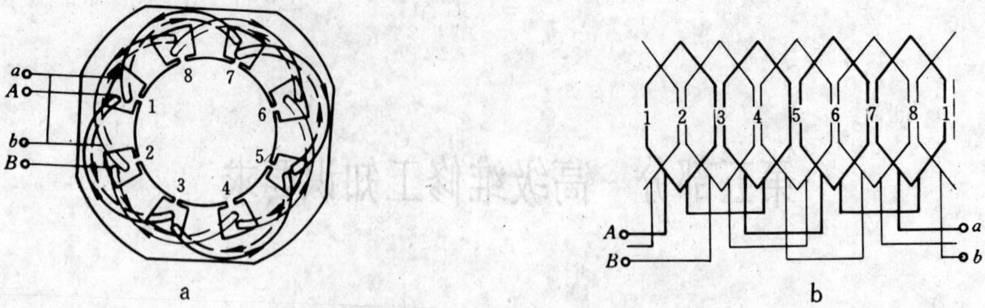

（*a*）双层绕组接线图　　　　　（*b*）双层绕组展开图

图 15—2　8 槽 4 极定子绕组

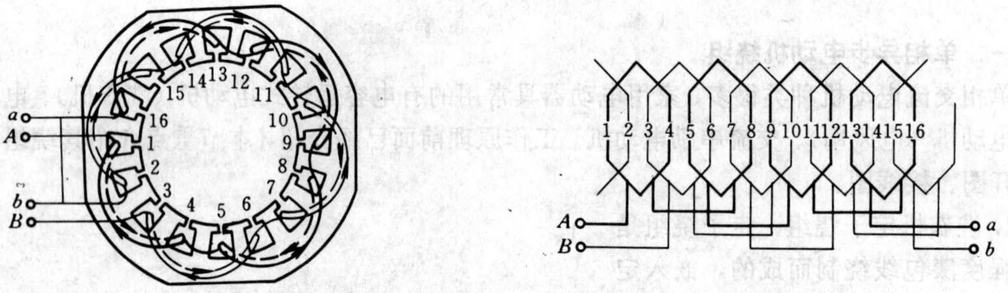

（*a*）单层绕组接线图　　　　　（*b*）单层绕组展开图

图 15—3　16 槽 4 极单层绕组

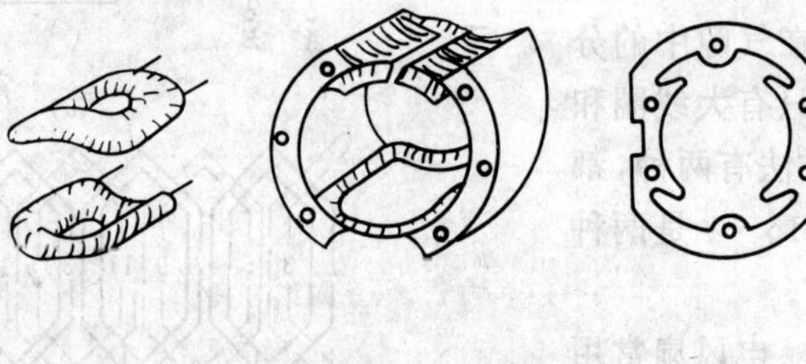

图 15—4　定子与励磁绕组

（1）拆下原有线圈，拆绕组时记录如下数据：绕组内层最小线圈长宽尺寸；外层最大线圈长宽尺寸；线径、匝数、线包厚度。

（2）制作绕线模板。

（3）绕制绕组。

（4）浸漆、检测、安装。

2. 电枢绕组　单相串励电动机功率大于 200W 的单相串励电动机是四极的，而四极串励电动机的电枢绕组大多为所谓波绕组。图 15—5 是 25 槽 4 极电枢的接线图和展开图。

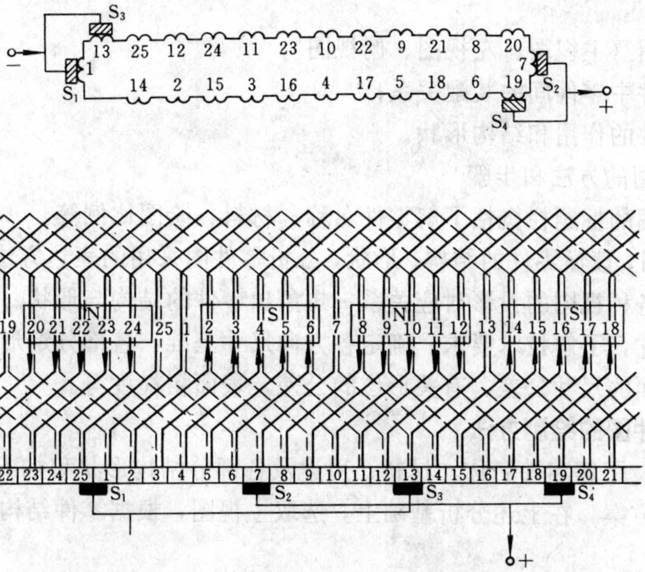

(*a*) 接线图　　　　(*b*) 单波绕组展开图

图 15—5　25 槽 4 极电枢单波绕组

三、永磁直流电动机的绕组

永磁式直流电动机定子用永久磁铁制成，没有定子绕组，它的电枢由铁心和电枢绕组构成。永磁电动机主要用在电吹风和电动剃须刀中，其电枢绕组多采用单迭绕组。图 15—6 为 12 槽电枢的单迭绕组展开图。

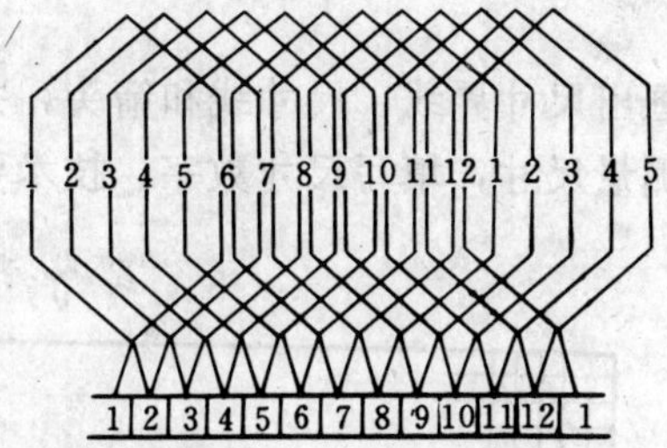

图 15—6　电枢单迭绕组展开图

第二节　机械制图知识

一、识图的基本知识

人们将图纸称为“工程语言”，一个技术工人必须了解、掌握这种“工程语言”，必须掌握制图的一般规则，制图和识图都要遵循共同的技术规定才能进行技术交流和指导生产。本节仅仅介绍识图和绘制零件图的一般性常识，详细内容可参阅机械制图教科书。

1. 机械图的主要内容

(1) 图形—表示机械或零件的形状结构。

(2) 尺寸——说明机器或零件的大小。

(3) 技术要求——提出的技术措施要求

(4) 标题栏

2. 识别装配图的方法和步骤

(1) 概括了解部件用途、性能和规格；

(2) 了解部件的组成；

（3）分析视图（主视图、左视图、俯视图）；

（4）了解部件中零件间的装配关系；

（5）分析零件的作用和结构形状。

3. 识别零件图的方法和步骤

（1）从零件图的标题栏概括了解零件名称、材料、绘图比例等。

（2）分析视图，读懂零件的结构、形状，分析零件图采用的表达方法，如选用的视图、剖视图方法。利用各种视图的投影对应关系，想象出零件的结构与形状。

（3）分析尺寸，了解技术要求。确定各方向尺寸基准，各部分定形尺寸、定位尺寸及总体尺寸，配合表面的尺寸公差、有关形位的公差、表面粗糙度等。

二、机械零件图的绘制方法

1. 零件分析　了解零件名称、材料、用途及各部分结构形状和加工方法等。

2. 确定表达方案　在上述分析基础上，选取主视图，根据零件结构特征等确定其他视图表达方法。

3. 画零件草图

（1）画出图框、标题栏框，进行布局，画出作图的基准线，以确定各视图的位置。

（2）采用恰当的表达方法，按投影的对应关系画出各个视图，表达零件的各部分结构形状。

（3）画出尺寸界线、尺寸线和箭头，并加深粗实线。

（4）测量尺寸，填写尺寸数字、技术要求和标题栏。画零件图步骤如图 15—7 所示。

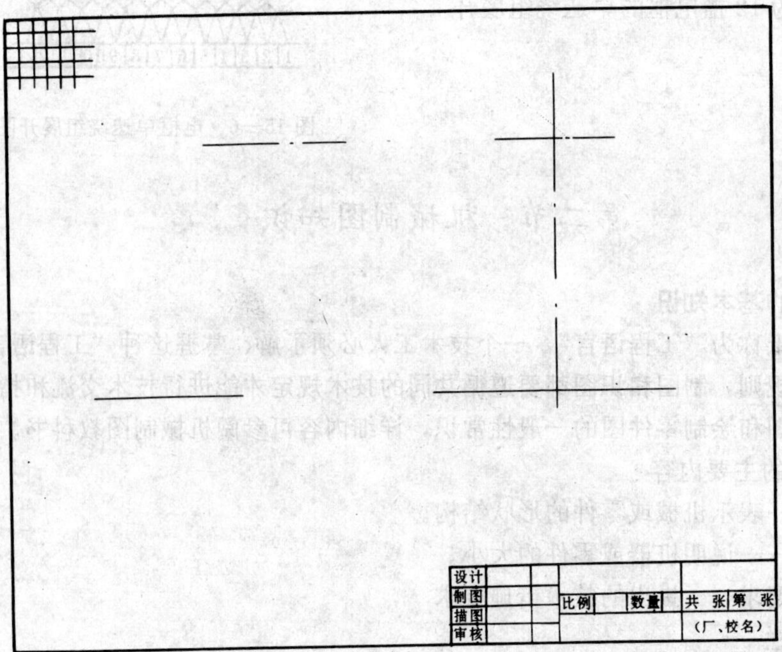

(*a*)

(*a*) 画各视图基准线

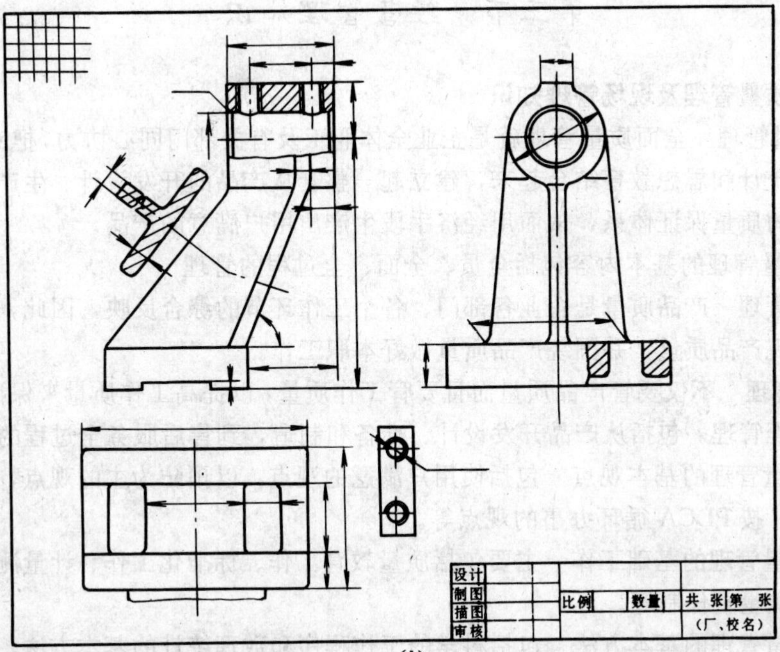

(*b*)

(b) 画各视图剖视图、尺寸图

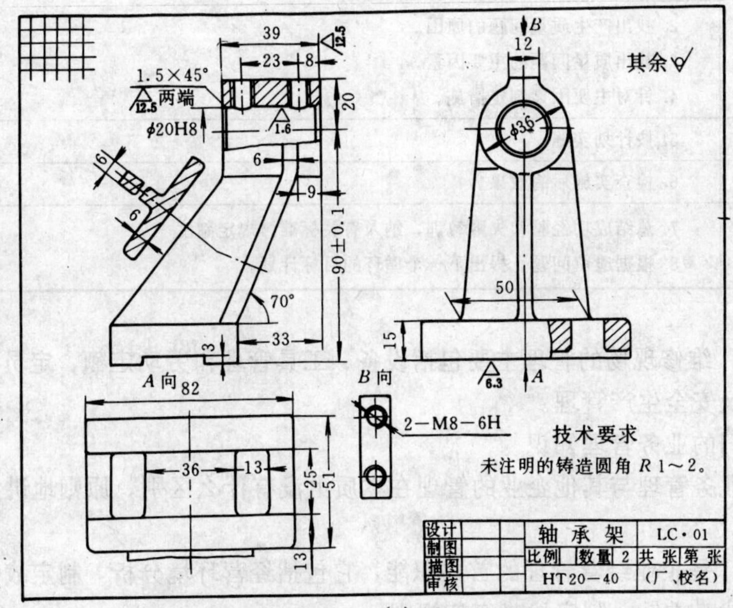

(*c*)

(c) 填写尺寸、技术要求和标题

图 15—7　画零件图步骤

第三节　经营管理知识

一、全面质量管理及现场管理知识

1.全面质量管理　全面质量管理就是企业全体职工及有关部门同心协力，把专业技术、经营管理、数理统计和思想教育结合起来，建立起一整套从产品的开发设计、生产制造到售后服务的全过程的质量保证体系，从而用经济手段生产出用户满意的产品。

2. 全面质量管理的基本内容包括全员、全面、全过程的管理

(1) 全员管理　产品质量是企业各部门、各个工作环节的综合反映，因此，每一个职工必须关心和重视产品质量，并围绕产品质量做好本职工作。

(2) 全面管理　不仅要管产品质量而且要管工作质量，以提高工作质量来保证产品质量。

(3) 全过程管理　包括从产品开发设计、准备和制造，到售后服务全过程的质量管量。

3. 全面质量管理的基本观点　包括使用户满意的观点，以预防为主的观点，以事实和数据讲话的观点，按 PDCA 循环办事的观点等。

4. 全面质量管理的基础工作　主要包括质量教育工作、标准化工作、计量测试工作、质量信息工作和质量责任制等。

5. 全面质量管理的基本方法　包括科学的工作程序和数理统计的基本方法，这里仅介绍常用的 PDCA 循环法。美国人戴明将其概括为四个阶段、八个步骤，见表 15—1。

表 15—1　　PDCA 的四个阶段、八个步骤

四个阶段	八　个　步　骤
一、计划（P）	1. 分析现状，找出存在的质量问题。 2. 找出产生质量问题的原因。 3. 找出质量问题的主要因素。 4. 针对主要因素制定措施。
二、实施（D）	5. 按计划实施。
三、检查（C）	6. 检查实施后的效果。
四、处理（A）	7. 总结成功经验和失败教训，纳入有关标准，规定制度 8. 根据遗留问题，提出下一个循环的目标计划。

6. 现场管理　维修现场的管理主要包括设备、工具管理和劳动定额、定员、奖惩、纪律组成的劳动管理及安全生产管理。

二、维修部门的业务管理知识

维修部门的业务管理与其他企业的管理在本质上没有什么区别，原则地讲它包括五个方面的职能：

1. 战略职能　是企业经营管理的首要职能，它包括经营环境分析，制定战略目标，选择战略重点，制定战略方针，制定战略实施规则。

2. 决策职能　企业经营优劣成败，完全决定于决策。决策正确，企业优势得以发挥，在竞争中以独特的经营方式取得优势。决策失败，将使企业长期陷于困境中。

3. 开发职能　企业必须拥有一流人才、一流的技术，在人才、服务、市场开发等方面要

出类拔萃，才能适应目前的市场竞争。

4. 财务职能　指资金筹措、运用与增殖过程，以上各职能都必须以财务职能为基础。

5. 公共关系职能　包括与厂商关系，与竞争者关系，与顾客关系，与政府机关、新闻媒介的关系等。

三、本部门的经济核算

1. 经济核算指标　包括产品品种、产量、质量、产值、利润、成本、消耗、劳动生产率、资金利用率等指标。维修部门宜采用自计盈亏投入产出的方式进行经济核算，考核后即反映维修收入补偿支出后获得的内部利润，这种方式评价观念强，激励性能较好。

2. 维修部门采用限额核算形式　因维修作业不固定，只能按照下达的任务确定工时和材料费用限额，实行限额核算，也可以进行估工核算。

3. 经济核算方法　维修部门宜采用个人或班组价值核算法，用货币金额来反映班组或个人的经济成果，也就是计算出班组或个人的成本和利润。简单地讲就是自计盈亏，以收抵支的经济核算原则在企业内部的运用。班组或个人创利核算格式见表15—2，利润计算公式如下：

维修收入＝完工合格品数量×内部结算价格

完工产品成本＝材料＋工资＋费用

内部利润＝维修收入－维修完工产品成本

表 15—2　　**班组（个人）创利核算台帐**

日期	项目	数量 正	数量 次	数量 废	收入（元）本厂	收入（元）外协	支出（元）原料	辅料	动力	工资	折旧	修理	机物料	低值	劳防	其他	小计	利润（元）	工时（小时）制度	工时（小时）投入
1	2#轴	30			120.00		90.00	1.00	1.20	4.50	1.20	1.00	0.05	0.02	1.10		100.07	19.93	8	4
	4#轴	20			140.00		100.00	1.00	1.30	4.50	1.20	1.00	0.05	0.30	1.10		110.45	29.55		4
2	3#轴	25			151.60		139.52	0.25	1.00	2.50	1.37	0.80	0.15	0.70			146.29	5.39	8	8
⋮					⋮												⋮			
	合计				2536.70		2273.10	31.50	25.30	120.00	35.20	30.00	2.30	11.20	8.10		2354.3	182.4	200	180

注：①动力费＝设备配套功率×使用时间。②折旧、修理费按规定提成率计算。

月终结算收入和支出，计算内部利润或亏损。

四、重大事故的预防和处理

1. 电器失火和人身触电的预防

(1) 掌握电器失火和触电事故发生的规律，有针对性的采取措施，制定相应的规章制度。

(2) 严格维修操作规程和消防条例。

(3) 加装防触电的监控漏电开关、防过流的限电器等监控措施。

2. 重大事故的应急处理

(1) 发生电器失火事故时，应首先拉开电源开关，切断电源，不能在通电情况下用水灭火，可用二氧化碳或干粉灭火器扑救。

(2) 当触电人不能摆脱电源时，抢救者应站在绝缘物体上，用绝缘物品将手包住，再帮助触电者尽快脱离现场，以免自己触电。

(3) 经验证明，触电的紧急救护不宜注射强心针，进行人工呼吸和心脏按摩才是行之有效的办法。对于心脏停止跳动的触电者，一分钟内实施抢救的，救活率可达 90%以上，而 6 分钟后实施抢救的，其复活率在 10%以下。所以救护触电人员，应动作迅速，方法得当。

第十六章　数字电路技术基础

第一节　数字电路基础

一、数字电路的基本概念

通常把工作于数字信号下的电子电路，称为数字电路。在数字电路中，基本工作信号是二进制的数字信号，它的变化在时间上和数值上都是不连接的。例如，记录自动生产线上产品的数量，这就是数字量。而我们以前学过的电子电路，电信号的变化在时间上和数值上都是连续的，我们称为模拟信号。例如，利用热电偶测量炼钢炉中的温度，测得的电压就是模拟信号。

数字电路只有“0”和“1”两个基本数字，反应在电路上就是高电平和低电平两种状态。因此，数字电路对元件精度的要求并不高，允许有较大的误差，只要能区分“0”和“1”两种状态就可以了。

在数字电路中，研究的重点是输入信号的状态（“0”或“1”）和输出信号的状态（“0”或“1”）之间的相互关系，即逻辑关系。数字电路的逻辑关系可通过逻辑代数进行分析。

二、基本逻辑门电路

在数字电路中，门电路是最基本的逻辑元件，所谓“门”，就是一种开关，它能实现一些基本的逻辑关系。最基本的逻辑关系可归结成与、或、非三种。所以基本逻辑门电路有“与”门、“或”门、“非”门。

1.“与”门　当决定一件事情的各个条件全部具备时，这件事情才会发生，这样的因果关系我们称之为与逻辑关系。那么，实现与逻辑关系的电路，称为“与”门，电路组成和符号如图16—1所示。

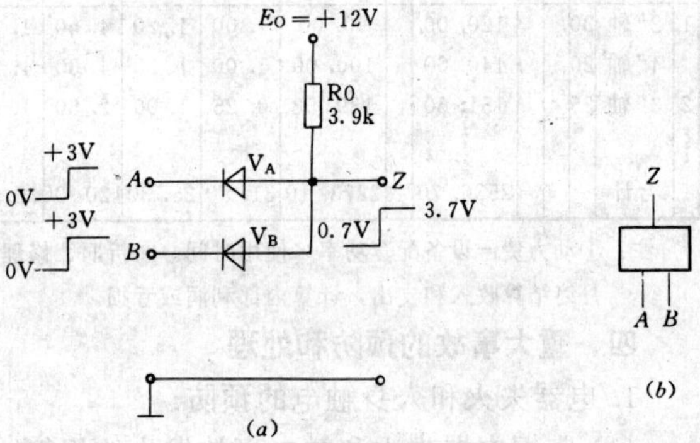

图16—1　二极管“与”门

图中A，B为输入信号，它们的低电平为0V，高电平为5V。

(1) $A=B=1$，即均为高电平。由于电源E_0经电阻R、二极管V_A、V_B向输入端提供电流，所以，输出端Z的电位是：

$U_Z=U_A+U_D=3+0.7=3.7V$

(2) $A=1$，$B=0$，即一高电平、一低电平。由于U_A、U_D的电位不同，使得V_B首先导通，这样输出端Z的电位是：

$U_Z=U_B+U_{DB}=0+0.7=0.7V$

而$U_{DA}=U_Z-U_A=0.7-3=-2.3V$

使得二极管 V_A 反向截止。

(3) $A=0$，$B=1$，即一低电平、一高电平。情形和 (2) 中相同，只是 V_A 导通，V_B 截止，这样输出端 Z 的电位是：

$$U_Z=U_A+U_{DA}=0+0.7=0.7\ (\text{V})$$

(4) $A=B=0$，即均为低电平。二极管 V_A、V_B 都处在导通状态，输出端 Z 的电位是：

$$U_Z=U_A+U_D=0+0.7=0.7\ (\text{V})$$

可见，只有输入全为“1”时，输出才为“1”，否则为“0”。与“门”的逻辑表达式为：

$$Z=A\cdot B$$

也可用真值表来表示，如表 16—1。所谓真值表，就是能够完整表达所有逻辑关系的表格。

2.“或”门　当决定一件事情的各个条件中，只要具备一个或者一个以上的条件时，这件事情就会发生，这样的因果关系我们称之为或逻辑关系，那么，实现或逻辑关系的电路称为“或”门。

电路组成和符号如图 16—2 所示。

表 16—1　“与”门的逻辑真值表

A	*B*	*Z*
0	0	0
0	1	0
1	0	0
1	1	1

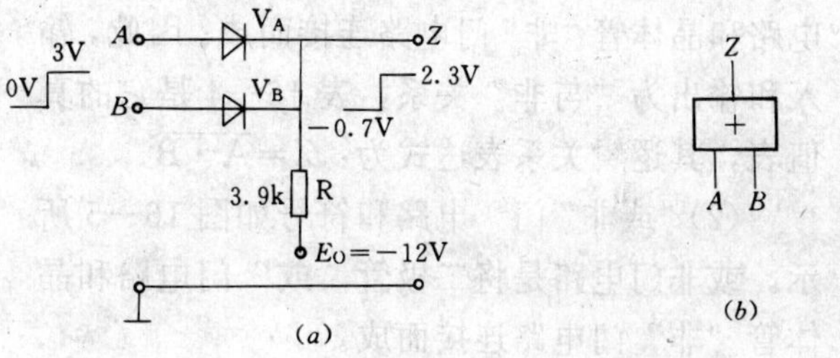

图 16—2　二极管“或”门

图中 *A*、*B* 为输入信号，它们的低电平为 0V，高电平为 3V。

同样，类似于二极管“与”门的分析，我们可知，只有输入有一个或者一个以上为“1”时，输出才为“1”，否则为“0”。“或”门的逻辑表达式为：$Z=A+B$

表 16—2 是“或”门真值表。

表 16—2　“或”门的逻辑真值表

A	*B*	*Z*
0	0	0
0	1	1
1	0	1
1	1	1

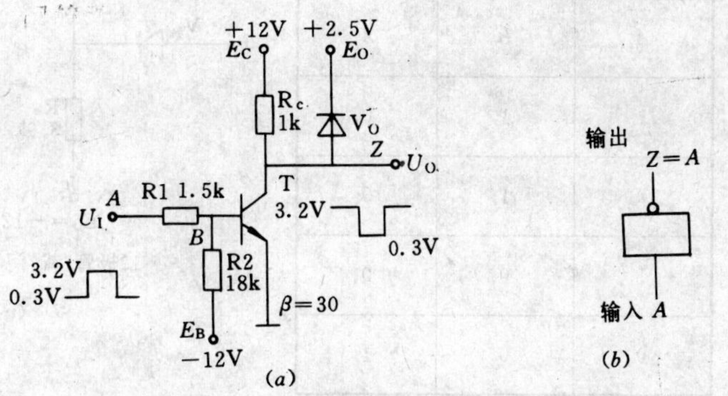

图 16—3　“非”门

3.“非”门　非就是反，就是否定，实现非逻辑关系的电路称为“非”门。电路组成和符号如图 16—3 所示。

此为晶体管共发射极电路，输出与输入相位相反，三极管工作在开关状态，以实现非的逻辑功能。输入为“1”，输出为“0”；输入为“0”，输出为“1”。“非”门的逻辑表达式为：

$$Z=\overline{A}$$

表 16—3 是“非”门真值表。

4. 复合门电路　利用基本逻辑门的电路可以结合成复合门电路。

（1）“与非”门　电路和符号如图 16—4 所示。

表 16—3　　“非”门的真值表

A	Z
0	1
1	0

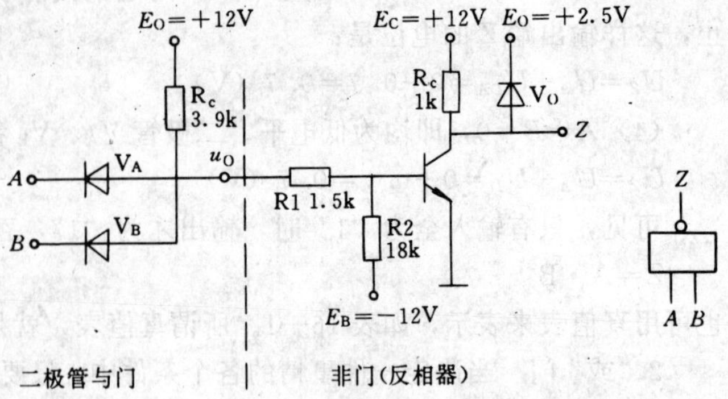

图 16—4　“与非”门电路

“与非”门电路是将二极管“与”门电路和晶体管“非”门电路连接而成。因此，输入和输出为“与非”关系，表 16—4 是它的真值表，其逻辑关系表达式为：$Z=\overline{A\cdot B}$

表 16—4　　与非门的真值表

A	B	Z
1	1	0
0	1	1
1	0	1
0	0	1

（2）“或非”门　电路和符号如图 16—5 所示。或非门电路是将二极管“或”门电路和晶体管“非”门电路连接而成。因此，输入和输出为“或非”关系，表 16—5 是它的真值表，其逻辑关系表达式为：$Z=\overline{A+B}$

表 16—5　“或非”门的真值表

A	B	Z
1	1	0
0	1	0
1	0	0
0	0	1

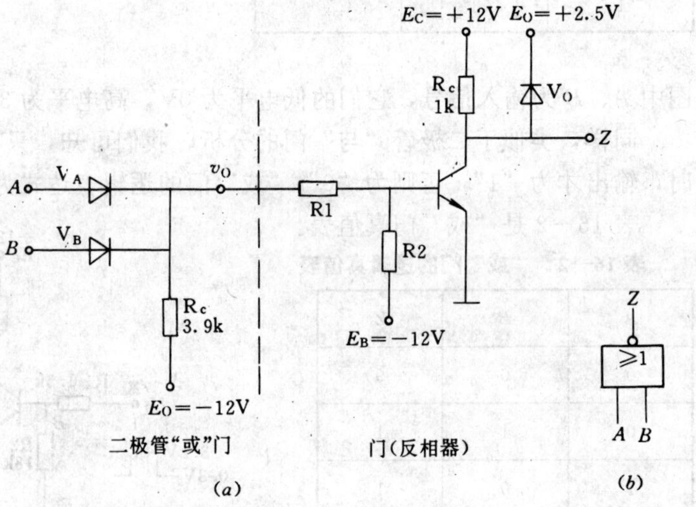

图 16—5　“或非”门电路

三、集成门电路

以上我们所讲的逻辑电路都是由分立元件组成，而在数字技术领域里，目前广泛采用数字集成电路。在数字集成电路中，输入和输出端电路的结构形式都采用了半导体三极管，这种晶体管——晶体管逻辑电路，简称 TTL 电路，而目前应用最广的就是 TTL“与非”门电路。

1. 电路的组成　图 16—6 是 TTL“与非”门的典型电路。它由三部分组成：多发射极三

极管 V_1 和电阻 R_1 组成输入极，主要起“与”门作用；V_2 和 R_2、R_3 构成中间级，主要起“非”门作用，V_3、V_4、V_5 和 R_4、R_5 组成输出级，主要为改善输出特性。

2. 工作原理　我们定量地估算图 16—6 所示 TTL“与非”门电路中各点的电位，以分析其逻辑关系。

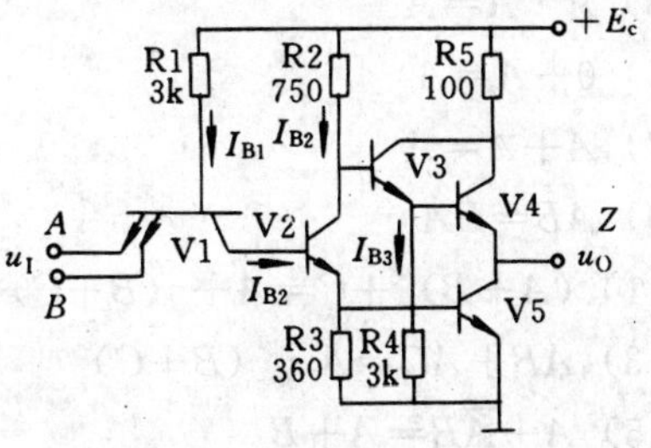

图 16—6　TTL“与非”门电路

电阻单位 Ω

(1) 输入全为高电平　当输入端全接高电平 (3.6V) 时，电源 E_0 通过 R_1 和 V_1 的集电极向 V_2 和 V_5 提供基极电流，使用 V_2 和 V_5 饱和，输出为低电平。此时

$U_{B1}=U_{BC1}+U_{BE2}+U_{BE5}=0.7\times3=2.1$ (V)

V_1 发射结处于反向偏置，而集电极处于正向偏置，所以 V_1 处于发射结与集电结倒置使用的放大状态。由于 V_2 和 V_5 饱和导通，输出端 $U_{C5}=U_0=0.3$V，可估算：

$Uc_2=U_{ces_2}+U_{b5}=0.3+0.7=1$ (V)

式中 U_{ces2} 是晶体管 V_2 的饱和压降。

$U_{b3}=U_{C2}=1$ (V)

此值大于 V_3 的发射结正向电压，使 V_3 导通。于是 $U_{e3}=U_{b4}=Uc_2-0.7=0.3$ (V)，所以 V_4 必然截止，是实现了“与非”的逻辑关系：“输入全高，输出为低。”

(2) 输入有低高电平　当输入端有一个（或几个）低电平 (0.3V) 时，V_1 的发射极导通，基极电位为：

$U_{b1}=0.3+0.7=1$ (V)

U_{b1} 加在 V_1 的集电结和 V_1、V_3 的发射结上，使 V_3 和 V_5 截止，输出为高电平。此时 U_c 通过 R_2 向 V_3 提供基极电流，使 V_3 导通，即：

$U_c=I_{B3}R_2+U_{be3}+U_{e3}$

因 $I_{E3}R_5\gg I_{B3}R_2$，可忽略 $I_{B3}R_2$ 所以：$U_{e3}=U_0-U_{be3}=5-0.7=4.3$ (V)

而 $U_{b4}=U_{e3}$，所以 V_4 导通得

$U_0=U_{e4}=U_{b4}-U_{be4}=4.3-0.7=3.6$ (V)

同样也实现了与非门的逻辑关系：“输入有低，输出为高”。

四、逻辑代数

逻辑代数是分析和设计数字电路的数学工具。在逻辑代数中，有些运算规则和普通代数是一样的，有些则完全不同，在学习时应加以注意。

1. 逻辑函数和常用逻辑运算公式　学过门电路以后，我们知道，最基本的逻辑运算有三种：一是“与”运算——逻辑乘法运算；二是“或”运算——逻辑加法运算；三是“非”运算——逻辑求反运算。相应的门电路就是“与”门、“或”门和“非”门。这些电路都只有相应的逻辑表达式，包括输入逻辑变量 A、B、C……，输出逻辑变量 Z，我们称 Z 是 A、B、C……的逻辑函数，写成：

$Z=F(A, B, C\cdots\cdots)$

在逻辑函数中，无论是变量还是函数，都有两个取值，常以“0”和“1”表示。其含义并不是表示数值的大小，而是表示两种不同的状态。

逻辑代数的运算规则及由此推导出的运算公式很多，下面只列出最常用部分。

(1) $0\cdot A=0$　　(2) $1\cdot A=A$

(3) $A\cdot A=A$　　(4) $A\cdot \overline{A}=0$

(5) $0+A=A$　　(6) $1+A=1$

(7) $A+A=A$　　(8) $A+\overline{A}=1$

(9) $AB=BA$　　(10) $A+B=B+A$

(11) $(A+B)+C=A+(B+C)$　　(12) $(A\cdot B)\cdot C=A\cdot(B\cdot C)$

(13) $AB+AC=A\cdot(B+C)$　　(14) $A+AB=A$

(15) $A+\overline{A}B=A+B$　　(16) $\overline{A\cdot B}=\overline{A}+\overline{B}$

(17) $\overline{A+B}=\overline{A}\cdot\overline{B}$　　(18) $(A+B)(A+C)=A+BC$

这些规则中有些是很明显的，这里不一一证明，仅举几个规则加以证明。其他运算规则读者可自行证明。

例 1：证明　$(A+B)(A+C)=A+BC$

$$
\begin{aligned}
(A+B)(A+C) &= A\cdot A+AB+AC+BC\\
&= A+AB+AC+BC\\
&= A(1+B)+AC+BC\\
&= A+AC+BC\\
&= A(1+C)+BC\\
&= A+BC
\end{aligned}
$$

例 2：证明 $A+\overline{A}B=A+B$

例 1 中已证　$A+BC=(A+B)(A+C)$

设 $C=\overline{A}$　则

$$
\begin{aligned}
A+\overline{A}B &= (A+\overline{A})(A+B)\\
&= 1\cdot(A+B)\\
&= A+B
\end{aligned}
$$

这里顺便提一下有关异或逻辑运算。

“异或”运算的定义是

$A\oplus B=A\overline{B}+\overline{A}B$

相应的公式为：

(1) $A\oplus 1=\overline{A}$

(2) $A\oplus 0=A$

(3) $A\oplus A=0$

(4) $A\oplus\overline{A}=1$

(5) $A\oplus B=B\oplus A$

(6) $(A\oplus B)\oplus C=A\oplus(B\oplus C)$

(7) $A\cdot(B\oplus C)=A\cdot B\oplus A\cdot C$

(8) 如果　$A\oplus B=C$

则有　$A\oplus C=B$

$B\oplus C=A$

【证】：将 $A \oplus B = C$ 两边同时"异或" B 可得

$$A \oplus B \oplus B = C \oplus B$$

$$A \oplus 0 = B \oplus C$$

$$A = B \oplus C$$

同样可证　　$B = A \oplus C$

逻辑函数的表达方法有三种：真值表、逻辑表达式和逻辑图。在实际中，这三种表达方法可以互相转换，只要知道其中一种，就可知道其他两种，但只有真值表是唯一的，逻辑表达式和逻辑图的表达形式并非唯一。

(1) 真值表　在列真值表之前，我们已知（或通过逻辑图已知）逻辑表达式。逻辑表达式中每一个输入变量有"0"、"1"两个取值，n 个变量有 2^n 个不同的取值组合，若将输入变量的所有取值组合和相应的输出函数值一一列举，即可得到真值表。

例：列出逻辑函数 $Z = AB + BC + CA$ 的真值表。

【解】三个变量，共有 8 个取值组合，若它们分别代入表达式进行运算，求出相应的输出函数值，即可得到真值表，如表 16—6 所示。

表 16—6　　　　　　　　　　真　值　表

A	B	C	Z
0	0	0	0
0	0	1	0
0	1	0	0
0	1	1	1
1	0	0	0
1	0	1	1
1	1	0	1
1	1	1	1

(2) 逻辑表达式　若已知真值表，把其中那些使函数值为"1"的取值组合，变量值为"1"的写成原变量，为"0"的写成反变量，这样对于函数值为"1"的每一个组合就可以写出一个乘积项，只要将这些乘积项加起来，就可得到函数的逻辑表达式。

例：真值表见表 16—7，试写出逻辑表达式。

【解】A、B、C 有四组取值使 Z 为 1，它们分别为 011、101、110、111，按照规则，对应的乘积为：$\overline{A}BC$、$A\,\overline{B}C$、$AB\,\overline{C}$、ABC。则函数 Z 的表达式为：$Z = \overline{A}BC + A\,\overline{B}C + AB\,\overline{C} + ABC$

(3) 逻辑图　在数字电路中，用逻辑符号表示基本单元电路，由此可得到的电路组合图叫做逻辑图。我们一般根据逻辑表达式来画逻辑图。只要将逻辑表达式中的逻辑运算，用相应的门电路的符号来表示，就可得到逻辑图。

表 16—7　　　　　　　　　　　　　　　　真值表

A　B　C	Z
0　0　0	0
0　0　1	0
0　1　0	0
0　1　1	1
1　0　0	0
1　0　1	1
1　1　0	1
1　1　1	1

例：试画出函数 $Z=AB+BC+CA$ 的逻辑图。

【解】由于 A 和 B、B 和 C、C 和 A 之间都是“与”的关系，可用“与”门实现；AB、BC、CA 三个乘积之间都是“或”的关系，可用“或”门实现。逻辑图见图 16—7。

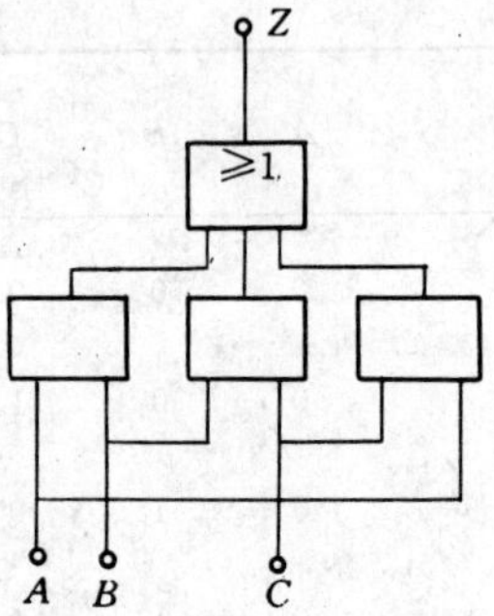

图 16—7　Z 的逻辑图

2. 逻辑表达式的简化　我们已经学会逻辑函数的表示方法，但由于真值表给出的函数，往往比较复杂，若经过化简，设计出的逻辑电路图元件少，速度快，可靠性高。

逻辑函数可有许多不同的表达式，我们这里只介绍“与或”表达式的化简方法，而其他表达式可通过“与或”表达式得到。

那么，什么是最简与或表达式呢？首先乘积项的个数最少；其次每个乘积项中变量的个数最少。

最简“与或”式是利用逻辑代数中的公式和定理进行化简得到的。所以要求对公式能够熟练掌握并运用自如。

例 1：化简函数　$Z=A\overline{B}C+A\overline{B}\,\overline{C}$

【解】　$Z=A\overline{B}C+A\overline{B}\,\overline{C}$

$=A\overline{B}\ (C+\overline{C})$

$=A\overline{B}$

例 2：化简函数　$Z=A\ (BC+\overline{B}\,\overline{C})\ +A\ (B\overline{C}+\overline{B}C)$。

【解】　$Z=A\ (BC+\overline{B}\,\overline{C})\ +A\ (B\overline{C}+\overline{B}C)$

$=A\ (BC+\overline{B}\,\overline{C}+B\overline{C}+\overline{B}C)$

$=A\ (B\ (C+\overline{C})\ +\overline{B}\ (\overline{C}+C))$

$=A\ (B+\overline{B})$

$=A$

例 3：化简函数　$Z=AB+\overline{A}C+\overline{B}C$。

【解】　$Z=AB+\overline{A}C+\overline{B}C$

$=AB+C\ (\overline{A}+\overline{B})$

$=AB+C\ \overline{AB}$

$=AB+C$

例 4：证明：$AB+\overline{A}C+BC=AB+\overline{A}C$。

【证】　$AB+\overline{A}C+BC$

$=AB+\overline{A}C+BC\ (A+\overline{A})$

$=AB+\overline{A}C+\overline{A}BC+ABC$

$=AB\ (1+C)\ +\overline{A}C+\ (1+B)$

$=AB+\overline{A}C$

同样可证：$AB+\overline{A}C+BCD=AB+\overline{A}C$

【证】：　$AB+\overline{A}C+BCD$

$=AB+\overline{A}C+BC+BCD$

$=AB+\overline{A}C+BC$

$=AB+\overline{A}C$

在实际解题时，需要综合利用各个公式，才能得到最简化的结果。

第二节　组合逻辑电路

在数字电路中，若输出信号值，只取决于此时的各个输入信号的取值组合，这样的逻辑电路叫作组合逻辑电路。这种电路的特点是由门电路组成，输入信号作用之前电路所处的状态，对电路的输出值没有影响。

根据逻辑要求，利用逻辑设计方法，即可得到逻辑图。其步骤为：

(1) 分析实际要求；

(2) 列出真值表；

(3) 化简逻辑表达式；

(4) 画逻辑图。

实际工作中遇到的组合逻辑电路很多，下面只介绍编码器、译码器。

一、编码器

在数字电路中，用二进制代码表示有关对象（信号）的过程，叫做二进制编码。一位二进制代码有“0”、“1”两种状态，可以表示两种信号。同样，n 位二进制代码有 2^n 种状态，可以表示 2^n 种信号。所以，对 N 个信号进行编码时，可利用公式 $2^n \geqslant N$ 来确定二进制代码位数 n。

1.二进制编码器　用 n 位二进制代码对 $N=2^n$ 个一般信号进行编码的电路叫做二进制编码器。下面举例说明二进制编码器的工作原理和设计过程。

例：试设计一个编码器，将 Y_0、Y_1、……、Y_7 等 8 个一般信号编成二进制代码。

【解】(1) 被编码的对象（输入信号）共有 8 个，根据 $N=2^n=8$ 可知，输出是一组 $n=3$ 的二进制代码，用 A、B、C 表示。

(2) 列真值表　由于在某一时刻只能对一个输入信号进行编码，所以输入端不允许同时有两个信号为 1，因此真值表可写为简化的编码表，如表 16—8 所示。

表 16—8　　编码表

信号	C	B	A
Y_0	0	0	0
Y_1	0	0	1
Y_2	0	1	0
Y_3	0	1	1
Y_4	1	0	0
Y_5	1	0	1
Y_6	1	1	0
Y_7	1	1	1

输出的函数表达式

$$C=Y_4+Y_5+Y_6+Y_7$$

$$B=Y_2+Y_3+Y_6+Y_7$$

$$A=Y_1+Y_3+Y_5+Y_7$$

(3) 画逻辑图　若要用“与非门”实现，可将上“与或”式转变为“与非”式式，则：

$$C=\overline{\overline{Y}_4\cdot\overline{Y}_5\cdot\overline{Y}_6\cdot\overline{Y}_7}$$

$$B=\overline{\overline{Y}_2\cdot\overline{Y}_3\cdot\overline{Y}_6\cdot\overline{Y}_7}$$

$$A=\overline{\overline{Y}_1\cdot\overline{Y}_3\cdot\overline{Y}_5\cdot\overline{Y}_7}$$

逻辑图见图 16—8。

2. 二-十进制编码器　将十个十进制数字 0～9 编成二进制代码的电路，叫做二-十进制编码器。输出的二进制代码，我们称做 BCD 码。

二-十进制编码器和二进制编码器的工作原理和设计过程是相同的。表 16—9 是 BCD 码的一种编码表，即 8421BCD 码。

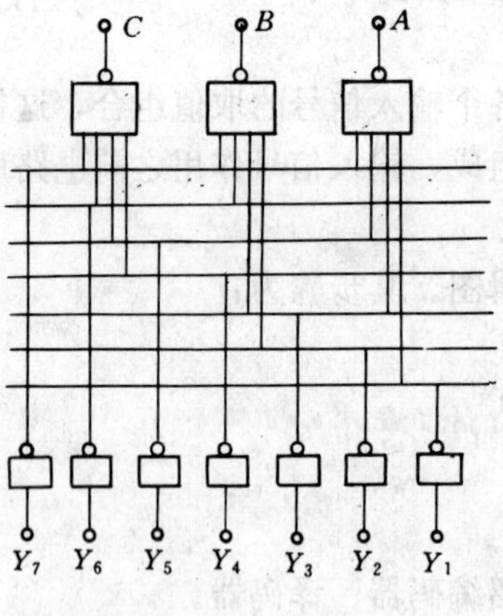

图 16—8　三位二进制编码器

16—9　8421BCD 码编码表

十进制数	D	C	B	A
0 (Y_0)	0	0	0	0
1 (Y_1)	0	0	0	1
2 (Y_2)	0	0	1	0
3 (Y_3)	0	0	1	1
4 (Y_4)	0	1	0	0
5 (Y_5)	0	1	0	1
6 (Y_6)	0	1	1	0
7 (Y_7)	0	1	1	1
8 (Y_8)	1	0	0	0
9 (Y_9)	1	0	0	1

由表可得：

$$D=Y_8+Y_9=\overline{\overline{Y}_8\cdot\overline{Y}_9}$$

$$C=Y_4+Y_5+Y_6+Y_7=\overline{\overline{Y}_4\cdot\overline{Y}_5\cdot\overline{Y}_6\cdot\overline{Y}_7}$$

$$B=Y_2+Y_3+Y_6+Y_7=\overline{\overline{Y}_2\cdot\overline{Y}_3\cdot\overline{Y}_6\cdot\overline{Y}_7}$$

$$A=Y_1+Y_3+Y_5+Y_7+Y_9$$

$$=\overline{\overline{Y}_1\cdot\overline{Y}_3\cdot\overline{Y}_5\cdot\overline{Y}_7\cdot\overline{Y}_9}$$

逻辑图如图 16—9。

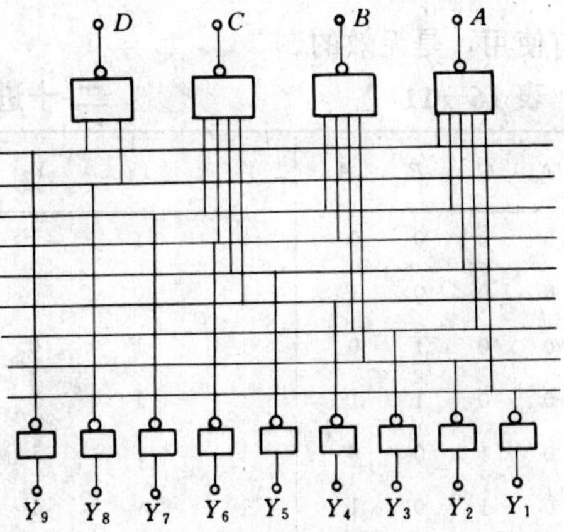

图 16—9　8421BCD 码编码器

二、译码与显示

我们已学过编码，而译码恰好相反，它是将二进制代码的特定含义“翻译”出来的过程，实现这样操作的电路，叫做译码器。为了直观地表示译码的内容，往往需要将其显示出来，这就需要显示译码器。

1. 二进制译码器　将二进制代码的各个状态，按照其原意翻译成对应输出信号的电路，叫做二进制译码器。

例：试设计一个三位二进制代码的译码器。

【解】(1) 输入是三位二进制代码，输出是“与”代码相对应的 8 个信号。

(2) 列真值表　见表 16—10。

表 16—10　　**二进制译码器真值表**

C	B	A	Y_0	Y_1	Y_2	Y_3	Y_4	Y_5	Y_6	Y_7
0	0	0	1	0	0	0	0	0	0	0
0	0	1	0	1	0	0	0	0	0	0
0	1	0	0	0	1	0	0	0	0	0
0	1	1	0	0	0	1	0	0	0	0
1	0	0	0	0	0	0	1	0	0	0
1	0	1	0	0	0	0	0	1	0	0
1	1	0	0	0	0	0	0	0	1	0
1	1	1	0	0	0	0	0	0	0	1

(3) 进行化简　可直接写出：

$Y_0=\overline{C}\cdot\overline{B}\cdot\overline{A}$

$Y_1=\overline{C}\cdot\overline{B}\cdot A$

$Y_2=\overline{C}\cdot B\cdot\overline{A}$

$Y_3=\overline{C}\cdot B\cdot A$

$Y_4=C\cdot\overline{B}\cdot\overline{A}$

$Y_5=C\cdot\overline{B}\cdot A$

$Y_6=C\cdot B\cdot\overline{A}$

$Y_7=C\cdot B\cdot A$

(4) 画逻辑图　用 TTL“与非”门实现，如图 16—10。也可用二极管“与”门实现。

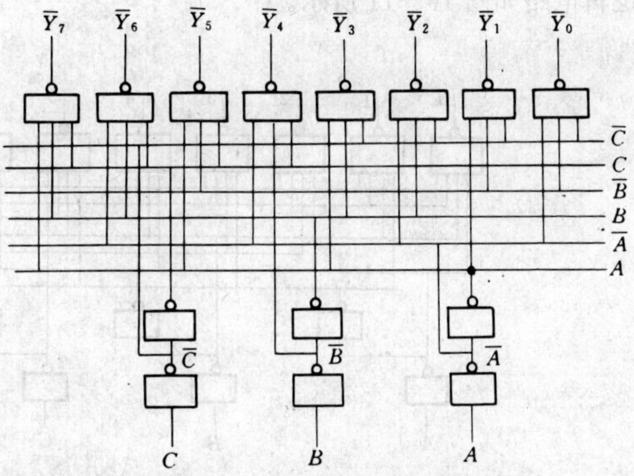

图 16—10　二进制译码器

2. 二-十进制译码器　将二-十进制代码翻译成 10 个十进制数字信号的电路，叫做二-十进制译码器。其输入是 BCD 码，真值表见表 16—11，左边输入 8421BCD 码，右边是译码输出，逻辑“0”有效。表下部 1010～1111

没有使用，是无效的。

表 16—11　　　　　　　　二-十进制译码器真值表

D	C	B	A	Y_0	Y_1	Y_2	Y_3	Y_4	Y_5	Y_6	Y_7	Y_8	Y_9
0	0	0	0	0	1	1	1	1	1	1	1	1	1
0	0	0	1	1	0	1	1	1	1	1	1	1	1
0	0	1	0	1	1	0	1	1	1	1	1	1	1
0	0	1	1	1	1	1	0	1	1	1	1	1	1
0	1	0	0	1	1	1	1	0	1	1	1	1	1
0	1	0	1	1	1	1	1	1	0	1	1	1	1
0	1	1	0	1	1	1	1	1	1	0	1	1	1
0	1	1	1	1	1	1	1	1	1	1	0	1	1
1	0	0	0	1	1	1	1	1	1	1	1	0	1
1	0	0	1	1	1	1	1	1	1	1	1	1	0
1	0	1	0	×	×	×	×	×	×	×	×	×	×
1	0	1	1	×	×	×	×	×	×	×	×	×	×
1	1	0	0	×	×	×	×	×	×	×	×	×	×
1	1	0	1	×	×	×	×	×	×	×	×	×	×
1	1	1	0	×	×	×	×	×	×	×	×	×	×
1	1	1	1	×	×	×	×	×	×	×	×	×	×

化简可得：$Y_9=\overline{D\cdot A}$　$Y_8=\overline{D\cdot\overline{A}}$　$Y_7=\overline{C\cdot B\cdot A}$　$Y_6=\overline{C\cdot B\cdot\overline{A}}$　$Y_5=\overline{C\cdot\overline{B}\cdot A}$

$Y_4=\overline{C\cdot\overline{B}\cdot\overline{A}}$　$Y_3=\overline{\overline{C}\cdot B\cdot A}$　$Y_2=\overline{\overline{C}\cdot B\cdot\overline{A}}$　$Y_1=\overline{\overline{D}\cdot\overline{C}\cdot\overline{B}\cdot A}$

$Y_0=\overline{\overline{D}\cdot\overline{C}\cdot\overline{B}\cdot\overline{A}}$

逻辑电路如图 16—11 所示。

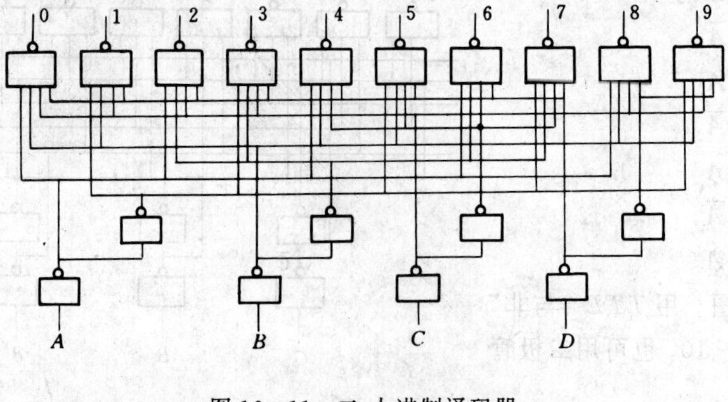

图 16—11　二-十进制译码器

3. 显示译码器　数字、文字、字符的显示是多种多样的，有发光二极管、液晶、荧光等多种显示形式。这里我们用驱动七段发光二极管的二-十进制译码器作为例子来说明显示译码器的工作原理和设计过程。

例：试设计一个驱动七段发光二极管的显示译码器，其输入是 8421BCD 码。

【解】基本要求见图 16—12。

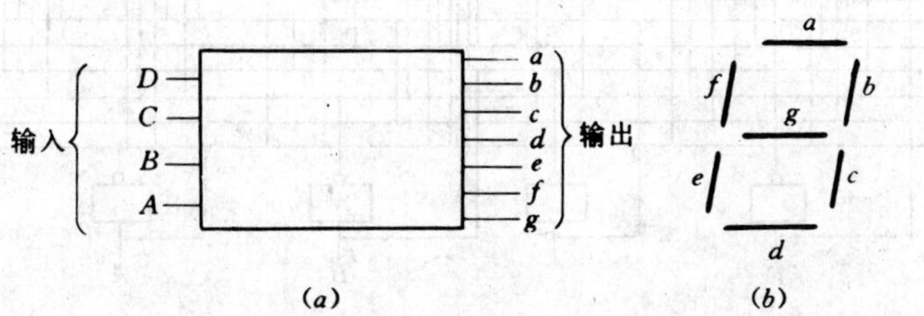

图 16—12　显示译码器

其中 A、B、C、D 是输入码，输出 $a \sim g$ 是驱动数码管相应显示段的信号，低电平有效，即低电平显示段亮。

根据设计要求，列出真值表，见表 16—12。

$a \sim g$ 的逻辑值是按照 8421BCD 码对字形的要求填写的。

化简可得：

$$a=\overline{D+B+CA+\overline{C}\,\overline{A}}$$

$$b=\overline{\overline{C}+BA+\overline{B}\,\overline{A}}$$

$$c=\overline{C+\overline{B}+A}$$

$$d=\overline{D+\overline{C}B+B\,\overline{A}+\overline{C}\,\overline{A}+C\,\overline{B}A}$$

$$e=\overline{\overline{C}\,\overline{A}+B\,\overline{A}}$$

$$f=\overline{D+C\,\overline{B}+C\,\overline{A}+\overline{B}\,\overline{A}}$$

$$g=\overline{D+C\,\overline{B}+\overline{C}B+B\,\overline{A}}$$

表 16—12　　**显示译码器真值表**

D	C	B	A	a	b	c	d	e	f	g
0	0	0	0	0	0	0	0	0	0	1
0	0	0	1	1	0	0	1	1	1	1
0	0	1	0	0	0	1	0	0	1	0
0	0	1	1	0	0	0	0	1	1	0
0	1	0	0	1	0	0	1	1	0	0
0	1	0	1	0	1	0	0	1	0	0
0	1	1	0	0	1	0	0	0	0	0
0	1	1	1	0	0	0	1	1	1	1
1	0	0	0	0	0	0	0	0	0	0
1	0	0	1	0	0	0	0	1	0	0

逻辑图见图 16—13。

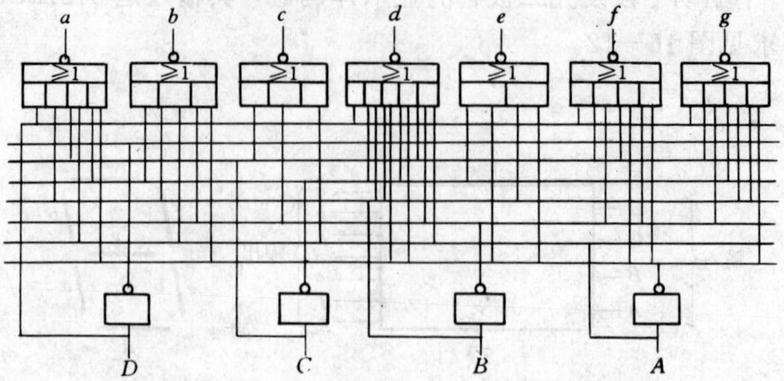

图 16—13　驱动七段发光二极管的译码器

三、数字比较器

在数字系统中，经常要对两个数进行比较，来判断它们的大小或者是否相等，这两个数可以是二进制数，也可是其他信号的二进制编码。现在我们通过例子来介绍比较器的工作原理和设计方法。

1. 同比较器　比较两个数是否相同（相等）的电路，叫做同比较器。

（1）一位同比较器　假设有两个二进制代码 a_i 和 b_i 进行比较，结果有两种可能，相同（用“1”表示）或相异（用“0”表示），列出真值表，用 g_i 表示结果，见表 16—13。

表 16—13　　一位比较器的真值表

a_i	b_i	g_i	说明
0	0	1	相同
0	1	0	相异
1	0	0	相异
1	1	1	相同

可写出表达式：$g_i=\bar{a}_i\,\bar{b}_i+a_ib_i=\overline{a_i\oplus b_i}$

用“异或非”门即可实现，也可用“与或非”门实现，见图 16—14。

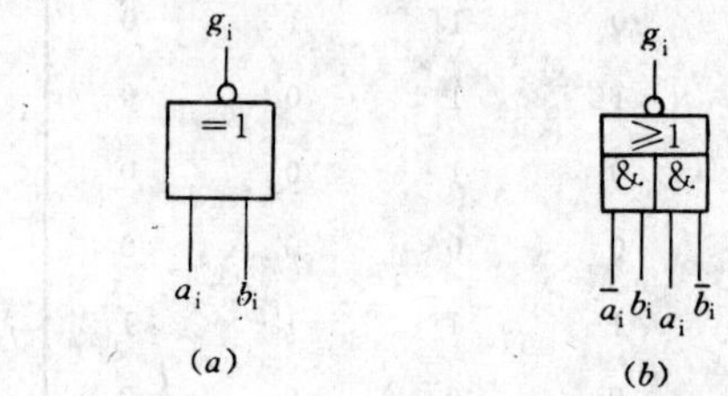

图 16—14　一位同比较的逻辑图

(a)“异或非”门实现　(b)“与或非”门实现

(2)四位同比较器　假设有两个四位二进制数，只有对应的每一位相同时，两个数才相同。而对应的每一位代码 a_i 和 b_i（$i=0$，1，2，3）比较的结果是：

$$g_i=\overline{a_i\oplus b_i}$$

用 G 表示结果，列出真值表，见表 16—14。可写出表达式：$G=g_3g_2g_1g$。图 16—15 为四位同比较器逻辑图。

表 16—14　四位同比较器的真值表

g_3	g_2	g_1	g_0	G
0	0	0	0	0
0	0	0	1	0
0	0	1	0	0
0	0	1	1	0
0	1	0	0	0
0	1	0	1	0
0	1	1	0	0
0	1	1	1	0
1	0	0	0	0
1	0	0	1	0
1	0	1	0	0
1	0	1	1	0
1	1	0	0	0
1	1	0	1	0
1	1	1	0	0
1	1	1	1	1

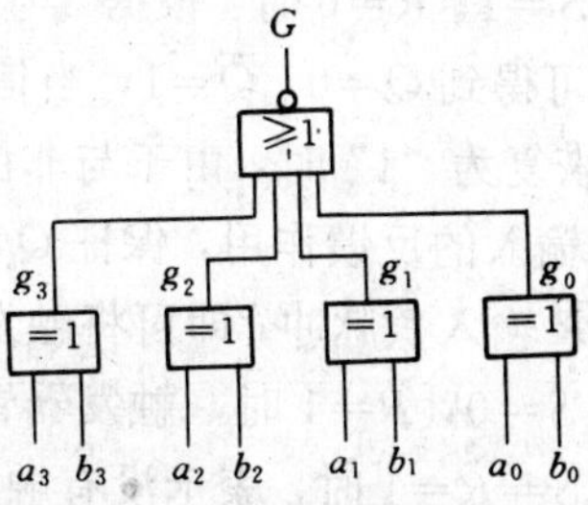

图 16—15　四位比较器的逻辑图

2.大小比较器　比较两个数的相对大小的电路叫做大小比较器。

假设有两个二进制代码 a_i 和 b_i 进行比较，结果有三种可能，列出真值表，见表 16—15。

图 16—16 为逻辑图。

表 16—15　一位大小比较器的真值表

a_i	b_i	l_i	m_i	说明
0	0	0	0	$a_i=b_i$
0	1	0	1	$a_i<b_i$
1	0	1	0	$a_i>b_i$
1	1	0	0	$a_i=b_i$

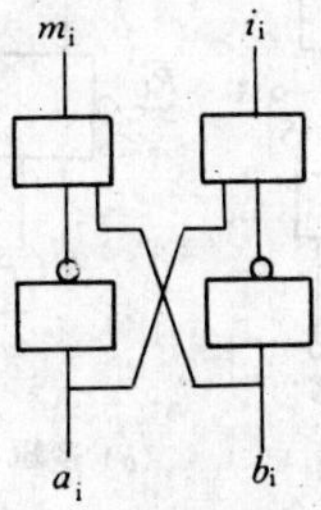

图 16—16　一位大小比较器的逻辑图

表中 l_i　m_i 表示结果，l_i 为“1”时，表示 $a_i>b_i$，m_i 为“1”时，表示 $a_i<b_i$，由此可得：

$$l_i=a_i\overline{b_i}$$

$$m_i=\overline{a_i}b_i$$

第三节　时序逻辑电路

我们学过组合逻辑电路，在其中任一时刻的输出信号，仅仅取决于当时的输入信号。现在我们要研究的是时序逻辑电路，其输出信号不仅取决于当时的输入信号，而且还取决于电路原来的状态。这里我们主要了解触发器、寄存器、计数器及其应用。

一、触发器

我们这里所说的触发器为双稳态触发器，它有两个特点：

(1)具有两个稳定的状态，“0”或“1”若无外界影响，始终保持某一状态不变，其具有记忆信息的功能。

(2)具有转换功能。在外界触发信号作用下，电路能从一个稳态迅速跳变到另一稳态，具有接收和传递信息的作用。

1. 基本 R—S 触发器

基本 R—S 触发器　由两个“与非门”电路交叉连接而成，其逻辑图如图 16—17 所示。图中 Q 和 $\overline{Q}$ 表示输出，当 $Q=1$，$\overline{Q}=0$ 时，触发器处于“1”状态；当 $Q=0$，$\overline{Q}=1$，时，触发器处于“0”状态。输入端R叫做置“0”端，而S叫做置“1”端。现在我们具体分析一下电路：

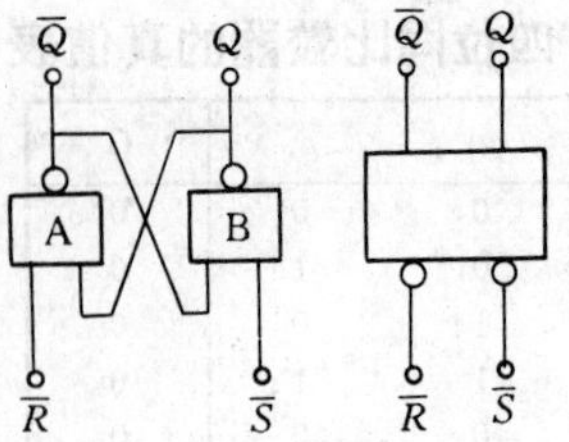

(a)　(b)　(c)

真值表

$\overline{S}$	$\overline{R}$	Q
1	0	0
0	1	1
1	1	不变
0	0	不定

图 16—17　基本 R－S 触发器及真值表

(1) 当$\overline{S}=1$；$\overline{R}=0$时：根据“与非”门的逻辑关系，即可得到$Q=0$，$\overline{Q}=1$，当信号消失后，$\overline{R}$和$\overline{S}$，均恢复为“1”时，由于与非门A输出$\overline{Q}$到与非门B输入的反馈作用，保证Q稳定在“0”状态，就是$\overline{R}$输入负脉冲，即可将触发器置“0”。

(2) 当$\overline{S}=0$，$\overline{R}=1$时，触发器置“1”。

(3) 当$\overline{S}=\overline{R}=1$时，表示没有触发脉冲，触发器将保持原来状态。

(4) 当$\overline{S}=\overline{R}=0$时，$Q$和$\overline{Q}$同时为“1”。当信号消失后，触发器的状态不定，不能确定是在“0”状态，还是在“1”状态，所以在应用时要避免这种情况的出现。

2. 可控 $R-S$ 触发器　在基本 $R-S$ 触发器的基础上，加上两个引导置“0”置“1”的“与非”门C和D，见图 16—18。

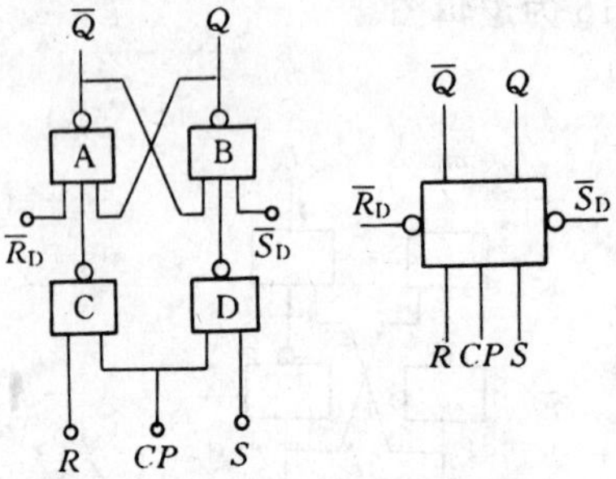

S	R	Q_{n+1}
0	0	Q_R
0	1	0
1	0	1
1	1	不定

(a) 逻辑图　(b) 逻辑符号　(c) 真值表

图 16—18　可控 $R-S$ 触发器

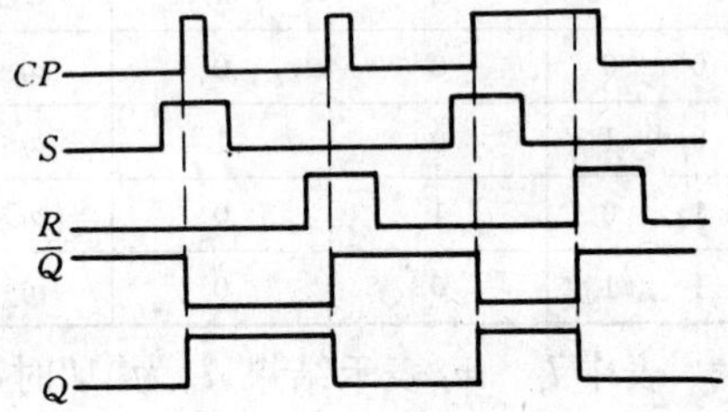

图 16—19　波形图

图中$\overline{R_D}$和$\overline{S_D}$是直接置位端，就是说可以对基本 $R-S$ 触发器直接置“0”和置“1”；CP是时钟脉冲输入端。显然，当$CP=0$时，R、S都不起作用，只有$CP=1$时，R、S才起作用，使触发器发生翻转。可见CP起到控制作用，故称做可控 $R-S$ 触发器。

图 16—18 中列出了真值表。其中Q_n表示在CP脉冲到来之前（$CP=0$），触发器所处的状态，又称原态。Q_{n+1}表示在CP脉冲到来之后（$CP=1$），触发器所处的状态，又称新态。其工作原理可结合基本 R－S 触发器进行分析。其特性方程为：$\begin{cases} Q_{n+1}=S+\overline{R}Q_n \\ RS=0 \end{cases}$

图 16—19 是可控 R－S 触发器的工作波形图。在此，请注意$CP=1$时，脉冲的宽度，若R、S输入信号在此期间发生改变，则触发器的输出状态也改变，即在一个时钟脉冲的作用下，可能引起触发器的两次或多次翻转，也就是发生“空翻”现象。

为防止发生“空翻”现象，在结构上可采用主从型触发器和维持阻塞型触发器。

3. J－K（主从型）触发器　J－K 触发器逻辑电路如图 16—20 所示。

显然，J－K 触发器是由两个 R－S 触发器组成，其中 A、B、C、D 所组成的触发器为从触发器，E、F、G、H 为主触发器。时钟脉冲先使主触发器翻转，再使从触发器翻转，所以叫做主从触发器。可见 J－K 触发器的功能与可控 R－S 触发器的功能相似。K 与 R 相应，J

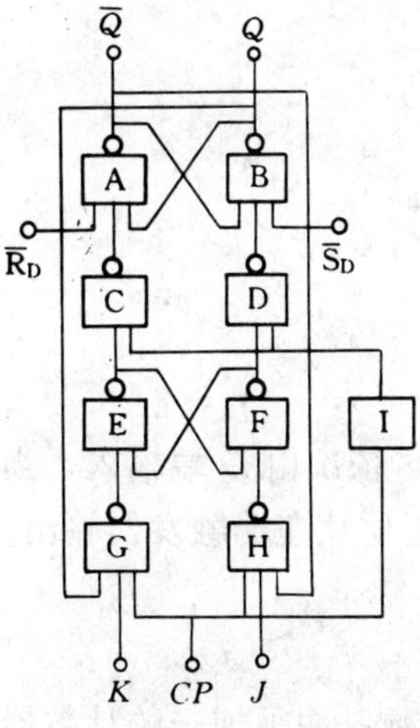

(a)

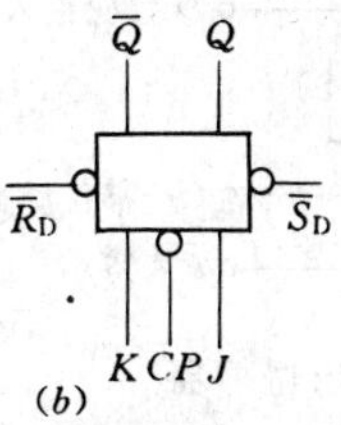

(b)

J	K	Q_{n+1}
0	0	Q_n
0	1	0
1	0	1
1	1	$\overline{Q}_n$

(c)

图 16—20　J—K 触发器

(a) 逻辑图　　(b) 逻辑符号　　(c) 真值表

与 S 相应。其特征方程为：$Q^{n+1}=J\,\overline{Q}_n+\overline{K}Q_n$。

由于 CP 通过 1“非”门来控制触发器，所以输出的状态是由 CP 下降沿出现时刻的输入状态决定的。当 CP 下降沿到来时，主触发器的时钟被封锁其输出就不可能再变化，此时，CP 打开从触发器，将主触发器的状态输入到从触发器，此时主、从触发器的输出状态一致，稳定在新的状态。这也说明了为什么 $J-K$ 触发器能防止空翻的原因。

4. D 触发器　若将一“非”门的输出端接在 J—K 触发器的 K 端，并将其输入端与 J 相连，如图 16—21 所示，这样就构成了 D 触发器。

根据 J—K 触发器的功能：

$J=1,\ K=0,\ Q_{n+1}=1$

$J=0,\ K=1,\ Q_{n+1}=0$

可见输出状态与 D 状态相同。即：

$$Q_{n+1}=D$$

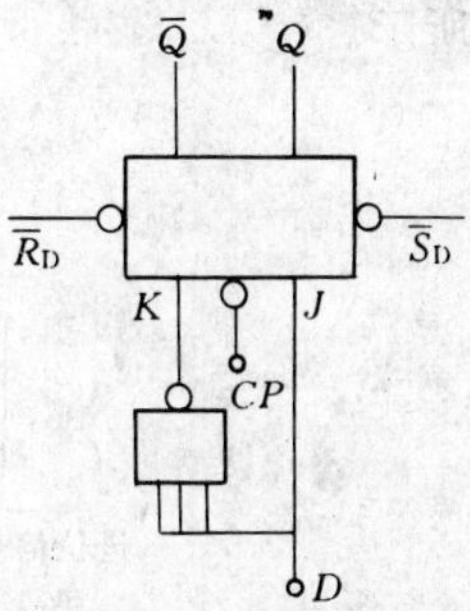

图 16—21　D 触发器逻辑电路

二、寄存器

寄存器在数字电路中常常用来存放数码，多由双稳态触发器组成。双稳态触发器是一种具有记忆功能的单元电路，它能储存一位二进制数。若要存放多位二进制数，可以用多个双稳态触发器组成。

1. 并行输入并行输出寄存器　图 16—22 是四位数码寄存器的逻辑图，它是由四个基本 R—S 触发器和四个“与非”门组成的。

其工作原理如下：

在接收数码之前，先加入置“0”脉冲，使所有触发器都处于“0”状态，即清 0。数码加在寄存器的数码输入端，当寄存器收到存储指令时，那一位的输入是“1”，所对应的与非门就对应输出一个负脉冲，使相应的触发器置“1”，这样就把输入数码寄存在输出端。必须注意，输入数码之前，一定要预先清 0，否则会引起错误。

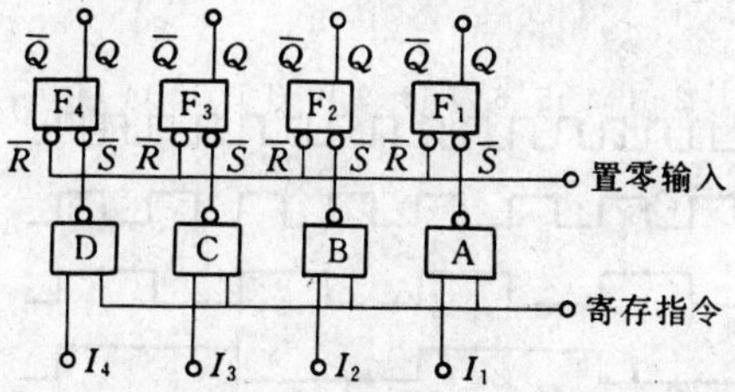

图 16—22　并行输入并行输出寄存器

2. 串行输入串行输出寄存器　串行输入串行输出寄存器，也是移位寄存器。图 16—23 是由四个 J—K 触发器组成的串行输入串行输入寄存器的逻辑图。

其实，我们可以将其看成是四个 D 触发器。根据 D 触发器的逻辑功能可知，一个 CP 脉冲到来时，输出状态与输入状态相同，即若原来状态为 0110 一个 CP 后，变成 1100。这种电路具有左移

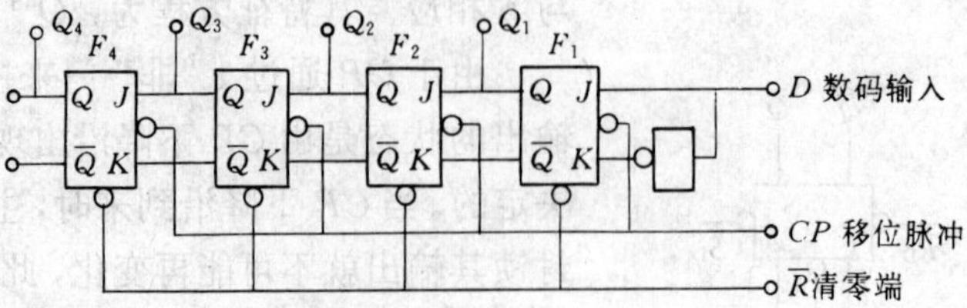

图 16—23 串行输入串行输出寄存器

的功能。

很简单，若要存入数据，只要按CP脉冲的节拍，从高位到低位，依次由D端输入，当第四个脉冲下降沿来到时，就存完数据。若再来四个脉冲，所存的数逐位从左端触发器输出。因此，我们称之为串行输入串行输出寄存器。

三、计数器

计数器由触发器组成，分加法计数器和减法计数器。每来一次计数脉冲须加一的计数器叫做加法计数器；每来一次计数脉冲须减一的计数器叫做减法计数器。计数器有二进制计数器、十进制计数器和任意进制计数器，根据组成计数器的触发器被触发的时间不同，可分为同步计数器和异步计数器。

1.异步二进制加法计数器　我们用主从J－K触发器来组成异步二进制加法计数器。如图16—24所示。

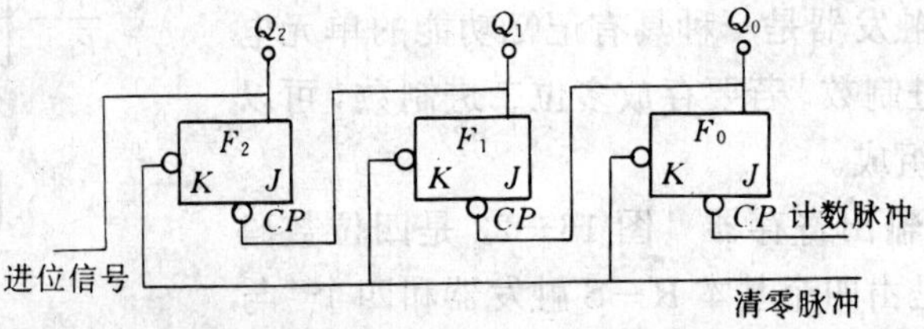

图 16—24 异步二进制加法计数器

图中每个触发器的输入端都悬空，即为1，这时触发器就是一个计数器，即只要CP输入一个脉冲，触发器就翻转一次。而低位的输出，又作为高位的CP输入。假设F_0为0，即$Q_0=0$，当输入第一个脉冲时，F_0为1，即$Q_0=1$，F_1输出不变，若第二个脉冲到来，F_0为0，即$Q_0=0$，使得F_1翻转为1，其状态表见表16—16。图16—25为二进制加法计数器工作波形图。

表 16—16 二进制加法计数器状态表

计数脉冲数		触发器状态
十进制数	二进制数	$Q_2Q_1Q_0$
0	0	0 0 0
1	1	0 0 1
2	10	0 1 0
3	11	0 1 1
4	100	1 0 0
5	101	1 0 1
6	110	1 1 0
7	111	1 1 1

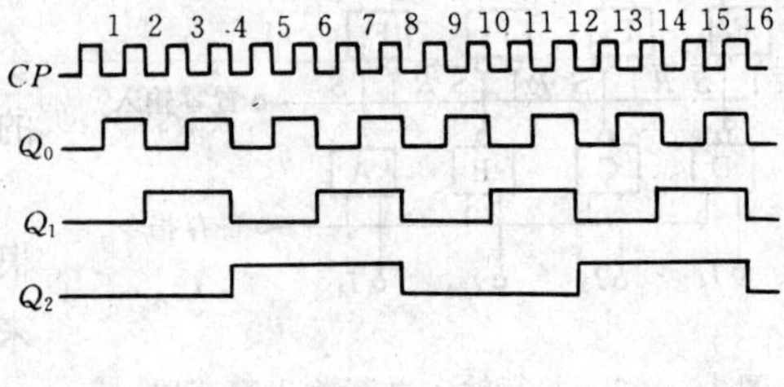

图 16—25 二进制加法计数器工作波形图

2. 同步二进制加法计数器　异步二进制加法计数器脉冲传递时间长，影响工作速度。同步二进制加法计数器的触发器直接由 CP 触发器电路（图见图 16—26）。由 $J-K$ 触发器组成。

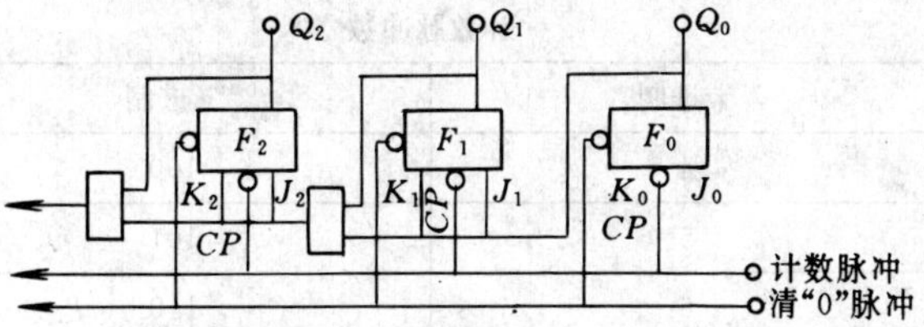

图 16—26　同步二进制加法计数器

其中最低位触发器的输入端悬空，故每来一次脉冲就翻转一次。而高 位的输入端 $J_n=K_n=Q_{n-1}\cdots\cdots Q_1Q_0$。这样，利用控制 J－K 触发器的输入端的状态，来决定触发器是否翻转。

3. 十进制加法计数器　二进制加法计数器，简单方便，但实际中常常采用十进制计数器更适合，它是在二进制的基础上转变而来的，由于我们需要 10 个状态来表示 0—9 的 10 个数码至少要用四位二进制计数器。图 16—27 是 8421BCD 码同步十进制加法计数器的逻辑图。

逻辑关系分析如下：

(1) 第一位触发器 F_1，每来一个脉冲就翻转一次，故翻转条件为 $J_1=K_1=1$；

(2) 第二位触发器 F_2，在 $Q_1=1$ 和 $Q_4=0$ 时，再来一个脉冲就翻转，故 $J_2=\overline{Q}_4Q_1$，$K_2=Q_1$。

(3) 第三位触发器 F_3，在 $Q_1=Q_2=1$ 时，再来一个脉冲就翻转，故 $J_3=K_3=Q_1Q_2$。

(4) 第四位触发器 F_4，在 0111 时，再来一个脉冲就由"0"翻转为"1"，而在 1001 时，再来一个脉冲就由"1"翻转为"0"，故 $J_4=Q_3Q_2Q_1$，$K_4=Q_1$ 其波形图如图 16—28。状态表见表 16—17。

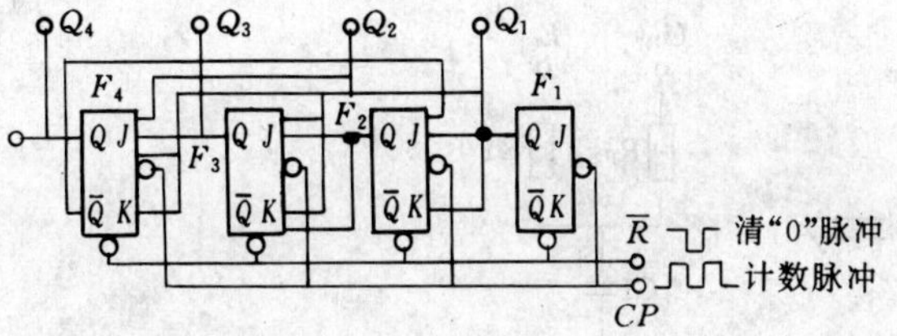

图 16—27　同步十进制加法计数器

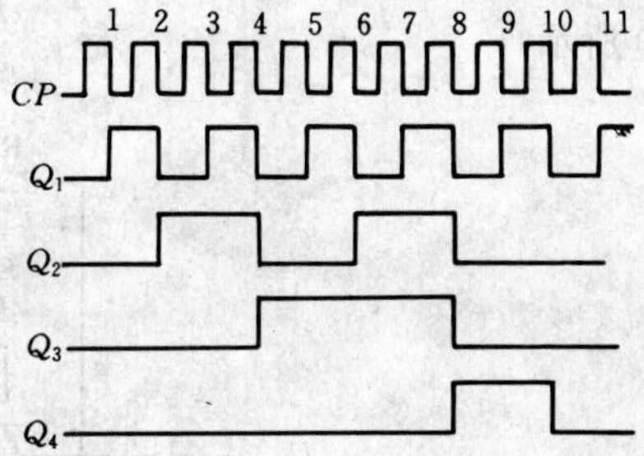

图 16—28　十进制加法计数器工作波形图

表 16—17　　　　　　十进制加法计数器状态表

计数脉冲数		触发器状态
十进制	二进制	Q_4　Q_3　Q_2　Q_1
0	0	0　0　0　0
1	1	0　0　0　1
2	10	0　0　1　0
3	11	0　0　1　1

续表

计数脉冲数		触发器状态			
十进制	二进制	Q_4	Q_3	Q_2	Q_1
4	100	0	1	0	0
5	101	0	1	0	1
6	110	0	1	1	0
7	111	0	1	1	1
8	1000	1	0	0	0
9	1001	1	0	0	1
10	1010	0	0	0	0

四、脉冲发生器

在数字电路中，存在各种各样的脉冲和脉冲振荡器，包括常用的多谐振荡器、环形振荡器等。这里我们重点了解矩形脉冲的产生过程。

1. TTL 与非门多谐振荡器　将两个“与非”门用电容耦合起来，就可组成多振荡器，如图 16—29 所示。其中 U_K 是控制端，$U_K=1$，振荡器振荡；$U_K=0$，振荡器停止振荡。

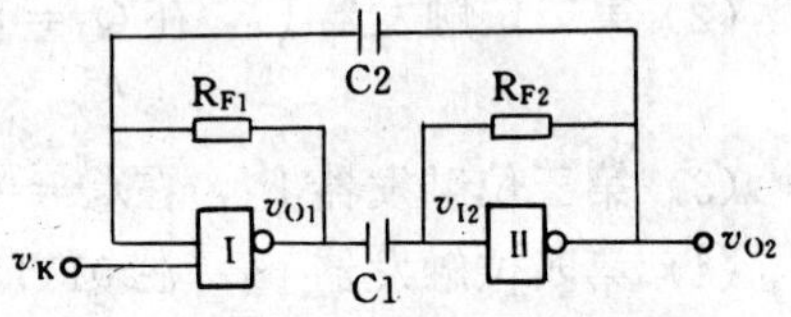

图 16—29　*TTL* 与非门多谐振荡器

工作原理如下：假定某一时刻 U_{I1} 升高，就会引起 U_{01} 的下降，从而 U_{I2} 下降，使 U_{02} 上升，导致 U_{I1} 进一步升高，形成一个正反馈过程。Ⅰ门迅速饱和导通，Ⅱ门迅速截止，电路进入一个暂稳态。同时 C_1 开始充电，C_2 开始放电，充放电回路如图 16—30 所示。

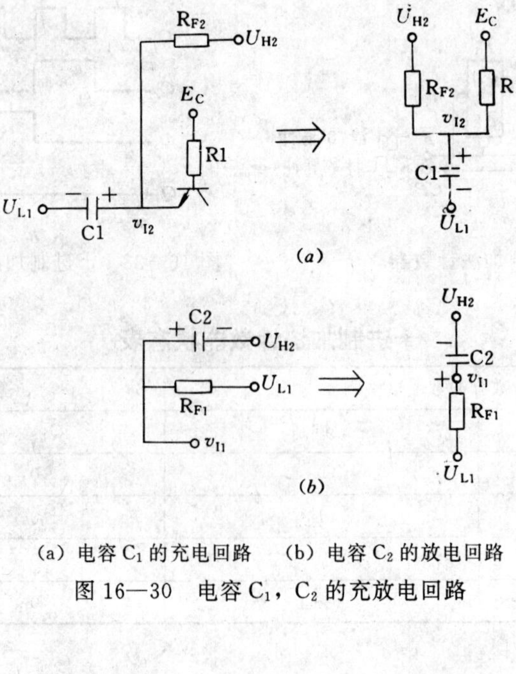

（a）电容 C_1 的充电回路　（b）电容 C_2 的放电回路

图 16—30　电容 C_1，C_2 的充放电回路

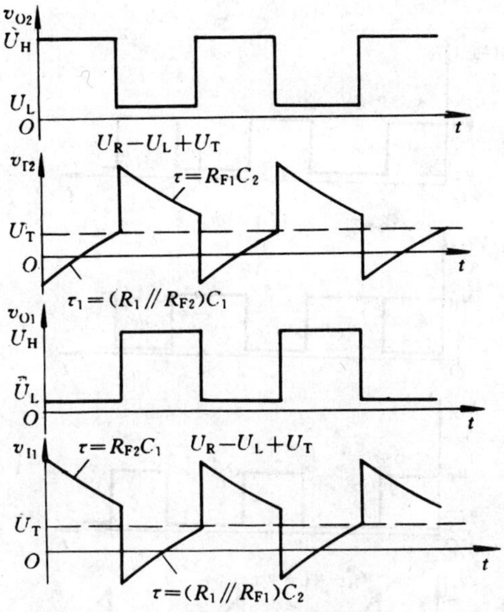

图 16—31　振荡器各点的电压波形

由于 C_1 充电快，U_{I2}首先上升到阀值电压 U_T，从而使Ⅰ门截止，Ⅱ门导通，电路进入另一个暂稳态。C_1 开始放电，C_2 开始充电，进入下一个循环过程。图 16—31 是振荡器各点的电压波形，振荡的周期主要由电容的充放电时间决定。

2. RC 环形多谐振荡器　图 16—32 为 RC 环形多谐振荡器电路图。

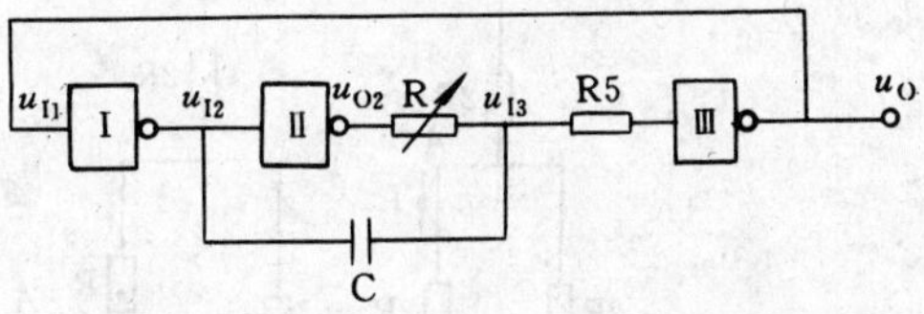

图 16—32　*RC* 环形多谐振荡器

工作原理如下：当 U_{I1}跳变为高电平 U_H 时，U_{I2}将立即跳变为低电平 U_L，U_{02}即变成为高电平 U_H。由于电容的作用，U_{I3}和 U_{I3}一起产生负跳变，然后 U_{02} 通过 R 向 C 充电。当 U_{I3}上升到阈值电压 U_T 时，门Ⅲ导通，使 $U_0=U_{I1}=U_L$。同样 U_{I3}跟随 U_{I2}一起产生一个正跳变，再随着 C 的放电而降低，又开始进入下一个循环过程，图 16—33 是振荡器各点的电压波形。振荡的周期主要由电容的充放电时间决定，约为 $T=2.2RC$

五、数模转换和模数转换

在数字电路中模拟量数字量之间的转换是很重要的。能将数字量转换成模拟量的装置叫做数—模转换器（D/A 转换器），能将模拟量转换成数字量的装置叫做模数转换器（A/D 转换器）。这里只对转换器作初步了解。

1. D/A 转换器　图 16—34 所示转换器，是采用分流原理对输入数字量的转换。

从图中可以得到：(a)　$I_{AB}=U_R/6R=I$

(b)　$I_{AB}=(U_R/6R)/2=I/2$

(c)　$I_{AB}=(U_R/6R)/4=I/4$

可见，分流后，电流按 1/2 的比例递减。

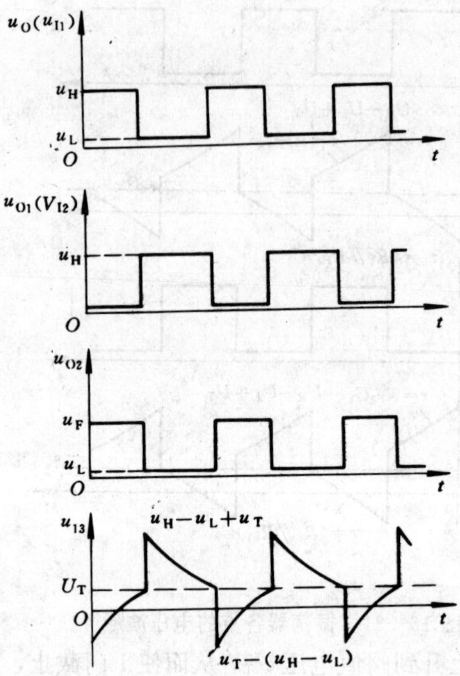

图 16—33　振荡器各点的电压波形

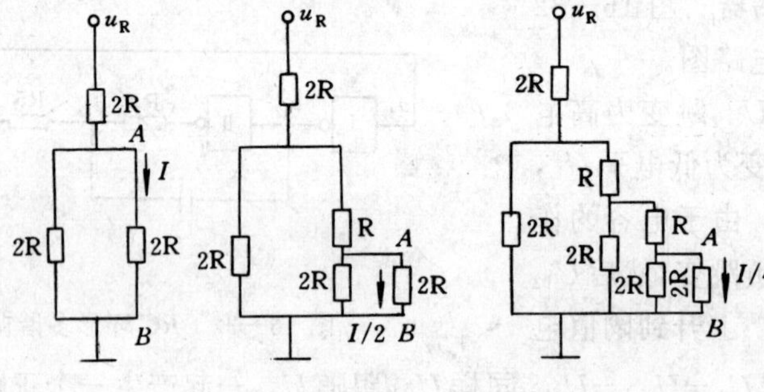

图 16—34　D/A 转换器

R－2R 梯形求和网络就是利用这种原理构成的，图 16—35 表示一个四位 R－2R 梯形求和网络。

其特点是，从任意输入端 S_K 看进去（其他输入端接地）的电阻相同，都为 $3R$。当 $S_K=1$ 时，相应的电阻是接在基准电压 U_R 上；而当 $S_K=0$ 时，相应的电阻接地。

当 $S_0=1$，$S_1=S_2=S_3=0$ 时，此时电路相当于图 16—35（b）所示，很容易求出其产生的电流：

$I_0=U_RS_0/(3R2^4)$

同样可求出 $S_1=1$，$S_2=1$，$S_3=1$，其余为“0”的情况。

$I_1=U_RS_0/(3R2^3)$

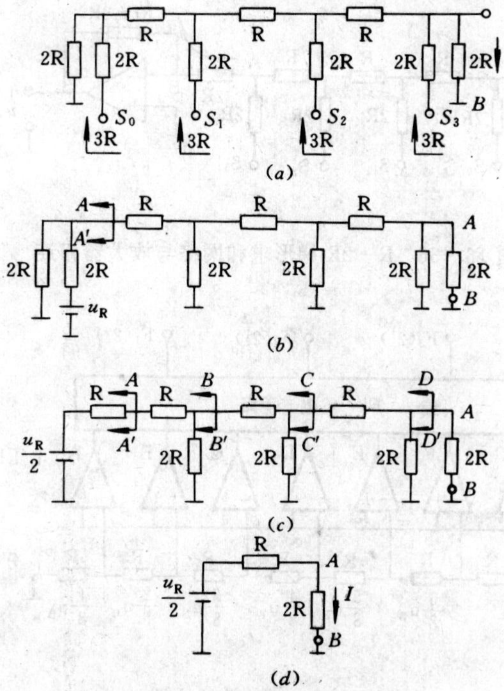

图 16—35　四位 R－2R 梯形求和网格

(a) R－2R 梯形求和网络 (b) 和 (c) 用戴维南定理求输出电流 I (d) 最后的等效电路

$I_2=U_RS_0/（3R2^2）$

$I_3=U_RS_0/（3R2^1）$

利用叠加原理可得总电流：

$I=U_R（S_0/2^4+S_1/2^3+S_2/2^2+S_3/2^1）/3R$

$=U_R（S_0/2^0+S_12^1+S_22^2+S_3/2^3）/（3R2^4）$

若输入为 n 位，则

$I=U_R（S_0/2^0+\cdots\cdots+S_{n-2}2^{n-2}+S_{n-1}/2^{n-1}（3R2^n）$

所以，R－2R 梯形求和网络的输出电流和输入二进制数的数值成正比，即是实现了数字量到模拟量的转换。若 R－2R 梯形求和网络与放大器相连，如图 16—36 所示，可得 $U_0=IR=U_RR_f（S_02^0+S_12^1+S_22^2+S_32^3）/（3R2^4）$

这样输入的数字量变成模拟电压 U_0。

2. A/D 转换

在实际中，往往需要将模拟量变成数字量，以便于计算机的运算和处理。若信号为非电模拟量（如温度、压力等），须先经传感器变为电压信号，而后再进行模数转换。

图 16—37 是三位并行电压数字转换器。由分压电路、电压比较器、编码电路和基准电压源等几部分组成。

(1) 分压电路由 8 个电阻串联而成，接基准电源 U_R，每个电阻上的压降为 $U_R/8$，这种分压方式称为“量化”。量化单位越小，转换所得的数字量越准确。

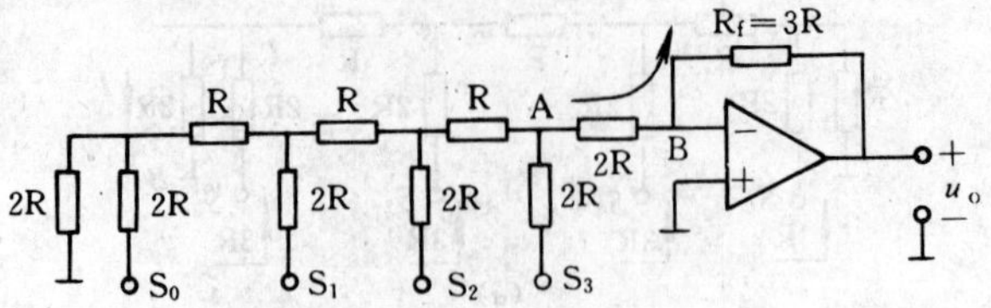

图 16—36　R－2R 梯形求和网格与放大器相连

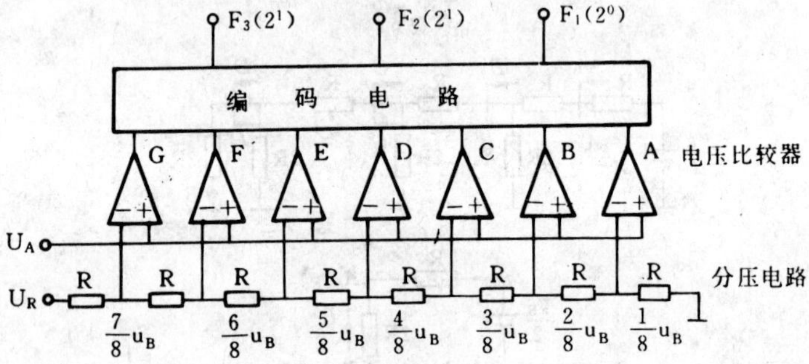

图 16—37　模-数转换器

（2）电压比较器　电压比较器由 7 个运算放大器组成，其反相端接分压电路，同相端接输入电压 U_i。这里，U_i 不能超过 U_R。当输入电压 U_i 高于反相输入端的分压电压，比较器输出为“1”，否则为“0”。

（3）编码电路　编码电路的逻辑功能，就是将比较器的输出转换成二进制数。表 16—18 为编码真值表。

表 16—18　　　　**编码电路真值表**

输入电压	比较器输出							编码电路输出		
	A	B	C	D	E	F	G	F_8	F_2	F_1
$U_R \geqslant U$，$>\frac{7}{8}U_R$	1	1	1	1	1	1	1	1	1	1
$\frac{7}{8}U_R \geqslant U$，$>\frac{6}{8}U_R$	1	1	1	1	1	1	0	1	1	0
$\frac{6}{8}U_R \geqslant U$，$>\frac{5}{8}U_R$	1	1	1	1	1	0	0	1	0	1
$\frac{5}{8}U_R \geqslant U$，$>\frac{4}{8}U_R$	1	1	1	1	0	0	0	1	0	0
$\frac{4}{8}U_R \geqslant U$，$>\frac{3}{8}U_R$	1	1	1	0	0	0	0	0	1	1
$\frac{3}{8}U_R \geqslant U$，$>\frac{2}{8}U_R$	1	1	0	0	0	0	0	0	1	0
$\frac{2}{8}U_R \geqslant U$，$>\frac{1}{8}U_R$	1	0	0	0	0	0	0	0	0	1
$\frac{1}{8}U_R \geqslant U$，$>0$	0	0	0	0	0	0	0	0	0	0

根据真值表，可写出逻辑式。

1）$F_1=1$ 时，$G=1$ 或 $E=1$，$F=0$ 或 $C=1$，$D=0$ 或 $A=1$，$B=0$，由此可写出 F_1 的逻辑表达式：

$$F_1=A\overline{B}+C\overline{D}+E\overline{F}+G$$

2）$F_2=1$ 时，$F=1$ 或 $B=1$，$D=0$，由此可写出 F_2 的逻辑表达式：

$$F_2=B\overline{D}+F$$

3）$F_3=1$ 时，$D=1$，由此可写出 F_3 的逻辑表达式：$F_3=D$

根据上述表达式，可以画出如图 16—38 所示的编码电路的逻辑图。

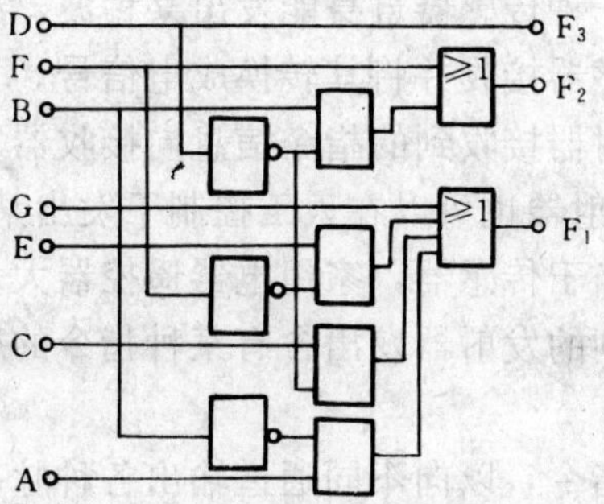

图 16—38　编码电路逻辑图

第十七章　高档家用电动器具与电热器

第一节　微电脑电风扇的结构与电路分析

一、基本结构与性能

微电脑电风扇的机械结构与普通型电风扇基本相同。其电路部分主要是发射器电路、接收器电路和电脑控制处理电路部分。

一个完整的遥控应用电路包括传感器、发射器、接收器和控制器。

传感器分两类，一类是直接传感外界各种信号，并将其转换成电信号输出，例如：温度、压力、热红外传感器等。另一种传感器自身能发出某种波，如红外线波、超声波等，这些波遇到障碍物能反射回来被传感器接收并将其转换成电信号。

发射器的作用是根据发射器接收到的指令信息向接收器发射出某种信号的波，例如超声波、电磁波、红外线波等。发射器也可以在人工控制下发出某种指令信号对遥控器进行遥控，这时人的感官耳、眼等就相当于传感器，家用电器遥控器大多如此。

接收器的作用是把接收到的发射器发出含有某种指令的媒体转换为电信号，然后加以放大并送到控制电路。

控制电路根据发射器的指令，以向不同通道输出各种脉冲直流电压的形式执行某种特定的任务。例如向继电器或晶闸管输出电压，接通或切断电源。

控制电路中采用微电脑集成电路后使遥控技术日趋完善，发射器采用固定频率的数字脉冲对媒体进行调制，发出的指令为数字编码信号，接收器只接收该频率的调制媒体并转换放大后送到微电脑控制器，这样就可以依赖微电脑的功能对复杂电路进行很方便的控制。

一般电脑控制电风扇主要功能特点如下：

1. 三档风速控制；
2. 三档模拟自然风控制；
3. 关闭定时器三档控制选择；
4. 睡眠定时控制；
5. 各程序和风速档次均有发光二极管显示；
6. 手控、遥控均可。

二、整机电路分析

我们以长城牌 FS26—40 型红外电脑遥控电风扇电路为例（图 17—1 所示），简要说明整机电路的工作原理。该机电路大体可分为电源电路、发射器电路、接收电路和电脑控制电路。

电源电路由变压器降压、桥式整流、稳压滤波后，供给接收电路和控制电路的直流工作电压。

发射器电路如图 17—2 所示，由专用集成电路 MT8803 组成。它为 CMOS　16 脚双列直插式。发射的指令采用脉冲调制即 PPM 编码，发射效率高。振荡信号经三极管放大后推动红外发光二极管向外发射经过调制的红外信号。该器件工作电压在 2V 至 3.3V，静态耗电小于 1 微安。

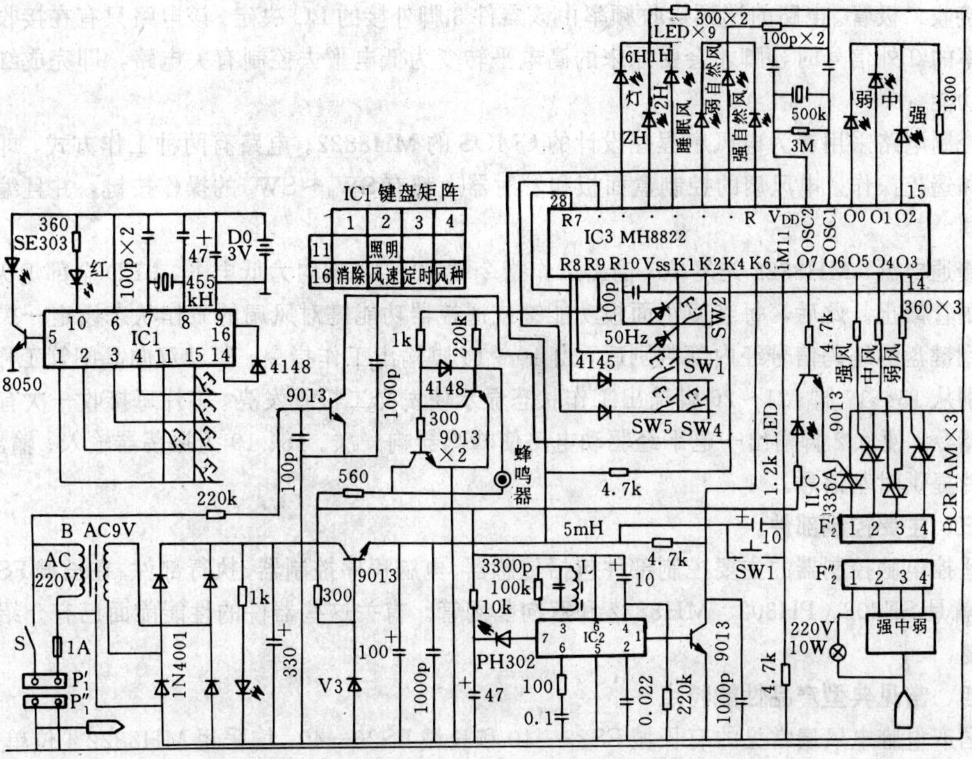

图 17—1 长城牌 FS26—40 型电风扇接收控制电原理图

电阻单位 Ω　　电容单位 F

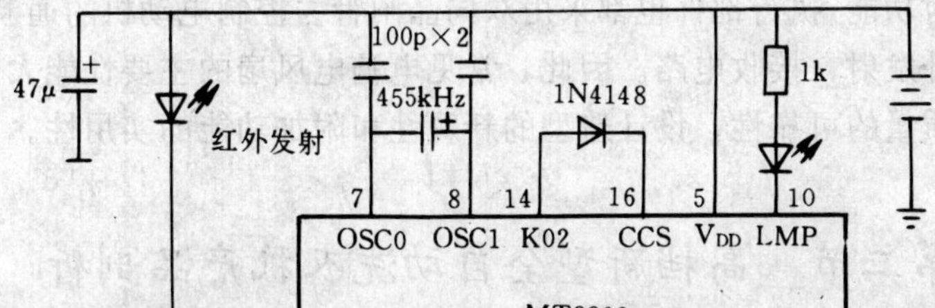

图 17—2 长城 FS26—40 红外发射电路

电阻单位 Ω　　电容单位 F

接收电路如图 17—1 所示，由 MH8181IC_2 构成。它是专为 MT8813 配套使用的红外接收专用集成电路，采用单列 8 脚结构。该器件内含放大、峰值检波、缓冲输出以及提供偏压给红外接收二极管。电路的选频接收频率由该器件 3 脚外接的 LC 决定。该电路只有在接收到调谐频率的红外信号时，脚才会由原来的高电平转变为低电平去控制有关电路，即完成红外接收的功能

控制电路采用专为电风扇程控设计的 CMOS 的 MH8822。电路有两种工作方式，即手控操作和遥控操作。电风扇的控制盒面板和发射器上都有 $SW_1 \sim SW_5$ 的操作按键，并且编码时序相同。

接通电源，MH8822 先复位，输出工作指令端 12～14 脚均为低电平，LED 全部熄灭，双向晶闸管截止。此后，每当使用面板功能键或遥控器功能键对风扇的工作状态设定一次，芯片收到键盘的编码信号经内部判别后，由 10～14 脚输出工作指令，驱动双向晶闸管工作，同时分别从 15～17 脚、21～26 脚输出工作状态显示使发光二极管发亮。芯片每接收一次有效的工作指令，便从 2 脚输出一电平经驱动电路使峰鸣器响一次。18、19 为振荡器输入、输出脚，为芯片提供时基信号。

三、主要控制部件

遥控电脑控制器的主要控制部件包括传感器、电脑程序控制器、执行部件。在长城 FS26—40 中就是 SE303、PH302、MH8822 和双向晶闸管. 有关这些器件的性能前面已有介绍，不再重复。

四、常见典型产品性能特点

国产电脑电风扇常见的有长城 FS22—40 和长城 FS26—40，均采用 MH8822 4 位单片 IC 控器。蝙蝠 FS40—A6 型和菊花牌 FL40—19 型采用 DJ1001—063 电脑程控器。蝙蝠牌 FS40—B6 型采用了 D7556 电脑程控器。上述电风扇的电脑程控器，都是采用 4 位 CMOS 单片 ASIC 集成电路，由于电脑芯片大同小异，这些电风扇都具有三档风速调节、模拟自然风、开关定时和睡眠定时功能，执行部件也都采用双向晶闸管去控制电动机的通断和转速调节，遥控部分也多采用红外发射、接收电路。因此，常见电脑电风扇的主要性能大同小异，产品的性能特点主要在于质量的可靠性，设计造型的新颖性和附加功能的实用性。

第二节　高档新型全自动洗衣机产品剖析

一、类型与性能特点

高档和新型是一个相对概念，就目前国产洗衣机生产情况和我国人民的消费水平而言，这类机型从结构原理上可分为波轮式微电脑大波轮新水流洗衣机和滚筒式微电脑全自动洗衣机两类。

波轮式的特点是结构简单、制造方便、成本低、洗涤时间短、省电、洗净率高，但磨损率也较高，耗水较多。

滚筒式的特点是结构合理、用料讲究、磨损率低、节水、使用寿命长，但结构复杂、成本高、洗净率低。一般耗电也比波轮式多，因为它设有加热器。

二、典型产品剖析

小天鹅牌 XQB30—8 型全自动洗衣机是国产微电脑全自动洗衣机中颇具代表性的产品，下面我们分析其整机工作原理。

1. 系统控制电路的组成　系统控制电路是全自动洗衣机的控制中心，它是以 4 位单片机（其型号有 DJ2001、14021WFW、1402WFCS、Z8 系列的 HJ8901 等）为主体组成的。4 位单片机为 24 引脚或 28 引脚，其内部集成了 CPU、程序存储器 ROM、数据存储器 RAM、I/O 接口和定时器等逻辑单元。整个电气控制系统集中在一块电路板上，主要由整流滤波电路、时基电路、复位电路、蜂鸣电路、单片机、系统输入电路、系统输出电路和强电控制电路组成。电路板安装在洗衣机操作面板下，采用无触点控制，微电脑控制简图见图 17—3。

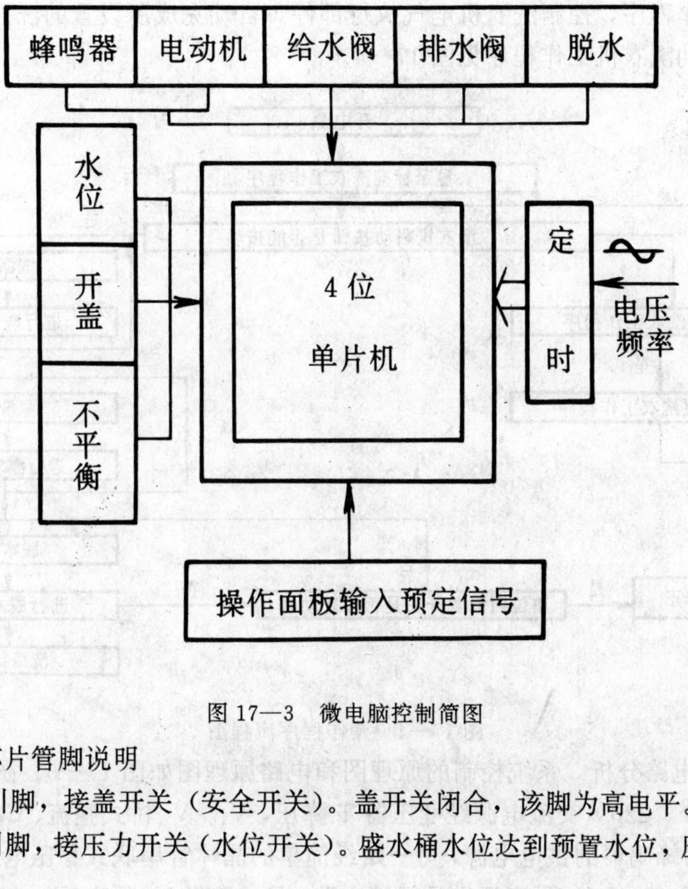

图 17—3　微电脑控制简图

2. DJ2001 芯片管脚说明

1 脚：输入引脚，接盖开关（安全开关）。盖开关闭合，该脚为高电平。

2 脚：输入引脚，接压力开关（水位开关）。盛水桶水位达到预置水位，压力开关动作，该脚为高电平。

3～6 脚：程序选择指令输入引脚，低电平有效。其中 3 脚为启动/暂停指令输入引脚；4 脚为程序选择指令输入引脚；5 脚为周期选择引脚；6 脚为水流选择指令输入引脚。接通电源的同时，3～6 脚为低电平，单片机调用 ROM 中的检查程序。

7～9 脚：输出显示 LED 数据引脚。

10～11 脚：接晶体，产生单片机的时钟信号

12 脚：输入 6V 电源。

13 脚：欠压信号输入引脚，低电平有效。

14 脚：时基信号输入引脚。

15～17 脚：输出显示 LED 信号引脚。

18 脚：控制洗涤电动信号输出引脚，高电平时洗涤电动机正转。

19 脚：控制洗涤电动机信号输出引脚，高电平时洗涤电动机反转。

20 脚：控制排水电磁阀信号输出引脚，高电平时排水电磁阀吸合。

21 脚：控制进水电磁阀信号输出引脚，高电平时进水电磁阀进水。

22 脚：输出显示 IED 信号引脚。

23 脚：控制蜂鸣器信号输出引脚，低电平蜂鸣器鸣叫。

24 脚：接地引脚。

DJ2001 内部 ROM 固化了洗衣机工作程序，它能根据用户的操作命令进行分析、判断，然后调用相应的工作程序，控制洗衣机电气执行部件，自动完成所设置的洗涤任务。

小天鹅全自动洗衣机工作程序见图 17—4。

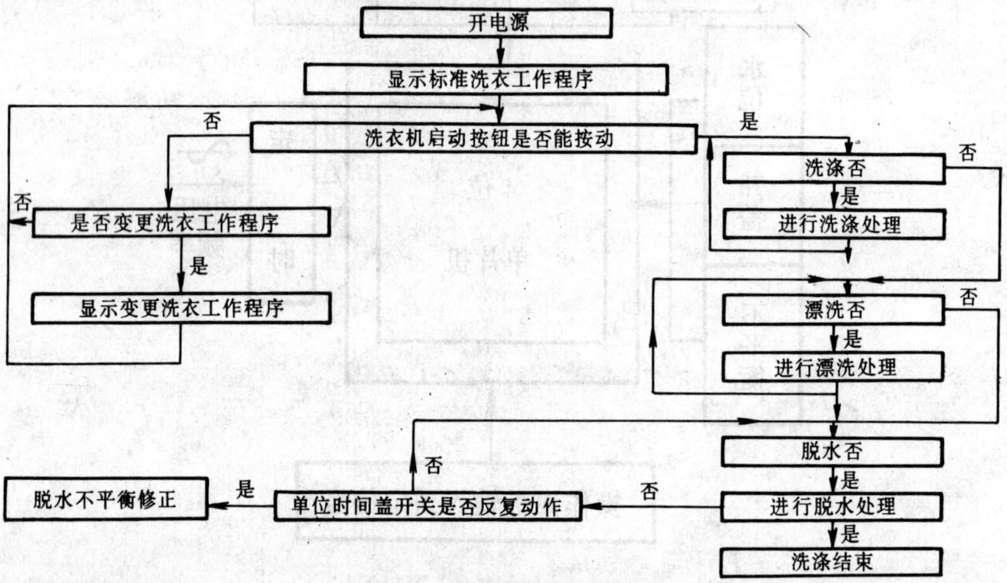

图 17—4　操作程序流程图

3. 系统控制电路分析　系统控制的原理图和电路原理图如图 17—5、图 17—6 所示。

(1) 电源部分　220V 交流电源经变压器 T 降压，V_1～V_2 桥式整流、C_2 滤波后分两路输出：一路直接作为蜂鸣器的供电电源，另一路经简单的晶体管串联式稳压电路，输出 6V 稳压电源。该稳压电源一路经 V_8 隔离后供晶闸管电路；另一路经 V_6 隔离后作为单片机和 LED 的供电电源。电容 C_4 起滤波作用，同时也使单片机不会因瞬间掉电而中断内部存储器的信息。

(2) 时钟和时基电路　时钟电路主要由 TJ 石英晶体和 IC10、11 脚等元件组成，它为单片机提供一个时钟信号。程控器的一切程序都是在时钟脉冲控制下，严格按照机器周期、指令周期一步一步完成的。

时基信号取自电网，它的作用是，一方面定时向单片机提供一计时的基准信号，另一方面使输出的控制脉冲与电网交流电同相，以实现对晶闸管的过零触发。时基信号主要由 V_{31} 和 IC14 脚组成，经变压器 T 降压的 50Hz 交流电经由 V_{31} 输入 IC14 脚。

(3) 按键与显示电路　图 17—7 是按键、显示电路图。它的电路形式是采用单端输入、输出的，较为简单。单片机复位后，置 IC3、4、5、6 脚为高电平，当时应某个开关被按动，单

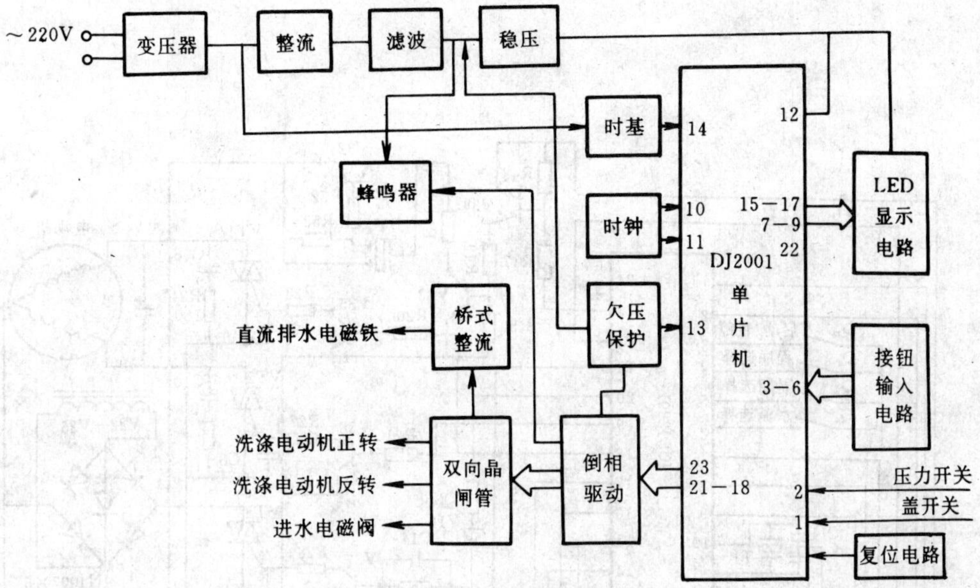

图 17—5　电路原理方框图

片机对应引脚即为低电平。单片机一旦检测到这一状态信息，即调用相应的操作程序和显示程序，一方面显示用户设置的工作状态，另一方面完成用户所要求的操作内容。

在显示电路中，LED_1、LED_2、LED_3、LED_4 显示水流和周期，它们各自只能有一种显示，所以两个发光二极管各共用一个电阻，LED_5~LED_7 分别为洗涤、漂洗、脱水的显示。点亮 LED 的条件为 IC 连接该 LED 的引脚为低电平，图中 R_{42}~R_{46} 分别为 LED_1~LED_2 的限流电阻。

(4) 强电控制电路　用户设定完新的工作程序（如节约程序）后，按动启动钮 Q_1。在 IC 的 3 脚为低电平时，单片机即可识别出 Q_1 被按动，并根据这一指令调用内部存储器驻留的节约程序（经济程序），开始操作。

首先单片机发出洗涤指令，LED_5 每秒显示一次，告诉用户微电脑在进行 6 分钟洗涤程序操作，且操作程序正常。同时，单片机不断检测 2 脚的电位，若该脚为低电平则盛水桶水位不足，洗涤电动机不能运转，则 IC 发出进水命令，2 脚输出高电平，晶闸管 TR_4 导通，进水电磁阀打开，洗衣机开始进水。当盛水桶水位达到预置水位时，压力水位开关闭合，2 脚变为高电平。单片机立即检测到这一信息，认为水位可达预设值，洗衣机可以进行洗涤。IC 一方面发出停止进水命令，置 21 脚为低电平，TR_4 截止，进水电磁阀关闭；另一方面发出洗涤电动机转动指令，IC18 脚和 19 脚轮流高电平，驱动晶闸管 TR_1 和 TR_2 交替导通截止，洗涤电动机按正转1. 4s→停 0.6s→反转 1.4s→停 0.6s（弱洗状态下洗涤电动机运转周期为正转0. 8s→停 1. 6s→反转 0. 8s→停 1. 6s）的周期工作。

6 分钟后，洗涤程序结束，LED_5 指示灯灭，洗衣机进入漂洗程序，LED_6 以每秒一次的频率闪烁。单片机发出排水命令，置 20 脚高电平，驱动晶闸管 TR_3 导通，由 TR_3 输出的 220V 交流电经 D_{22}~D_{25} 桥式整流后向排水电磁铁供电（在该支路中，D_{26} 为高压吸收电路，用于防止排水电磁铁突然断电时在线圈两端产生的自感自动势损坏半导体器件），排水电磁铁通电吸

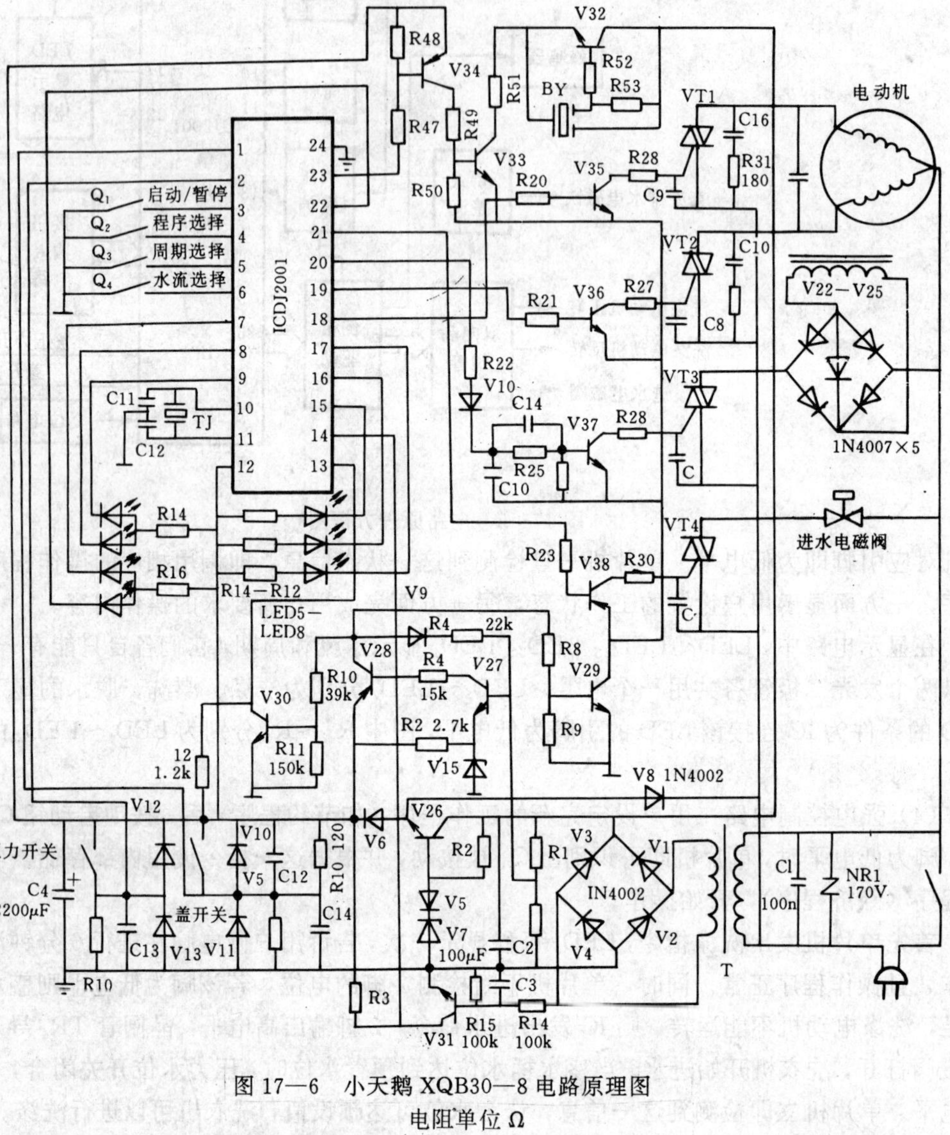

图17—6　小天鹅XQB30—8电路原理图
电阻单位Ω

合，开始排水。同时在排水电磁铁拉杆套的牵引下，减速离合器机械工作状态置为脱水方式。排水操作一动作，单片机就开始计时，并不断检测2脚的电平。当2脚由高电平转为低电平时，单片机将这段计时时间D_1作为基准，再延时D_1+50秒后发出脱水操作命令。这时，IC的18脚输出的高电平驱动TR_1导通，洗涤电动机正转，开始脱水操作。由于已选择了一次漂洗，单片机18脚输出的电平为高电平20s后低电平1min，然后在高电平1min低电平20s，对应的洗衣机脱水操作为：20s脱水→1min惯性脱水→1min脱水→20s惯性脱水。到此，中间脱水操作结束，单片机20脚置为低电平，21脚为高电平。TR_3截止，排水阀关闭，减速离合器机械工作状态设置在洗涤方式；TR_4导通，洗衣机开始进水。当盛水桶达到预设水位时，压力开关闭合，IC2 脚为高电平。单片机检测到此状态，发出停止进水命令，置 21 脚为低电平，TR_4 截止，切断进水电磁阀供电，洗衣机停止进水。同时，洗涤电动机在 IC18 和 19 脚的轮流控制下，正转 1.4s→停 0.6s→反转 1.4s→停 0.6s。这样持续两分钟后，漂洗结束，LED_6 指示灯灭，洗衣机进入最后的脱水操作，LED_7 以每秒一次的频率闪烁。脱水前，单片机先进行上述的漂洗排水控制，然后再脱水运转 5min，最后，单片机 20 脚变为低电平，排水阀关闭，减速离合器制动，脱水操作结束，蜂鸣器鸣叫 6 次，LED_3 指示灯熄，经济洗涤全程序结束。在该控制电路中，C_6～C_9 电容起抗干扰作用，以防电压突变造成晶闸管的误导通和误截止。

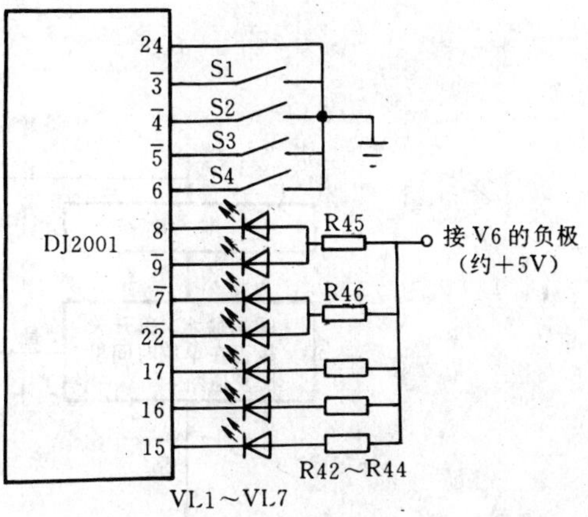

图 17—7 按键与显示电路图

(5)保护电路 XQB30—8 型微电脑控制全自动洗衣机设有智能保护和硬件保护，其中智能化保护是由软件和硬件共同完成的。系统控制电路的保护有：过压保护、欠压保护、自动修正脱水不平衡和排水不畅时的保护。

过压保护是采用压敏电阻 NR_1，其作用是抑制电网瞬时高压以保护系统控制电路不因瞬时电冲击而损坏。当线路中产生的过电压高于压敏电压时，压敏电压值急剧下降，很快导通，其工作电流增加到几个数量级，过电压以放电电流的形式被压敏电阻泄放掉，从而实现过压保护。

排水不畅时的保护是在单片机内部固化一个排水时间基准常数。当单片机发出排水指令时，单片机内部就开始计时。若计时时间等于基准常数，单片机还未检测到压力开关复位信号，单片机就认为排水系统受阻，发出保护命令，切断一切强电执行部件的供电。同时，蜂鸣器在前 10s 以每秒 5 次的速度鸣叫，对应程序指示灯以每秒 5 次的频率闪烁。

欠压保护电路的电路设计为当电网电压下降为 187V 时，V_{27}的正向偏压 $U_{c27}=U_{R3}-U_{v15}$ $<=0.55V$，所以 V_{27}截止，引起 V_{28}也被截止，V_{28}集电极电压为低电平。该低电位分两路输出：一路送 V_{30}基极经 V_{30}倒相后送高电平至单片机 13 脚，单片机一旦检测到 13 脚为高电平，即调用欠压保护程序停止洗涤处理；另一路送 V_{29}基极，使 V_{29}截止，从硬件上迫使 V_{33}、V_{35}、V_{36}、V_{37}、V_{38}截止，关断晶闸管和蜂鸣器，实现了欠压保护，从而保证进水电磁阀、排水电磁铁、洗涤电动机不因欠压而过流烧毁。在欠压保护电路中，V_9、R_4 是 V_{27}、V_{28}组成电平触发器的正反馈支路，目的是改善触发器状态翻转的脉冲前沿。

脱水不平衡自动保护主要由单片机内部存储的软件来实现，其软件功能如图 17—8 所示，在电路中由 IC 的 1 脚检测洗衣机的盖开关。注意，当上盖打开后单片机内存中的盖开关动作次数将自动消失。

(6) 蜂鸣器电路 蜂鸣器和它驱动的控制电路主要由 IC23 脚、V_{32}、V_{33}、V_{34}和压电陶瓷片 BY 组成。IC23 脚输出的控制信号经 V_{33}、V_{34}倒相后驱动由 V_{32}和 BY 等元件组成的蜂鸣电路。

4. 无水功能自检 将插头插入电源插座，电源为断开状态。左手同时按住程序、周期和

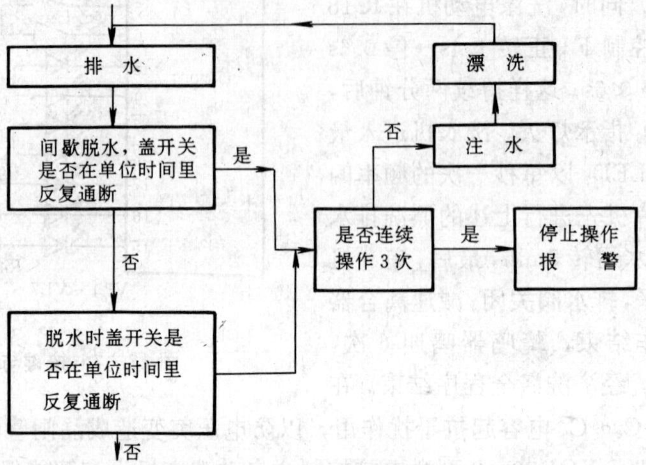

图 17—8 软件功能图

启/停三个按键，右手按下电源开关，在 3 秒内抬起左手，立即去按程序选择按钮，通过按动该钮的次数不同，可检查各种程序正常与否。如表 17—1 所列。

表 17—1 无水功能自检操作表

设定	按动次数	检查内容	动作前显示	动作中显示
程序 A	0	六次断续蜂鸣	灯亮 灯亮 灯亮	灯闪 灯闪 灯闪
程序 B	1	无水时波轮运转	灯亮 灯亮 灯亮	灯闪 灯灭 灯灭
程序 C	2	脱水运转	灯亮 灯亮 灯亮	灯闪 灯闪 灯灭
程序 D	3	各程序设定性能	灯亮 灯亮 灯亮	灯灭 灯闪 灯闪
程序 E	4	标准程序显示后自动灭	灯亮 灯亮 灯亮	灯灭 灯灭 灯亮

三、滚筒式全自动洗衣机的基本结构和工作原理

1. 基本结构 滚筒式洗衣机按衣物投入的方式分为两种机型。一种是从侧面开门，将洗涤物放入洗涤筒内；另一种是从洗衣机顶盖上开门，将洗涤物投入洗涤筒内，它们分别被称做前装式和上装式滚筒洗衣机。两种洗衣机的基本结构相同，图 17—9 是前装式滚筒洗衣机的结构示意图。

滚筒式全自动洗衣机整体上可分为洗涤、传动、支承、给排水和控制五大部分。从结构上讲与波轮式全自动洗衣机的主要区别是洗涤部分和传动部分，控制部分也分机电程序控制和微电脑控制，给排水部分与波轮式类似。

(1) 洗涤部分 包括内筒、内筒叉形架、外筒、外筒叉形架。

内筒又称滚筒，由内筒圆筒和前后盖组成，它采用 0.4mm 厚的不锈钢板制成。内筒的圆周壁上冲压了许多小孔，内壁沿轴向有三条凸筋，主要用来在内筒转动时举升衣物。衣物被升高后落下，起到洗涤作用。内筒的直径与宽度之比决定衣物跌落距离。一般 3kg 以上的滚筒式洗衣机径宽比为 2。洗涤时滚筒转速为 50～60r/min，脱水时转速为 400～800r/min。内

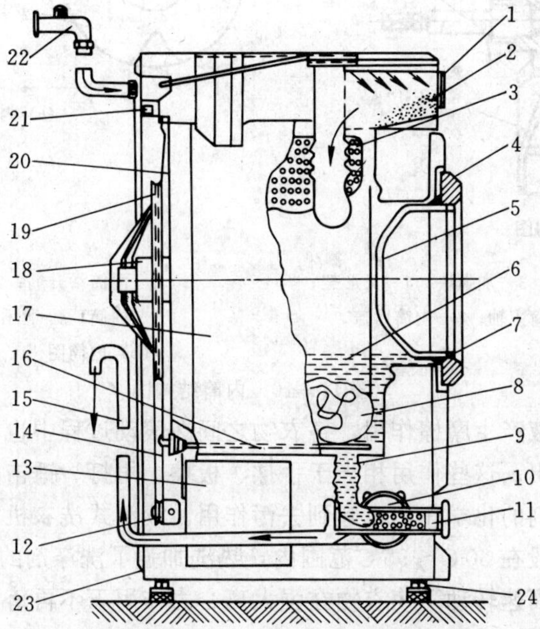

图 17—9 前装式滚筒全自动洗衣机结构示意图

1—操作面板；2—洗涤剂；3—洗涤内筒；4—圆形门环；5—透明玻璃视孔；6—洗涤液；7—橡胶异形密封圈；8—洗涤物；9—排水泵连接管；10—排水泵；11—过滤器；12—小皮带轮；13—双速电动机；14—三角皮带；15—外排水管；16—管状加热器；17—盛水筒；18—轴承支座及转轴；19—大皮带轮；20—外筒叉形支架；21—进水电磁阀；22—自来水龙头；23—外箱体；24—底脚调节螺栓

叉形架组件由主轴、轴套和叉形架组成，有铝合材料铸成三件一体，用来支持内筒。图 17—10 为内筒结构图。

外筒由外筒盖和外筒筒圈组成。外筒周围焊有支板架，外筒经卷制、冲压、滚焊、点焊而成型，表面经搪瓷处理有很好的耐酸碱性能。它的作用一是盛放洗涤液，二是支承双速电动机、加热器、温控器、配重块、减震器等。外筒叉形架用以固定支撑外筒。

（2）传动部分　滚筒式洗衣机的电动机、大小皮带轮、三角皮带构成的传动系统，与波轮式电动机的结构不同。滚筒式全自动洗衣机的电动机为双速单相感应电容运转式电动机，由两套绕组装在同一个定子上。一套为 2 极绕组，另一套为 12 极绕组，洗涤时用 12 极绕组。国产 TEM832 型洗涤时电动机转速约为 470r/min，脱水时电动机转速为 2800r/min。

2. 工作原理　程序控制原理与波轮式基本相同，不再重复。

洗涤原理主要由三方面完成。一是机械作用，洗涤液放在外筒里，水位液面高度约为内筒半径的二分之一，使衣物在内筒里处在半浸泡状态。滚筒在电动机带动下正、反方向有规律转动，衣物便在筒内翻滚揉搓。滚筒内壁上三条举升凸筋将衣物举高到一定高度，衣物靠

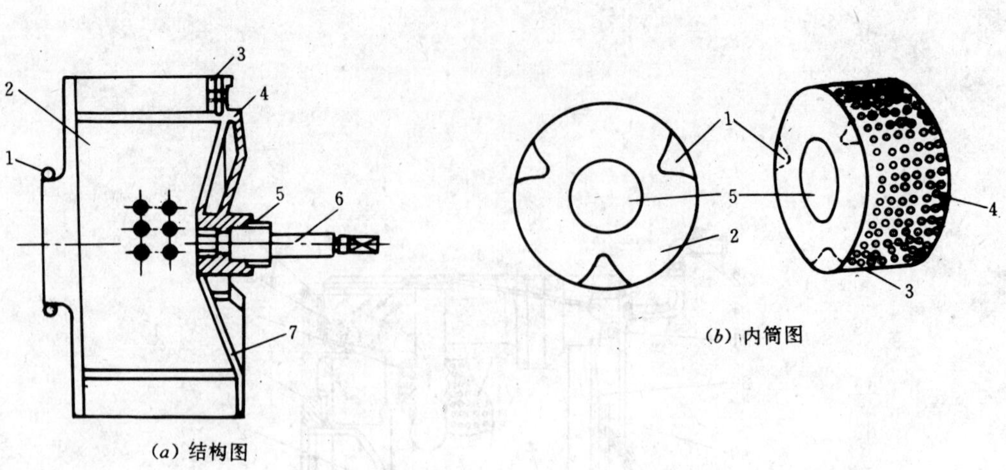

1—内筒前盖；2—内筒；3—加强块；4—叉形架；
5—轴衬套；6—内筒主轴；7—内筒后盖。
(a) 结构图

1—内筒举升筋；2—内筒前盖；
3—内筒；4—圆孔；5—衣物投入口。
(b) 内筒图

图 17—10 内筒结构图

自身重力跌落与洗涤液产生摩擦作用，各衣物之间在滚动过程中也相互磨擦，洗涤液从内筒的小孔中自由流入流出。这些作用相当于手揉、板擦、甩打、锤击的手工作用，从而使衣物洗涤干净。另外洗涤剂的化学作用也起到去污作用。滚筒式洗衣机常带有加热器对洗涤液进行加温选择，温度一般在 30℃～95℃范围内，热洗加强了洗涤剂的作用。

脱水时在电动机高速转动下使衣物在强大离心力作用下不再落下，而是紧贴在有小孔的筒壁上，衣物水分被不断从小孔中甩出来，很快甩干。

第三节 大容量洗衣机的结构与工作原理

家用洗衣机向大容量方向发展也是全自动洗衣机发展趋势之一，目前国内厂家已开始研制、生产，市场占有率尚很小。国外近年来发展较快，美国大容量洗衣机约占 90%以上，日本 1988 年以来推出的新产品也多为 4～6kg，最近二年产品多为 6～8kg，我国习惯上将 3kg 以上的洗衣机称为家用大容量洗衣机。

一、类型与规格

大容量全自动洗衣机的类型与普通洗衣机一样，也有许多种分类方法。

按洗涤原理和结构可分为波轮式、滚筒式、搅伴式以及新型洗衣机，例如汽泡式全自动洗衣机，利用空气泵产生气泡，再利用气泡破裂时产生的能量来提高洗净度。同时，气泡的作用能使洗涤剂很好的分解，使洗涤效果提高 50%以上。日本夏普公司推出 EC—B750 型就是利用气泡效应制作的全自动洗衣机，容量为 7. 5kg。

大容量洗衣机产品的规格仍沿用普通型洗衣机的表示方法，按额定洗涤容量（kg）数值乘以 10 来表示。每一个类型的洗衣机都用一个特定的汉语拼音符号来表示，例如 XQG50—5 型，表示全自动滚筒式洗衣机，洗涤容量为 5kg，最后的阿拉伯数字表示是厂家第 5 次设计出的产品或第 5 代（型）产品。

二、结构与原理

国产大容量家用洗衣机多为波轮式套桶全自动洗衣机，其电动机的功率和套桶的内部容积增大，整体尺寸与一般容量的全自动洗衣机差不多。商业、医院等使用的大容量洗衣机均采用滚桶式结构，例如天津产的 WDX—80 洗衣机，采用横卧式滚筒结构，一次可洗 80kg。

大容量洗衣机的机械结构和工作原理从本质上讲与普通的全自动洗衣机基本相同，不再重复。

三、大容量洗衣机的功能

大容量洗衣机一般都具有预洗、洗涤、漂洗、甩干（有的甚至可以烘干）等功能，程序全部自动化。

新研制的“模糊”逻辑控制大容量洗衣机使洗涤程序可以任人设定，洗涤方法达几百种之多。我国目前已生产出这种机型的产品，容量在 5kg 以上。

第四节　高挡微波炉的工作原理

一、基本结构与工作原理

高挡微波炉的机械结构与普通型基本相同，只是控制电路采用了微电脑芯片和数字显示技术，具有定时（99min99s）烹调、温度控制、按预定程序烹调等功能。

1.控制系统原理　控制系统的基本原理如图 17—11 所示。微电脑芯片通过操作键盘输入的操作程序，输出控制信号，推动执行机构继电器控制微波炉中磁控管的工作电压和微波炉的工作时间，达到控制微波炉烹调时间和加热功率的目的。

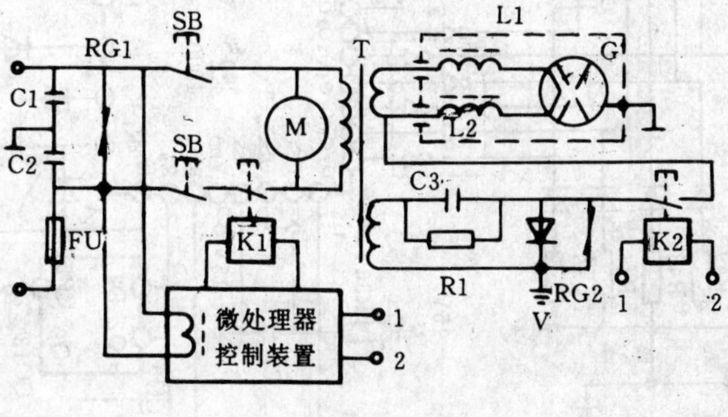

图 17—11　控制系统原理图

2. 微处理器控制系统电路　图 17—12 所示是由微处理器和外围电路组成的控制系统电路原理图。

输入电路由触摸开关组成的键盘和专用集成电路 TMS—1976 构成。它们的主要作用是把选定的操作程序转换成一组代码，输出给 TMS—1000 微处理器的数据输入端（K_1、K_8）。而用户程序是根据需要在制造 TMS—1000 时，已把程序固化在微处理器芯片上的只读存贮器 ROM 当中。

输出电路由显示部分和电动驱动执行部分组成。显示部分主要作用是显示微波炉的工作状态，例如烹调或解冻定时时间。显示器采用平面型发光二极管。执行部件是继电器 KC_1、KC_2 及其驱动电路。当 TMS—1000 输出端 R_8 输出高电平时，V_4 晶体管导通，KC_1 吸合使电源接通，R_8 端低电平时，V_4 截止，EC_1 断开，切断电源。

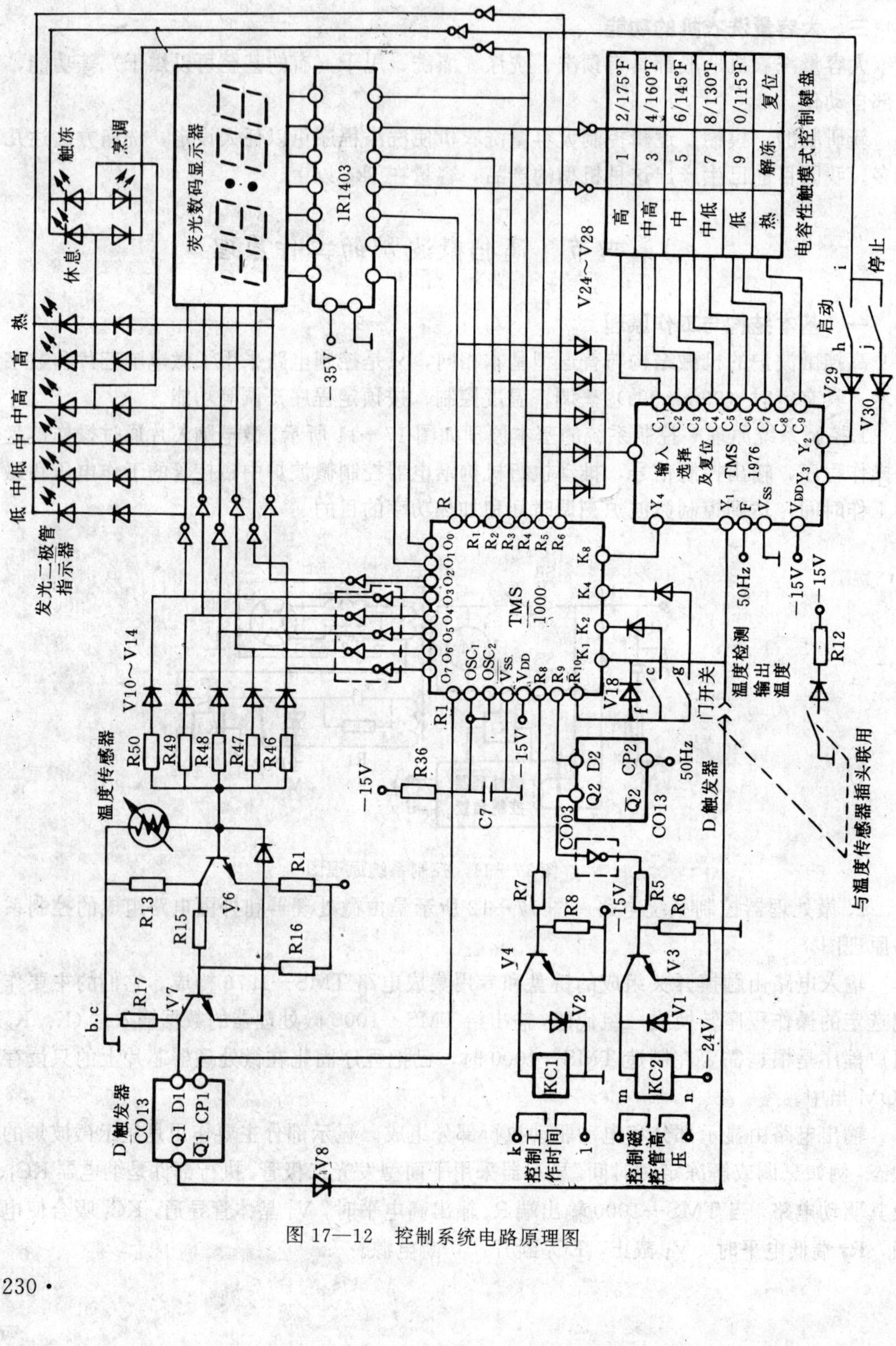

图 17—12　控制系统电路原理图

定时控制，当采用定时程序时先选烹饪功率，然后选定时间，显示部分显示出选定的时间，这时启动微波炉后，TMS—1000 R_8 端便输出高电平，使 KC_1 吸合，接通电源。工作时间到定时时间后，R_8 输出低电平，切断电源工作电压。

调节功率是通过调节磁控管工作时间来控制微波炉的平均输出功率。当通过键盘选定功率时，TMS—1000 接到输入接口电路 TMS—1976 输出的代码，经处理后在 R_9 端输出脉冲信号经 D 触发器 Q_2 输出到 T_3，推动继电器 KC_2 周期性工作达到调整微波炉功率的目的。

温度控制的电路原理是通过选择 R_{46}～R_{50}中的不同的电阻值，使它和由热敏电阻构成的传感器的自身电阻构成分压器供给 V_6 晶体管的开关工作电压，使 V_4 在不同温度时控制 V_6 的导通。温度控制电信号经触发器输入 TMS—1000，处理后再去控制 V_4 的通断，而 V_4 通断又控制电源的通断，从而实现温度的控制。

二、典型产品功能介绍

松下 NN—6752/NN—6652 型是输出功率 850W，内部容积约 30L，采用 220V 电源，耗电量 1400W 的典型高档微电脑控制微波炉。

图 17—13 是其控制面板图。其主要功能如下：

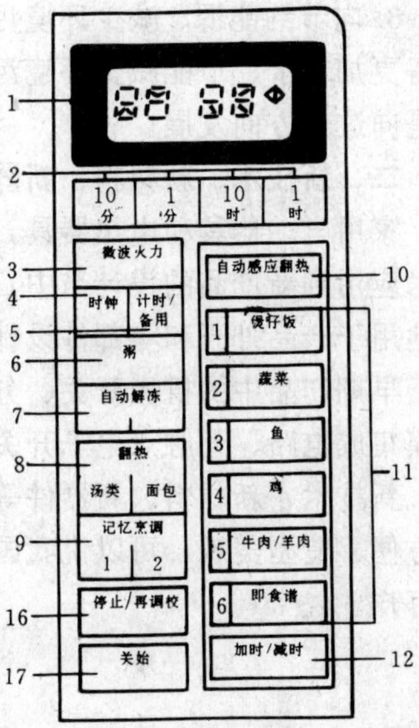

图 17—13 松下 NN—6752/NN—6652 微波炉控制面板

1. 显示功能 在操作过程中可显示时间和各工作状态，具有12 小时时钟和定时时间显示功能。

2. 功率调节功能 按一次功率键为 100%功率，按二次为 80%，按三次为 70%，按四次为 55%，按五次为 30%，按六次为 10%，即高火、解冻、中高火、中低火、低火。

3. 按质量（重量）自动解冻功能 例如解冻 1.5kg 肉类，在自动键上，按一次 1kg 键，按 0.5kg 键一次，再启动微波炉，它解冻后自动断电。

4. 记忆烹调功能 可以帮助使用者储存微波加热食谱。例如设定某食品加热 1 分钟，设定后，存入时间，当使用记忆烹调键时，按一下启动微波炉就可以了。

5. 自动重热功能 如重热 1～4 人份量的食品不需要调功率、定时间，一按此键，它就自动加热自动断电。

6. 安全锁功能 为防止儿童或他人乱动微波炉，触发意外，只要按 4 次启动键即可将炉门锁死，只有再按四下才能取消安全键。

第五节 高新技术在家用电动、电热器具中的应用

一、产品的发展趋势

随着经济的迅速发展和人民生活的提高，我国家用电器工业在改革开放中得到了迅速发展，洗衣机、电风扇的产量已跃居世界首位。家用电器已遍及每个家庭，而且小家电的普及率也在不断提高。市场的巨大诱惑和竞争，极大地刺激了产品的研制和更新换代，可以说家用电器在采用高新技术开发研制新产品方面走在其他工业产品的前列。

家用电热器和家用电动器具产品总的发展趋势大致可以简单概括为如下的几个方面：

1. 向大容量、多功能方向发展　家用洗衣机、家用电热水淋浴器、家用微波炉等许多新产品不断问世，其显著的性能特点、发展趋势之一就是向大容量发展。国产全自动洗衣机新产品的洗衣容量已由80年代初期3kg提高到5kg，日本生产的洗衣机多在6～8kg。微波炉的有效容积也在逐步增大，早期的17L、20L已向26L、28L发展。产品的功能也在逐步增多，如洗衣机已由洗涤、甩干逐步向洗、甩、烘干方向发展，洗涤方法和程序也逐步增加。电热炊具、灶具等烹调方法也在朝多种方法、多种方面发展。

2. 向控制电路智能化发展　不论是电动器具还是电热器具，在控制电路中都采用微电脑、传感器，器件已向全自动、多操作的智能化方向发展。早期的人工手控洗衣机和电热炊具正被微电脑洗衣机、微电脑电饭锅、微电脑微波炉所淘汰。

3. 向节约能源、减少环境污染的方向发展　采用结构合理和新型的工作原理以使产品设计得更加节水、节能减少环境污染，如采用新型洗涤原理的洗衣机和提高热效率的电热器具都是向这一方向发展。

二、新技术、新材料、新器件的应用

家用电动器具和电热器具，随着科技的发展，已将微电子技术、计算机技术和遥控传感技术应用到新产品的设计当中。新型工程塑料材料、喷涂材料和新型PTC发热材料也越来越多地用于产品外壳和零部件设计之中。

早期产品中的机械开关、分立元件、机电式有触点控制部件、指示灯泡等被新型大、中规模集成电路、无触点电子开关、单片微电脑专用芯片和新型发光显示器件所取代。

新技术、新材料、新器件等高新技术的应用，使新型产品体积小、重量轻、功能全、使用方便、造型美观。可以说我国家用电动、电热器具的普及，将把高新技术的应用推广到千家万户。

第六部分　高级维修工技能要求

第十八章　家用电热器与电动器具的安全性能测试

第一节　常用名词术语

一、安全名词术语

参照国际上通用的IEC（国际电工委员会）标准，常用的家用电器安全术语介绍如下：

基本绝缘　指带电部件上对防触电起基本作用的绝缘。

附加绝缘　一种附加于基本绝缘上非独立使用的绝缘。为了在基本绝缘损坏的情况下，防止触电而加在基本绝缘之外的独立绝缘。

双重绝缘　同时具有基本绝缘和附加绝缘的绝缘。

加强绝缘　其绝缘水平相当于双重绝缘的单独绝缘结构。

特低电压　从电源供给家用电器的单相电压以及电器在额定电压下工作时，异线之间和异线与地线之间电压不超过24V。

安全特低电压　通过安全隔离变压器或具有独立绕组的变流器与供电干线隔离开的电路中，导线之间或任何一个导体与地之间有效值不超过50V交流电压。

二、产品名词术语

0类电器　依靠基本绝缘来防止触电危险的电器，它没有接地保护，一般用在工作环境良好的场合。

0Ⅰ类电器　至少有基本绝缘和接地端子的电器，电源软线中没有接地导线，插头也没有接地插脚，不能插入带有接地线的插座。

Ⅰ类电器　除了基本绝缘之外，易触及到的导电部件在基本绝缘被损坏时不成为带电体而将易触及到的导电部件和保护地线接起来的一类电器。

Ⅱ类电器　采用双重绝缘或加强绝缘结构的电器。

Ⅲ类电器　依靠安全特低电压供电，同时在电器中的任何部位都不会产生比安全特低电压高的电压。

普通型电器　指一般正常条件下使用的没有外壳防护的电器。

防滴型电器　在正常位置使用，垂直滴落的水应对电器无有害影响。

防溅型电器　任何方向的溅水，应对电器无有害影响。

潜水型电器　有防水外壳，其外壳能保证按厂商规定的条件下长期潜水。

三、安全试验名词术语

测试指检查　为了对产品的有孔部分进行接触检查而制造的一种模拟人手指的标准测试指，其尺寸 IEC 标准中有专门规定。将测试指插入孔内，检查是否触及带电部分发生触电危险。

绝缘电阻测量　用兆欧表测量家用电器带电部分和非带电金属部分之间，或者不同极性带电部分之间的绝缘电阻。

电气强度试验　又叫耐压试验，在测量绝缘电阻的部位加上标准所规定的高压以检查绝缘的耐压能力。

泄漏电流的测量　测量在一定电压条件下，电器的导电部分通过绝缘到地线或非带电外壳间的泄漏电流。

接地电阻的测量　测量可接触到的非带电金属零件与接地端之间的电阻值。

温升实验　测量电器在额定工作条件下运行时各部分温升的试验，对短时间工作的电器，测量应在额定工作时间结束前后之瞬间进行，其他在温度达到稳定时测量。

湿热试验　将产品放在符合标准要求的湿热箱里，在规定的湿热条件下，经过规定的时间或周期后，测量其绝缘电阻、电气强度。对金属层的湿热试验，则是检查其耐锈蚀的能力。

第二节　家用电器安全测试方法

一、绝缘电阻的测定

家用电器产品的绝缘电阻是评价其绝缘质量好坏的重要指标之一。

绝缘电阻是指产品两个不同极性的电极之间绝缘结构的电阻，我们测定的绝缘电阻，一般是指电器带电部分与外露非带电金属部分之间的电阻，这两部分之间就是绝缘电阻。如图 18—1 所示，在电极上加上直流电压 U 后，在绝缘材料中产生两个电流，一种电流称为表面漏泄电流 I_s，另一种材料内部的体积泄漏电流 I_V，测定的绝缘结构的电阻为：

$$R=\frac{U}{I}$$

式中　U——所加的直流电压；

　　　I——经过电极的总电流；

$$R=\frac{U}{I}=\frac{R_V R_S}{R_V+R_S}$$

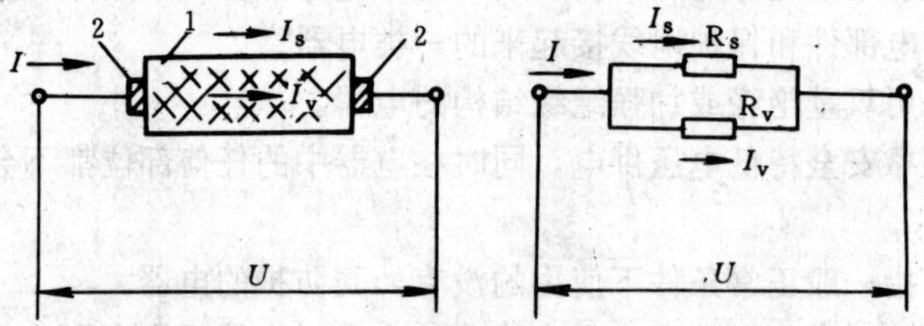

图 18—1　绝缘电阻测量原理和等效电路

目前国内家电产品标准只规定热态绝缘电阻，不规定常态绝缘电阻。

家用电器工业的迅速发展，产品普及率越来越高，为了确保人身安全，对家电产品的绝缘质量要求越来越严。欧美、日本电工产品出口量大都积极采用 IEC 标准。IEC 标准规定，带电部件与壳体之间绝缘电阻、基本电阻不应小于 2MΩ，加强绝缘的不小于 7MΩ。Ⅱ类电器带电部件与金属部件用基本绝缘隔开的绝缘电阻不小于 2MΩ，与外壳间不小于 5MΩ。

测定绝缘电阻，首先应将被测产品脱离电源，将待测部位分别用导线接到兆欧表接线柱，以 120 次/min 的转速平稳地摇动兆欧表手柄 1 分钟后，指针稳定不动时读出绝缘电阻值。测湿态、热态电阻应按规定的试验条件，在产品经过潮湿或高温试验周期后测量。

二、泄漏电流测定

测量泄漏电流用交流电源。周围的环境规定为 20℃±5℃，电器处于工作温度条件下，即电器正常工作达到稳定温升。IEC 标准还规定了一些测试电路图，例如：规定Ⅱ类电器，额定电压不超过 250V 的单相电器，按单相电器测试的三相电器，仅使用直流电的电热器具，按图 18—2 的线路图测试。

测泄漏电流电路的总电阻为 1750Ω±250Ω，并联电容器使电路的时间常数为 225μs±15μs，测量仪器在 20～5000Hz 的频率范围内至少应有 50%的精确度。

测试应在下面规定的部位进行。

1. 在电源的任一极和易触及的金属部件或紧贴在绝缘表面的金属箔之间进行。金属箔的面积不超过 20cm×10cm。

2. 在电源任何一极与Ⅱ类电器仅以基本绝缘和带电部件隔开的金属部件之间进行。

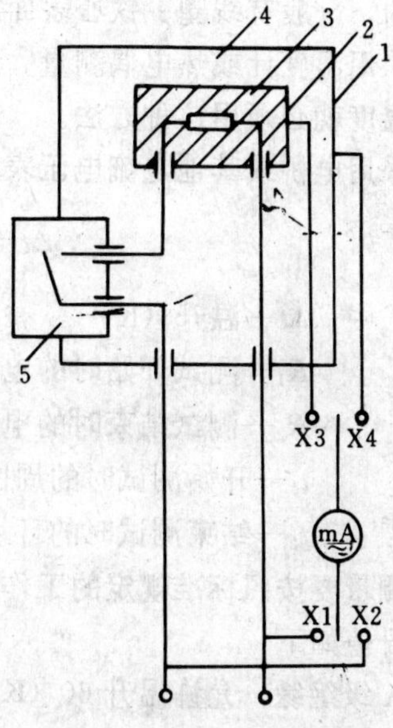

图 18—2 单相连接的Ⅱ类电器在工作温度下测量泄漏电流原理图

1—易触及部分；2—不易触及部分；3—基本绝缘；4—附加绝缘；5—加强绝缘

三、接地电阻测定

根据标准规定，只有 0Ⅰ类和Ⅰ类电器才有接地端子或接地线。标准规定接地螺钉应是导电性好的铜和铜合金材料制成，接地线应为黄绿双色铜芯绝缘软线，截面积不小于 0.75mm²。并且接地端到易触及非带电金属表面的电阻不应大于 0.1Ω，从地线接插端到易触及非带电表面的电阻值不得大于 0.2Ω。测试线路图如图 18—3 所示。

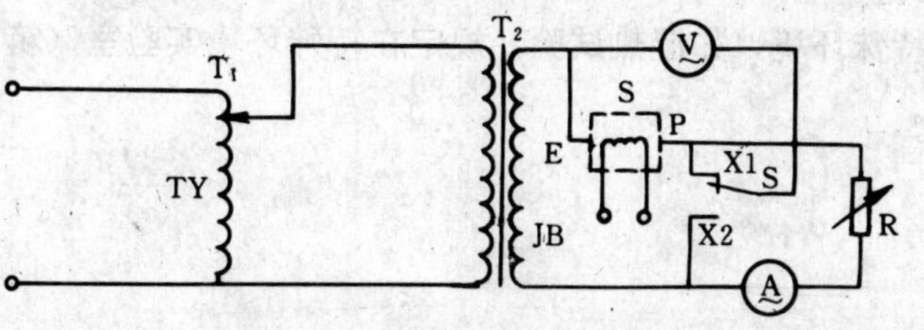

图 18—3 测定接地电阻电路原理

TV—自耦调压器 JB—降压变压器 K—单刀双投开关 V—电子管电压表或交流毫伏表

A—交流电表 R—可变电阻 S—被测试电器 E—接地线 P—测试线路与易触及非带电金属表面的连接点

调节自动变压器，开关 K 投向 X_2，使变压器次级电压空载时不超过 12V，再调节可变电阻使电流为额定电流 1.5 倍或 25A。然后将开关投向 X_1，测量接地端与易触及非带电金属表面（或壳体）之间的电压降。根据测得的电流电压计算出接地电阻：

$$R_E=\frac{U}{I}$$

式中 R_E—接地电阻值（Ω）

U—接地端子与易触及非带电金属表面的电压降；

I—电路中的电流（A）。

四、温升的测定

测量温度的方法有三种：温度计法、电阻法和预埋检温计法。在家用电器产品中需要测温升的，一般有线圈、铁心表面、外壳、轴承及有关零部件。除了线圈必须用电阻法外，其余都采用温度计或热电偶测量。预埋检温计法用于测家电的特殊部位温度，例如电机定子槽底的温度就必须用这种方法。

采用电桥或其他电流电压表测线圈的温升时，按如下公式计算平均温升值（对铜绕组）：

$$\Delta t=\frac{R_2-R_1}{R_1}(235+t_1)-(t_2-t_1)$$

式中 Δt—温升（K）

R_1—测试开始时的电阻（Ω）；

R_2—测试结束时的电阻（Ω）；

t_1—开始测试时的周围环境温度（℃）；

t_2—结束测试时的环境温度（℃）。

测量要按照标准规定的工作条件进行，一般家电产品根据绝缘等级和产品的特性规定允许温升值如下：

A 级绝缘，允许温升 60（K）；E 级绝缘为 75（K）；B 级绝缘为 80（K）（用电阻法测）。

五、测试环境

家用电器产品安全测试环境有一定要求，因为环境不同，测试的数据也就不相同。测试时对环境规定大致分三种情况：

第一种规定周围环境温度不高于 40℃，空气相对湿度为 45%～75%，海拔高度不高于 1000m，无外界气流和热辐射作用的室内进行试验，如测量绝缘电阻、电气强度、温升等。

第二种对测试环境温度要求 20℃±5℃，其它条件同上。例如测试泄漏电流和接地性能就规定在此条件下进行。

第三种情况为特殊环境，如湿热试验，规定在特殊环境实验室（箱）内进行，湿度、温度都有具体的规定。

第十九章　高档家用电热器与电动器具检修技术

第一节　微电脑电风扇检修技术

一、基本检修程序

1. 向用户了解使用中发生的故障现象，并进行外观检查。

2. 检查机械部分，主要轴向是否窜动过大，扇叶转动是否灵活，摇头机构功能是否正常。

3.微电脑控制部分的检测。微处理器一般均在5V电压下工作，芯片本身损坏的机率较小。如控制部分失常，应首先检查发射器、接收器各部分电路，再检查芯片外围电路，包括驱动电器、双向晶闸管。最后对照微处理器各脚的功能，逐端用仪表测量，判断是否工作正常。

二、常见故障判断及排除方法

为了重点说明微电脑电风扇的常见故障维修，我们以图19—1不带遥控的蝙蝠FS40—B6微电脑落地扇为例，说明这类风扇常见故障的检修方法。

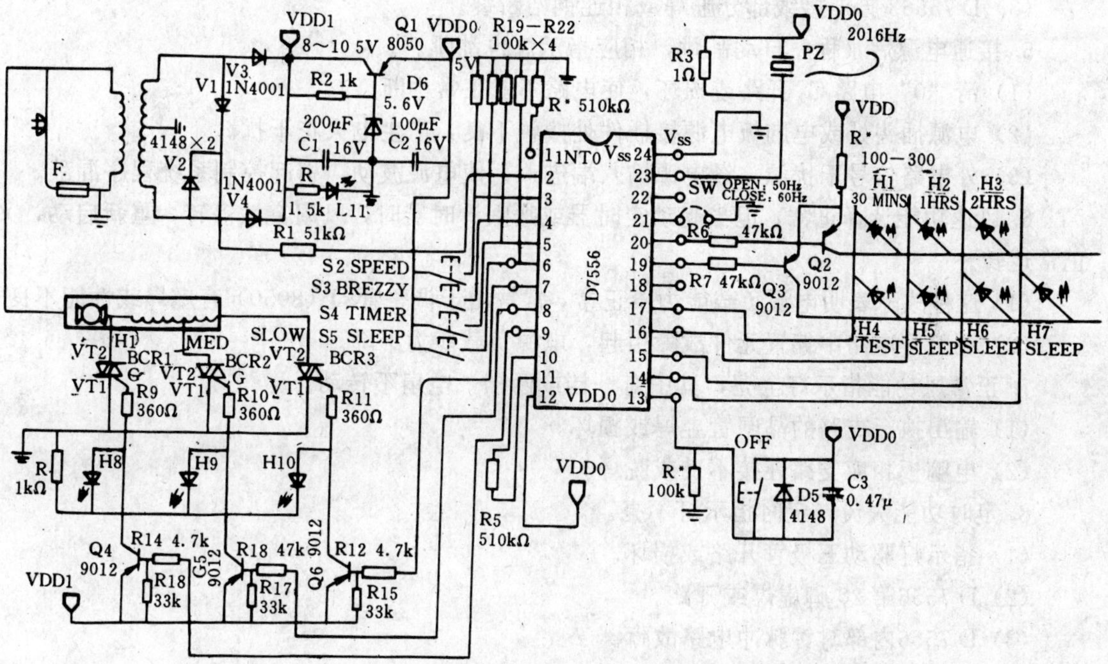

图19—1　蝙蝠牌FS40—B6微电脑落地扇电路图

电阻单位Ω

1. 开机指示灯不亮，按动轻触调速开关，开关正常，但指示灯不亮，电风扇不转。

(1) 检测 V_{DD1}处有无8～10V左右的直流输出，若无输出，检查电源、整流二极管、变压器，确定故障后排除。

(2) 整流电路如果有额定电压输出，检查调整管是否虚焊、脱焊，偏置电阻R2是否开路，D6稳压管损坏或工作不正常，针对故障修复。

2. 电源指示灯亮，按风速开关，相应指示灯不亮，风扇仍不转。

(1) 电路中 R5 虚焊、开路，使 D 7556不能正常工作。

(2) 轻触开关触点电阻≥50MΩ 或损坏，使微处理器 3 脚处得不到 5V 左右高电平。电信号不能正常输入，微处理器处于待命状态。

(3) 复位电路的开关（K—12×12）触点常闭，维持清零状态。

(4) 电源直流 5V 输出电路故障，例如稳压管损坏，使控制器不能正常工作。

(5) D 7556内部电路故障。

检测后更换相应元件，修复。

3. 三档风速指示灯亮，但电扇不转（机头故障不再重述，检修方法同以前介绍）。

(1) 电动机启动运转电容器 1.2μF/500V 容量下降或击穿。

(2) 电动机线圈开路或短路。

(3) 控制器接插件、连接线接触不良。

检修后修复。

4. 按下常风功能键，电扇时转时不转。

(1) 电源电路中，D6 虚焊，引起直流电压输出时有时无。

(2) 轻触功能开关接触不良。

(3) D 75563 脚连接线部分虚焊或相连铜箔断裂。

5. 接通电源后，程序自动乱跳，相应指示灯也乱跳。

(1) 清“0”电路 C_3 开路或损坏，使电路不能正常中断。

(2) 电源插头处或电脑板电源接插件处接触不良，产生电火花干扰。

(3) 外电路信号干扰源，经电源输入端进入，使电源波动，引起控制系统程序混乱。

6. 风速功能选择正常，但当起动定时器或睡眠计时器时，风扇突然停转，重新启动，又正常运转。

(1) 这种故障表明电源负载能力不正常，常常由于调整管 Q（8050）有虚焊或性能不良。

(2) 调整管电路中偏置元件故障引起，电源负载能力下降。

7. 正常风功能指示灯全亮，其中有一档或两档，电扇不转动。

(1) 输出执行支路的晶闸管虚焊或损坏。

(2) 电脑板相应支路连接不良或脱焊。

8. 定时功能失灵，定时指示灯不亮。

(1) 指示灯驱动三极管开路或损坏。

(2) D 7556第 20 脚虚焊或开路。

(3) D 7556内部时钟脉冲电路故障。

9. 接通电源后，尚未启动风速开关，电扇就慢速转动，电动机有嗡嗡声。

这主要是由于输出执行电路的晶闸管漏电所致，应检测 BCR1、BCR2、BCR3。

10. 蜂鸣器发音轻或无声。

(1) 蜂鸣器损坏。

(2) D 7556第 23 脚开路。

11. D 7556在正常风低速档各管脚电压。

2 脚 2.2V　10 脚 2.2V　11 脚 2.2V

14 脚 1.8V　15 脚 3.6V　16 脚 3.6V

17 脚 3.4V　19 脚 2.5V　20 脚 2.8V

以上常见故障在确定故障部位后，检测修复相应元件，最后再考虑更换 D 7556。

三、维修实例

例 1. 某电脑控制电风扇未按调速开关接通电源即高速运转，按下慢速档仍高速运转。

这种故障现象，可能是高速档执行电路不能关断而常闭合产生的。切断电源，用万用表 R×1 档测相应的双向晶闸管，电阻为零（一般为阻断状态指针不动），拆下晶闸管一端再测仍为零，表明确是其击穿造成的。更换后，再开机工作正常。

例 2. FS40—B6 型电风扇（见图 19—1）所有功能键均失去作用，相应 LED 显示都不亮，电扇不转。

该现象表明电脑心片已停止工作。

第一步测 12 脚有 5V 直流电压，说明直流电源正常。

第二步测晶闸管，人为加触发信号均能正常工作。

第三步检查复位端，经测无高电平输入。

第四步检查 10、11 脚主时钟脉冲电路外围电路中的 R5，经测为开路电阻无穷大。因此电路无时脉冲，不能进行处理工作。更换一个新的 510kΩ 电阻后电路正常。

第二节　微电脑全自动洗衣机的检修

一、基本检修程序

微电脑全自动洗衣机的基本检修程序与机电式全自动洗衣机的检修步骤相同，总体上仍可分为：观察、了解故障现象；分析判断可能产生故障的部位；检查验证分析判断是否正确，确认故障原因；采取修理或更换部件排除故障这四大步骤。应该说明，实际当中发生的故障各种各样，修理技术、技巧没有一成不变的固定模式。只能在实践中不断丰富、完善、总结。对于日益智能化的微电脑洗衣机更是如此。

二、常见故障、判断及排除方法

我们以小天鹅 XQB30—8 型为例，主要说明控制系统常见的故障的判断及排除方法，机械部分的常见故障前面已有介绍，不再重述。

1. 接通电源，所有指示灯都不亮，产生这种故障的原因有两个：第一，变压、整流、滤波、稳压组成的直流电源供电系统发生故障；第二，单片微处理器，时钟脉冲电路和清零电路发生故障或微处理器本身已损坏。

（1）用万用表检查变压器输入输出电压。

（2）若电压正常，检查整流输出电压正常值约 12V 左右。从而可判别滤波电容 C2 整流二极管等是否良好。

（3）测量电源调整管 BG1 和稳压管 D7 及二极管 D5 是否正常。正常时 U_e 为 6V 左右，U_b 为 6.7V 左右。

（4）测 DJ2001 12 脚电压正常时应为 5V 左右，检查 10 脚和 11 脚间的元件是否损坏。如果都正常，但仍不能正常工作，微处理器 DJ2001 需更换新片，这种情况很少见。

2.不进水　在排除进水阀故障后，检查微电脑程控板能否通过 220V 交流电。如果有电压说明程控板没有问题，可能因接线断裂，接插件接触不良。如果没有电压就是程控器损坏，再更换电脑控制板。

3.进水不止　在排除电磁阀损坏、阻尼孔堵塞原因后，仍进水不止可能是程控器故障，应更换控制器板。

4. 排水部分故障　首先检查本机直流电磁阀是否损坏。该电磁阀按下微动按钮，直流电阻为 3300Ω。排除机械故障后再出现不能排水，才考虑更换程控板。

5. 洗涤部分故障　对于全自动洗衣机在达到预定水位后，如果停止进水后仍不洗涤，在排除机械传动部分和电动机故障后仍不能洗涤，可能是程控器部分失灵，可检查程控板。用万用表测程控板上红、黄脚之间和蓝、黄脚之间，如果交替有 220V，则说明程控器正常工作。如果没有输出，则是程控器失灵，只能更换电脑控制板。

6. 脱水部分故障　绝大多数为机械故障。例如安全开关接触不良、皮带过松、刹车失灵抱紧离合器，脱水桶与盛水桶之间杂物卡住等。确定机械故障不存在时，才能判定电脑控制板有问题，更换控制器板。

表 19—1 说明各主要部件在各工序中的正常工作状态，表 19—2 列出常见故障原因及处理方法，供维修参考。

表 19—1　微电脑全自动洗衣机各主要部件在各工序中的正常动作状态

部件	进水	洗涤（漂洗）	排水	脱水
程控器	按动启动按钮后，向进水阀和水位开关输出电压	接到水位开关接通的信号，向电机的两接线端交替地输出工作电压	洗涤定时完毕，停止向电机供电，向电磁铁输出直流工作电压，向安全开关输出低直流电压	排水计时完毕，向电机逆时针方向旋转的接线端输出工作电压，继续向电磁铁输出电压
进水阀	得电开启（有电磁声和轻微振动）	断电	断电	断电
水位开关	随着水位升高，气室压力增大，到达水位时，内部动簧片动作，两触点接触，开关接通	接通	排水开始时为接通。水位降低到一定值时，转为断开，并继续排水。由 IC 确定排水时间	断开
电动机	断电	按选定的运转周期（即水流）正、反向交替运转	断电	逆时针方向间歇的或连续旋转到选定（预定）时间
安全开关	对运转无影响	对运转无影响	对运转无影响	必须关闭桶盖，以使开关接通，如不接通，视为桶盖未关，不能脱水，并报警
电磁铁	断电，衔铁被排水阀拉出，排水阀关闭	同左	通电吸合，衔铁被吸入，衔铁上的压板将电磁铁磁轭板上的按钮压入，排水阀开启	同左，但在电机断电 30s 时，断电

续表

部件	进水	洗涤（漂洗）	排水	脱水
减速离合器	呈洗涤状态，即棘爪伸入棘轮内，方丝离合弹簧被旋松，刹车带抱紧，手动转动皮带轮，波轮可双向转动	同左	呈脱水状态，即棘爪脱离棘轮，方丝离合弹簧旋紧刹车带松开。手动转动皮带轮，顺时针方向时内桶转动，逆时针方向时波轮转动	在电机通电和电机断电30s内，呈脱水状态。电机断电30s后，转变为洗涤状态

表19—2 常见故障原因及处理方法

故障现象	产生原因	处理方法
指示灯不亮	1. 指示氖泡失效。 2. 限流电阻失效。 3. 焊接不良 4. 电压过低	1. 换氖泡。 2. 换限流电阻。 3. 检查并重新焊好。 4. 检查电压数值，若电压超过允许范围，暂停工作
麻电	1. 接地线安装不良，松脱或断线，接地螺钉松。 2. 电动机受潮。 3. 导线接头部分密封不好。 4. 电容漏电。 5. 定时程控器内进水。 6. 电源引线重新接线时接地线接错。 7. 电器元件绝缘损坏而短路。 8. 在过分潮湿的地方使用洗衣机	1. 接好地线。 2. 将电动机受潮部件干燥。 3. 将导线接头处用热熔胶并配合塑料接线帽封好。 4. 更换电容。 5. 将程控器干燥。 6. 按电器原理接线图的规定重新连接。 7. 检查并更换损坏元件。 8. 把洗衣机垫高或搬到干燥通风的地方
电动机不能启动	1. 电源未接通。 2. 熔断器熔断。 3. 控制线路接错。 4. 传动机构被卡住。 5. 定子或转子绕组断路。 6. 定子绕组相间短路。 7. 定子绕组通地。 8. 定子绕组接线错误	1. 检查开关、熔断器、各对触点及电机引出线头，将故障查出修理。 2. 查出熔断原因、排除故障，按电动机规格配上相应的新熔断器。 3. 检查控制线路是否与控制原理图相符，如不对，重新调接线路。 4. 检修传动机构。 5～8. 用兆欧表或万用表欧姆挡检查绕组情况，也可用串联灯泡试验的方法检查绕组故障，并加以排除
电动机有声，但洗衣机不转。	1.衣物放置过多、负荷过重或衣物卡住波轮。 2. 电压太低。 3. 皮带松脱。 4. 程控器、定时器或琴键开关接触不良。 5. 电容器短路或断路。 6. 电动机故障	1. 减少衣物，排除异物。 2. 暂停使用。 3. 装上皮带并调整皮带张力。 4. 检查触头接触情况并修理。 5. 更换电容器。 6. 卸下皮带，单独检查电动机
电动机无声、不转	1. 电源插头、插座接触不良。 2. 插头连结线断开。 3. 熔断器烧断。 4. 电容器开路或击穿。 5. 开关接触不良。 6. 电动机损坏	1. 调整好插头插座，使洗衣机接触良好。 2. 接好断开处。 3. 更换熔断器。 4. 接好接线或更换电容器。 5. 调整开关触点。 6. 检修或更换电机

续表

故障现象	产生原因	处理方法
进水阀本身漏水	进水阀膜片有异物堵塞	清理膜片
密封轴处漏水	1. 橡胶密封圈（大小油封）磨损或失效。 2. 内外轴之间间隙太大	1. 更换橡胶密封圈，更换含油轴承。 2. 重新安装好
电源电压正常，通电后电动机不能启动	1. 引线开路。 2. 主绕组或副绕组开路。 3. 电容器损坏。 4. 轴承已卡住。 a. 轴承已坏。 b. 轴承进入异物。 c. 润滑脂干涸。 d. 轴承装配不良。 5. 定转子相碰	1. 找出开路处并修理好。 2. 用万用表找出断开绕组，重新绕制绕组更换。 3. 更换电容器。 a. 更换轴承。 b. 清理轴承，并加润滑油。 c. 添加润滑油。 d. 清理轴承，换上新润滑油，其容量不超过轴承室容积的 70%，重新装配轴承，调整同轴度，使转动灵活。 5. 锉去转子冲片的突出部分
接地失灵，电动机外壳带电。	1. 电源线与地线接错。 2. 电动机绕组受潮、绝缘老化或引出线与接线盒相碰	1. 纠正接线。 2. 电动机绕组干燥处理，绝缘严重老化要更换绕组，重新浸漆处理，并整理接地线
通电和熔断器熔断	1. 绕组错接或碰地。 2. 导线、插头等短路。 3. 引出线碰地	1. 测量电阻值，重新接线。 2. 检查导线、插头，排除短路。 3. 把引出线接好
空载能启动或外力帮助下能启动，但起动缓慢不定。	1. 副绕组开路。 2. 电容器的电容值变化或断开	1. 查出断处接上或换电动机。 2. 更换电容器
电动机转速低于正常转速	1. 电源电压过低。 2. 转子电阻太大。 3. 主绕组内有部分绕组反接或接线错误。 4. 轴承摩擦增大	1. 暂停使用或调整电源电压。 2. 重新选用设计合理的电动机。 3. 改正端部的连线。 4. 清理轴承，加上适当的润滑油
不进水	1. 水龙头没打开。 2. 水龙头打开，但插头没插上电源。 3. 进水阀过滤器堵塞。 4. 进水阀体内积有污垢。 5. 进水阀动作不良。 6. 水位控制开关接触不良。 7. 程控器触头接触不好	1. 打开水龙头。 2. 将电源插头插牢。 3. 清理过滤器。 4. 拆下进水阀，进行阀体内部清理。 5. 检修进水阀或更换。 6. 检修水位开关或更换。 7. 更换或修理程控器
进水不停	1. 进水阀进入杂物，形成关闭不好。 2. 水位开关的连结部或贮气室的连结部漏气。 3. 进水阀损坏，形成关闭不全。 4. 水位开关本身不良	1. 拆下进水阀清理杂物或更换水阀。 2. 修理连接部位，将其密封好。 3. 更换进水阀。 4. 修理或更换水位开关

续表

故障现象	产生原因	处理方法
进水状态不良，进水时间过长。	1. 检查水压是否过低。 2. 进水管连接口过滤网堵塞。 3. 进水阀芯、阀弹簧锈蚀膜片堵塞	1. 确认水压过低，则可不修理。 2. 清理过滤网。 3. 清理阀体内部，更换阀弹簧，阀芯除锈
进水声音较大	1. 控制台内的谐振引起。 2. 水位高进水阀阻力所致	1. 调整进水阀的安装。 2. 稍拧紧一些水龙头再使用
进水栓连接处漏水	1. 水龙头密封垫不良。 2. 连结器紧固螺钉松动。 3. 连结器的密封垫圈紧固不牢。 4. 密封垫使用过久老化	1. 修理水龙头。 2. 更换或紧固螺钉。 3～4. 更换连结器内的密封垫。
从弯头处漏水	弯头处紧固不够，泄、漏水	紧固弯头
外桶处漏水	混有异物的洗涤物在洗涤过程中将桶磨破或桶本身有裂纹	更换外桶
排水软管处漏水	1. 排水阀旋塞处充满污垢或异物，使关闭不良。 2. 排水阀内压紧弹簧断裂，使关闭不良。 3. 排水阀的动作机构失灵，使电磁阀断电释放时没有到位。 4. 排水软管断裂	1. 拆开排水阀，清理异物。 2. 更换弹簧。 3. 修理或调整排水阀的动作机构。 4. 更换排水管
洗涤时波轮不能反转	1. 电容器接线处有一根断开。 2. 线路接错。 3. 电机换向接线中有一根断开。 4. 程控器损坏。 5. 离合器故障	1. 重新焊好断线。 2. 纠正接错的线。 3. 找出断线并焊接好。 4. 修理或更换程序器 5. 检查拨叉是否脱落，并修理离合器
进水到规定水位后不能洗涤	1. 若电动机有声音，则电容器不良或回路断线。 2. 若电动机各导线均不通，则电动机故障。 3. 控制器内故障使控制部分输出异常。 4. 电脑程控器无输出，出现故障。 5. 控制部分的连结器脱开。 6. 电容器容量有变化。 7. 皮带打滑。 8. 轴承部分磨损。 9. 皮带轮固定螺钉松动。 10. 波轮安装的固定螺钉松动。 11. 离合器有故障	1. 更换电容器或修理断线。 2. 更换电动机。 3. 检查电脑控制器各部件，找出故障元件并更换。 4. 更换电脑程控器。 5. 接好连结器或修正接触。 6. 更换电容器。 7. 调整皮带张力或更换皮带。 8. 修理轴承磨损部分或更换轴承。 9. 紧固好皮带轮的固定螺钉。 10. 紧固螺钉或更换波轮。 11. 更换离合器
电动机单向旋转，间隙时间长。	1. 程控器不良。 2. 爪轮与离合器齿轮嵌合不良。 3. 离合器弹簧的爪折断	1. 更换程控器。 2. 更换离合器齿轮。 3. 更换离合器弹簧
洗涤时声音异常	1. 波轮中夹有异物。 2. 离合器弹簧有故障。 3. 离合器紧固不好	1. 拆下齿轮，清理异物。 2. 更换离合器弹簧，并注意润滑。 3. 加强紧固力

续表

故障现象	产 生 原 因	处 理 方 法
洗涤时振动过大	1. 波轮内套严重磨损造成偏心严重。 2. 波轮轴偏心或弯曲。 3. 传动带装配太紧。 4. 洗衣机安放不平稳。 5. 地板刚度不良。 6. 皮带轮安装不在一个平面。 7. 洗衣机的减振机构松脱	1. 调换波轮。 2. 调换波轮轴。 3. 调整皮带使松紧合适。 4. 调整支脚使洗衣机放置平稳。 5. 增加工作地面的刚性。 6. 调整两个皮带轮，使其在同一平面。 7. 修理并紧固减振机构
洗涤时脱水桶跟转	1. 制动器调整失灵。 2. 刹车松。 3. 离合器弹簧滑动或折损	1. 调整制动杆（或带）的安装位置。 2. 调节离合器的顶开螺钉，减少它与摆动板之间的距离。 3. 更换离合器
洗涤时损伤洗涤物	1. 波轮和脱水桶有毛边或毛刺。 2. 波轮和桶底安装间隙过大。 3. 洗涤水量不足。 4. 衣物破旧	1. 用砂纸除去毛刺、毛边，必要时更换波轮。 2. 重新调整波轮或更换尺寸配合的波轮。 3. 按说明书要求加足水量。 4. 缝补好破损处再洗，并采用较为柔和的水流方式
“洗涤”、“漂洗”中进水、排水反复进行	1. 离合器不良，造成内桶跟转。 2. 制动效果不好	1. 更换离合器。 2. 调整制动器用调节螺钉，改善制动效果
洗涤效果不佳	1. 洗涤水量过少，投放衣物过多，洗涤不均匀。 2. 皮带过松、波轮转速下降。 3. 电压过低，使波轮达不到额定转速，在非正常情况下工作。 4. 洗涤方法不当。 5. 洗涤剂的量不合适。 6. 洗涤物过于污脏	1. 增加水量，减少衣物。 2. 适当调整皮带张力。 3. 暂时停止使用或用调压器将电源电压升高。 4. 按照说明书的规定改进操作方法。 5. 根据洗涤物的污脏程度合理放入洗涤剂。 6. 采用 50℃以下的热水洗涤、以提高洗净效果
不能脱水	1. 安全开关接触不良。 2. 内桶与外桶间存有异物。 3. 程控器内部零件故障。 4. 程控器与排水电磁阀间回路断线。 5. 排水电磁阀动作不良。 6. 制动带子脱落。 7. 传动轴上的棘轮松动。 8. 皮带松脱。 9. 大油封未装好。 10. 电动机或电容器故障	1. 更换安全开关或将触点修理。 2. 将异物清除。 3. 更换程控器。 4. 修理断线处。 5. 更换排水电磁阀。 6. 修理制动带。 7. 紧固棘轮，修理离合器。 8. 装好皮带。 9. 拆下内桶，重安大油封。 10. 修理或更换电动机或电容器
脱水运转后又停止	1. 洗衣物放置不平衡。 2. 洗衣机安装不好，摇晃或倾斜。 3. 安全开关接触不良	1. 重新将衣物放置均匀。 2. 重新安装洗衣机，并调整好平面。 3. 修理或更换门安全开关

续表

故障现象	产生原因	处理方法
脱水桶制动性能不佳	1. 刹车带严重磨损。 2. 门开关失灵，电机运转没停止。 3. 刹车松紧的螺钉松动。 4. 脱水内桶衣物不平衡，造成运行不正常。 5. 程控器故障	1. 更换刹车带。 2. 调整或修理好门安全开关。 3. 紧固螺钉并调好棘爪位置。 4. 将衣物均匀放置并压实。 5. 更换程控器
脱水时噪音、振动大	1. 洗衣机安装不好，有倾斜或摇晃。 2. 洗涤物缠绕一起，不平衡。 3. 悬吊洗涤桶的减震装置失效，造成洗涤桶不平衡。 4. 轴承严重磨损	1. 重新按说明书要求安装洗衣机并调整好。 2. 将衣物均匀放置。 3. 修理悬吊减震装置，并更换其中的零件。 4. 更换轴承
脱水效果不佳	1. 排水系统堵塞。 2. 电容器的电容量变化。 3. 电动机故障，使转速下降，转矩减少。 4. 电动机皮带轮组的固定螺钉松动	1. 检修和清理排水系统。 2. 更换电容器。 3. 更换或修理电动机。 4. 紧固皮带轮组的固定螺钉
进水不停，但桶内不存水，连续排水	1. 排水阀内有异物堵塞，关闭不严。 2. 排水阀内密封件老化或破损	1. 清除异物。 2. 更换排水阀内密封件
进入漂洗时，从桶里向外溢水	进水量过大；排水管延长后，放置不合理	调整进水量，检查排水系统
进水漂洗时，进水常停止	1. 溢水回路动作。 2. 进水阀线圈故障	1. 检查调正排水量。 2. 更换进水阀
不排水	1. 洗衣机上盖未合好。 2. 门安全开关失效。 3. 程控器内部零件故障。 4. 阀门弹簧脱落或排水道堵塞。 5. 电磁阀接触不良。 6. 电磁阀线圈短路或断开	1. 合上门盖。 2. 修理或调正门安全开关。 3. 更换或修理程控器。 4. 把阀门弹簧装回原位，清理水道。 5. 修理电磁阀的连接点。 6. 更换电磁阀
排水不畅	1. 排水阀失灵或堵塞。 2. 排水管接得过长，影响流量。 3. 排水软管未降低。 4. 排水软管扭结或残渣积聚塞堵。 5. 排水电磁铁行程不够	1. 修理排水阀。 2.洗衣机与阴沟距离最好控制在0.6～1米之间，不宜过长。 3. 降低排水软管。 4. 拆下排水管重新安装或清理管内残渣。 5. 调整调节架上的螺钉，保证电磁铁行程
不能停止排水	1. 异物堵塞，阀门衬垫变形。 2. 电磁阀被吸住而分不开	1. 除去异物，更换阀门衬垫。 2. 更换电磁阀
排水时噪声剧烈	1. 电源电压不稳定或过低。 2. 排水电磁阀接线错误。 3. 排水电磁阀吸合面长锈。 4. 离合器摆动板阻尼大	1. 待电源电压稳定后再开机。 2. 检查线路，纠正接线。 3. 用砂纸轻磨去吸合面铁锈。 4. 调整摆动板

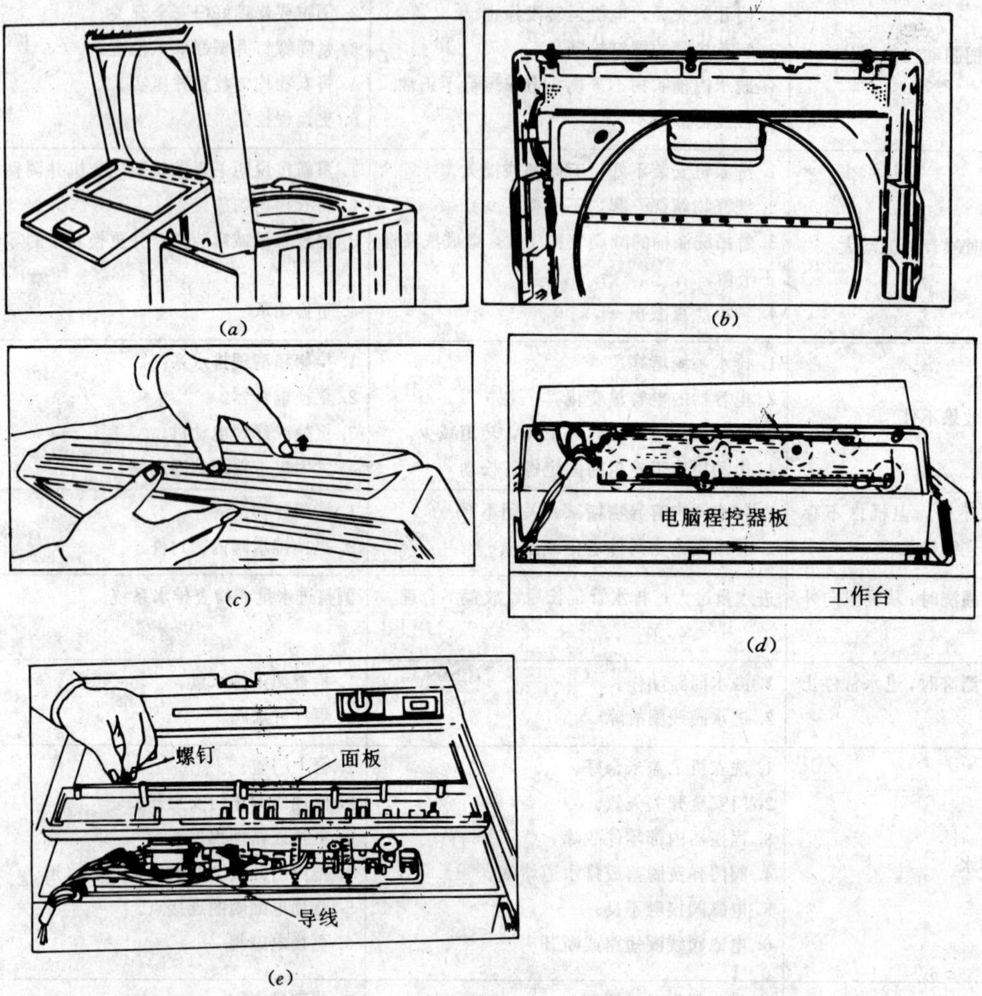

图 19—2　电脑程控板的拆卸

三、电脑程控板的拆卸与安装

拆卸电脑控制板步骤如下：

1. 卸下固定控制台和机身箱体的 4 只固定螺钉如图 19—2（a）所示，打开盖板并放好。

2. 取下固定控制板 3 个螺钉，如图 19—2（b）所示。

3. 按图 19—12（c）所示的方向拆卸控制面板。

4. 松开紧固电脑板的螺钉，将电脑控制板从控制面板上取下，拆卸时应当防止损坏表面的防护材料，如图 19—2（d）所示。

5. 翻转电脑控制板，轻轻拔下接插件接合部即可取出电脑程控板。

安装时以反顺序进行，固定螺钉对应拧紧。

若要拆卸进水电磁阀、盖开关、电源开关、水位压力开关时，先卸下防水盖就可看到。各部件均单独固定，松开相应螺钉即可拆下相应部件。安装时依相反程序即可。

第三节　电脑控制微波炉的检修

一、基本检修程序

1. 了解、观察故障现象　除开机烧熔丝外均可启动微波炉，选定烹饪程序或按说明书介绍的使用方法，在炉内放入食品或一杯水。启动，调节功率、定时时器，观察显示、加热、延时启动等功能是否正常，确认是操作不当还是微波炉自身发生故障。

2. 通过断电检测机械故障　断开次级线圈，通电检测高压变压器初级电源电路电压，断电测试磁控管灯丝、次级线圈、电容、二极管是否良好，判断故障是在供电部分还是电脑控制部分或是磁控管损坏。

3. 初步确认故障部位后，进一步检测局部电路，寻找确定故障原因和部件。

4. 做相应的修理或更换部件。

5. 试机

二、检修注意事项

1. 一般应在拔下电源插头后，再拆外罩进行检修。

2. 在维修过程中，开机前应先对下列安全装置做检查：

(1) 保险装置是否起作用。

(2) 门能否正常闭合，密封是否完好。

(3) 插头有无松动或损坏。

3. 刚切断电源时，高压电容上有较高的电压，因此在检查或更换部件时，先放电。

4. 对微波发生部分做测定和检查时，在接通回路电源前，要对磁控管、波导管、传输线以及门机构机件完整性及相互联结情况进行检查。

5. 修理工作结束后，特别是调换门机构组件后，应对微波泄漏情况加以检测，要符合安全标准。

三、常见故障判断

电脑微波炉也容易产生普通型微波炉的常见机械故障和电气故障。这些故障前面已经介绍，本节仅介绍电脑控制系统电路的常见故障及维修方法。

1. 电脑程控器检修

(1) 单片微处理器的故障判断　一般用于电脑控制微波炉的微处理器集成电路，都是在专用 IC 即所谓 ASIC，不同公司产品的单片微处理器管脚封装各不相同，但基本结构类似，而且由于是专门制作的，质量可靠，实际应用中故障率极小，多是其外围电路元件发生故障。

判断 IC 是否正常，常通过测试相关管脚直流电压，或检查电压波形图。检查前首先应使其外围电路元件正常。

当输入 IC 的电压正常，经操作程控器后，IC 对双向晶闸管或继电器没有输出，或呈常通常断状态不变，则可能是 IC 损坏。

(2) 负载驱动电路故障　当程控器输入电压正常，但输出电压不正常时，应首先考虑执行机构及驱动电路的故障。通常继电器线圈开路或短路，晶闸管损坏或其触发支路元件损坏均可用万用表测量。测双向晶闸管时，用电阻档测 T_1、T_2 两个极之间正、反向均为数千欧，

T_2和G之间正、反向也为数千欧，但T_1和G之间的电阻约100Ω。带电状态时，用交流电压250V档测其本身的降压，正常导通状态应在0.7～1V。若为220V为关断，大于1V以上为不完全导通状态。

(3) 直流电源电路的故障　微波炉开机，数字显示部分不显示，按各轻触开关无任何反应，电源线、电源开关和电源电压均正常时故障就在直流电源部分，常见的故障原因有：电源变压器故障、整流元件损坏、滤波电容性能不良、稳压IC或调整管损坏或性能不良。

(4) 电脑微波炉的显示部分，常由数码管及其译码电路构成，当显示数码管某位不显示，或数字某段不显示时，而工作程序正常，就是译码或显示部分出了故障。如果确认，一般就只能更换部件。

第四节　一般家用电器疑难故障的检修

一、电动机具疑难故障维修实例

例1.洗衣电机相线之间绝缘损坏的修理　普通双桶波轮式洗衣机电动机多为120瓦左右的电容运转型电动机。定子线圈是相隔90°电角度的两个相同绕组，由于其中一相串联电容使相间电压高于电源电压，达到近400V。有些电动机，两相绕组之间的端部没有绝缘纸绝缘，甚至将一相线接头捆扎在另外绕组内。往往因受潮相间绝缘损坏，造成相间局部短路。故障现象是电动机过热，运转无力，转速明显比正常运转时降低。发生这种现象时，应停止继续使用，进行检修。

检修时，拆开电动机外引线，一般两根相同颜色的线，一根为颜色不同的两绕组连接点引线通常为黑色或黄色。假设公共点为P，其他两根为A、B，则AP、BP之间的电阻为30Ω左右，A、B之间为60Ω。当小于这个正常数值时，如较多就可以判断是发生了绕组局部短路。

拆下电动机，拆下定子，对有问题的绕组，先烘烤，并趁线漆软化时拆去线圈，边拆边测直到拆到A、B间为60Ω时为止。将短路处修理后浸绝缘漆，垫绝缘纸，重新绕好捆扎，复查A、B间电阻。

例2.消除洗衣机非正常噪声几种方法。

1.轴承磨损，润滑剂添加不当造成的电动机运转噪声。

当洗衣机运转时，强烈振动、转动不灵活时可判断为轴承磨损严重，应更换相同规格新轴承。

轴承间润滑剂并非越多越好，一般填加空间的三分之一左右即可，如果填满反而会增大电动机噪声。

2.皮带轮与三角带之间摩擦阻力增大，或大小皮带轮不在同一平面时，运转会产生“吱吱”的尖叫声。

检修时，前者原因可取下皮带在三个摩擦面上涂上石蜡即可。后一种情况可调节电动机底脚下橡胶垫厚度，使其两皮带轮在一个平面内。

3.消除正常工作时产生的共振声

当洗衣机箱与洗衣桶产生共振噪声时，普通洗衣机可在箱体四周与桶壁之间由上向下塞紧泡沫塑料壁，可起到良好的缓冲减振作用。

当洗衣机箱体与后面活动页板之间产生共振噪声时，可在箱体与页板间加橡胶柜形胶垫，或使页板除 4 个固定螺母处外，其他处不与箱体接触，将接触面减为几点后大大减小共振声。

3. 电风扇风叶的校正

静平衡校正可采用图 19—3 的校正架。将风扇叶固定在平衡校正架转轴上，调整好前后针距离，慢慢转动扇叶，观察扇叶前后边与针的距离，将变形针叶逐渐扭转过来。反复几次直到几个扇叶与前后针距离相等。

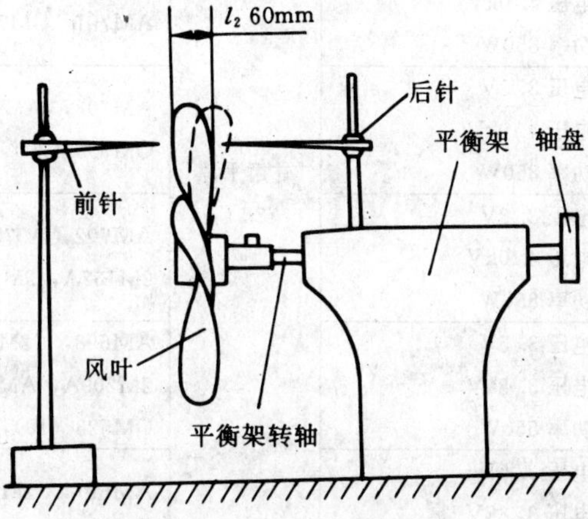

图 19—3　风叶静平衡校正

风叶静平衡校正后，装上仍发生抖动，确认为扇叶引起时，可通过在扇叶上附加小金属片调校重心回到原来位置。可先用胶带、橡皮泥等经反复实验后确定在哪片扇叶上加，加多重。一般应加在远离轴心的方向上实验。

二、电热器具疑难故障的检修

1. 电饭锅发热盘漏电　使用时间长的电饭锅，常发生电热盘漏电的故障。拆开测试时，常发现电热盘管状电热元件引线封口端长期使用碳化，使引线与管壁金属部分短路造成。清除封口处碳化物，测试电阻为正常值后，用性能良好的绝缘封口材料封好，即可使电热盘起死回生，避免报废，更换新盘的浪费。

2. 电饭锅限温器温控点变低的修理　使用时间长的电饭锅易发生饭尚未煮熟即自动断电的故障。故障原因是当磁钢限温器跳闸，温度变低。修理时要调节限温器软磁体和磁体间的吸引力，可转动软磁体使其处于吸力最大的位置，可用弹簧秤测试。同时调整拉杆拉力方向，使其与吸力方向一致，必要时也可减小弹簧的弹力。一般经过以上处理可工作正常。

3. 微波炉磁控管的代换　当检修进口微波炉发现磁控管损坏时，可用国产同规格磁控管代换。只要注意灯丝接线的插头方向和安装板上是插孔还是螺钉固定，购买时买相同方式连接的即可。国内外磁控管型号对照见表 19—3。

表 19—3　国内外磁控管型号对照

磁控管型（代）号	主要电参数	生产厂	可直接代换的国外磁控管型号
CK—623	灯丝电压 3.3V 阳极电压 4.1kV 输出功率 900W	甘肃平凉 778 厂	2M210M1，2M204M1，2M214，OM753（31），AM703，A670FOH，2M167M1，2M107A325
CK—623A	灯丝电压 3.3V 阳极电压 4.0kV 输出功率 850W		2M167，2M172AJ，2M204M3，A670CH，AM701，OM75S（22），2M214
CK—146B—1	灯丝电压 3.3V 阳极电压 4.0kV 输出功率 850W		AM708，A6701，2M172AH，2M189AM4，OM755（20），2M214
CK—146B—1	灯丝电压 3.3V 阳极电压 4.0kV 输出功率 850W		AM702，A5700，2M172AJ，OM753（10），2M167A，2M214
CK—144	灯丝电压 3.5V 阳极电压 3.8kV 输出功率 550W		AM698，2M213JB，2M216JA，2M236，2M209A，AM700，2M217J，OM52S，(11)，OM523（10），2M211B
CK—144A	灯丝电压 3.5V 阳极电压 3.8kV 输出功率 550W		AM697，2M213HB，2M216HA，OM623（21），AM699，2M234，2M217H

第五节　一般家用电器的改装

一、普通电热、电动器具加装电子控制电路

1. 简单的无极调速电路　图 19—4 是用于电风扇的无级调速电路。

调节 RP2 即可改变晶闸管的导通角，达到调节加到电动机 M 上的电压，从而改变电机转速的目的。RP1、RP2 组成的电路，用来使电机低速时转动平稳，称为低速调节器。C1、C2 及电感 L 组成抗干扰电路，氖管做为触发晶闸管导通的元件使用。

2. 简单实用的功率调节器　图 19—5 电路适用于各类电加热器，例如普通型电熨斗、电饭锅等小型电热器。电路中采用压敏电阻 MY 起过压保护作用，保证了触发回路的电压稳定。调节 RP 可改变晶闸管的导电角，通过调节负载上的电压来实现调节功率的目的。作为指示灯使用。

3. 红外遥控开关　图 19—6 是一个性能良好的红外遥控开关。

遥控电路都有发射和接收两部分电路构成，该图中的发射器是用 555 型集成电路构成，自激多谐振荡器产生的 35KHz 的脉冲信号经 3 脚输出去调制红外发射二极管发射出的红外信号。两个二极管串联是为增大红外光强度和发射距离，调节 W 可改变红外光频率。接收电路中 TLP104 接受到红外发射信号，经过 IC1 构成的选频放大器放大，经 IC2 放大处理后，从 8 脚经发光二极管输出触发晶闸管的信号，使 SCR 导通或截止。每接收一次发射器的信号，$IC_2$8 脚的输出状态就改变一次，即从低电平到高电平，或由高电平到低电平。所以每按动一

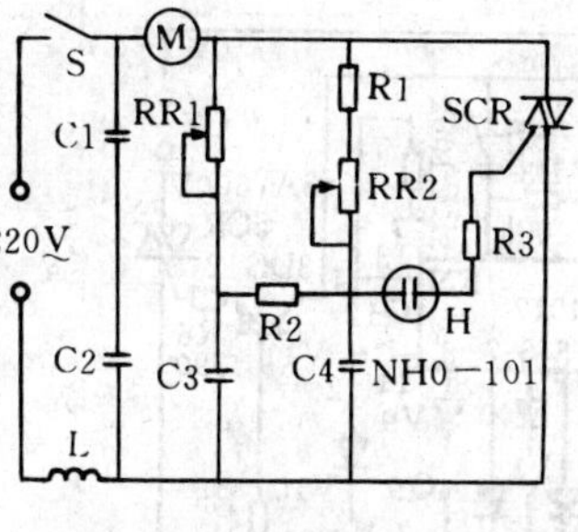

图 19—4　简易调速电路

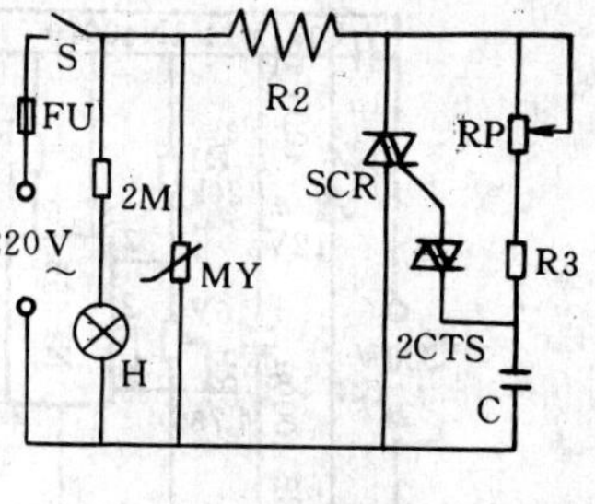

图 19—5　功率调节器电路图

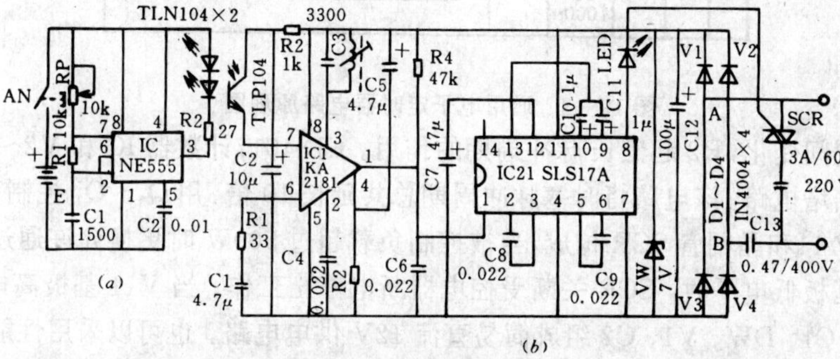

图 19—6　红外遥控开关图

电阻单位 Ω　　电容单位 F

次 AN，SCR 就改变一次状态，从而实现了开、关功能。

因此这一电路形成可遥控家电电器电源的通断，实际上电风扇中的遥控就是采用红外遥控电路。红外遥控的方向性强，抗干扰能力强。普通型电器要加装遥控器也并不复杂，如果采用晶闸管做开关，主要应根据电器本身的功率选用相应功率的双向晶闸管。

二、电子时间控制电路

通常电子定时电路包括时基电路和计数器构成的延时倍增电路和电子开关执行电路三部分构成。目前家用电器中已逐步采用电子定时器取代传统的机械定时器，这里仅介绍 2 个电路实例，供改进普通电热器具和电动器具时参考。

1. 简易 4 小时定时器　图 19—7 的电路可进行 3分钟至 4 小时的时间控制。

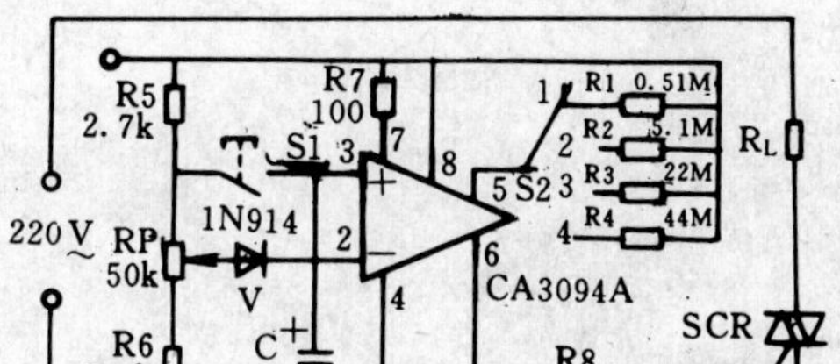

图 19—7　3 分钟至 4 小时定时器电路

C2 可以粗调分段时间，电位器 W 细调每段内定时时间。按下开关 S1，电容 C 被充电，程控功率放大器开关为 CA 3094A，输出高电平触发 SCR 导通，使负载 RL 通电工作。当 S1 断开时，定时开始，C 放电。当经过一段时间后，CA3094A 便输出低电平使 SCR 截止，RL 无电停止工作。

2. 通用定时控制器　图 19—8 是一个可以一次定时 5 分钟到 18 小时，循环定时从 5 分钟至 20小时，定时开关、定时关闭总时间为 18 小时的定时电路。本电路自身耗电小于 1W。

时基电路 NE555 和 C3、RP、R1、R2 构成时基脉冲发生器，调节 RP 可使脉冲周期从 5

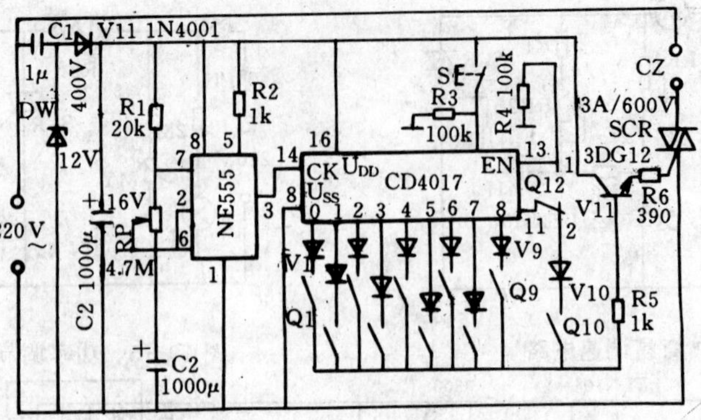

图 19—8　通用电子定时器电路原理图

分钟至 2 小时之间变化，R2 起延长脉冲周期的作用。CD 4017计数器 IC 和 V2～V 10、Q1～Q 10组成延时倍增电路。该电路将时塞脉冲周期总共延长 10 倍，用 Q_1～Q_{10}控制延长倍数。交流电源开关由 V 11和晶闸管 SCR 构成，当被控制负载超过 500W 时更换允许通过更大电流的 SCR。当 V 11基板低电平时，SCR 关断受控电器断电停止工作。当 V11 基极高电平时，被控电器通电工作。C1、DW、V1、C2 组成简易直流 12V 供电电路。也可以采用性能更好的直流稳压电源供电电路。

一次定时时，Q 12置于“1”位置，Q1 开路 NE555 输出 10 个脉冲后，CD4017 的 EN 为高电平而停止计数。这时按一下 S，CD4017 再计数一次，一次定时延长为 18 小时。

循环定时时，Q 12置于“2”的位置，CD4017 循环计数，每循环一次定时最长 20 小时。

定时开启和定时关闭由 Q1～Q 10控制定时时间。